제 2 판

Version 17.x

PSpice를 이용한

전자회로 설계 실습

공학박사 김 응 주

NCS기반
아날로그, 디지털 실무회로 설계
및 회로 분석 능력 향상!

전자, 전기분야 회로 설계 실습 및 자격증 대비

NCS 기반 아날로그 및 디지털 설계 실습

전자산업기사 핵심문제 수록

주요 부품 DATA SHEET

PSpice를 이용한

전자회로 설계실습

version 17.x

김 응 주 저

복두출판사

머리말

21세기 급변하는 기술의 변화 속에 4차 산업혁명의 시대로 접어들면서 디지털 기술은 우리 생활을 변화시키는 가장 중요한 요소가 되었으며 컴퓨터를 이용한 설계와 검증의 중요성이 커지고 있다. 시뮬레이션 단계에서 회로 설계가 끝난 후 실제 동작에 대한 검증이 가능해지면서 제품에 대한 개발 단가와 개발시간이 단축되었으며 회로에 대한 깊은 지식과 경험이 없더라도 복잡한 회로에 대한 분석과 응용이 편리해졌다.

회로 설계과정에서 회로 동작에 대한 정확한 수학적 계산은 여전히 중요하지만 설계에 대한 검증과 다양한 동작 조건에서의 회로 동작에 대한 신뢰성을 예측하기 위해서 회로 시뮬레이션의 중요성은 더욱 커지고 있다.

현재 아날로그 및 디지털회로 설계 분야에서 가장 많이 사용되고 있는 PSpice (Professional Simulation Program with Integrated Circuit Emphasis)는 1972년 미국 버클리에 있는 캘리포니아 대학에서 워크스테이션용으로 개발되어 기존의 회로 설계 방식을 혁신하여 1984년 PC용으로도 개발되어 일반 개인도 실제 설계업무에 적용할 수 있어 설계 단계에서 다양한 모의 실험을 수행할 수 있다.

과거에는 회로전문가들만이 복잡한 회로를 설계하고 시뮬레이션 프로그램도 고가였지만 지금은 전자회로에 대한 어느 정도의 지식이 있다면 기존의 다양한 회로를 응용하여 제품을 제작하지 않더라도 설계를 진행할 수 있으며 반복적인 시행착오 없이도 시뮬레이션 검증 작업을 통해 원하는 결과물을 바로 얻을 수 있게 되었다.

1992년 윈도우 버전으로 GUI(Graphic User Interface)가 지원되면서 회로 설계를 도식적으로 하게 되어 큰 발전을 이루었다.

본 책은 PSpice를 사용함에 있어 반드시 알아야 하는 기능과 관련 서적에서 다루지 않지만 알아 두면 유용한 내용을 참고로 추가하여 차별된 설계능력을 갖출 수 있으며 전자회로의 기본 원리부터 대학 학부 수준의 다양한 이론과 실제 현장에서 많이 사용되는 회로에 대한 설명과 예제를 수록하였다. PSpice를 이용하여 시뮬레이션을 진행하고 결과를 다양한 형태로 확인하면서 수동회로, 능동회로, OP AMP 회로, 전원회로, 발진회로, 디지털회로에 대한 이론적인 이해를 도모하였으며 다양한 PSpice 라이브러리와 자기만의 부품 라이브러리를 만들 수 있도록 내용을 구성하였다.

또한 본서는 10년 이상 실제 회로 설계 업무를 진행한 경험을 바탕으로 초보자부터 실제 개발자에 이르기까지 PSpice 를 사용함에 있어 반드시 알아야 하는 내용들만을 수록하여 독자들로 하여금 빠른 기간에 툴 사용을 익히고 전기, 전자 회로이론에 대한 습득과 설계능력을 키우는데 초점을 맞추었다.

유능한 회로설계자일수록 설계과정 중 시뮬레이션 도구를 최소로 이용하고 검증단계에서만 툴을 이용하는 자세가 바람직하며 이러한 능력은 다양한 경험과 회로에 대한 직관적 해석 능력이 뒷받침되어야 한다.

아무쪼록 본서를 통하여 독자들이 PSpice와 친밀해지고 설계능력에 도움이 되었으면 하는 바램이며 빠르게 변화하는 4차산업 기술시대에 자신의 꿈과 역량을 발휘할 수 있기를 바란다. 끝으로 이 책이 나오기까지 복두출판사 및 나인플러스 관계자 여러분께 감사를 전하며 PSpice 수업을 재미있게 들어 주었던 제자들에게 감사하며 아내와 가족들에게 감사를 드린다.

저자 씀

CONTENTS

Chapter 6. BJT 트랜지스터 회로 | 193

Chapter 7. MOSFET 회로 | 229

Chapter 8. 디지털 회로 | 265

APPENDIX | 317

교재의 NCS 활용 및 적용분야

<table>
<tr><td rowspan="2">NCS 직무</td><td>대분류</td><td>중분류</td><td>소분류</td></tr>
<tr><td>19.전자응용기기하드웨어개발</td><td>3. 전자기기개발</td><td>전자응용기기개발</td></tr>
<tr><td>직무정의</td><td colspan="3">전자응용기기 하드웨어 개발은 우수한 제품의 개발을 위해 제품기획서 검토, 개발계획 수립 및 제품 규격을 확정하여 회로 설계 후 개발 샘플 · 설계 검증샘플 제작, 설계 자체인증과 시험 및 규격을 진행함으로써 제품 품질을 확보하며, 대량생산성 검토를 진행하여 양산성을 확보하고 개발 완료를 수행하는 일이다.</td></tr>
<tr><td>학습내용</td><td colspan="3">회로이론, 전자회로, 디지털회로, 아날로그회로</td></tr>
<tr><td>관련자격</td><td colspan="3">정보/전자/통신 기능사 및 산업기사
정보/전자/통신 기사
무선설비기능사
무선설비기사 및 산업기사
반도체설계기사 및 산업기사</td></tr>
<tr><td>NCS
능력단위</td><td colspan="3">하드웨어 설계
하드웨어 규격 확정</td></tr>
<tr><td>수행준거</td><td colspan="3">기능 구현에 대한 기술 지식 및 타 제품의 기능분석,
기능 요구에 대한 분석 기술
시뮬레이션을 진행한 후 이론적인 검토내용과 시뮬레이션 결과를 비교 · 검토할 수 있다.
비교 · 검토된 결과에 의거 하여 블록 설계를 확정할 수 있다.</td></tr>
<tr><td>적용분야</td><td colspan="3">전자, 통신, 제어</td></tr>
<tr><td>학습대상자</td><td colspan="3">4년제 대학, 전문대학, 폴리텍 대학 전기 전자 분야 학생 및 실무 종사자</td></tr>
</table>

주차별 강의 계획

본 교재는 전자회로 1학기 분량의 내용에 맞도록 16주 단위로 설정하였으며 전자회로의 이론적 내용을 병행하여 배운 내용을 병행하여 활용하면 학습효과를 높일 수 있다. 주당 강의 시간은 4시간 기준이다.

<table>
<tr><th>주차</th><th>대분류</th><th>학습내용</th><th>주요해석방법</th></tr>
<tr><td>1</td><td>Pspice 시작하기</td><td>Pspice 소개 및 설치하기
Pspice 기본기능 익히기</td><td rowspan="3">transient
Parameter</td></tr>
<tr><td>2</td><td rowspan="2">전자회로의 기초</td><td>옴의 법칙
키르히호프의 법칙
중첩의 원리
테브난, 노튼 정리</td></tr>
<tr><td>3</td><td>분압법칙과 분류법칙
최대전력 전달조건
R, L, C 회로해석</td></tr>
<tr><td>4</td><td rowspan="2">다이오드 회로</td><td>다이오드 특성곡선
리미터 및 클램퍼 회로</td><td rowspan="2">DC
transient</td></tr>
<tr><td>5</td><td>배압회로 및 정류회로</td></tr>
<tr><td>6</td><td rowspan="2">OP-AMP 회로</td><td>반전, 비반전 증폭기, 가산기, 감산기</td><td rowspan="2">AC
transient</td></tr>
<tr><td>7</td><td>적분기, 미분기, 응용회로</td></tr>
<tr><td>8</td><td colspan="3">중간고사</td></tr>
<tr><td>9</td><td rowspan="2">BJT 회로</td><td>바이어스 회로</td><td rowspan="4">DC
AC
transient</td></tr>
<tr><td>10</td><td>기본 증폭기</td></tr>
<tr><td>11</td><td rowspan="2">FET 회로</td><td>바이어스 회로</td></tr>
<tr><td>12</td><td>기본 증폭기</td></tr>
<tr><td>13</td><td rowspan="2">디지털 회로</td><td>NAND, 디코더 설계</td><td rowspan="2">Stimulus
transient</td></tr>
<tr><td>14</td><td>반/전가산기, 플립플롭, MUX/DE-MUX</td></tr>
<tr><td>15</td><td>응용 회로</td><td>파워증폭기, ABM 활용</td><td></td></tr>
<tr><td>16</td><td colspan="3">기말고사</td></tr>
</table>

CHAPTER 01

기초 지식

PSpice에 들어가기에 앞서 전자회로 설계에 필요한 기초 지식을 다룬다. 본 교재를 활용하면서 전자회로 실험과 병행하여 진행하면 실무능력을 익히는데 많은 도움이 될 것이다.

학습목표

▶ 전자회로에서 사용되는 다양한 부품과 특징을 이해한다.

1.1 브레드 보드

브레드 보드(Bread Board)는 속칭 '빵판'이라고도 하는데 구성하고자 하는 전자회로 부품들을 PCB 보드에 납땜을 하지 않고 내부적으로 규칙적으로 결선된 보드에 부품을 꽂고 점퍼선으로 회로를 구성하여 다양한 실험을 할 수 있는 보드이다. 브레드 보드는 +, −표시부분에 붉은 색과 파란색으로 세로방향으로 길게 모두 연결되어 있으며 전원이나 접지 구성을 위해 사용하며 가로방향으로 5개씩 연결된 영역에는 IC나 수동 부품들을 연결한다.

브레드 보드를 이용하면 다양한 회로의 초기 검증에 유리하지만 내부적으로 존재하는 큰 정전용량 때문에 일반적으로 10 MHz 이하에서 동작하는 회로로 동작이 제한된다.

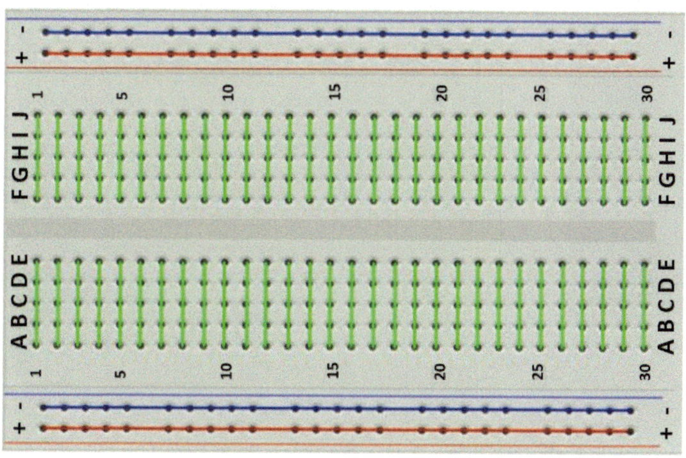

브레드보드의 구조

예제 1-1

다음 회로를 저항을 이용하여 브레드 보드에 구성하시오.

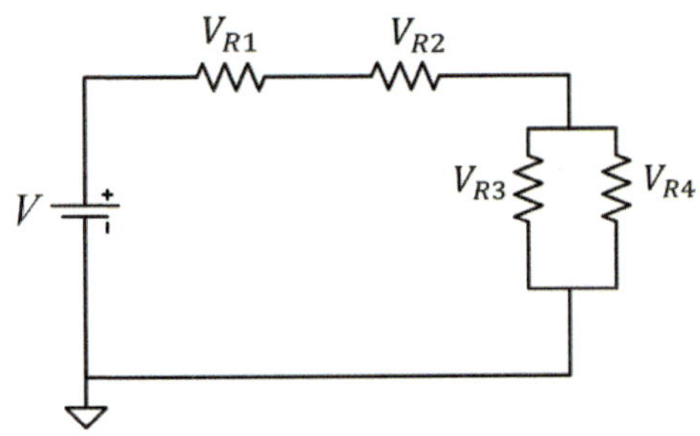

결과 1-1

R1과 R2는 전원으로부터 직렬로 연결되어 있고 R3과 R4는 R2와 접지 사이에 병렬로 연결되어 있으므로 아래와 같이 구성이 가능하며 이외에도 다양한 방법으로 연결이 가능하다.

예제 1-1의 브레드보드 구성

예제 1-2

7400 NAND 게이트, 스위치, 저항 및 발광 다이오드를 이용하여 다음 회로를 브레드 보드에 구성하시오.

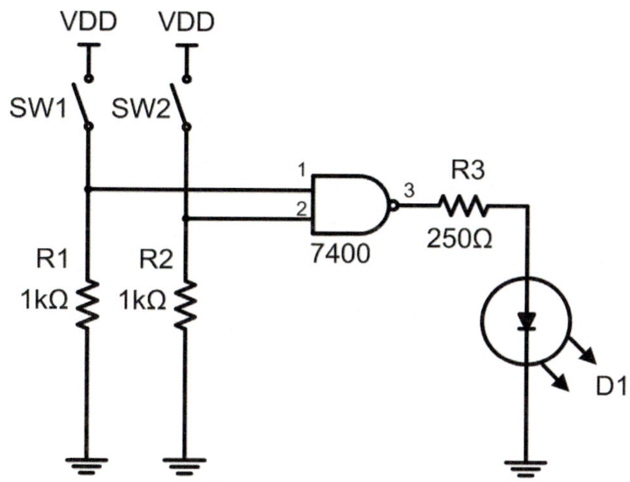

결과 1–2

7400 IC를 비롯한 74XX 계열 IC들은 아래와 같이 핀 배치가 되어 있으며 회로도에 특정한 지시가 없더라도 IC 기준 원형 표시 되어 있는 좌측 상단이 1번핀으로써 좌측 가장 아래 핀 (7400은 전체 14핀이므로 7번)은 접지에 연결하고 우측 최상단은 전원에 연결하여야 동작한다.

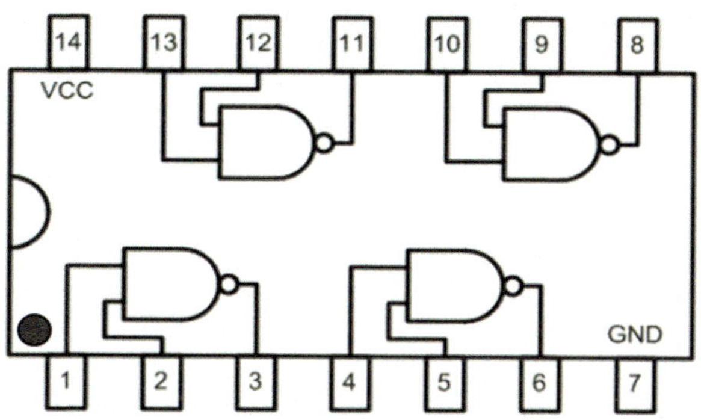

7400 IC 구조

IC를 브레드 보드에 배치할 때는 e와 f 사이의 격리된 공간에 먼저 배치하고 나머지 부품들을 배치하는데 우선 전원과 접지 연결을 구성하고 Tact 스위치와 저항을 배치하고 LED를 배치한다.

아래 그림에서 7400 IC 의 7번 핀은 접지(−)에 연결되고 14번 핀은 전원(+)에 연결되어 있는 것을 확인하여라.

예제 1-2의 브레드보드 구성

위의 회로 구성에서 7번 핀이 접지단자인 (-)단자에 연결되어 있고 14번 핀이 배터리의 (+)단자에 연결되어 있음에 유의하자.

1.2 발광 다이오드 (LED : Light Emitting Diode)

발광 다이오드는 반도체를 이용한 PN 접합이라고 불리는 구조로 만들어져 있다. 전극으로부터 반도체에 주입된 전자와 정공은 다른 에너지띠(전도띠나 원자가띠)를 흘러 PN 접합부 부근에서 띠틈을 넘어 재결합한다. 재결합할 때 거의 띠틈에 상당한 에너지가 광자, 즉 빛으로 방출된다.

앞의 회로에서 사용된 부품 중 발광 다이오드는 전원표시나 회로의 동작을 표시하는데 많이 쓰이는 부품으로 애노드(Anode)와 캐소드(Cathode) 극성이 존재하므로 회로 구성 시 주의하여야 한다. 극성 판별은 2개의 다리 길이를 통해 긴 쪽이 Anode이고 짧은 쪽이 Cathode이다. 또는 발광 면을 보면 면이 넓은 쪽이 cathode이고 면이 좁은 쪽이 Anode이다.

발광 다이오드는 최근에는 조명용으로도 많이 사용되고 있다. 또한 일반적으로 발광다이오드의 적정 전류는 20 mA 정도이므로 다이오드와 저항을 직렬로 연결하여 흐르는 전류를 소자 정격에 맞도록 제한하여야 한다.

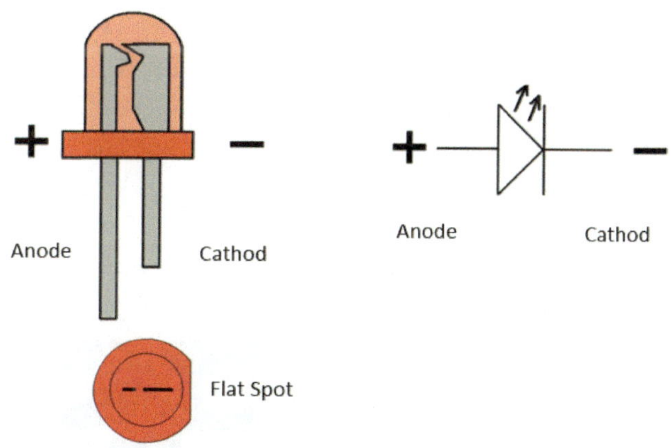

발광 다이오드의 여러 가지 형태

예제 1-3

5V 전원, 다이오드, 저항을 이용하여 회로 내에 20mA가 흐르도록 저항 값을 설정하시오.

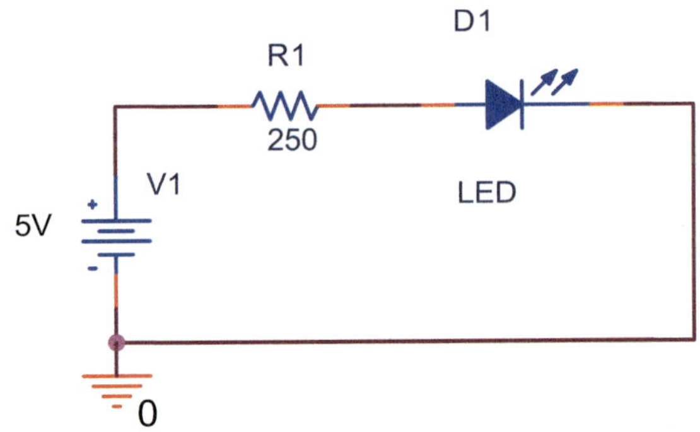

결과 1-3

위의 그림과 같이 회로를 구성하고 애노드를 전원의 양극 방향, 캐소드를 접지 방향에 연결하고 저항을 계산한다. R1 저항 오옴의 법칙에 의해 다음과 같이 설정할 수 있다.

$$R = \frac{V}{I} = \frac{5\,[\mathrm{V}]}{20\,[\mathrm{mA}]} = 250\,[\Omega]$$

발광 다이오드에 연결되는 저항은 노드에 흐르는 전류가 20 [mA]를 넘지 않도록 250 [Ω] ~300 [Ω] 범위의 저항을 선택하여 사용한다.

1.3 저항 (Resistor)

최근 전자회로 기술의 눈부신 발전으로 새로운 형태로 된 각종 부품도 많이 나오고 있지만, 기본적인 성분은 R(저항기), L(코일), C(커패시터)는 여전히 주요한 부품으로 특성을 잘 알고 있어야 원하는 성능의 회로를 구현할 수 있다. 저항은 크게 고정저항기와 가변저항기로 나누어지며 사용하는 재료에 따라 탄소계와 금속계로 분류된다. 저항은 전류의 흐름을 제어하는 소자이며 회로 기호는 아래와 같다.

저항기호

정격전력이란 저항기가 견딜 수 있는 소비전력(W : 와트)으로, 전력은 전류의 제곱(I2)×저항(R)으로 구할 수 있으며, 이 이하로 사용하지 않으면 저항기가 열을 발생하게 되고 결국 타버리는 경우도 흔히 있다. 저항은 전류의 흐름을 조절하는 기능을 하며 1/8W, 1/4W 1W, 2W 등 흐를 수 있는 최대전류를 고려하여 정격에 맞는 값을 사용하여야 한다.

형태		정격전력(W)	굵기(mm)	길이 (mm)
탄소 피막 저항		1/8	2	3
		1/4	2	6
		1/2	3	9
금속 저항		1/8	2	3
		1/4	2	6
		1	3.5	12
		2	5	15

전자회로의 신호회로(미약전류)에서는 1/8W로 충분하지만, 전원회로, 발광 다이오드의 전류제어용과 같은 저항기에는 생각보다 큰 전류가 흐르기 때문에 정격전력을 염두에 둘 필요가 있다.

값이 고정된 저항과 값을 가변시킬 수 있는 가변저항이 있으며 여러 개의 저항이 포함된 어레이 저항이 있다. 이외에도 주변 온도에 따라 저항값이 변하는 서미스터(Thermistor)가 있으며 전압에 따라 저항이 바뀌는 배리스터(Varistor) 저항을 이용하여 다양한 응용회로를 구성할 수 있다. 최근에는 보드 사이즈를 줄이기 위해 표면실장 SMD(Surface-Mount Devices)형태의 저항도 많이 사용된다.

다양한 크기의 고정저항

가변저항

서미스터

배리스터

칩저항

여러 가지 저항 형태

탄소 피막 저항은 가장 일반적이고 저가격의 저항이다. 저항 값의 오차는 ±5%의 저항기가 가장 많다. 탄소피막 저항기는 잡음이 심하다고 하는 결점이 있기 때문에, 아날로그 회로에는 금속계의 저항을 많이 사용한다. 저항 값은 저항 표면에 표시된 색띠 값으로부터 값을 알 수 있다. 특히 첫 번째, 두 번째, 세 번째 띠는 기억해 두면 좋다. 저항 값은 다음과 같다.

$$R = AB \times 10^{C} \pm D$$

이다. 예를 들면 칼라 코드 값이 녹색, 파랑, 주황, 은색이라면

$$R = 56 \times 10^{3}\Omega \pm 10\%$$

저항값 판별에 사용되는 칼라코드는 다음 표에 정리하였다.

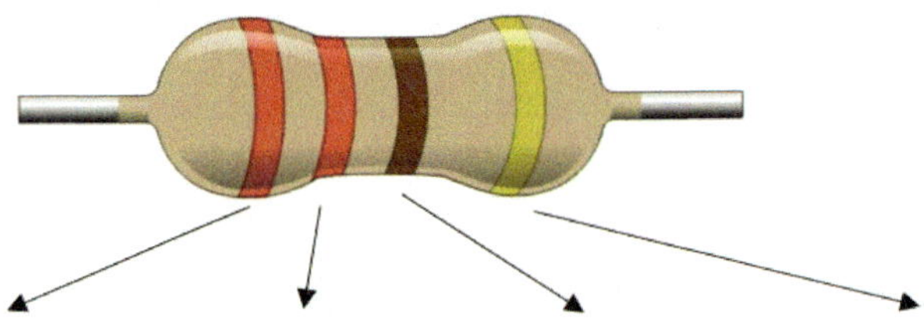

색상	1색띠(A)	2색띠(B)	3색띠(C)	4색띠(D)
흑색	0	0	10^0	
갈색	1	1	10^1	±1%
빨강	2	2	10^2	±2%
주황	3	3	10^3	
노랑	4	4	10^4	
녹색	5	5	10^5	±0.5%
파랑	6	6	10^6	±0.25%
보라	7	7	10^7	±0.1%
회색	8	8		±0.05%
백색	9	9		
금색			10^{-1}	±5%
은색			10^{-2}	±10%
무색				±20%

참고 **풀업(Full-up), 풀다운(Full-down) 저항**

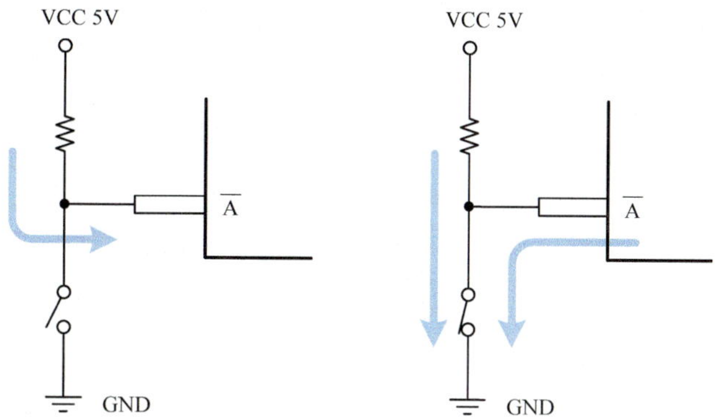

풀업저항동작

위 그림의 왼쪽에서와 스위치가 열려 있으면 입력은 '1'로 인식하고 우측 그림과 같이 스위치를 닫으면 전원에서 저항을 통해 들어오는 전류와 핀의 전류가 합류하여 그라운드로 흘러 들어가게 되는데 이때 입력의 전압은 0V로 낮아져 '1'이 입력된 것으로 인식한다. 이렇게 핀에 High 값을 입력해 두려고 붙이는 저항을 '높은 저항에 매달아 둔다.'는 뜻으로 풀업(Pull-Up)저항이라고 한다.

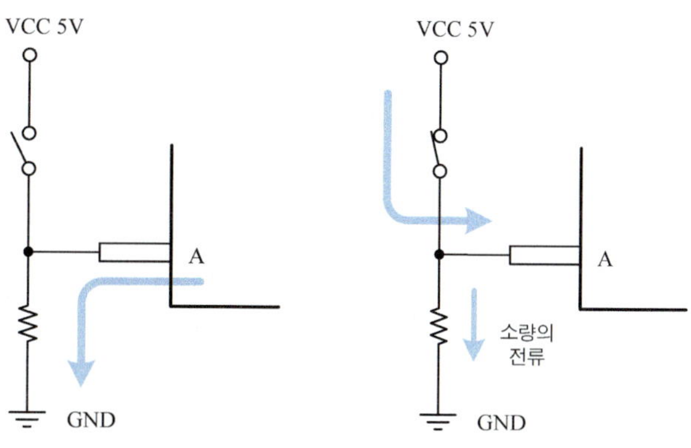

풀다운저항동작

위 그림은 입력핀이 5v의 전압을 받으면 '1'로 인식한다. 좌측 그림이 입력핀은 그라운드에 연결되어 전류가 항상 그라운드로 흐르고 있어서 입력 전압은 0V가 된다. 이때 우측 그림과 같이 VCC전원에 연결된 스위치를 단락시켜 전류가 흐르게 하면, 소량의 전류가 저항을 통해 그라운드로 흘러내리기는 하지만 많은 양의 전류가 입력 핀으로 흘러 전압이 VCC와 같은 5V 정도가 된다. 따라서 입력핀은 '1'이 입력된 것으로 인식된다.

1.4 커패시터 (Capacitor)

커패시터 또는 콘덴서라고도 불리며 회로에서 전기적인 전하를 모아서 에너지를 축적하고 다시 전하를 방출하여 축적된 에너지를 방출하는 소자이며 충전 용량을 커패시턴스(Capacitance)라고 하며 단위는 F(Farad)를 사용한다. 회로 기호는 다음과 같다.

커패시터 기호

커패시터는 두 금속판 사이에 유전체가 채워져 있는 구조이며 커패시터 용량 값은 아래 수식 에서와 같이 두 금속판 거리에 반비례하고 금속판의 면적에 비례한다. 직류를 인가하면 전류가 차단되며 교류를 통과하면 주파수에 따라 저항이 감소하여 주파수에 따라 변하는 가변저항 역할을 한다.

$$C = \epsilon \frac{A}{d}$$

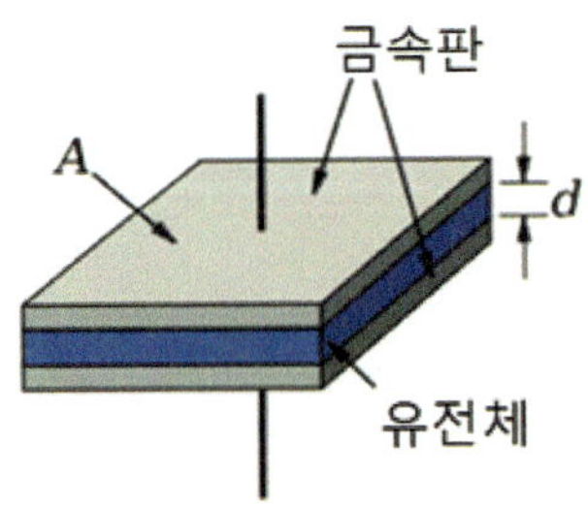

커패시터 구조

이때 ϵ는 유전율이라고 하며 물질에 따라 다르다. 커패시터도 전류의 흐름을 방해하는 저항성분이 있으며 리액턴스(reactance)라고 한다. 특히 커패시터가 나타내는 리액턴스를 용량성 리액턴스라 하며, 다음과 같다.

$$X_C = -\frac{1}{\omega C}$$

여기서 ω는 정현파 전원이 가지는 각주파수이다. 정현파가 전원에서 인가된 경우, 정상상태에서 전압과 전류의 페이저 비를 임피던스(impedance)라 하며 임피던스는 다음과 같이 복소수로 표현된다.

$$Z = R + jX$$

여기서 R은 소자의 저항성분이고 X는 리액턴스 성분을 나타내며 단위는 Ω이다. 커패시터의 임피던스는 다음과 같다.

$$Z_C = jX_C = -j\frac{1}{2\pi f C}$$

그러므로 커패시터 양단의 전압 V_C와 전류 I_C는 다음관계를 만족한다.

$$V_C = I_C \cdot Z_C$$

이 식으로부터 전압과 전류의 관계는 선형이므로 커패시터는 선형소자임을 알 수 있다. 또한 위식으로부터 면적에 비례하고 두 전극판 사이의 간격에 반비례하므로 회로 상에 여러 개의 커패시터를 연결하면 다음과 같이 저항과 반대로 직렬연결 시에는 커패시터 값이 감소하고 병렬 연결 시에는 증가한다.

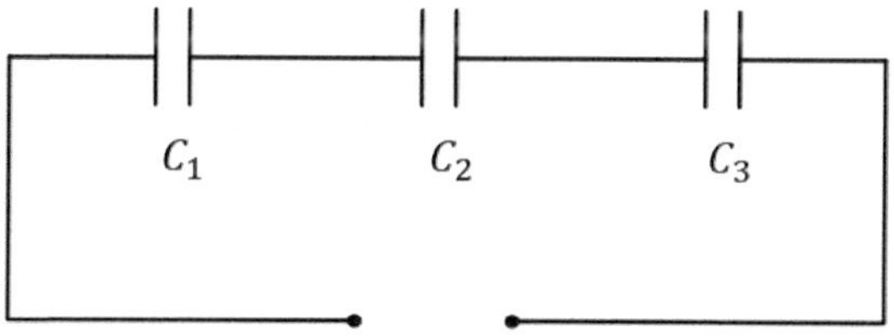

$$\frac{1}{C_T} = \frac{1}{C_1} + \frac{1}{C_2} + \frac{1}{C_3}$$

커패시터의 직렬연결

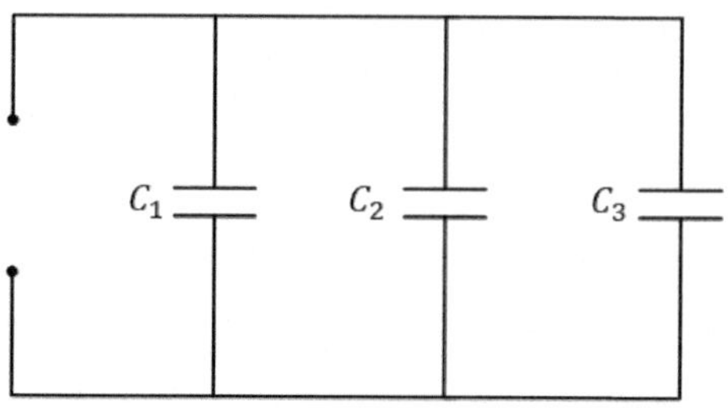

$$C_T = C_1 + C_2 + C_3$$

커패시터의 병렬연결

커패시터는 재료에 따라 세라믹 커패시터, 마일러 커패시터, 전해 커패시터 그리고 탄탈 커패시터 등으로 분류된다. 각각의 형태로부터 구분할 수 있으며, 특성도 다르다. 예로 세라믹 커패시터는 고주파 특성이 좋으며, 전해 커패시터는 대용량의 커패시터를 만드는데 유리하다. 전해 커패시터와 탄탈 커패시터는 극성이 있다.

오차율

J : 5%이내

K: 10% 이내

M:20% 이내

표시	변환치	단위
101	100	pF
102	0001	μF
103	0.01	μF
104	0.1	μF
223	0.022	μF
333	0.033	μF
473	0.047	μF

커패시터는 전기를 축적하는 역할 뿐만 아니라 직류를 차단하고 교류전류를 통과하는 용도로 사용한다. 두 극판사이에 절연체(유전체)를 넣어 만들며 재질에 따라 다양한 종류의 커패시터가 있다. 단위는(farad : F)를 사용하며 pF을 기준으로 3개의 유효숫자로 표시하는데 상위 2자릿수는 용량의 유효 수치이며 3번째 숫자는 10의 승수를 나타낸다. 저항처럼 정격에 맞는 커패시터를 사용하여야 하며 오차율과 함께 표시한다.

예를 들어 103으로 표시되어 있다면

$$C = 10 \times 10^3[\mathrm{pF}] = 10 \times 10^3 \times 10^{-12}$$
$$= 10^{-8} = 0.01\,[\mu\mathrm{F}]$$

커패시터는 다양한 형태로 극성이 있는 것과 극성이 없는 것이 있으며 최근 MLCC(Multi-Layer Ceramic Capacitor)라고 하는 고용량 SMD 부품이 휴대폰 등에 1,000개 정도가 사용된다.

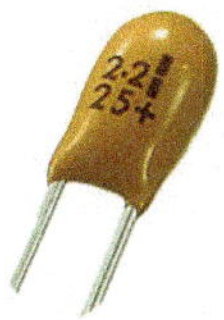

탄탈커패시터

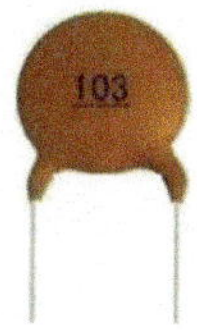

세라믹커패시터

전해커패시터

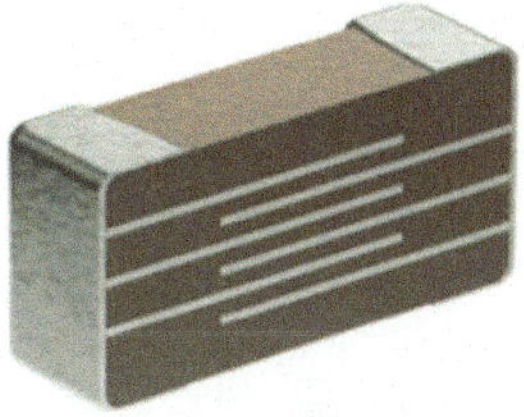

적층형커패시터

여러 가지 형태의 커패시터

참고 **바이패스(Bypass) 커패시터와 커플링(Coupling) 커패시터**

바이패스 커패시터는 특정 주파수에서 공진하여 특정 주파수의 노이즈 성분을 그라운드로 흘리거나 특정 주파수 성분만 다음 단으로 보내주는 반면, 커플링 커패시터는 주로 한단과 다른 단을 결합해주는 역할을 하는데 각 단에는 일반적으로 DC bias가 걸려 있으므로 다른 단의 DC 특성에 영향을 주지 않고 결합시켜 주기 위하여 커패시터를 이용하여 DC는 차단하고 신호 성분만 다음 단으로 연결시켜주는 역할을 한다.

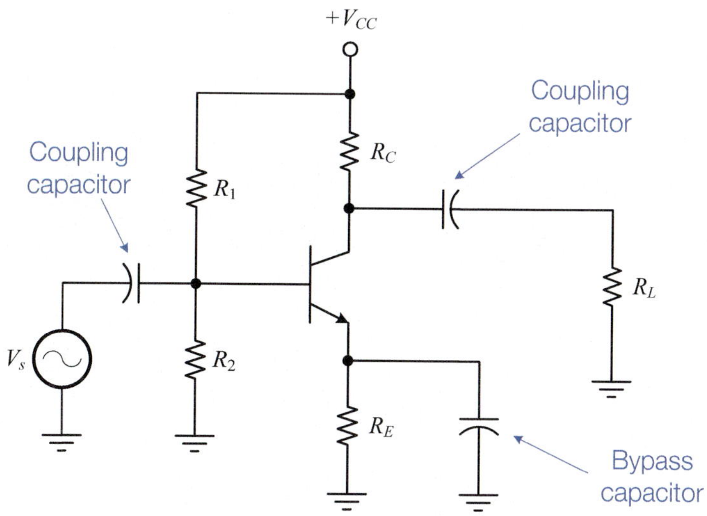

1.5 인덕터 (Inductor)

인덕터는 시간적으로 변화하는 전류에 대하여 변화를 억제하는 방향으로 유도전압을 생성한다. 즉, 인덕터는 전류의 변화를 방해하는 작용을 하며 이는 결국 저항성분으로 나타나며 회로 기호는 다음과 같다.

인덕터 기호

회로에 흐르는 전류의 변화에 의해 전자기유도로 생기는 역기전력의 비율을 나타내는 양으로 단위는 H(헨리)이며 자속(磁束) 변화의 원인에 따라 자체인덕턴스와 상호인덕턴스로 나눈다. 역기전력이 자기 자신의 회로에 흐르는 전류의 변화로 유도될 때의 인덕턴스를 자체인덕턴스 또는 유도리액턴스(inductive reactance : X_L)라 하고, 결합되어 있는 상대방의 회로에 흐르는 전류의 변화로 유도될 때는 상호인덕턴스라고 한다. 공급된 전압과 전류와의 관계는 전류가 전압에 비해 90도 늦게 시간에 따른 위상이 따라가게 된다.

$$L = \frac{v}{\frac{\Delta i}{\Delta t}} = v\frac{\Delta t}{\Delta i} \quad \text{이며} \quad X_L = \omega L$$

구리나 알루미늄 등을 절연성 재료로 싸서 나사 모양으로 여러 번 감은 솔레노이드를 주로 사용한다. 즉, 도선을 감은 코일로 가장 기본적인 회로 부품이자 회로 소자이다.

여러 가지 형태의 인덕터

기호는 자기적인 결합을 뜻하는 링키지(linkage)의 머리글자를 따서 L로 표시한다. 전류의 변화량에 비례해 전압을 유도함으로써 전류의 급격한 변화를 억제하는 기능을 한다. 이때 회로에 흐르고 있는 전류의 변화에 따라 전자기유도로 생기는 역기전력(逆起電力)의 비율 또는 권선에 흐르는 시간의 변화량과 권선에 발생하는 기전력의 비를 인덕턴스라고 한다.

인덕터에 전류가 흐르고 있을 때 인덕터의 한 쪽을 갑자기 끊어 버리면, 전류는 순식간에 0이 되면서 매우 높은 전압이 발생하고, 이로 인해 끊어진 회로 부위에는 스파크가 일어난다. 이런 원리를 이용해 인덕터는 각종 전자제품, 발진회로, 전원회로의 전류저장소자 등에서 전류의 급격한 변화를 막고, 전기 잡음을 걸러내는 필터 등으로 사용된다.

종류는 코일만 있는 공심 인덕터 외에 교류전류를 저지하는 초크코일 인덕터, 코일 속에 철·코발트화합물·페라이트 등의 자성체를 집어넣어 자기장을 효율적으로 관리할 수 있는 인덕터 등 여러 종류가 있다.

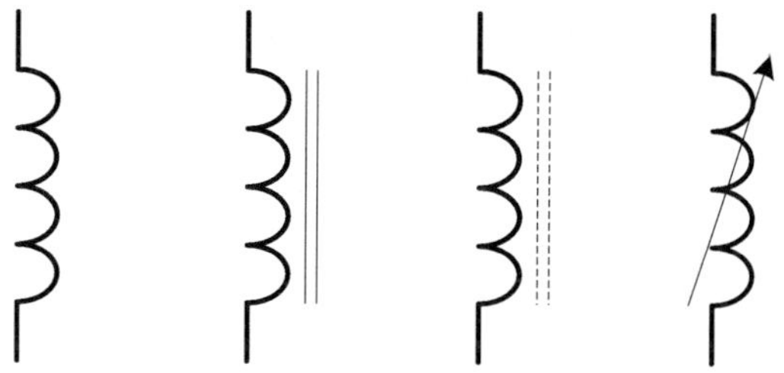

다양한 형태의 인덕터

1.6 오실로스코프 (Oscilloscope)

오실로스코프는 멀티미터처럼 전압을 측정하는 장치이지만 멀티미터는 직류전압이나 교류전압인 경우 실효값을 측정하는데 적합한 반면 오실로스코프는 시간에 따른 전압의 변화를 시각적으로 표현하여 교류신호의 파형을 측정하는데 주로 사용된다. 오실로스코프는 특수한 probe를 이용하면 전류측정도 가능하다. 최근에 주로 사용되는 디지털 오실로스코프는 입력된 신호를 A/D 변환하여 입력전압을 디지털 데이터로 변환한 다음, 필요한 데이터 처리를 한 후 LCD 등의 표시장치로 결과를 표현한다.

디지털 오실로스코프의 앞 패널은 일반적으로 다음 그림과 같은 형태를 갖는다. 좌측에는 파형을 표시하는 표시장치 그리고 우측에는 컨트롤 스위치들과 함께 전압 및 시간의 스케일을 결정하는 놉(knob)들이 있다. 그리고 우측 하단에는 외부 측정 신호를 받아들이는 BNC 단자가 있다. BNC 단자에는 프로우브(probe)가 연결되며, 프로우브의 다른 끝에는 접지 클립과 측정점에 직접 연결될 수 있도록 후크(hook) 또는 침이 달려있다.

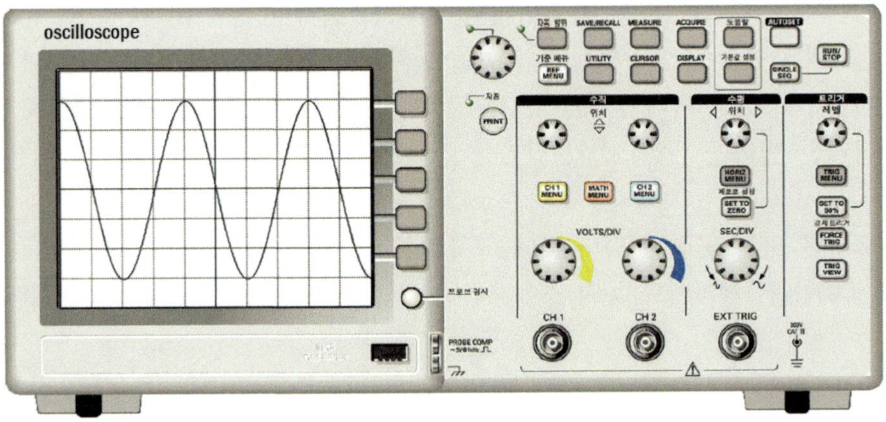

오실로스코프 구성

표시장치에는 가로축과 세로축이 있으며, 가로축은 시간 그리고 세로축은 전압을 나타낸다. 표시장치의 각 축에는 구간이 나누어져 있어 시간과 전압을 세밀하게 측정할 수 있도록 하였다. 한 구간을 디비전(division)이라고 부르며 한 구간당의 전압이나 시간 등은 오실로스코프의 놉(knob)으로 변경시킬 수 있다. 세로축의 한 구간당 전압은 Volts/Div로, 가로축의 한 구간은 Sec/Div로 나타낸다.

Volts/Div 값의 크기를 조절하면 세로 방향의 크기를 확대하거나 축소시킬 수 있으며, Sec/Div 값의 크기를 조절하면 가로 방향의 크기를 확대하거나 축소시킬 수 있다.

예제 1-4

오실로스코프의 VOLTS/DIV과 SEC/DIV이 각각 2V, 5ms일 때 다음 파형의 주기와 V_{PP} (peak-to-peak voltage)를 구하시오

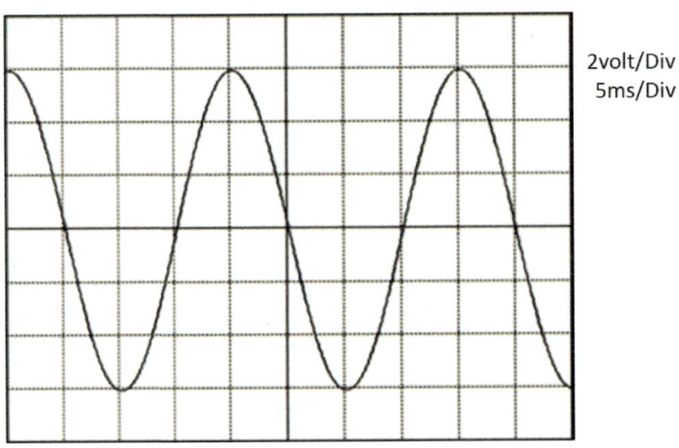

결과 1-4

그림에 표시장치에 표현된 파형의 한 예를 보였다. 여기서 설정이 2Volts/Div, 5ms/Div로 되어 있다면, 세로 방향으로 파형이 6구간에 있으므로 V_{PP}(peak-to-peak voltage)는 12V이다. 그리고 이 정현파의 주기는 가로 방향으로 4구간이므로 $5 \times 4 = 20$ms이다.

오실로스코프 사용 시 중요하게 알고 있어야 하는 기능이 트리거링(triggering)이다. 오실로스코프의 트리거링은 표시장치에서 파형을 그리기 시작하는 조건을 지정하는 것으로, 트리거링이 적절히 세팅되면 표현되는 파형이 흐르거나, 흔들리지 않고 고정되어 있는 것처럼 표시되어 파형을 제대로 관찰할 수 있다. 트리거링 조건은 입력파형의 특성에 따라 적절하게 맞추어져야 한다. 일반적으로 가장 많이 사용되는 트리거링 조건은 입력신호의 레벨과 기울기(slope)로 주는 것이다. 트리거링 레벨을 입력신호의 범위 내로 설정하고 기울기는 양(positive)이나 음 (negative) 중 하나로 설정하면 대부분의 아날로그 타입의 입력신호는 파형이 고정된다.

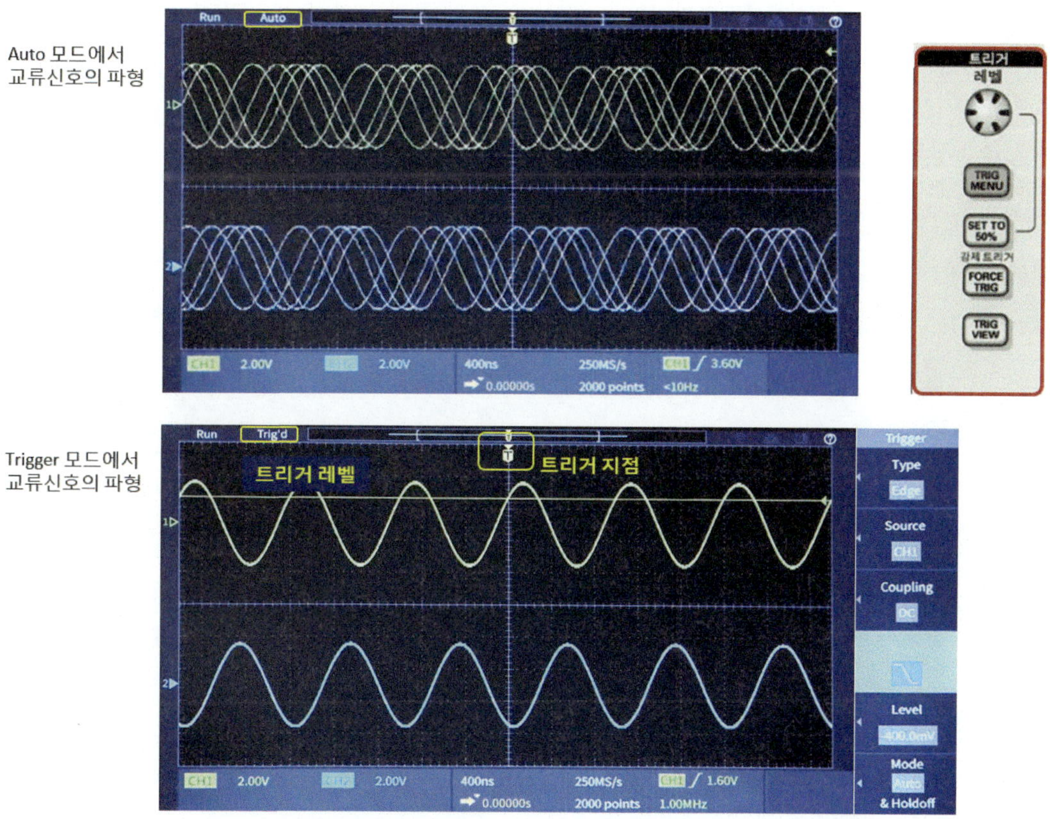

트리거 기능을 이용한 파형 고정

참고 **주파수와 시간의 관계**

사인파나 구형파처럼 일정한 주기를 갖는 신호는 주파수(Hz:헤르쯔)로 환산하여 표시하기도 하며 시간축 상에서 시뮬레이션을 실행할 때 주파수로 신호의 빠르기가 표시되는 경우도 있으므로 환산에 익숙하여야 한다. 주기와 주파수의 관계는 다음과 같다.

$$T = \frac{1}{f}$$

즉, 주기는 주파수의 역수와 같으며 위의 사인파의 주기는 20ms이므로 주파수로 환산하면 50Hz로 표시할 수 있다.

$$f = \frac{1}{f} = \frac{1}{20 \times 10^{-3}(\mathrm{sec})}$$
$$= \frac{10^3}{20} = \frac{1000}{20} = 50\ Hz$$

CHAPTER 02

PSpice 시작하기

이번 장에서는 기본적인 PSpice의 동작과 구성을 살펴보고 시뮬레이션을 실행하는데 필요한 설정 사항들을 알아본다.

학습목표

▸ PSpice의 메뉴 구성과 사용법을 익히며 Profile 설정법을 학습한다.

2.1 PSpice 설치 및 동작 확인

Spice(Simulation Program with Integrated Circuit Emphasis)는 컴퓨터를 이용하여 전기, 전자회로의 설계 및 해석을 위해 1972년 미국 버클리(Berkeley) 대학에서 Pederson 교수에 의해 개발되었으며 10,000개 이상의 아날로그 라이브러리와 2,000개 이상의 디지털 라이브러리를 이용하여 과도특성 및 주파수 특성 등의 다양한 해석이 가능하다. 또한 회로의 설계와 편집 및 그래픽 출력이 가능하도록 Capture, Stimulus Editor, PSpice A/D, Probe로 구성되어 있으며 Parameter 기능을 이용한 해석이 가능하다.

OrCAD의 OR는 미국 Oregon주에서 기원하며 OrCAD란 회사로 시작되어 회로를 설계하는 Capture, 회로시뮬레이션을 수행하는 PSpice와 PCB를 디자인하는 Layout이 하나의 패키지로 공급되며 Cadence사에서 OrCAD사를 인수합병하면서 Layout 프로그램은 PCB Editor로 명칭이 변경되어 제공되고 있으며 현재는 버전 17로서 64 bit 운영체제에서 PCB 설계시 중요하게 고려되어지는 기구물과의 호환성을 반영할 수 있도록 3D 기능이 강화되었다. OrCAD는 옵션을 추가하여 Allegro란 명칭으로 공급되며 기본적인 기능 이외에도 다양한 기능을 제공한다.

PSpice 17.2 데모 버전은 Cadence사에서 일반 사용자들의 편의를 위해서 무료로 제공하는 버전으로 회로 작성, 아날로그 및 디지털 시뮬레이션 뿐만 아니라 PCB 디자인 기능도 제공한다. 회로 cadence 홈페이지나 국내 공급업체인 나인플러스 홈페이지를 통해 무료로 다운로드 받을 수 있다.

데모 버전 PSpice는 사용 가능한 노드의 수를 64개, sub-circuit 20개, 최대 사용 가능 부품 25개, 디지털 부품 65개로 제약이 따르지만, 학교 교육과정 내용이나 일반적인 회로는 충분히 시뮬레이션 수행이 가능하다.

2.1.1 Cadence 홈페이지를 이용한 다운로드

Cadence의 경우 http://www.orcad.com/buy/try-orcad-for-free에 접속하여 다음의 절차에 따라 다운로드 및 설치가 가능하다. OrCAD 17.2 설치를 위해서는 CPU 2.4 GHz 이상, 2 GB 메모리, 50 GB 이상의 disk space가 요구되며 Windows 7 이상의 64 bit 운영체계가 필요하다. 따라서 자신의 설치환경이 64 bit 운영체제인지를 확인하고 32 bit인 경우는 Orcad 16.6을 사용한다. PC 환경에 대한 확인은 시작 〉 컴퓨터 〉 속성 창에서 확인할 수 있다. 주의할 점은 하위 버전 설계 파일을 불러올 수 있지만 상위 버전에서 사용된 파일은 하위 버전에서 사용이 불가능하다는 점이다.

Cadence 홈페이지를 통한 PSpice 설치는 다음과 같은 절차로 진행된다.

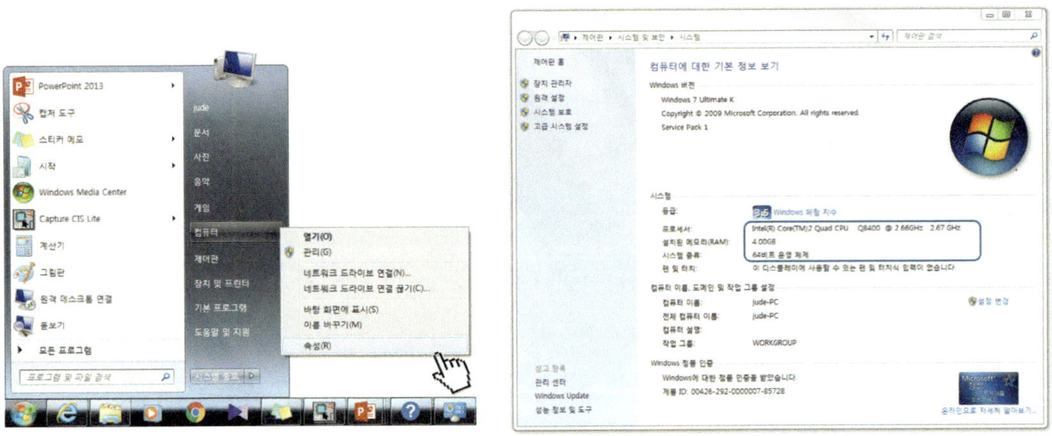

설치환경확인

① http://www.orcad.com/buy/try-orcad-for-free에 접속하며 아래와 같은 PSpice의 구성과 간략한 설명이 있다.

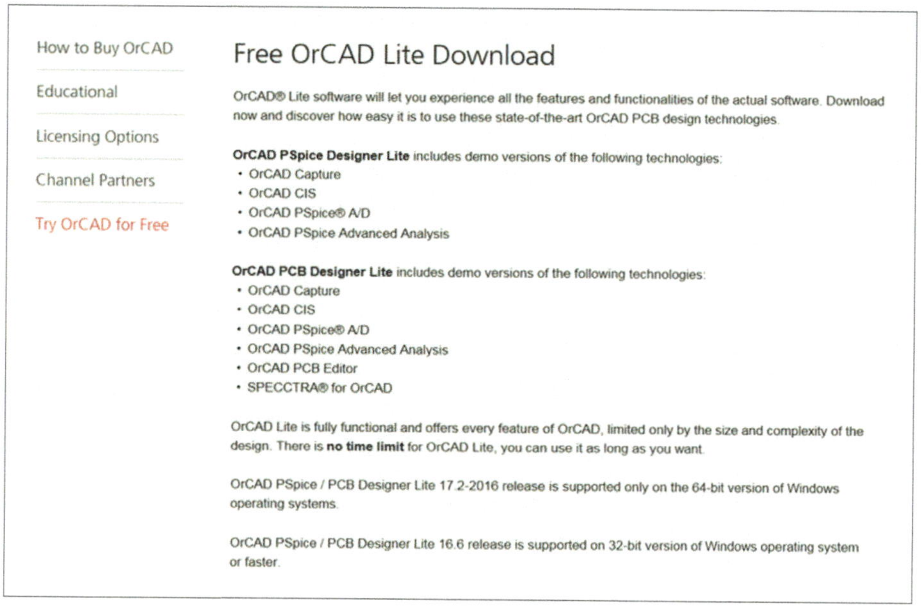
How to Buy OrCAD
Educational
Licensing Options
Channel Partners
Try OrCAD for Free

Free OrCAD Lite Download

OrCAD® Lite software will let you experience all the features and functionalities of the actual software. Download now and discover how easy it is to use these state-of-the-art OrCAD PCB design technologies.

OrCAD PSpice Designer Lite includes demo versions of the following technologies:
- OrCAD Capture
- OrCAD CIS
- OrCAD PSpice® A/D
- OrCAD PSpice Advanced Analysis

OrCAD PCB Designer Lite includes demo versions of the following technologies:
- OrCAD Capture
- OrCAD CIS
- OrCAD PSpice® A/D
- OrCAD PSpice Advanced Analysis
- OrCAD PCB Editor
- SPECCTRA® for OrCAD

OrCAD Lite is fully functional and offers every feature of OrCAD, limited only by the size and complexity of the design. There is **no time limit** for OrCAD Lite, you can use it as long as you want.

OrCAD PSpice / PCB Designer Lite 17.2-2016 release is supported only on the 64-bit version of Windows operating systems.

OrCAD PSpice / PCB Designer Lite 16.6 release is supported on 32-bit version of Windows operating system or faster.

PSpice 구성 및 소개

② 자신의 정보와 이메일 주소, 소속 등을 입력한다.

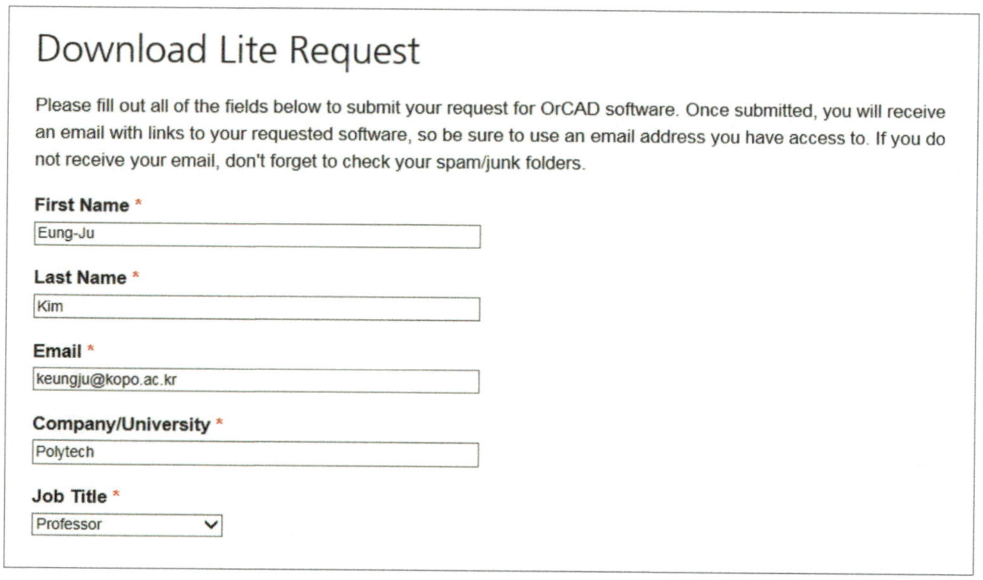
Download Lite Request

Please fill out all of the fields below to submit your request for OrCAD software. Once submitted, you will receive an email with links to your requested software, so be sure to use an email address you have access to. If you do not receive your email, don't forget to check your spam/junk folders.

First Name *
Eung-Ju

Last Name *
Kim

Email *
keungju@kopo.ac.kr

Company/University *
Polytech

Job Title *
Professor

③ 추가 정보 등을 입력하고 설치를 원하는 버전을 선택하고 Submit을 클릭한다.

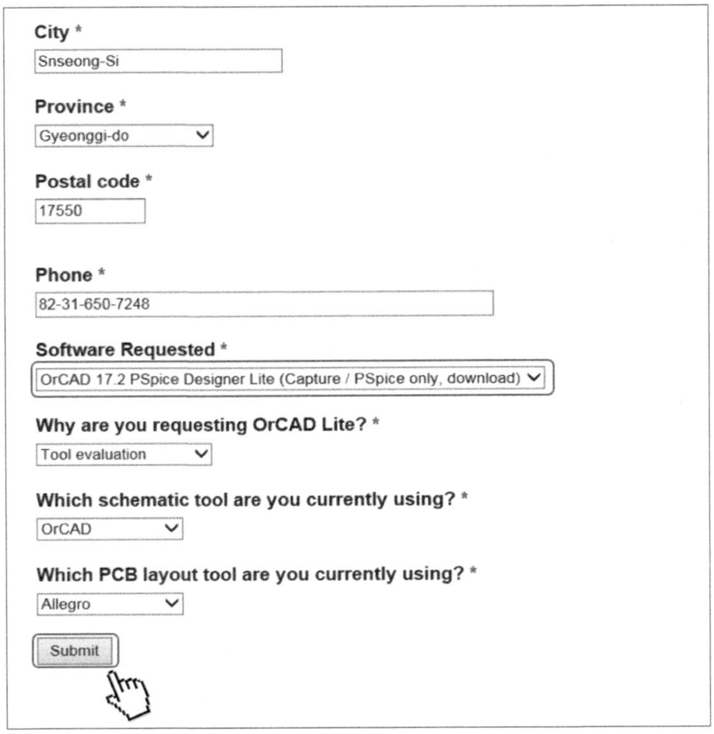

④ 잠시 후 등록한 이메일 주소로 Cadence社 로부터 Download가 가능한 답변을 확인하고 Download를 클릭한다.

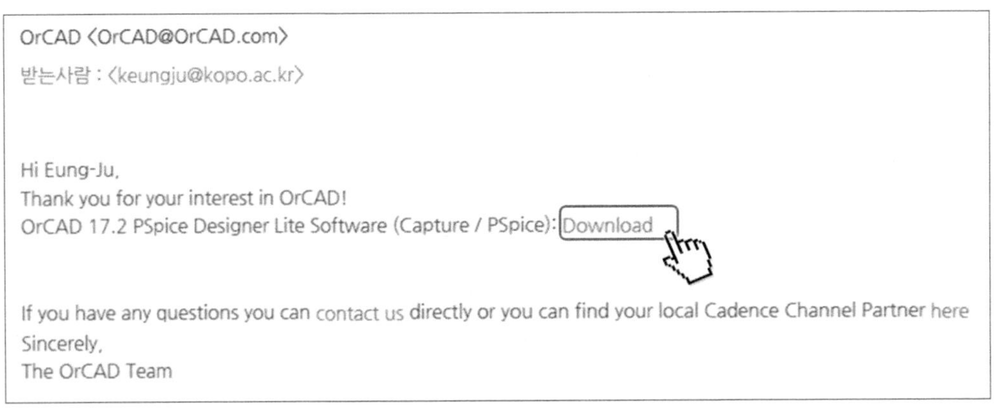

2.1.2 국내 공급업체를 이용한 다운로드

국내 공급 업체인 나인플러스 홈페이지(http://npit.co.kr)에서도 아래와 같은 절차에 따라 다운로드가 가능하다. 홈페이지 또는 공급업체로부터 다운로드한 설치 파일을 저장하고 설치를 진행한다.

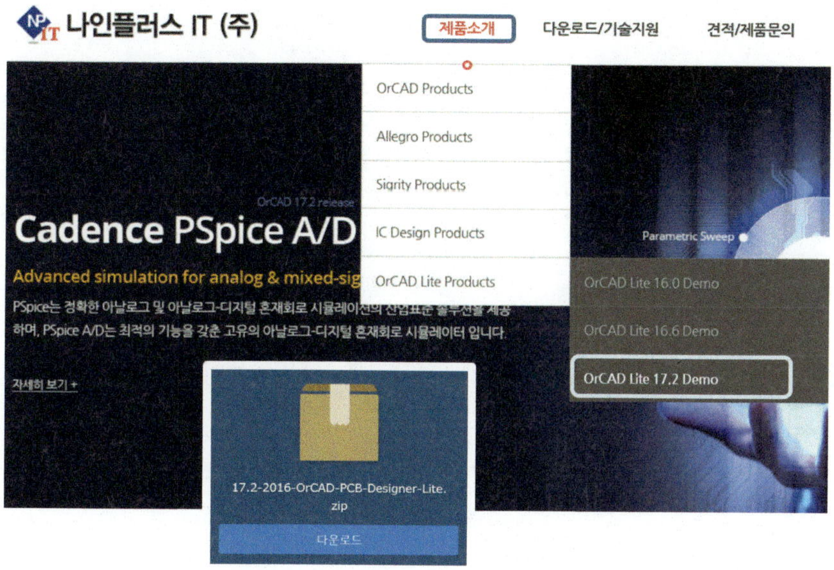

공급업체를 통한 다운로드 홈페이지

OrCAD_install_lite 설치파일을 더블클릭하면 아래의 절차에 따라 설치를 진행한다.

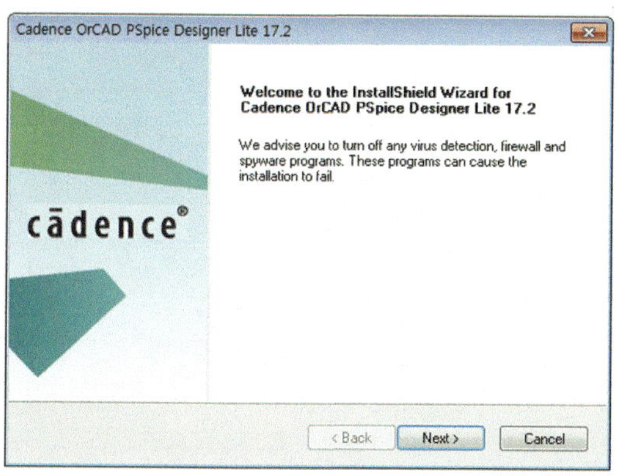

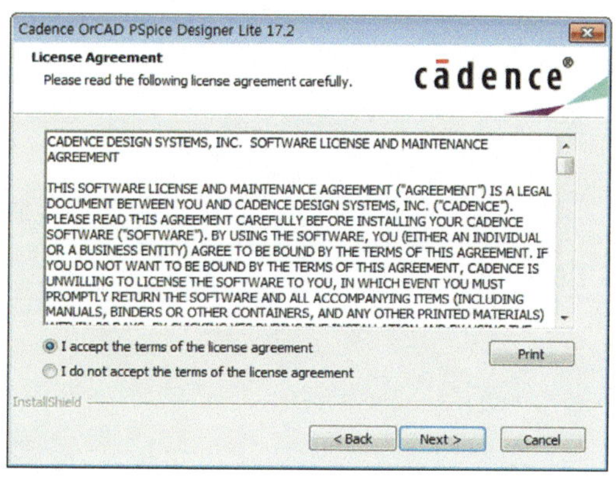

설치 진행

① 프로그램 설치 시작 : 설치파일을 실행하면 설치가 시작된다. [Next] 버튼을 클릭한다.

② 라이선스 동의(License Agreement)를 선택 후 [Next] 버튼을 클릭한다.

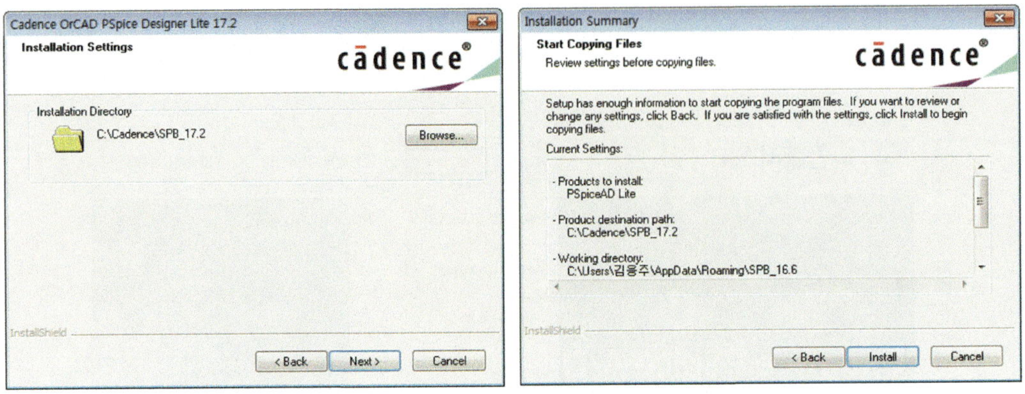

설치 진행

③ 기본적으로 C:₩OrCAD₩OrCAD₩OrCAD_17.2_Lite 폴더에 설치되며 [Change…] 버튼을 클릭하면 설치 폴더를 변경할 수 있다.

④ 설치 정보를 확인하고 [Next] 버튼을 클릭한다.

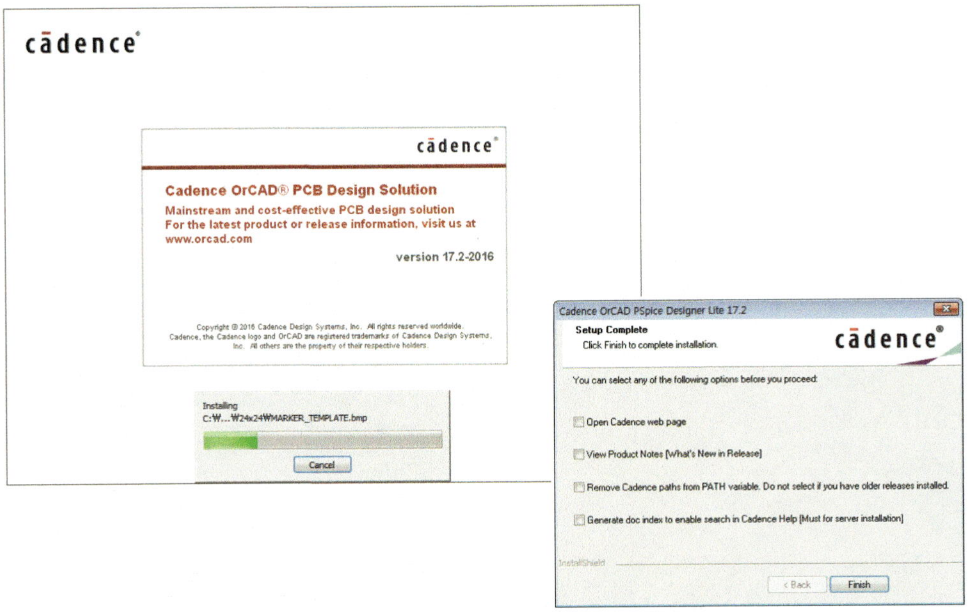

⑤ [Install] 버튼을 클릭하여 프로그램을 설치한다.

⑥ [Finish] 버튼을 클릭하면 설치가 종료된다. 제품에 대한 정보와 Cadence 홈페이지에서 관련된 정보를 확인한다.

⑦ 마지막 단계에서 PSpice에 대한 정보나 최신정보 확인 옵션을 선택하고 Finish를 클릭하여 설치를 마친다.

설치가 완료되면 다음과 같이 OR-CAD 폴더가 만들어지고 Capture CIS Lite 아이콘을 클릭하여 프로그램을 실행한다.

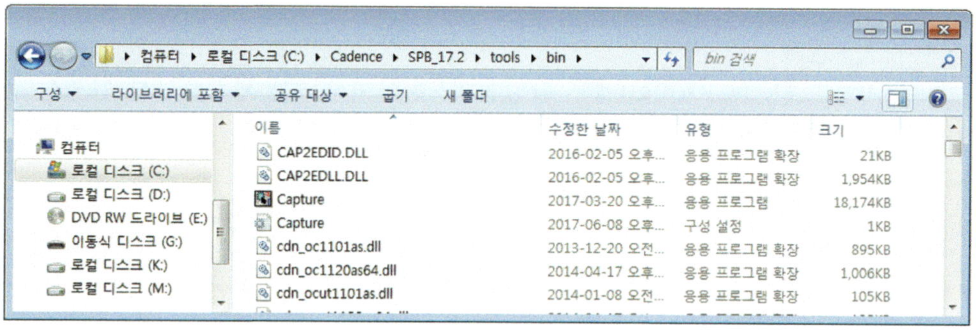

설치 경로 및 실행 파일

OR-CAD Capture CIS를 실행하면 다음과 같은 윈도우가 실행되고 새로운 프로젝트를 실행하거나 이전에 실행되었던 프로젝트 또는 디자인 파일을 불러올 수 있다. 정상적인 설치 확인을 위해 Open Project를 클릭한다.

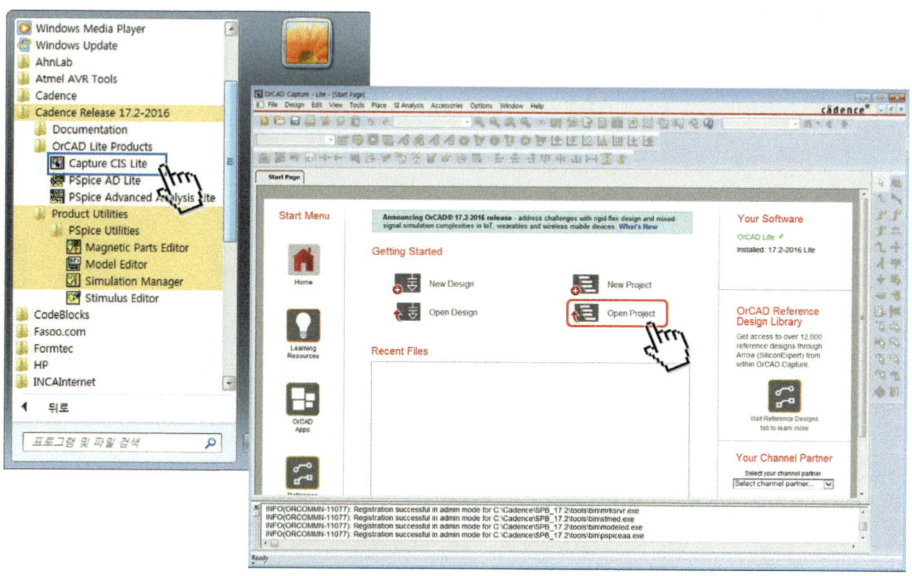

PSpice 실행 아이콘 및 프로젝트 생성

2.1.3 설치 확인

Open Project로 다음 경로에 저장되어 있는 바이폴라 트랜지스터를 이용한 차동증폭기 프로젝트를 클릭한다. 화면 좌측의 프로젝트 관리자에서 PAGE1을 클릭하면 회로도 실행된다. 회로는 차동 증폭부와 전류 바이어스부로 구성되어 있으며 PSpice 메뉴의 RUN을 클릭하여 설정되어 있는 시뮬레이션을 실행한다. 잠시 후 PSpice A/D가 실행되고 커패시터 C1 양단에 설정된 프로브의 출력파형이 출력됨을 확인할 수 있다.

또한 File〉Open〉 Demo Design에도 다양한 예제 프로젝트가 제공되므로 설계시 참고할 수 있다.

Open Demo Designs

Name	Capture	CIS	PSpice	PSpiceAA	Allegro	Lite
3-to-8 line decoder	Y	N	Y	N	Y	Y
8-bit Analog to Digital converter	Y	N	Y	N	N	Y
8-bit BCD counter using Actel devices	Y	N	N	N	N	Y
8-bit BCD counter using Altera devices	Y	N	N	N	N	Y

Demo Design 선택창 실행

▌예제 프로젝트 경로

C:₩Cadence₩SPB_17.2₩tools₩pspice₩capture_samples₩anasim₩example₩example.obj

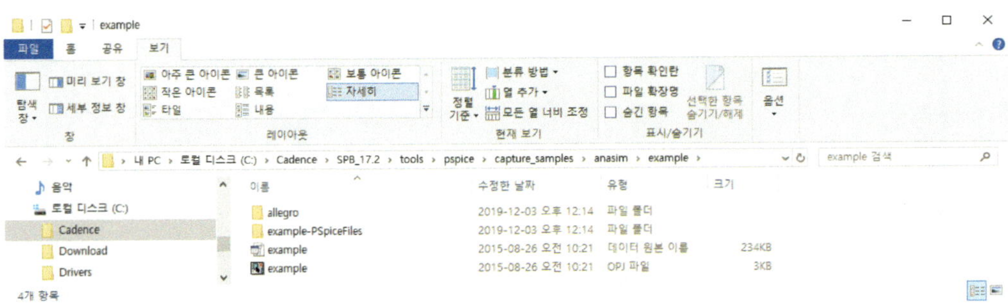

예제 프로젝트 경로

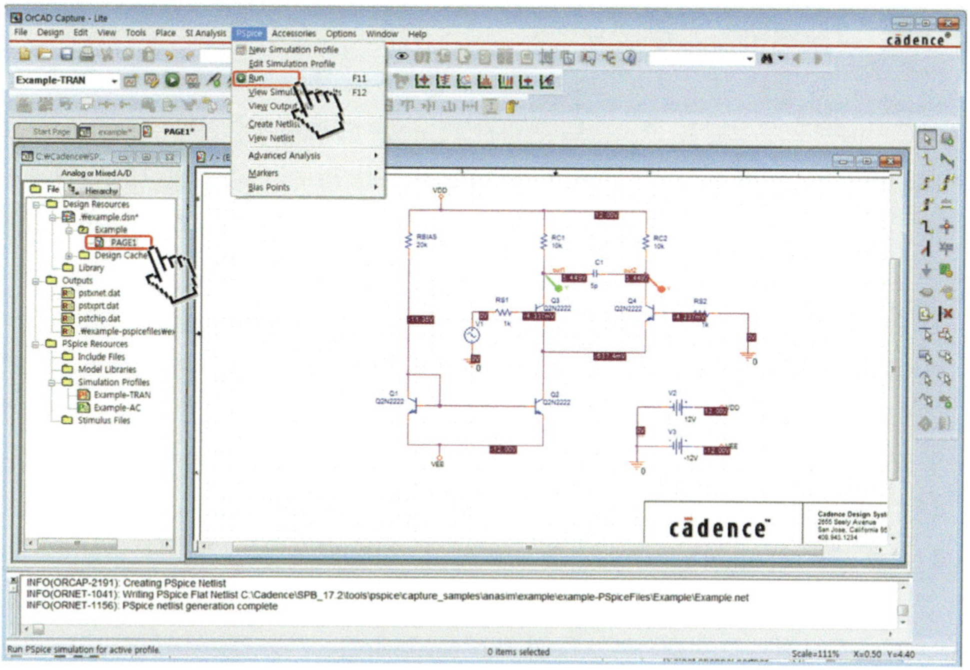

예제 프로젝트 실행

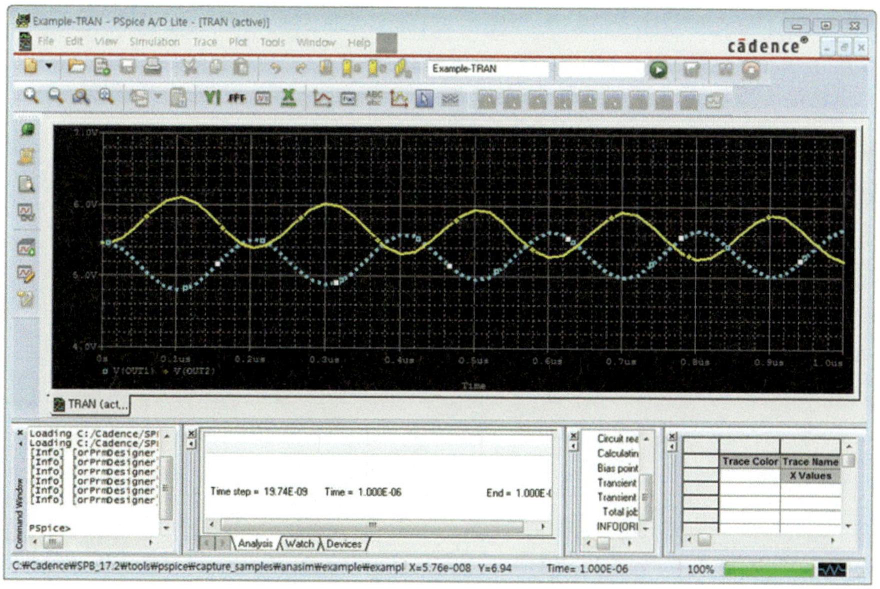

예제 프로젝트 실행 결과 확인

2.2 PSpice 구성

PSpice Capture 프로그램은 프로젝트 관리자(Project Manager), 편집기(Editor), Session Log 의 3가지 주요 윈도우로 구성되며 session Frame은 회로의 설계 및 처리작업을 수행한다.

Capture를 실행하면 각종 명령에 대한 단축버튼으로 자주 사용하는 명령을 쉽게 사용하기 위한 툴바(Tool bar)와 PSpice 시뮬레이션을 위한 메뉴, 부품입력과 회로 도면을 디자인하기 위한 툴 파렛트(Tool Palette)가 있으며 회로의 설계 작업을 진행하면서 다양한 정보나 오류 등을 표시하는 Session Window로 구성된다. Session window에 표시되는 Session log 내용은 파일 형태로 저장이 가능하며 ASCII 형태로 저장된다. 메뉴의 Find 명령으로 정보를 찾을 수 있으며 Ctrl+Del 키를 동시에 누르면 내용 삭제가 가능하다.

OR-CAD 제품은 회로를 설계하는 기능과 PCB를 설계하는 기능 뿐만 아니라 회로를 설계하고 여러 가지 조건으로 시뮬레이션 할 수 있는 기능들로 구성되며 사용 목적에 따라 프로젝트를 만들 때 설정을 해 준다.

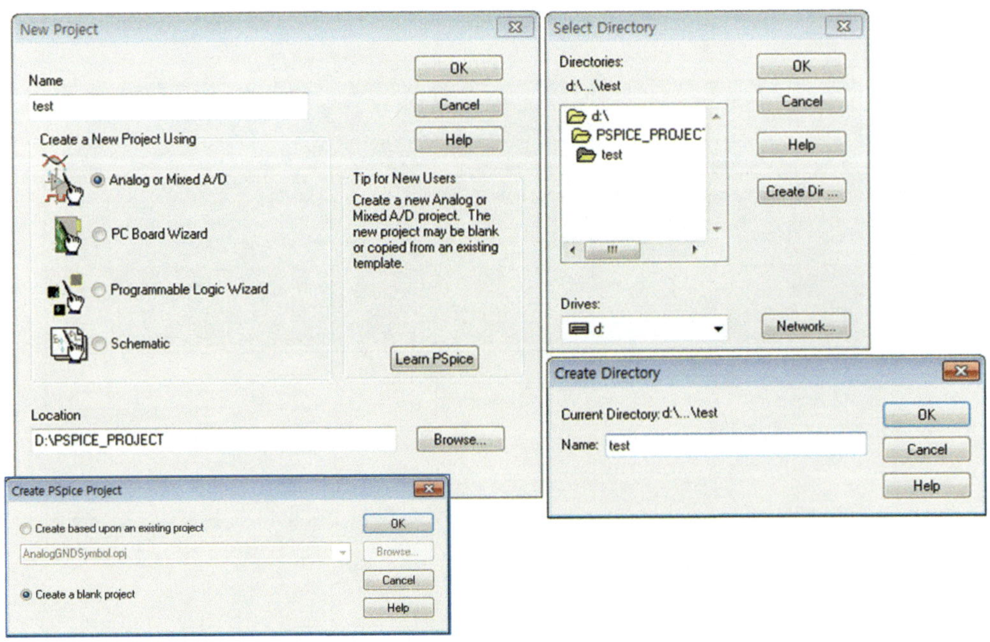

PSpice 프로젝트 생성

▌**Analog or Mixed A/D** : 아날로그 또는 아날로그 / 디지털 혼성회로를 디자인하고 PSpice 를 사용하는 프로젝트를 만든다.

▌**PC Board Wizard** : PCB를 설계하기 위해 OrCAD Layout을 사용하는 프로젝트를 만든다.

▌**Programmable Logic Wizard** : PLD 내에 포함되는 회로를 설계하기 위해 OrCAD Express를 사용하는 프로젝트를 만든다.

▌**Schematic** : 단순한 회로도면을 설계하기 위한 프로젝트를 생성한다.

PSpice를 사용하기 위해 Analog or Mixed A/D를 선택하고 저장 위치를 설정한 후 비어있는 프로젝트를 만들기 위해 Create a blank project를 선택하면 다음과 같은 화면이 구성된다. 프로젝트는 회로를 설계 및 시뮬레이션을 진행하면서 생성되는 결과물들을 관리하는 기능을 하며 구성은 다음과 같다.

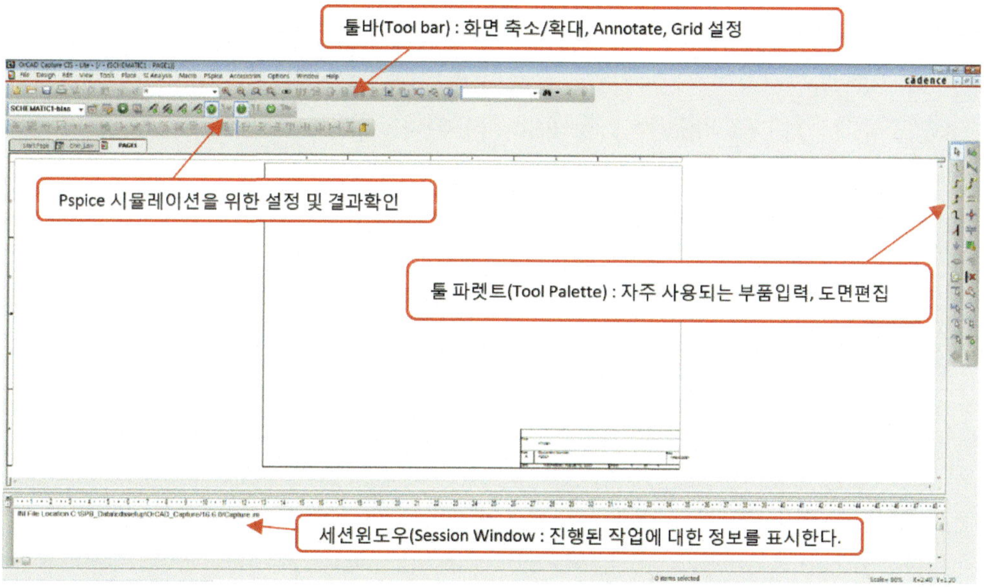

PSpice 프로젝트 화면 구성

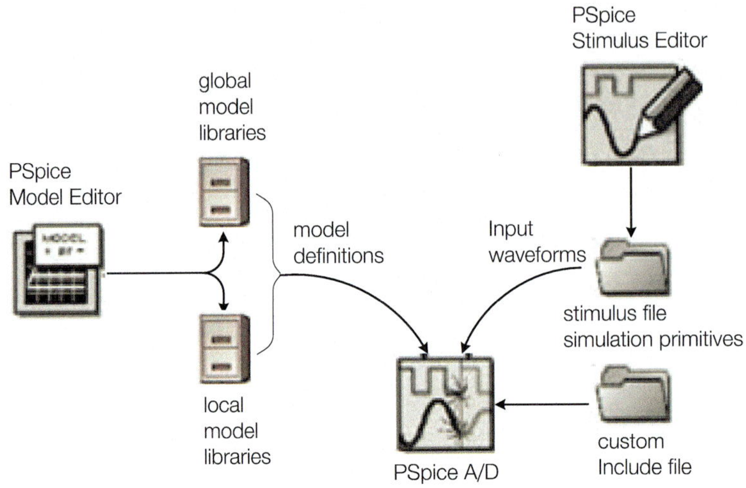

PSpice 구성 라이브러리

PSpice는 PSpice A/D를 중심으로 디지털 회로 시뮬레이션을 위한 Stimulus Editor와 사용자가 부품을 정의하여 custom include file을 통해 Model Library로 사용하며 시뮬레이션 조건을 Profile로 설정하여 사용되도록 구성되어 있다. 시뮬레이션 Profile은 TRAN(과도해석), AC(교류해석), DC(직류해석) 형태로 사용된다.

PSpice 아이콘	설 명
 capture	Simulation을 위한 회로를 작성하기 위해 부품을 배치하고 구성된 회로를 동작시키기 위한 설정 Program
 pspice	Capture 프로그램에서 원하는 해석방법에 따라 Tran, AC, DC 해석을 수행한다.
 stmed	입력신호를 사용자가 정의한 파형 생성 (데모버전에서는 정현파 및 디지털 클럭만 가능함)
 modeled	PSpice 부품 파라미터를 사용자가 직접 설정하여 사용할 수 있다(데모버전은 다이오드만 변경 가능)
 PSpice Optimizer	회로의 최적 설계값을 구해주는 프로그램

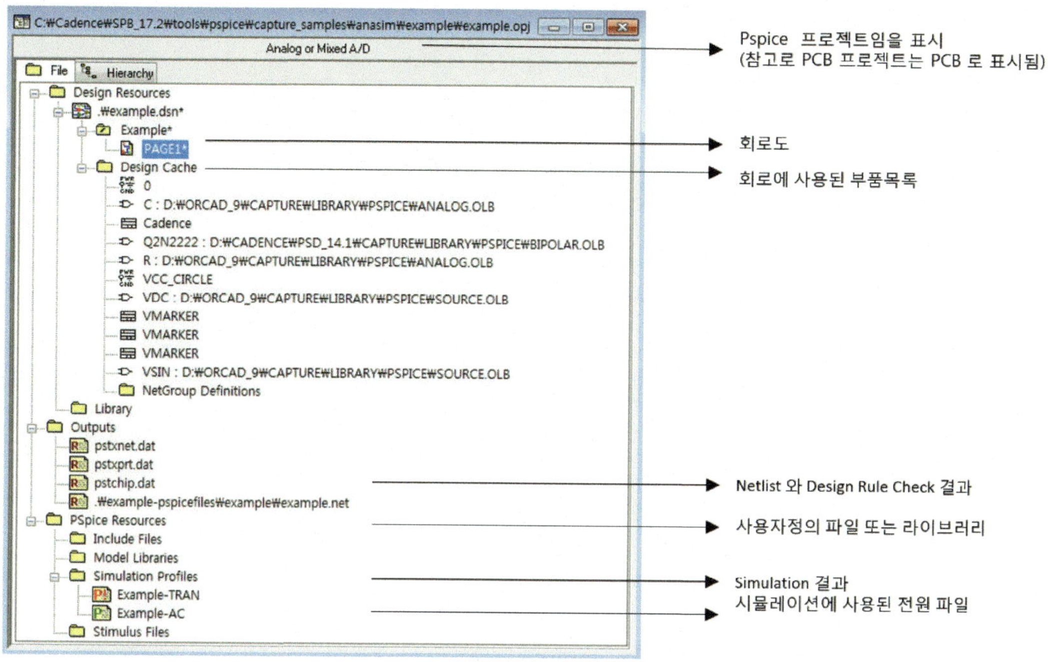

PSpice A/D 프로젝트 매니저

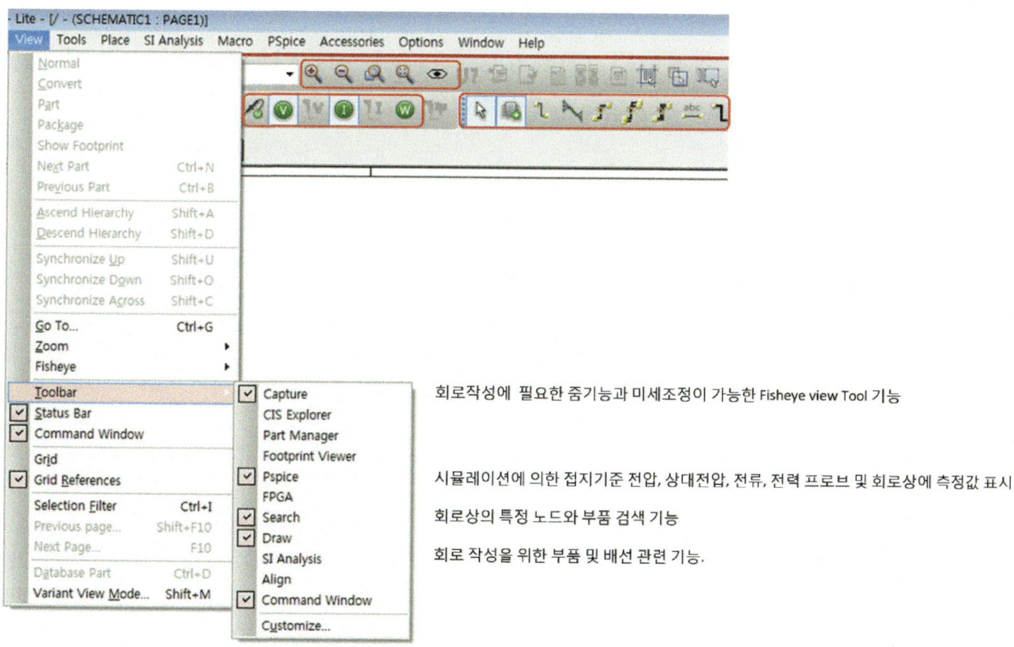

PSpice A/D 프로젝트 매니저

툴바는 자주 사용되는 기능들을 버튼 화시킨 것으로 Project Manager나 도면 편집창의 선택 여부에 따라 사용 가능한 기능들만 활성화 된다.

부품편집관련 Tool Bar

툴바의 상태는 디자인 윈도우나 프로젝트 매니저 중 어떤 윈도우를 활성화했는지에 따라 사용 가능한 아이콘이 선택되어진다. 프로젝트 관리자에서는 라이브러리와 부품을 관리하며 Annotate를 통해 부품번호를 정렬하고 DRC(Design Rule Check)에 의해 설계 규칙 위반 여부를 검사한다.

 Annotate : 부품 참조를 갱신한다. 클릭을 하면 각 부품 번호를 설정 여부에 따라 참조번호와 형식을 변경할 수 있다. Annotate는 도면의 상단에 배치된 부품부터 순서를 부여하며 동일 높이인 경우 왼쪽 부품부터 번호가 부여된다.

즉, 다음 그림과 같이 저항 4개를 각각 위치를 다르게 배치하고 Annotate 메뉴에서 Reset Part reference to "?"를 선택한 후 다시 Incremental reference Update를 클릭하면 높이가 높은 것을 기준으로 좌측부터 번호가 할당됨을 확인할 수 있다.

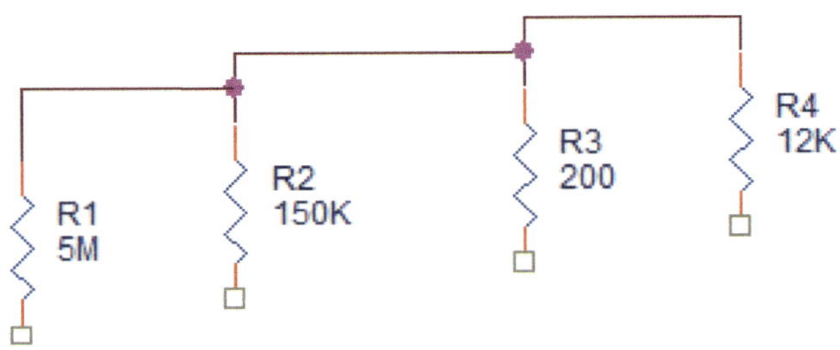

저항을 배치한다.

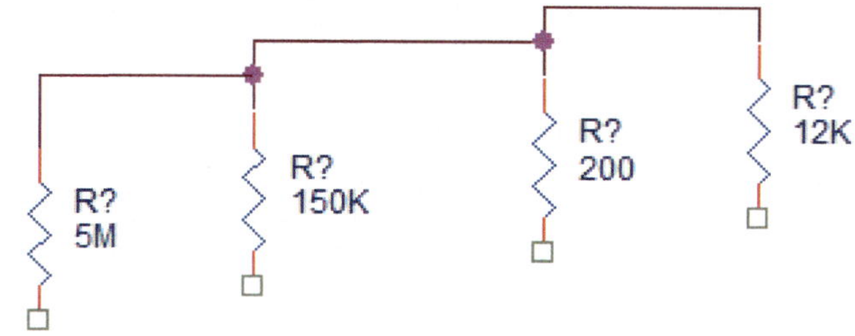

Reset Part reference to "?" 을 클릭하면 부품번호가 리셋 된다.

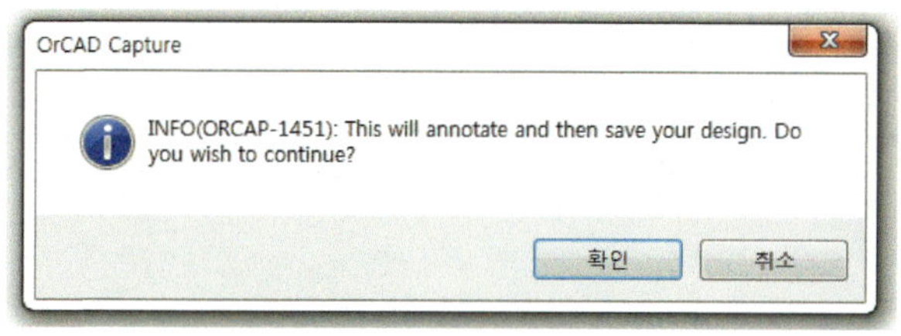

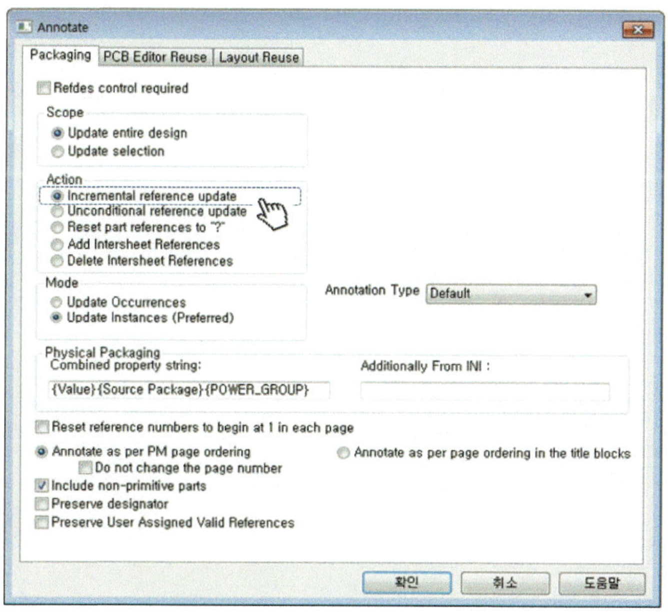

Incremental reference Update를 클릭한다.

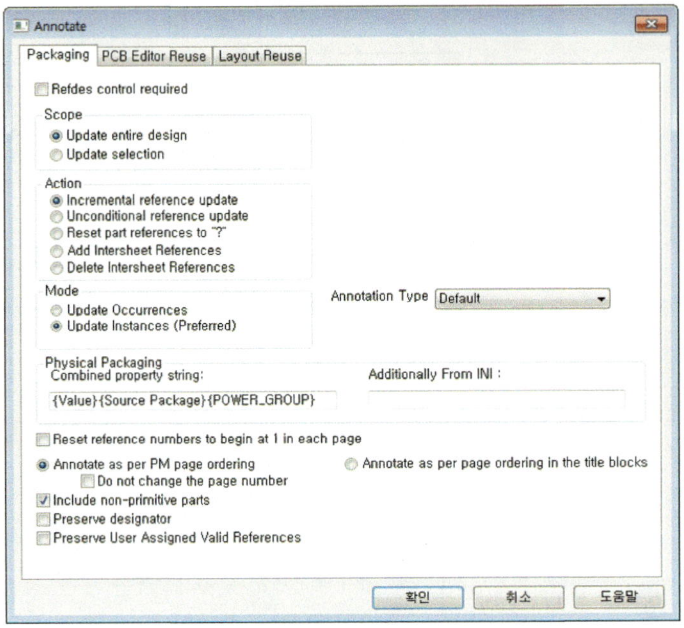

Annotate 세부 설정 윈도우

 Back Annotate : 부품 참조를 초기 상태로 변경한다. 클릭을 하면 이전 설정에 대한 스왑 파일 저장이 가능하다.

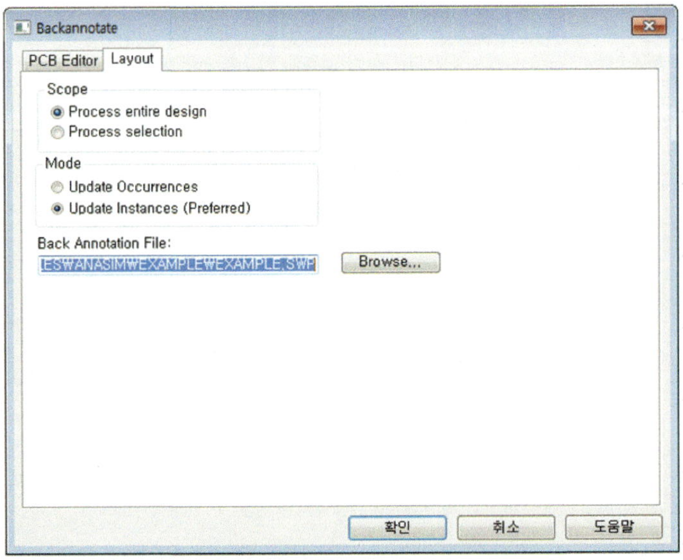

Back Annotate 세부 윈도우

 **Design Rule Check** : Single Node, Unconnected BUS 등 설계규칙의 적합성 여부를 자동으로 검사한다.

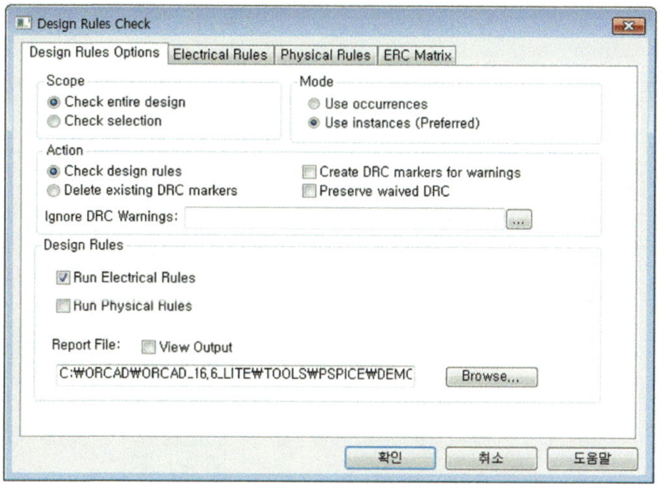

Design Rule Check 세부 설정 윈도우

 **Cross Reference** : 선택된 회로도면에 대한 교차 참조 리포트를 생성한다.

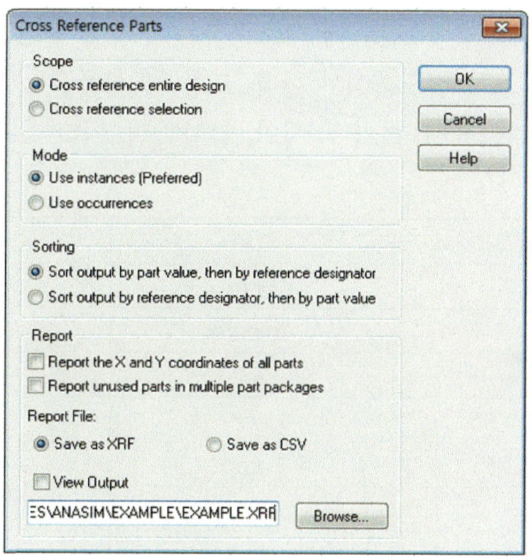

Cross Reference 세부 설정 윈도우

 회로 도면의 BOM(Bill Of Material)을 생성한다. 사용된 부품 명칭과 수량에 대한 정보가 기록된다.

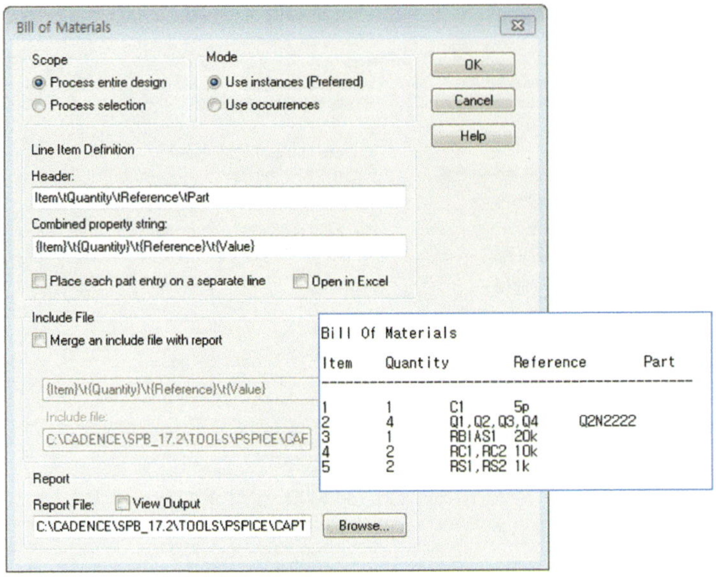

BOM 구성을 위한 세부 설정 윈도우

Spice에서는 MS 단위를 사용하며 단위에 대소문자는 구별하지 않지만 10^{-3}과 10^{6}은 혼돈되는 경우가 있으므로 아래 표를 참고하여야 한다. 또한 각 부품은 고유의 MS 단위가 적용되므로 값을 입력할 때는 단위 표시 없이 수치만 입력하면 된다.

물리량	단위	표시
저항	Ohm	Ω
전류	Ampere	A
전압	Volt	V
코일의 인덕턴스	Henry	H
콘덴서 용량	Farad	F
주파수	Hertz	Hz
유효전력	Watt	W

Value	Units	Name
10^{-15}	F	Femto
10^{-12}	P	Pico
10^{-9}	N	Nano
10^{-6}	U	Micro
10^{-3}	M	Milli
10^{0}	–	
10^{3}	K	Kilo
10^{6}	MEG	Mega
10^{9}	G	Giga
10^{12}	T	Tera

PSpice에 사용되는 기능들에 대한 아이콘과 기능에 대해서 정리하였다.

	Create Document	새 프로젝트를 만든다.
	Open Document	기존 프로젝트를 연다.
	Save Document	현재 프로젝트 파일이나 도면을 저장한다.
	Print	현재 도면을 출력한다
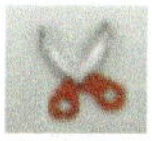	Cut to clipboard	선택된 개체를 잘라내기 한다.
	Copy to clipboard	선택된 개체를 클립보드로 복사한다.
	Paste from clipboard	클립보드 내용을 붙여넣기 한다.
	Undo	이전 작업을 취소한다.
	Redo	취소된 작업을 다시 실행한다.
	Zoom In : I	현재 화면을 확대한다.
	Zoom out : O	현재 화면을 축소한다.
	Zoom to region	특정 영역만큼 확대한다.

Zoom to all	도면 전체를 작업창 안에 표시한다.
Snap To grid	Grid 기반 작업 선택 여부를 설정한다. 부품의 위치를 미세하게 조정할 수 있지만 주의 필요!
Area Select	부품 선택 시 부분선택 또는 전체 선택에 대한 설정을 한다.
Drag connected object	부품 간 연결방법에 대한 설정을 한다.
Project manager	프로젝트 매니저 창을 선택한다.
Help	도움말을 볼 수 있다.
Select	개체 선택 시 사용한다.
Place part : P	도면에 사용할 부품 선택 시 사용한다.
Place wire : W	부품 간 Net 연결에 사용한다.
Place net alias : N	Net에 이름을 붙여주는데 사용한다.
Place bus : B	Bus line을 표시하는데 사용한다.
Auto Connect Two Point	두 지점을 자동으로 배선한다.
Auto Connect Multi Point	여러 지점을 자동으로 배선한다.
Auto Connect to Bus	버스에 자동으로 배선한다.
Place junction : J	Net의 접점을 표시하는데 사용한다.
Place bus entry : E	Bus line을 표시하는데 사용한다.
Place Power : F	Power Symbol을 표시하는데 사용한다.
Place ground : G	Ground symbol을 표시하는데 사용한다.
Place hierarchical block	계층 블록 구조를 그리는데 사용한다.
Place port	입출력 등 다양한 포트를 표시하는데 사용한다.

	Place pin	계층 블록의 Pin을 정의하는데 사용한다.
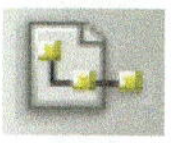	Place off-page connector	페이지 간 Net 연결에 사용한다.
	Place no connect : X	사용하지 않는 Pin을 표시하는데 사용한다.
	Place line	도면에 Line을 그리는데 사용한다.
	Place polyline : L	도면에 다각형을 그리는데 사용한다.
	Place rectangle	도면에 사각형을 그리는데 사용한다.
	Place ellipse	도면에 타원을 그리는데 사용한다.
	Place arc	도면에 호를 그리는데 사용한다.
	Place elliptical arc	도면에 원형 호를 그리는데 사용한다.
	Place Bezier	도면에 곡선을 그리는데 사용한다.
	Place text : T	도면에 글자를 나타내는데 사용한다.

2.3 PSpice Simulation Profile 설정

- Time Domain(Transient) : X축을 시간으로 설정하여 시간의 변화에 대한 전압, 전류 등의 과도상태를 계산하고 해석한다.
- Monte Carlo/Worst-Case : 특정 영역 안에서 모든 소자의 모델 파라미터 값을 임의로 랜덤하게 변화시켰을 때 그 변화에 대한 회로의 응답을 계산한다.
- Parametric Sweep : 글로벌 파라미터(Global Parameter), 모델 파라미터(Model Parameter) 값들을 정해진 순서에 따라 변화, 반복시키면서 회로의 응답특성을 해석한다.
- Temperature(Sweep) : 온도에 따른 회로 응답특성을 파악한다.

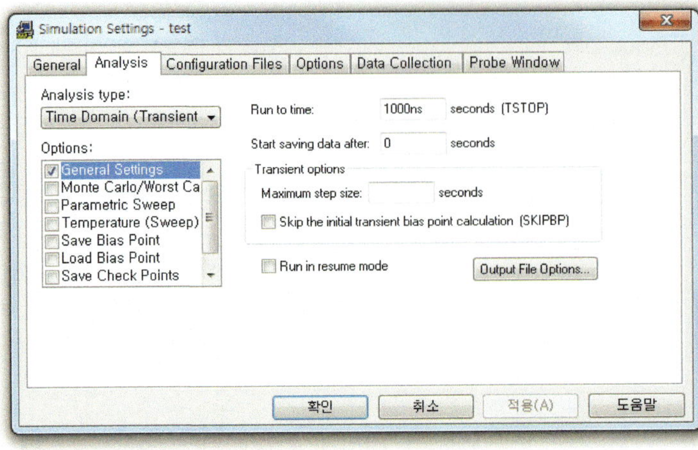

Simulation Settings

- DC Sweep : 전압원이나 모델 파라미터를 변화시켰을 이에 따른 회로 특정 지점의 전압 전류 등을 계산한다.
- Primary Sweep : Sweep할 첫 번째 변수의 조건을 입력하여 DC Sweep을 수행한다.
- Secondary Sweep : 첫 번째 변수에 대한 DC Sweep이 진행되는 동안 두 번째 변수를 Sweep 한다.

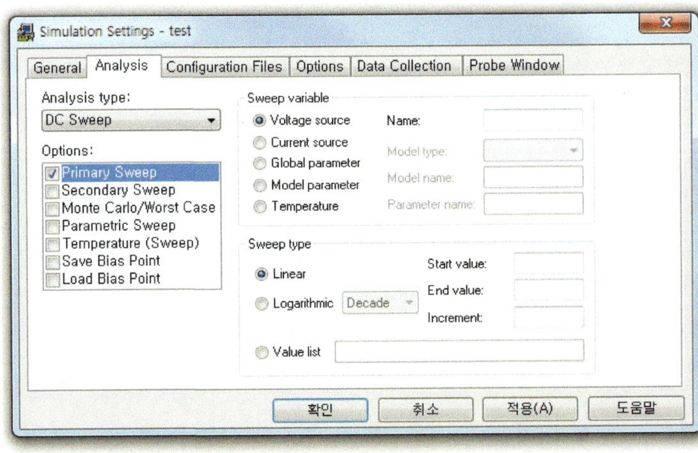

DC Sweep 설정

- **AC sweep / Noise** : 주파수를 변화시켰을 때 회로의 응답을 분석하며 Bias Point 주위에서 회로를 선형화한 후 소신호 해석을 수행한다. 응답특성에 대한 Bode Plot을 출력한다.

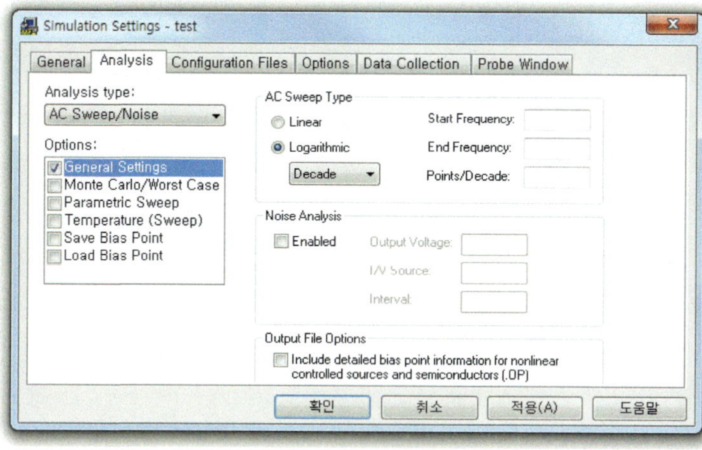

AC Sweep 설정

- **Save Bias Point** : 현재 동작점(Bias Point)에 대한 데이터를 저장한다.
- **Load Bias Point** : 이전에 계산한 바이어스 포인트에 대한 데이터 파일을 Load 한다.

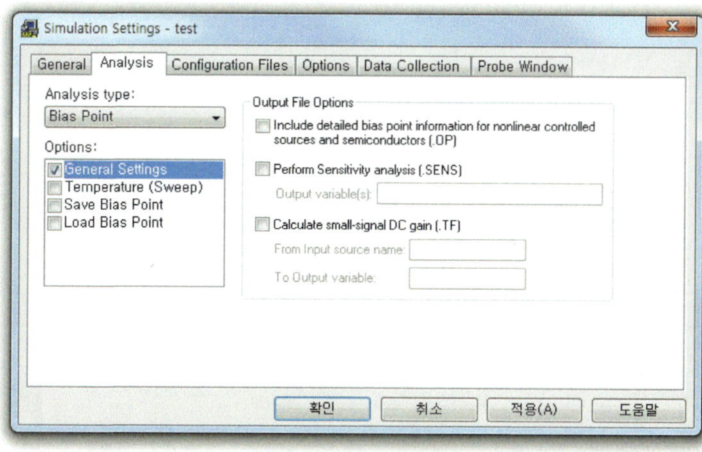

Bias Point 설정

특별히 주의할 점은 PSpice에서는 경로명이나 파일명에는 한글이름을 사용해서는 안 되며 이름에 '-'를 표시할 경우 대신 '_'를 사용한다.

Schematic 메뉴의 option에는 알아두면 유용한 설정이 있다. 자동으로 회로를 저장할 수 있는 기능과 Page 모양을 설정하고 Grid 모양을 변경할 수 있다.

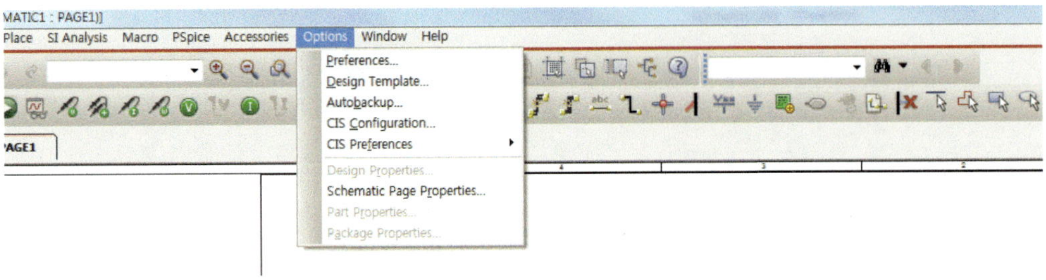

PSpice에도 자동저장 기능이 있으므로 지정경로에 지정한 시간 단위로 자동저장을 수행한다.

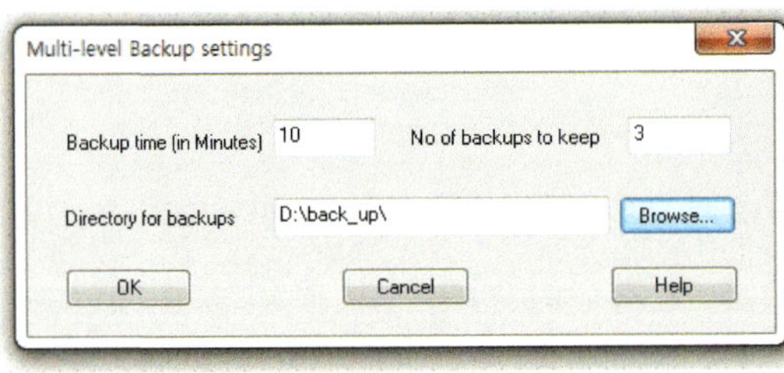

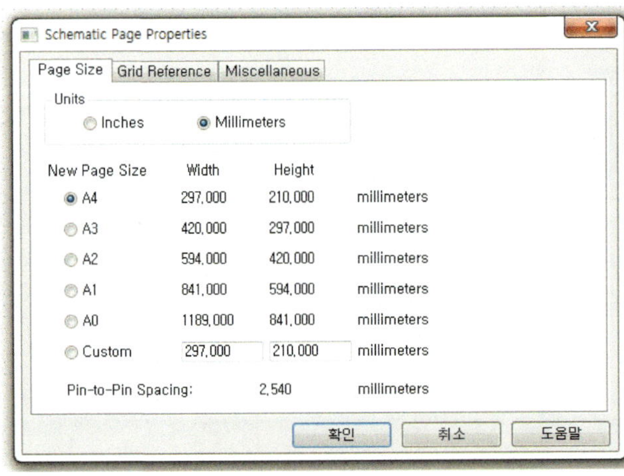

Schematic 윈도우 우측하단에는 회로의 제목과 회로도 크기 및 각종 정보를 입력할 있는 Title block이 있으며 간혹 지워질 수도 있으므로 Place 메뉴의 Title block을 이용하여 새로 설정할 수 있다.

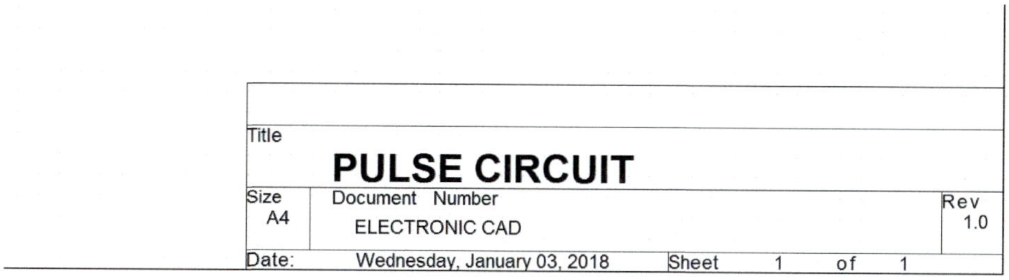

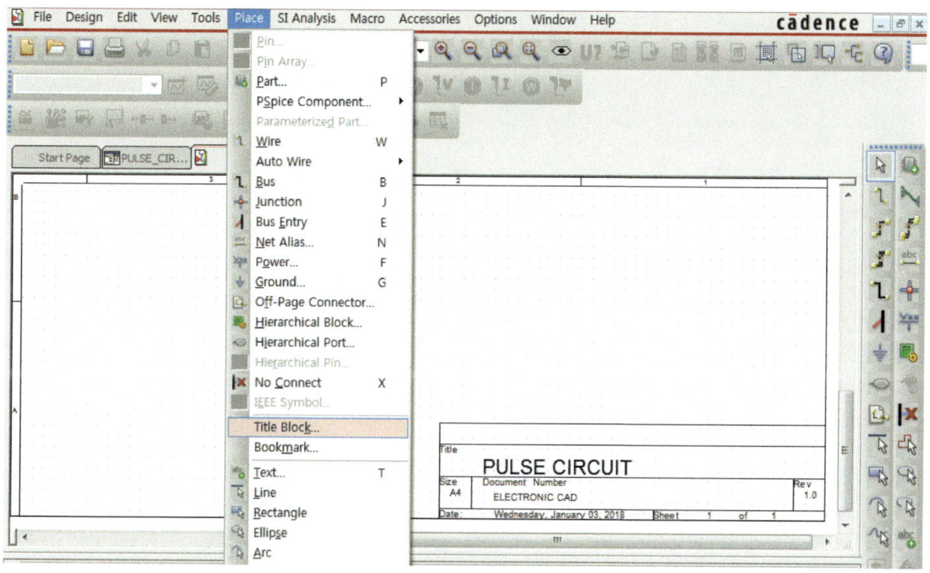

Title Block 사용하기

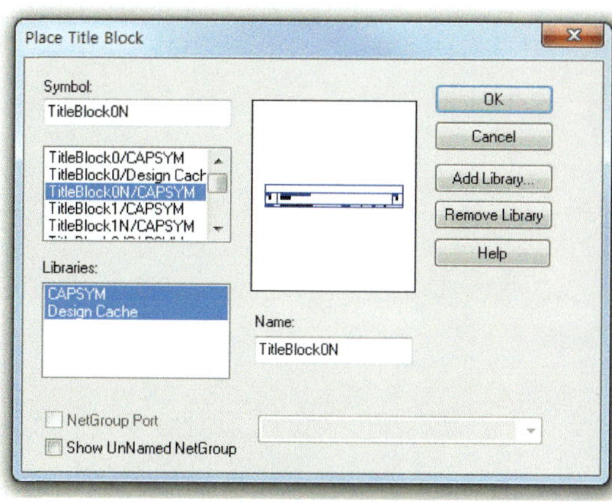

Title Block 부품 찾기

MEMO

CHAPTER 03

전자회로의 기초

3장에서는 전자회로 설계 및 해석에 사용되는 여러 가지 기본 법칙을 다루며 각각의 법칙을 PSpice로 확인하면서 회로도 작성방법과 시뮬레이션 방법을 익힌다.

학습목표

▸ 전자회로의 기본법칙을 PSpice 로 설계하고 이해한다.

3.1 옴의 법칙 (Ohm's Law)

저항 양단에 걸리는 전압과 저항에 흐르는 전류와의 관계를 나타내는 법칙으로 아래 그림에서와 같이 저항은 전류의 흐름의 정도를 나타낸다. 즉, 저항이 클수록 큰 전압이 걸리며 전류는 저항 값에 반비례한다. 또한 저항은 길이가 길수록 커지고 단면적이 커지면 작아진다. ρ는 물질의 비저항으로서 $1[m^2]$의 면적에 $1[m]$의 길이를 가지는 물체의 고유한 저항 값 $[\Omega \cdot m]$을 나타낸다. 전류는 물의 흐름과 같이 높은 전위에서 낮은 전위로만 흐르기 때문에 저항 양단에 걸리는 전압의 극성도 달라진다. 즉 전류가 들어가는 쪽이 (+)이고 전류가 나오는 쪽이 (−)이기 때문에 PSpice에서 전압의 준위에 따라 저항 양단의 어디를 측정하느냐에 따라 전류의 극성이 바뀔 수 있다.

$$R = \frac{V}{I} \qquad\qquad R = \rho\frac{L}{A}$$

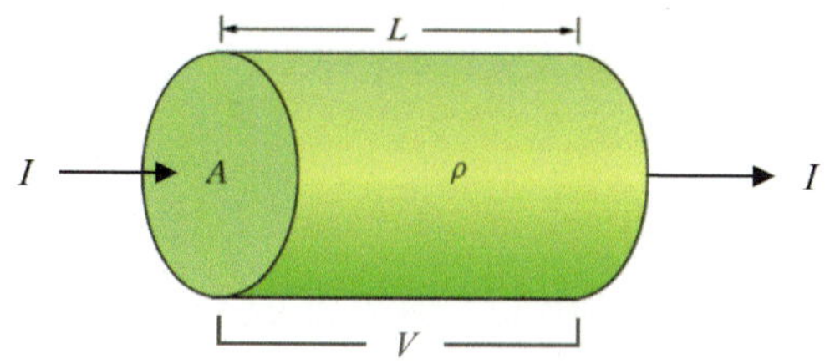

저항의 정의와 기호

흔히 사용되는 전선에서 구리가 많이 사용되는 이유는 아래 표에서와 같이 상대적으로 비저항이 작고 지구상에 풍부하여 저렴하고 휘어지는 연성이 좋기 때문이다.

속성	재료	비저항 ($\Omega \cdot m$)
금속	은	1.62×10^{-8}
	구리	1.69×10^{-8}
	알루미늄	2.75×10^{-8}
	철	9.68×10^{-8}

금속의 비저항 비교

실험회로 3-1

다음 회로를 구성하여 옴의 법칙을 확인하고 PSpice를 사용하는 기본적인 절차를 익힌다.

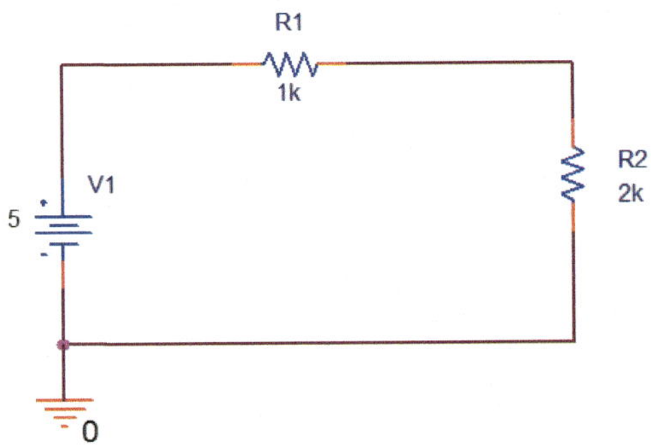

옴의 법칙 실험회로

☐ 회로구성

: 시작메뉴의 Capture CIS Lite를 실행한다.

아래 그림과 같이 OrCAD Capture 화면이 실행되고 New Project를 클릭한다. 또는 Capture 윈도우에서 File/New Project를 선택한다.

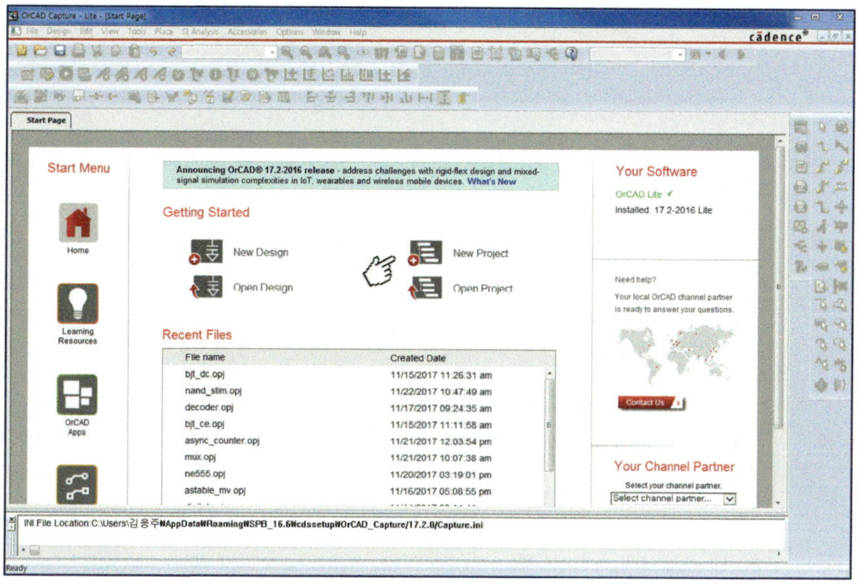

Capture CIS 초기화면

New Project 윈도우가 나타나면 프로젝트 이름을 설정하고 그림에서와 같이 PSpice 사용을 위해 첫 번째 Analog or Mixed A/D를 선택한 뒤 Project 파일을 저장할 디렉토리를 지정하고 OK를 클릭한다.

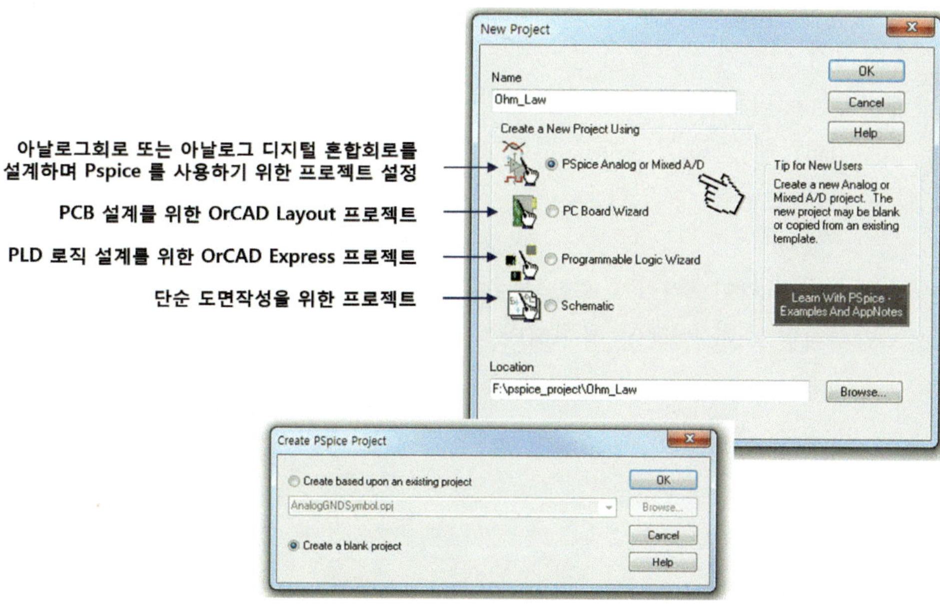

New Project 생성

또한 이전에 작성된 회로를 참고할 것인지 새로 회로를 선택할 것인지를 판단하여 선택한다. 이번 예제에서는 Create a blank project를 선택 후 OK 버튼을 클릭하면 다음 그림에서와 같은 Project manager 윈도우와 회로도를 그릴 수 있는 윈도우가 생성되며 Project manager 윈도우에 Analog or Mixed A/D라는 표시를 확인한다.

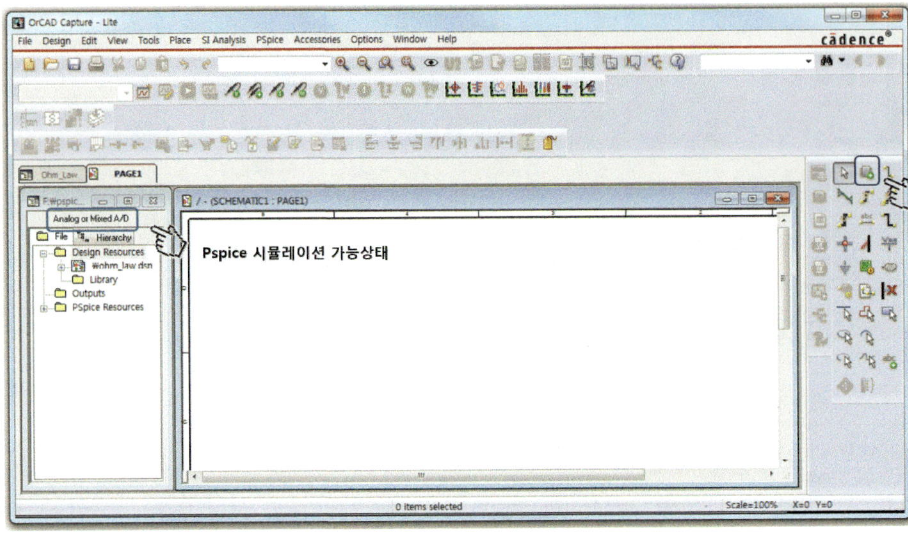

회로도에 부품 추가하기

 회로설계에 사용되는 부품을 사용하기 위해서는 그림과 같은 아이콘을 클릭하거나 Place 메뉴의 Part(단축키 : Shift +P)를 선택한다. Place/Part를 실행시키면 대화상자가 나타나고 Part 입력칸에 알고 있는 부품의 명칭을 넣거나 Library를 클릭하여 해당소자가 포함된 라이브러리를 선택할 수 있다.

원하는 부품이 어떤 라이브러리에 포함되는지 모르는 경우 다음의 절차에 따라 전체 라이브러리를 포함시키면 소자 검색이 용이하다.

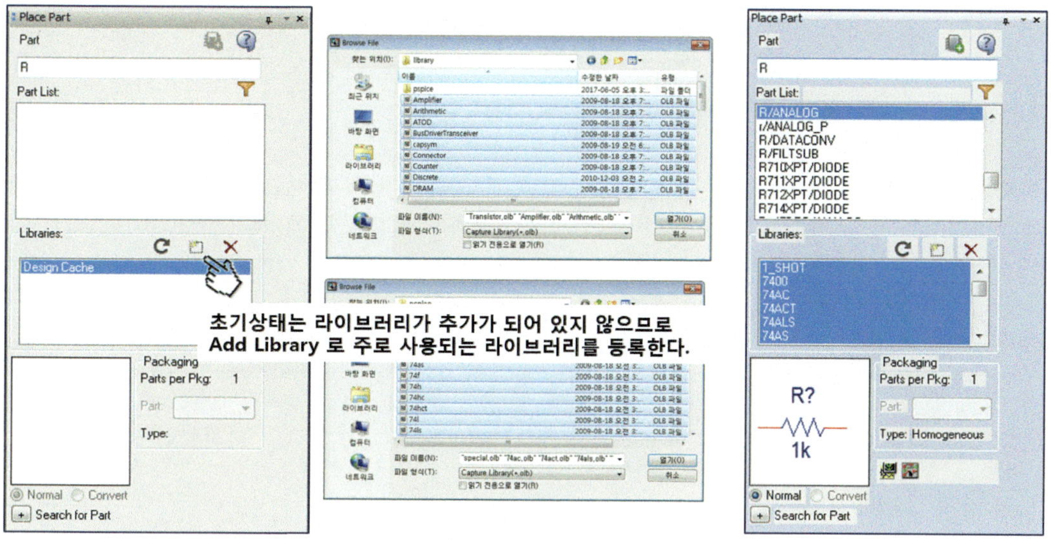

소자 라이브러리 등록하기

회로를 구성하기 위해서는 우선 회로구성에 필요한 소자들이 포함된 라이브러리를 등록해야 한다. 소자에 대한 정확한 이름을 알고 있는 경우에는 Part에 이름을 직접 입력할 수 있으며 라이브러리를 클릭하면 해당 라이브러리에 속한 Part를 확인할 수도 있다.

추천하는 방법은 새로운 라이브러리를 추가할 수 있도록 Add Library를 클릭하여 Library 폴더에 저장된 전체 라이브러리를 선택하여 추가하면 Part 이름의 일부만 입력하여도 연관된 이름의 Part를 자동으로 찾을 수 있으므로 편리하다. PSpice에서 주로 사용되는 소자와 이에 해당되는 라이브러리를 다음 표에서 정리하였다.

심벌라이브러리	소자형태	소자명	소자기능
ANALOG.OLB	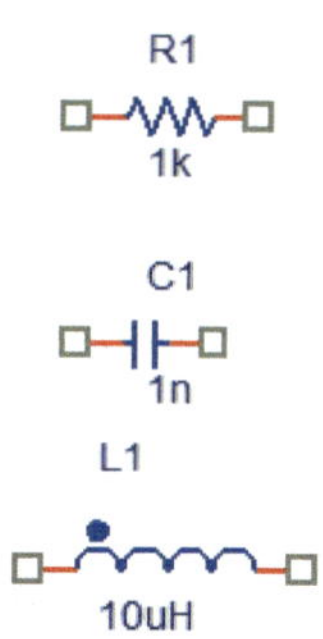	R C L	저항 콘덴서 코일

SOURCE.OLB	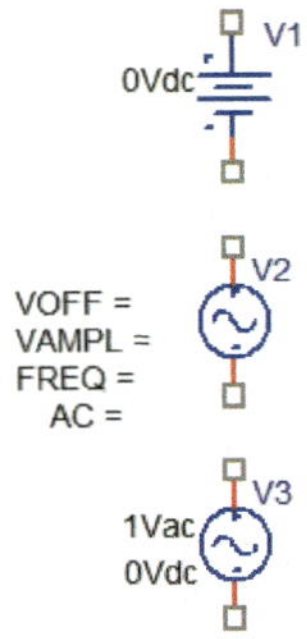	vdc vsin vac	직류전원 교류전원(Transient용) 교류전원(AC해석용)
SOURCSTM.OLB	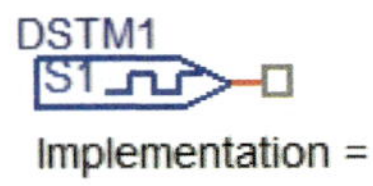	DigStim1	디지털입력 1bit
DIODE.OLB	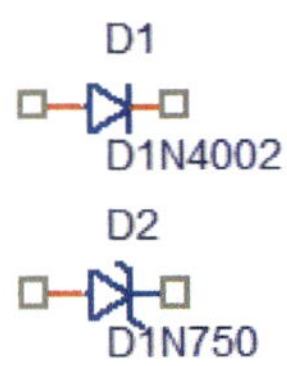	D1N4002 D1N750	다이오드 제너다이오드
BIPOLAR.OLB	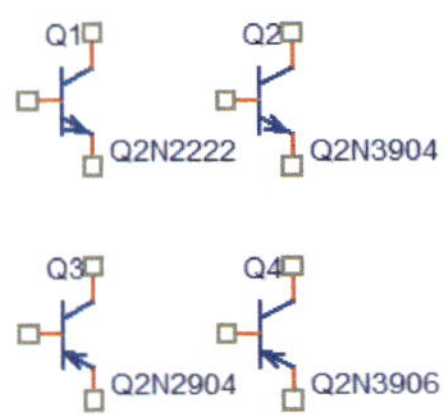	Q2N2222 Q2N3904 Q2N2904 Q2N3906	npn 트랜지스터 pnp 트랜지스터
OPAMP.OLB	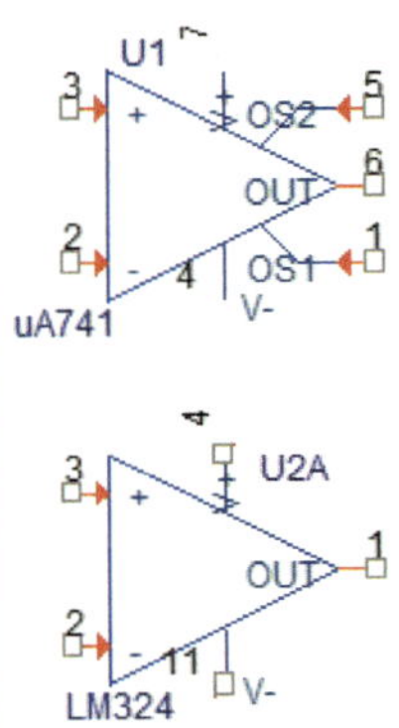	uA741 LM324	OP-Amp

SPECIAL.OLB	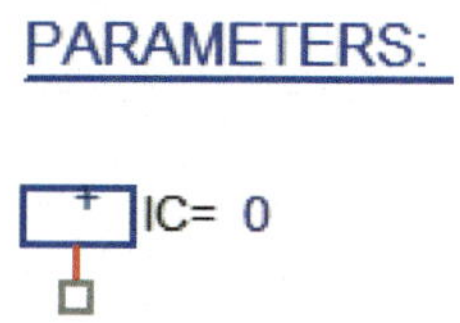	PARAM IC1	파라미터 설정 노드에 초기조건 설정
PWRMOS.OLB	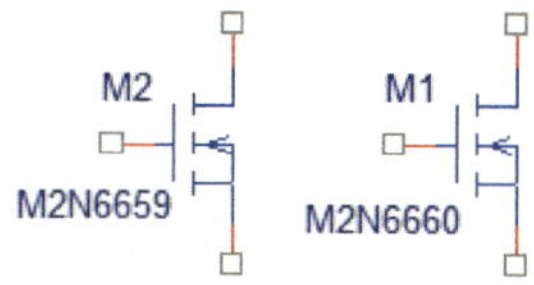	M2N6659 M2N6660	NMOS
	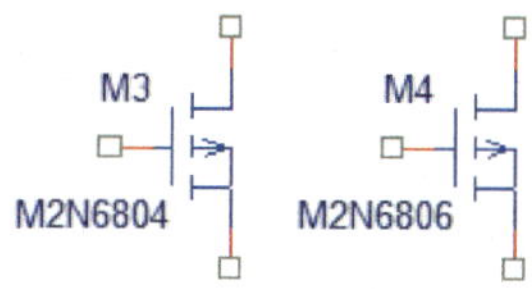	M2N6804 M2N6809	PMOS
BREAKOUT.OLB	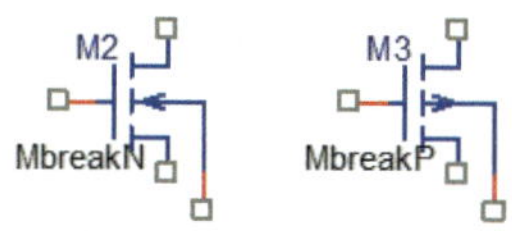	MbreakN MbreakP	범용 NMOS 범용 PMOS

PSpice에서 주로 사용되는 소자 및 라이브러리

Place Part로 옴의 법칙 확인을 위해 필요한 R(저항), Vdc(직류전압원), Gnd(접지)를 배치하고 Place wire(W) 명령으로 소자들을 연결한다. 명령이 실행되면 마우스 화살표가 +로 바뀌고 연결이 끝나면 ESC키를 클릭하여 배선작업 상태를 해지시킨다.

소자를 회전하고자 할 때는 소자가 선택된 상태에서 R을 클릭하거나 Edit 메뉴의 Rotate 명령을 사용하여 방향을 회전시키거나 마우스 오른쪽을 클릭하여 나타난 메뉴를 사용한다.

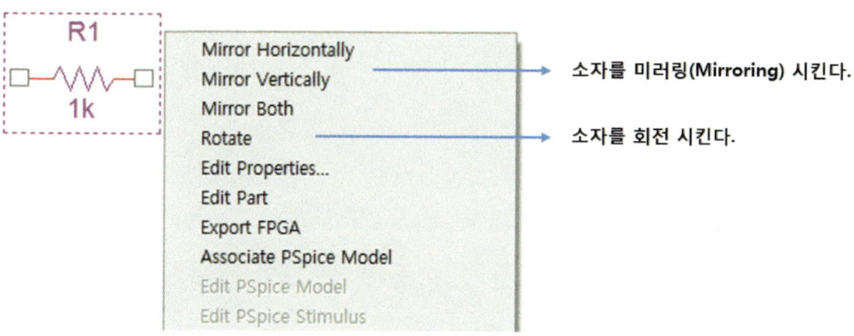

소자의 방향 전환

위의 그림에서 R1을 참고지정자(Reference Designator)라고 하고 1k는 소자 값으로 저항의 경우 디폴트(Default) 값으로 1[kΩ]이 설정된다. 값을 바꾸기 위해서는 아래의 그림과 같이 두 가지 방법으로 값에 대한 변경이 가능하다.

첫 번째 방법은 소자를 더블클릭했을 때 나타나는 Property Editor를 이용하여 Value에 값을 반영하는 방법이며 소자의 값을 더블클릭할 때 나타나는 Display Property를 이용하여 값을 변경할 수 있다. Property Editor에서 Pivot을 클릭하면 소자 특징을 세로로 나열하여 보기가 용이하다. 또한 Display Property를 이용하면 값의 폰트 형태와 글자 크기 변경이 가능하다.

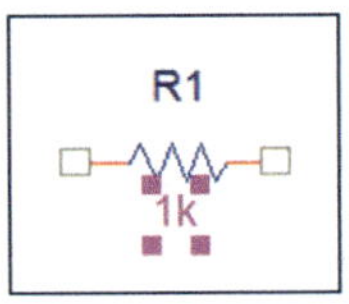

값을 변경하는 방법1: 소자를 더블클릭

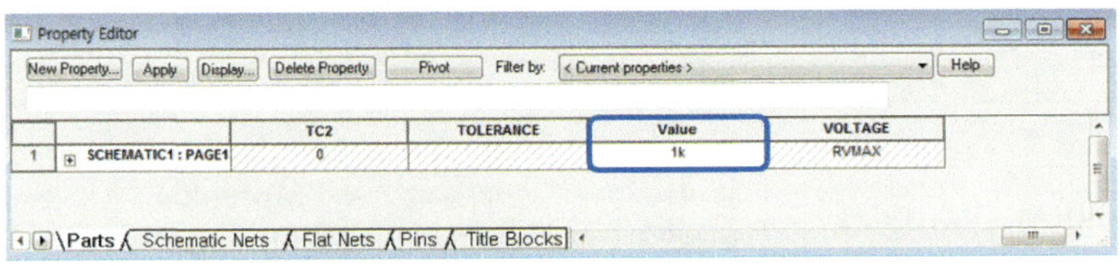

값을 변경하는 방법2: 소자의 값을 더블클릭

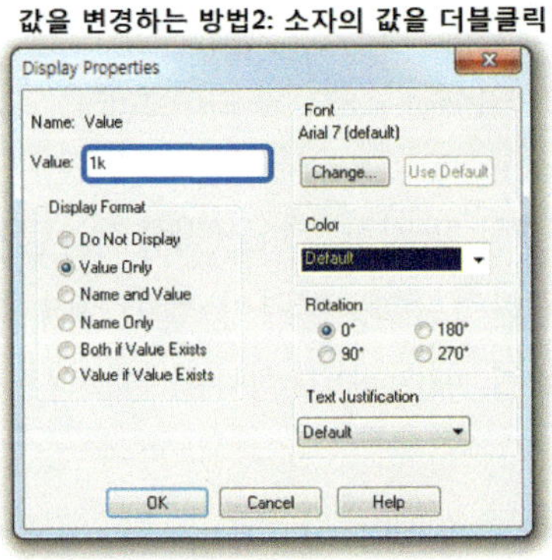

소자의 값을 변경하는 방법

회로를 시뮬레이션 할 때는 반드시 접지를 표시한다. Place ground 중에 0/CAPSYM이나 GND/CAPSYM처럼 0이 표시된 접지를 사용하여야 시뮬레이션이 정상적으로 수행된다.

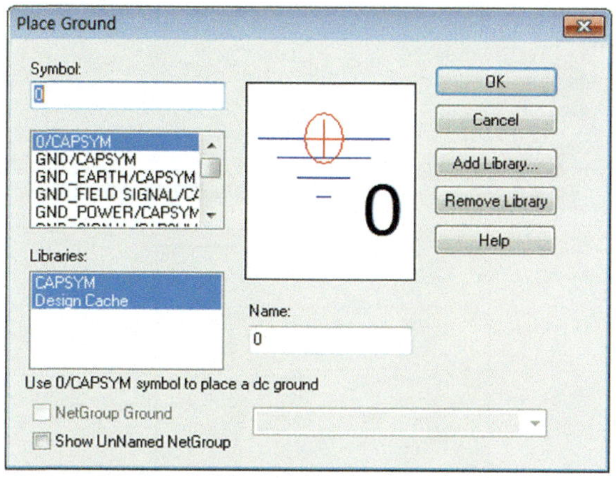

시뮬레이션 회로에 반드시 사용되어야 하는 접지

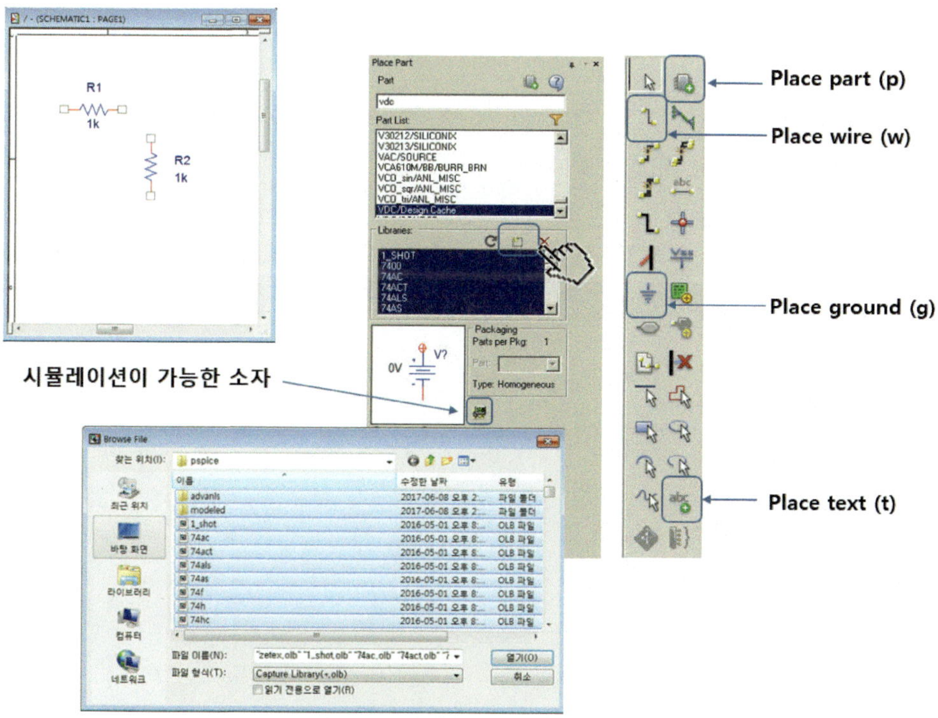

시뮬레이션 가능소자 확인 및 주요 메뉴

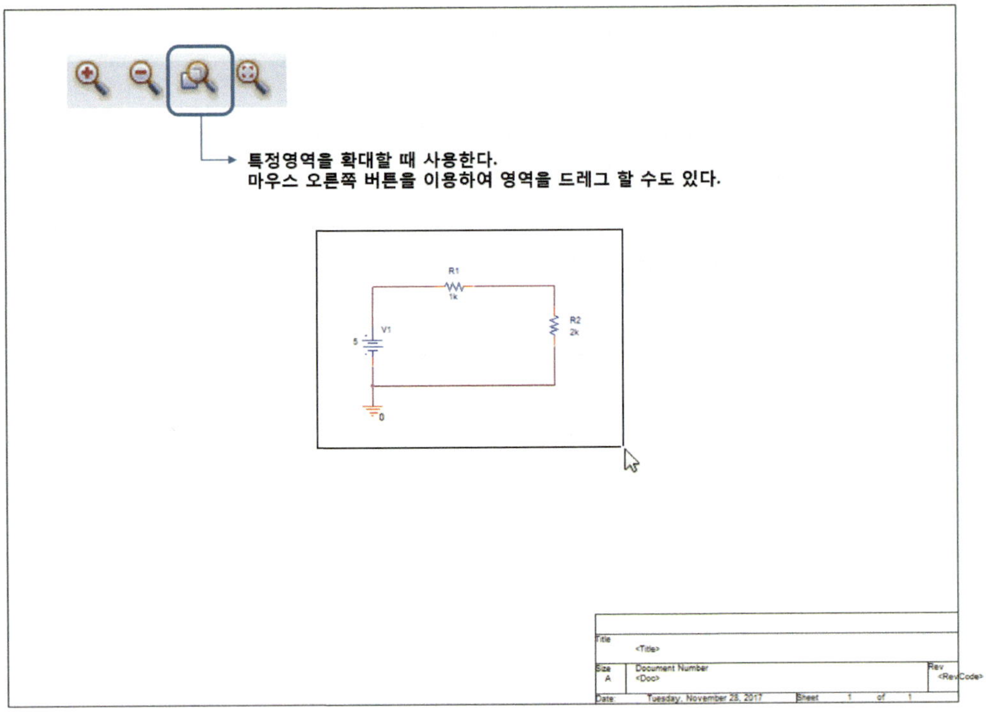

회로의 축소 및 확대

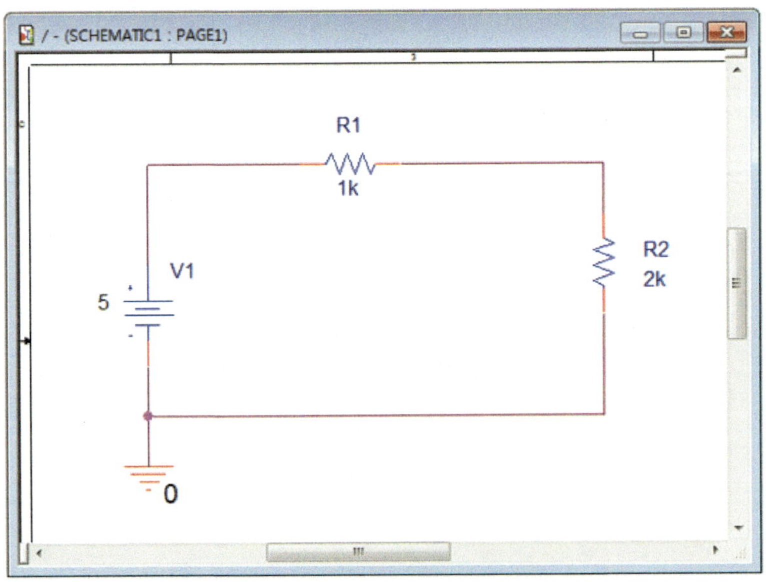

확대된 회로도

부품을 배치할 때 참조번호를 임의로 설정하여 이미 배치된 동일 참조번호가 존재할 경우 아래와 같이 참조번호에 밑줄이 표시되어 회로상의 오류를 사전에 파악할 수 있다. 밑줄을 표시하지 않으려고 한다면 밑줄이 표시된 소자를 선택하고 마우스 오른쪽 버튼을 클릭하였을 때 나타나는 메뉴 중 User Assigned Reference를 Unset으로 설정한다.

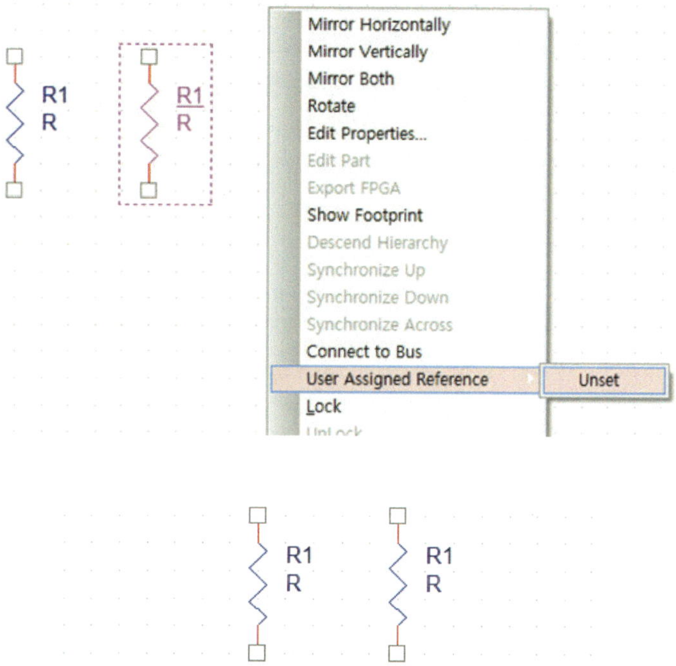

Unset에 의한 소자명 변경방법

◻ 시뮬레이션

시뮬레이션을 위한 회로 작성이 끝나면 시뮬레이션 조건을 설정하여야 한다. 우선 가장 많이 사용되는 시간영역에서의 과도특성을 해석하는 방법을 다룬다. 시뮬레이션을 위해서는 어떤 종류의 시뮬레이션인지와 해당 시뮬레이션의 조건을 설정하기 위한 프로파일을 설정한다.

 **Simulation Profile 만들기** : 단축 아이콘을 클릭하여 새로운 시뮬레이션을 만든다.

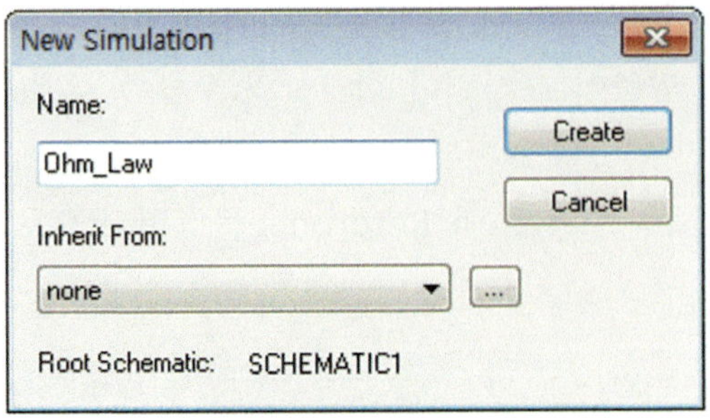

새로운 시뮬레이션 생성

Create를 클릭하고 Analysis type은 Time Domain으로 선택하고 종료시간은 1usec으로 설정한다.

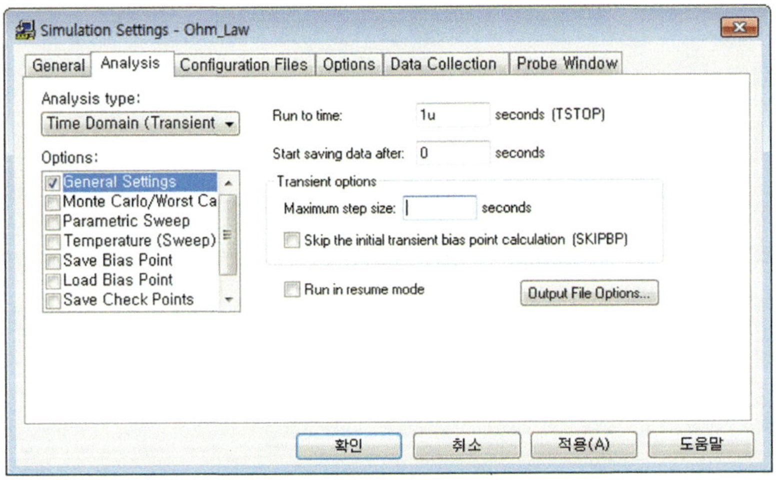

Transient Simulation 세팅

확인을 누르고 각 노드에 흐르는 전류와 소자 양단의 전압을 측정하기 위한 프로브를 사용한다. Transient options의 Maximum step size는 sampling 주기를 설정하는 것으로 부드러운 곡선을 얻기 위해서 Run to time의 1/1,000 수준으로 설정하는 것이 적당하다.

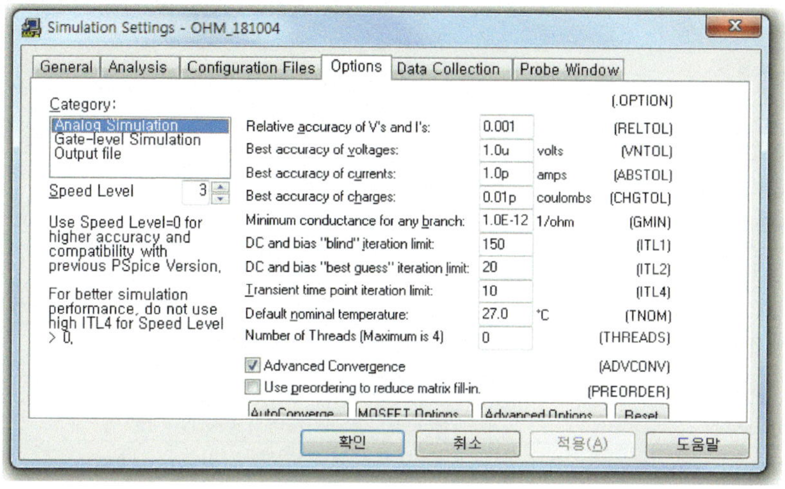

시뮬레이션 세부 옵션 설정

PSpice에서는 여러 가지 해석에 대한 시뮬레이션 계산을 위한 파라미터를 제한하고 설정하는 여러 가지 조건을 제공하고 있다. 시뮬레이션 해석 후에 결과를 저장하는 output 파일에 시뮬레이션에 대한 어떤 정보를 저장하느냐의 여부에 대해 선택을 하는 것이고, 수치를 입력하는 options는 시뮬레이션의 결과에 대한 정확도와 해석 알고리즘의 계산, 스텝사이즈 및 반복계산 횟수를 결정하는 역할을 수행한다. 회로가 복잡해지거나 반도체 소자를 시뮬레이션에 사용하게 되면 해석에러(Convergence Error)가 종종 발생하거나 해석 시간이 상당히 오래 걸리는 경우가 발생하게 되는데 이때는 수치를 입력하는 options 값을 변경하여 이를 피할 수 있다. Options는 Analog Simulation, Gate-level Simulation, Output file Category로 구분된다.

① **Analog Simulation Options** : PSpice의 결과에 대한 정확도는 값을 입력하는 Options 중에서 RELTOL, VNTOL, ABSTOL, CHGTOL의 설정에 의해 좌우된다. 그 중에서도 계산되는 모든 전압, 전류에 대한 상대적인 정확도를 결정하는 RELTOL이 가장 중요한 변수인데 0.001 (0.1%)이 default 값이다. VNTOL, ABSTOL, CHGTOL은 각각 전압, 전류, 전하/자속에 대한 가장 좋은 정확도를 의미한다.

Options	Default	의미
RENTOL	0.001	전압과 전류의 상대적 accuracy
VNTOL	1uV	최소 전압 제한치
ABSTOL	1pA	최소 전류 계산치
CHGTOL	0.01pC	최소 전하 계산치
GMIN	1p	최소 컨덕턴스
ITL1	40	DC and bias point "blind" iteration limit
ITL2	20	DC and bias point "best guess" iteration limit
ITL4	10	과도해석 시의 반복 제한치
TNOM	27	기본온도
STEPGMIN		개선된 Convergence GMIN 사용
PREORDER		Matrix Fill-In 삭감을 위한 Preorder 사용

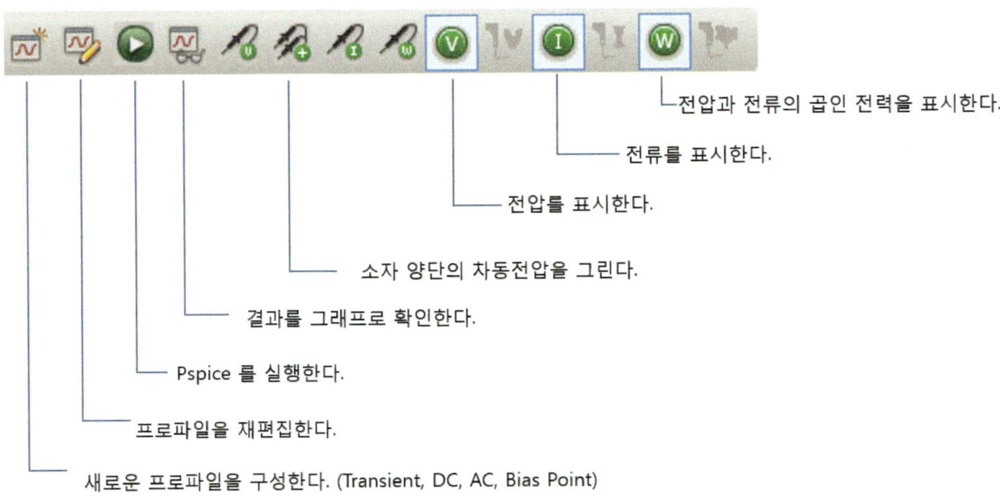

Simulation 수행시 활성화 되는 PSpice 기능

회로 구성이 끝나고 Run Spice 를 실행하면 화면하단에 PSpice A/D 가 실행되고 해석을 수행하며 회로상에 흐르는 전류와 접지를 기준으로 각 소장에 걸리는 전압을 측정할 수 있다.

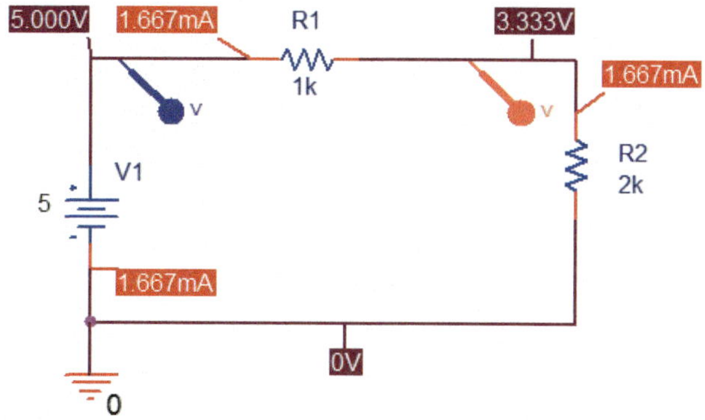

PSpice 결과 확인

결과로부터 전체 전류는 옴의 법칙에 의해 계산값과 일치함을 알 수 있다.

$$I = \frac{V}{R_{total}} = \frac{V}{R_1 + R_2} = \frac{5[\mathrm{V}]}{3[\mathrm{k\Omega}]} = 1.667[\mathrm{mA}]$$

예제 회로에서 아래 그림과 같이 동일한 부품이지만 PSpice A/D 표시가 없는 부품을 사용하여 시뮬레이션을 수행하면 에러가 발생하며 회로상에 등근원 표시가 생기므로 부품을 사용할 때 주의하여야 한다. 또한 PSpice A/D 분석창의 Net List를 확인하면 R2 저항이 무시되어 연결이 안되었다는 에러 메시지를 확인할 수 있다.

회로상에 표시된 전류 또는 전압을 delete 한 경우 두노드를 연결한 wire 를 지우고 다시 연결한 뒤 시뮬레이션을 다시 수행하면 전류 전압이 표시된다.

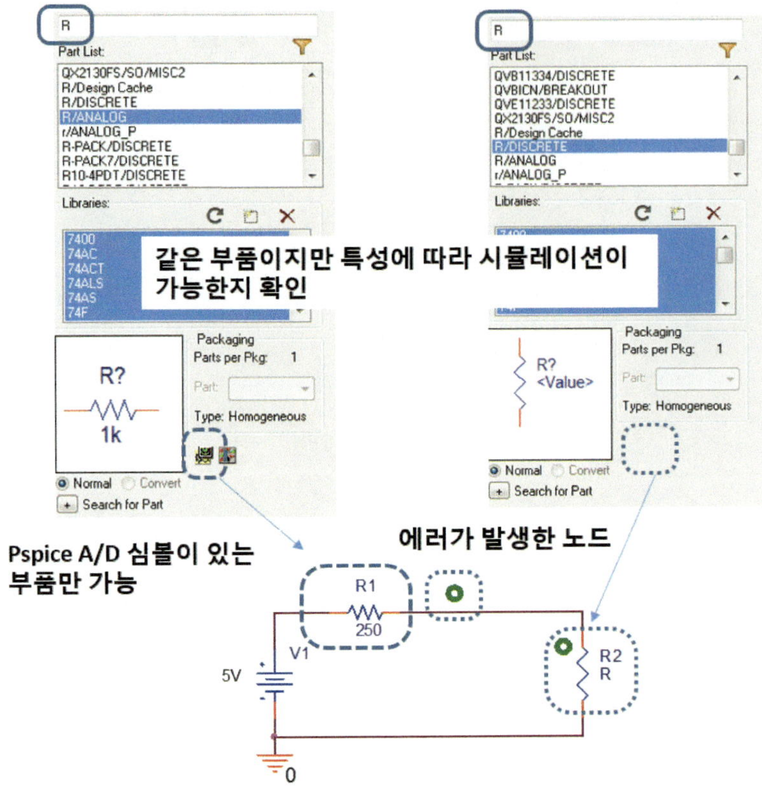

PSpice 가능한 소자 선택

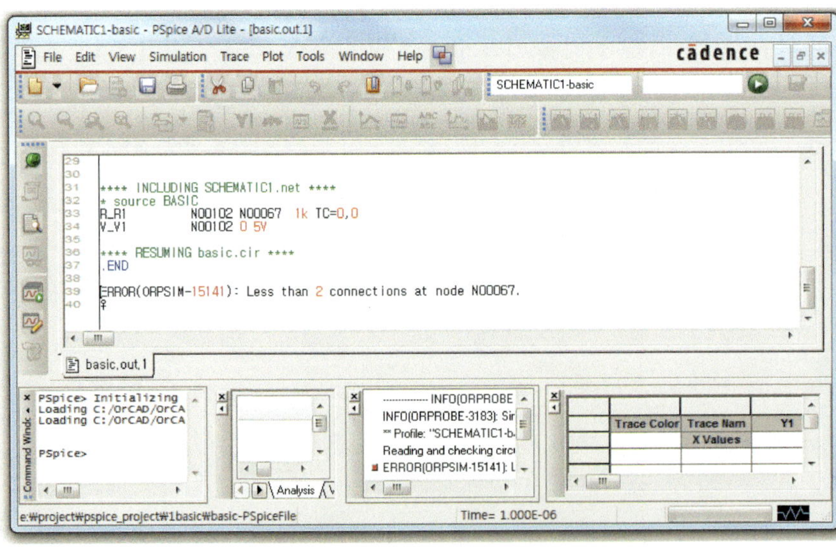

PSpice A/D net List 출력 화면

회로를 구성하고 프로브 를 설정하면 PSpice A/D에 의해 Simulation Profile에서 설정된 시간까지의 그래프를 확인할 수 있다. 그래프의 초기 바탕화면은 검정색이며 출력된 그래프를 문서작성을 위해 사용할 경우 사용자의 취향에 맞도록 그래프 색상을 변경할 수 있다.

PSpice A/D그래프 창의 Tools > Option을 클릭하면 Probe Setting 창이 나타나고 그래프의 커서 모양, 그래프 색상을 변경할 수 있다.

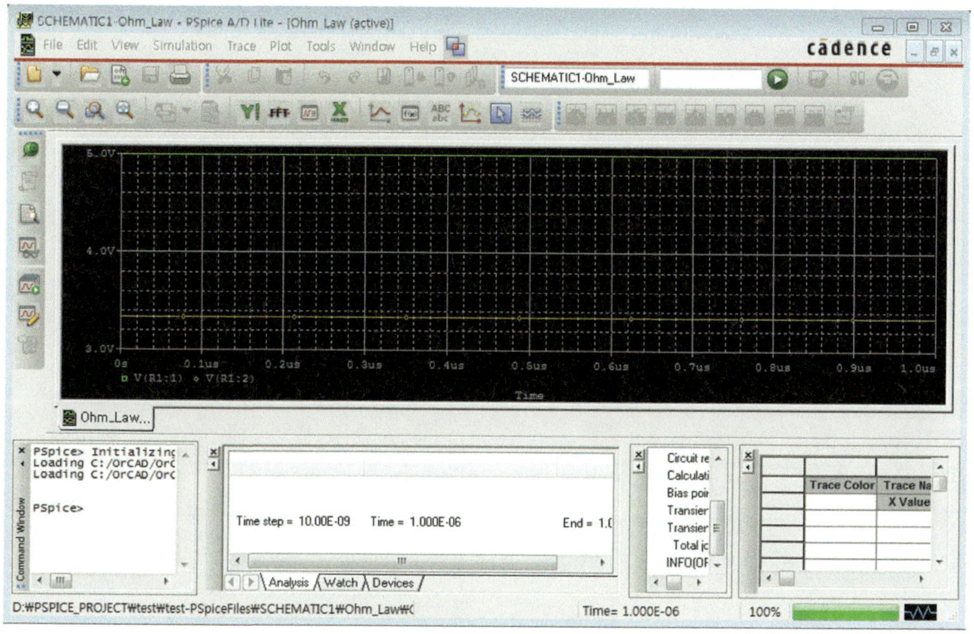

PSpice 결과 파형

Probe Settings에서 Background를 하얀 색으로 선택하고 Foreground를 검정으로 설정하면 바탕색과 그래프 좌표색이 변경한다.

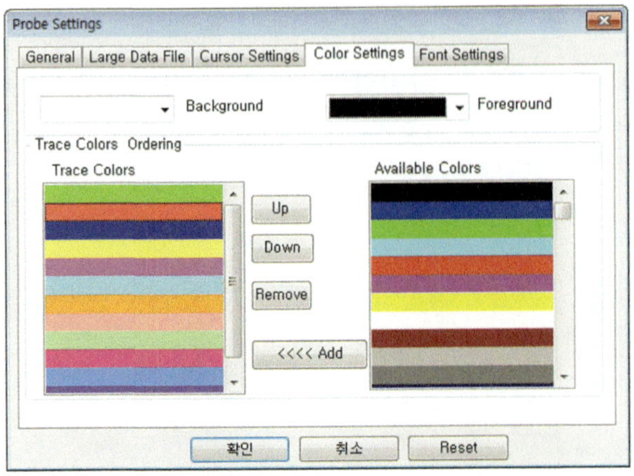

그래프 색상 변경 파렛트

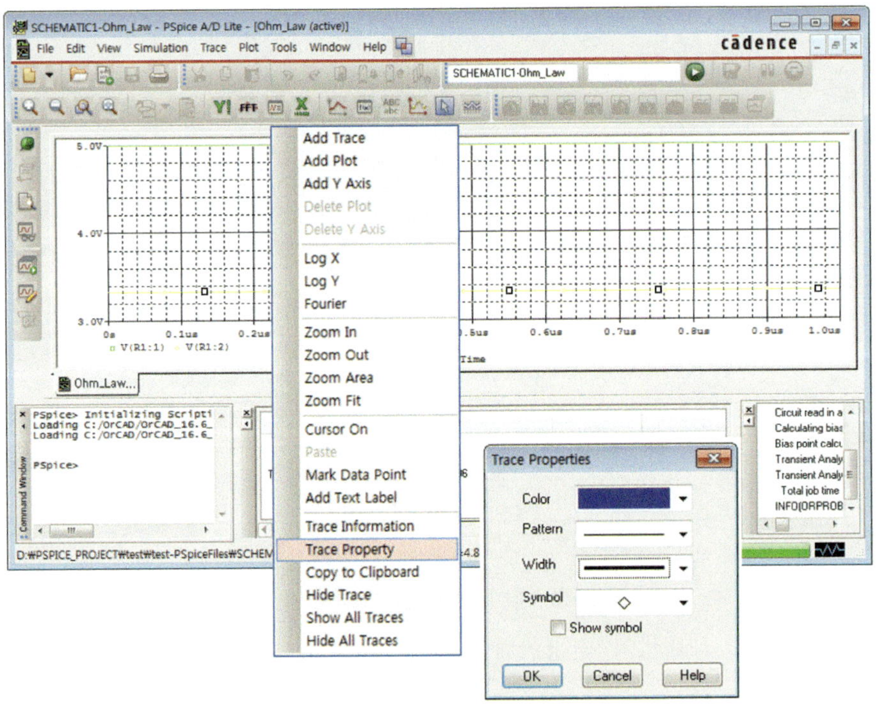

그래프 속성 변경

프로브 색상도 변경이 가능하다. 그래프를 선택하고 마우스 오른쪽 버튼을 클릭하여 Trace Property를 클릭하여 변경을 원하는 색상과 그래프 굵기 및 모양을 변경한다.

시간축의 범위를 변경하거나 log 스케일로 표시하고자 할 때는 Plot/Axis Settings을 이용하여 표시 범위와 Scale을 변경할 수 있다.

- 프로브를 사용할 때 주의할 점

접지를 기준으로 측정한 전압을 표시한다. 따라서 특정한 소자에만 걸리는 전압은 차동전압을 측정하여야 한다. 차동전압은 접지를 기준으로 소자 양단전압을 측정하여 뺀 값과 같다.

소자 양단에 걸리는 차동 전압을 측정할 때 사용한다. 전압프로브는 접지를 기준으로 측정된 전압으로 소자 양단 전압과는 차이가 있다.

소자에 흐르는 전류를 측정하며 전류 프로브를 사용할 때는 반드시 소자와 배선이 만나는 지점에 프로브를 위치한다. 실제 전자회로에서 전류를 측정할 때 소자와 전선 사이를 끊고 전류계를 직렬로 연결하는 것과 동일한 원리이다.

전력(Watt)을 측정하며 전력은 전압과 전류의 곱을 나타낸다.

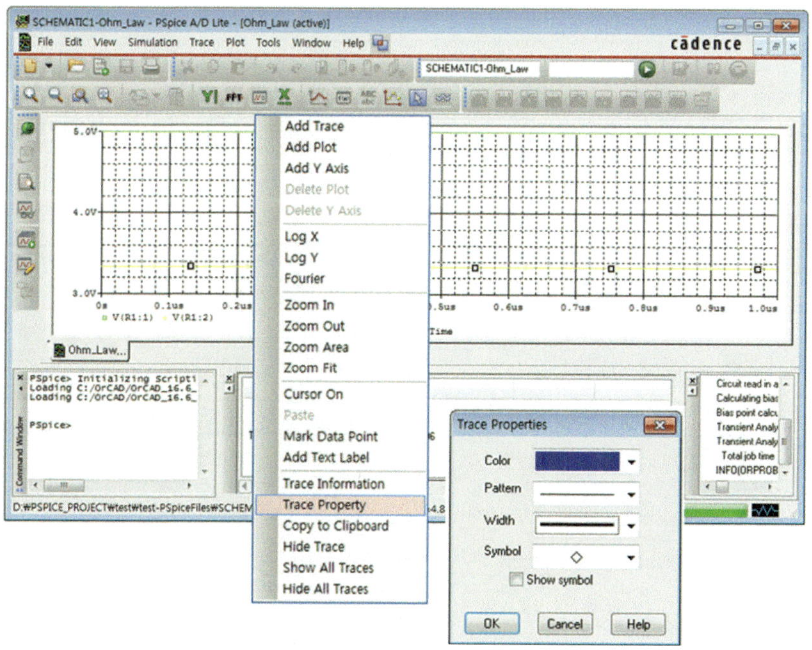

Probe 기능을 이용한 전압, 전류 측정

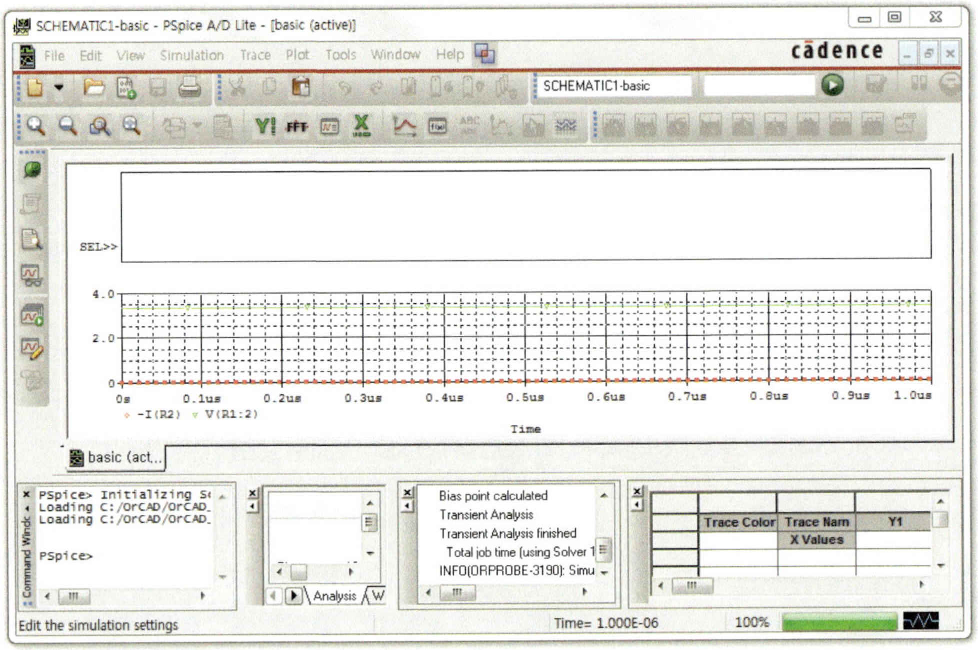

전압, 전류와 같이 서로 다른 종류의 측정 결과를 동시에 표시하려면 그래프를 분리하여야 한다.

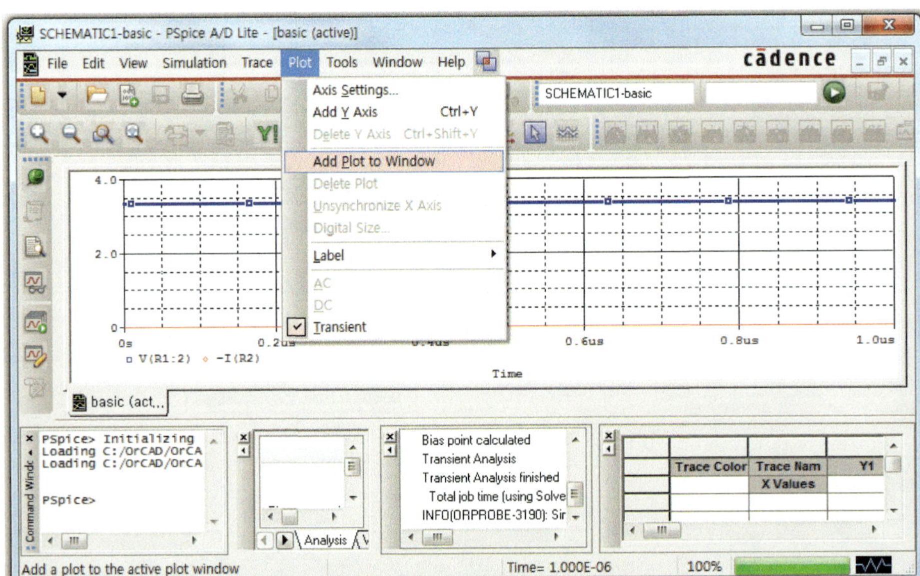

그래프 분리하기

Plot 메뉴의 Add Plot to Window를 클릭하면 새로운 그래프가 추가되고 전류 또는 전압 파형 중 원하는 파형을 Ctrl+x 눌러 선택하여 새로운 그래프를 클릭하고 Ctrl+v로 붙여넣기를 하면 그래프가 분리되는 것을 확인할 수 있다.

시뮬레이션 결과 plot에는 Plot 메뉴의 Label 기능을 이용하여 텍스트, 화살표 뿐만 아니라 다양한 형태의 도형 삽입이 가능하다.

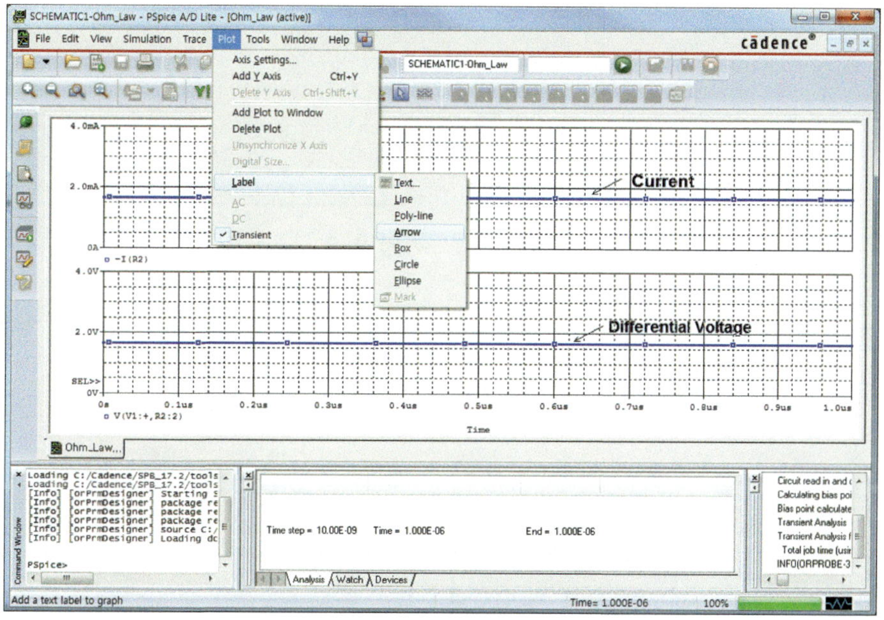

Label을 이용한 그래프 설명 추가

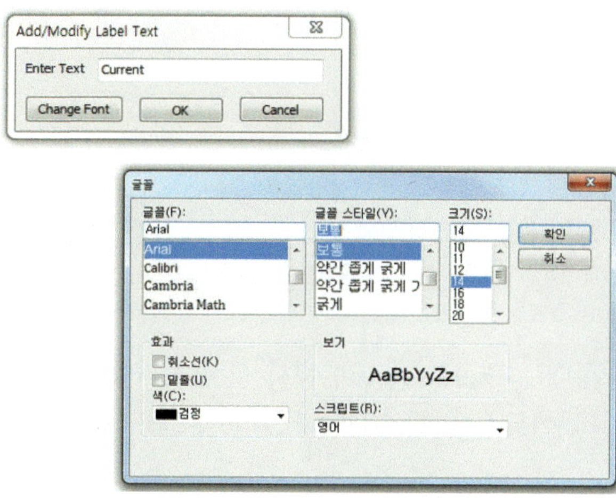

그래프 Label 글꼴변경

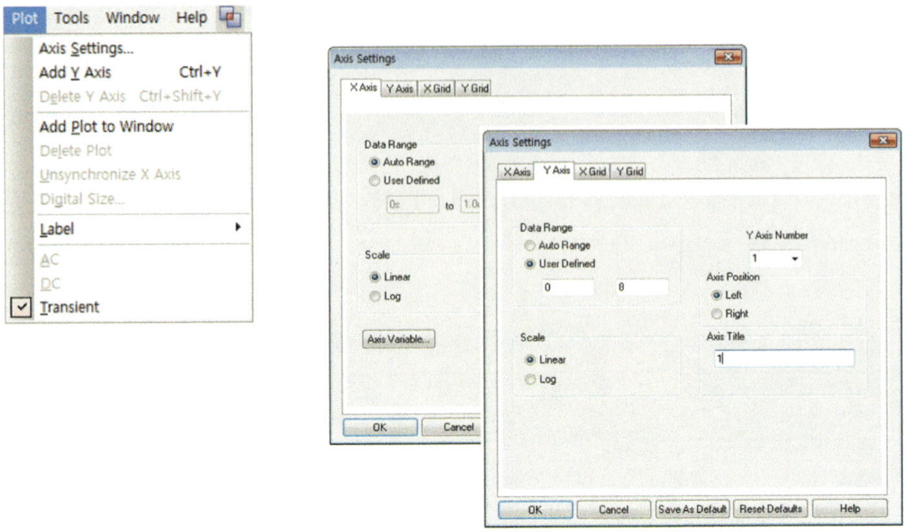

X축, Y축 스케일 변경

그래프상에 표시되는 Grid는 Major 그리드와 Minor 그리드로 나뉘며 그리드의 형태와 간격을 사용자 편의에 맞게 설정이 가능하다.

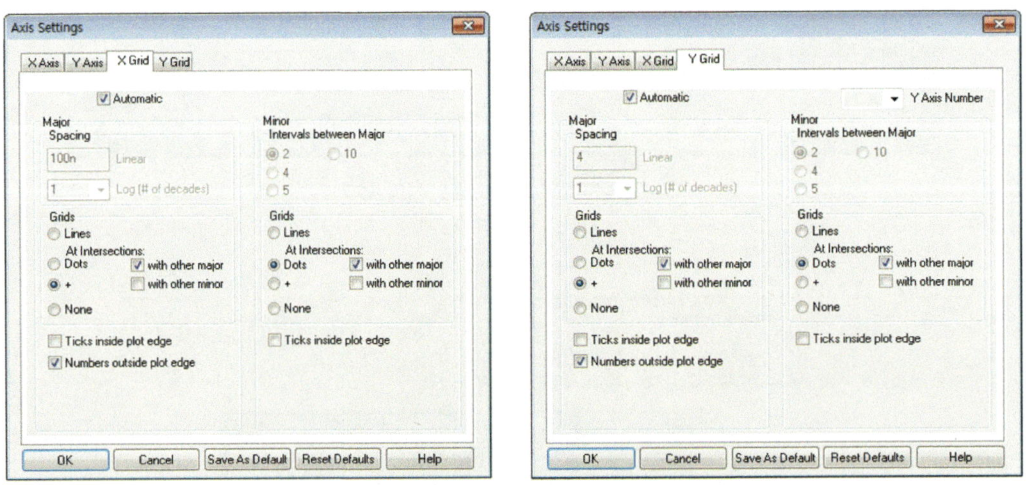

그래프 그리드 표시 방법

화면의 형태와 그리드 형태는 Preference 탭에서 설정이 가능하며 Pointer snap to grid를 설정하면 마우스 커서의 이동시 가장 가까운 그리드로 Snap 하도록 한다.

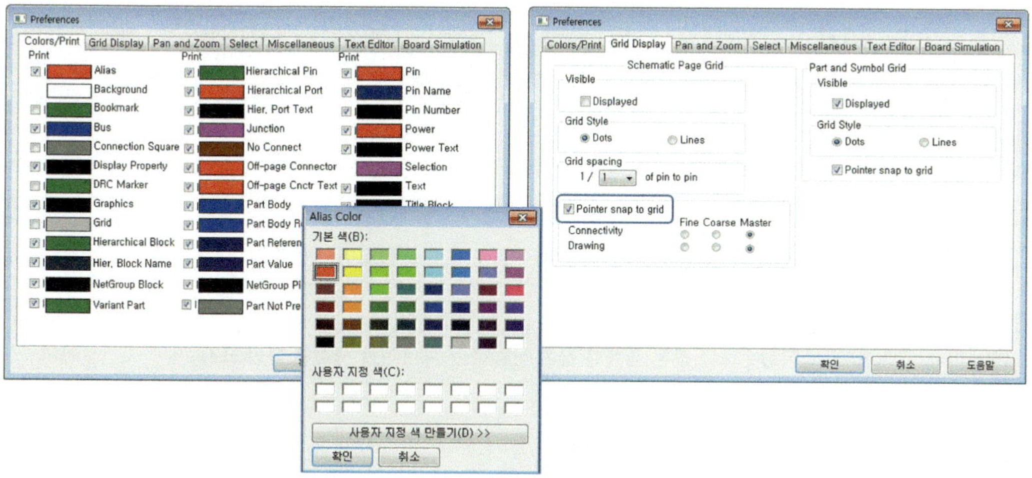

Preference를 이용한 다양한 그래프 속성 변경

Preference에는 스키메틱 작업에 필요한 다양한 설정이 가능하며 확대 축소 비율이라든지 부품선택 방법 등을 설정할 수 있다.

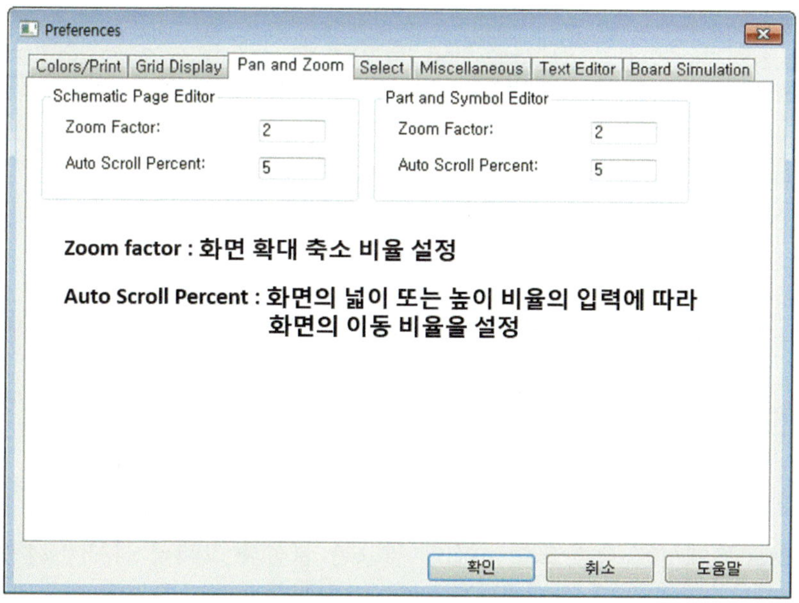

화면 확대 형식 변경 방법

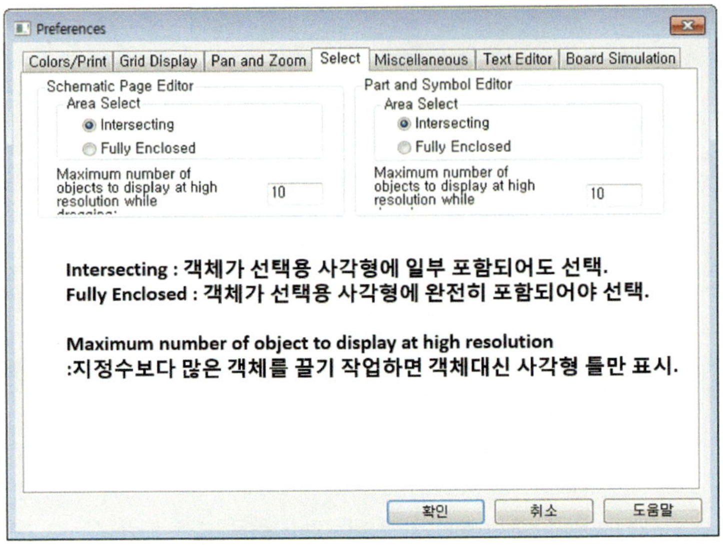

부품개체 선택 방법 설정

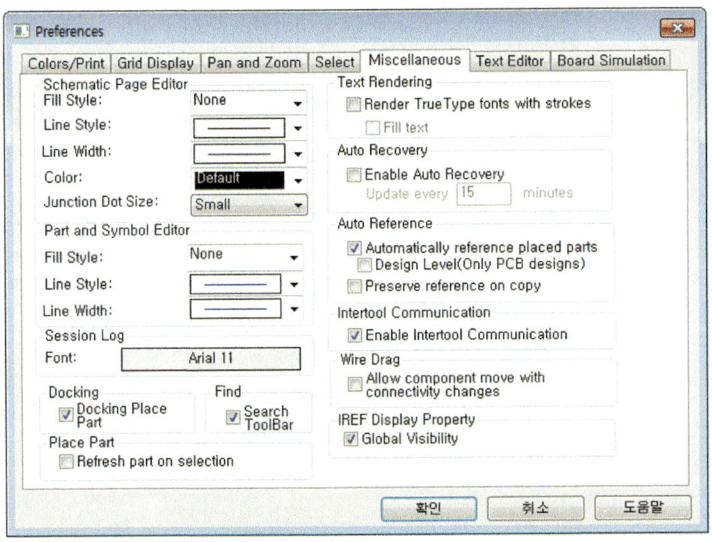

Miscellaneous를 이용한 다양한 화면 표시방법 변경

Miscellaneous 탭에서는 각종 도형 편집에 필요한 설정과 그래픽 객체에 사용되는 색상을 설정할 수 있다.

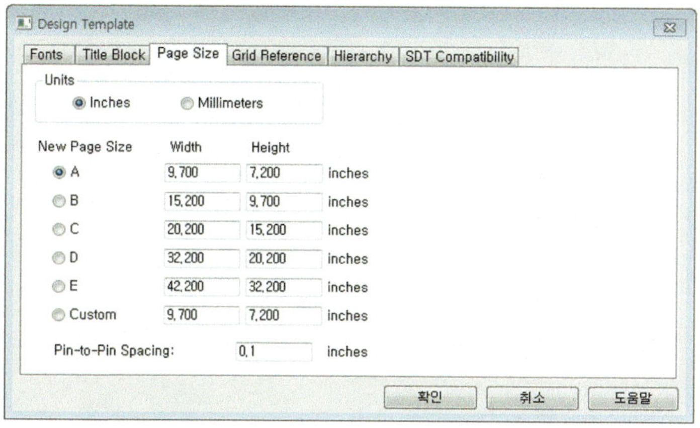

Design Template를 이용한 페이지 크기 변경

회로도 편집에 필요한 Page Size는 다양한 크기로 설정이 가능하며 Pin-to-Pin Spacing에서는 Part Editor에서 부품의 핀 간격과 그리드 간격을 결정한다.

실험회로 3-2

다음 회로와 같이 병렬로 저항을 구성하여 옴의 법칙을 확인하고 PSpice를 사용하여 각 노드에 흐르는 전류를 계산한 값과 비교하시오.

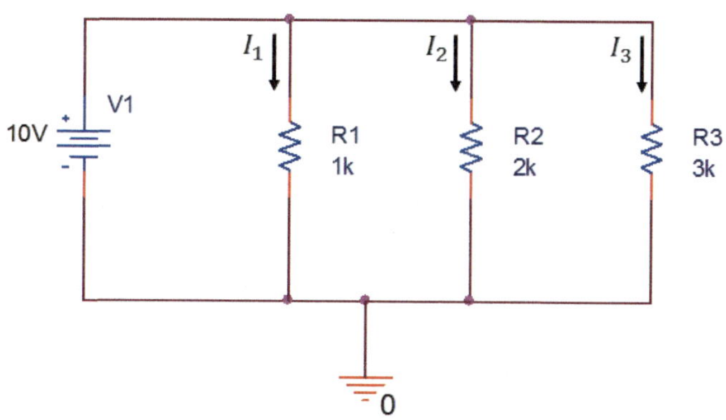

■ 회로구성

새로운 프로젝트를 만들고 Analog or Mixed A/D를 선택한 후 전압원 vdc와 저항 R 그리고 접지를 배치하고 wire를 연결한다.

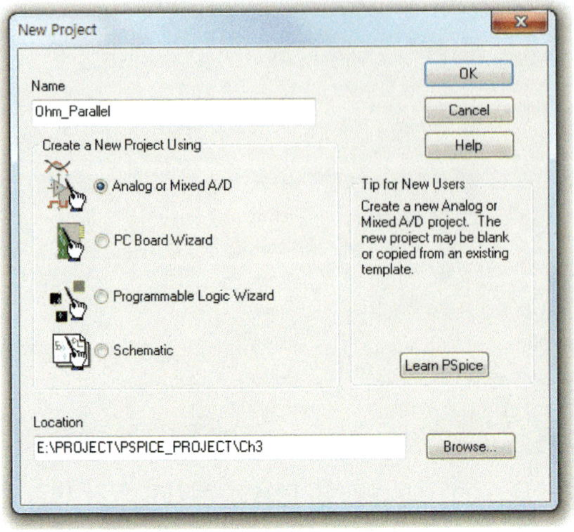

◻ 계산결과

R1, R2, R3에는 동일한 전압인 10V가 걸리므로 옴의 법칙에 의하여

$$I_1 = \frac{V}{R_1} = \frac{10[\mathrm{V}]}{1[\mathrm{k\Omega}]} = 10\,[\mathrm{mA}]$$

$$I_2 = \frac{V}{R_2} = \frac{10[\mathrm{V}]}{2[\mathrm{k\Omega}]} = 5\,[\mathrm{mA}]$$

$$I_3 = \frac{V}{R_3} = \frac{10[\mathrm{V}]}{3[\mathrm{k\Omega}]} = 3.33\,[\mathrm{mA}]$$

◻ 시뮬레이션

새로운 Simulation Profile을 만들고 Transient Simulation을 수행한다.

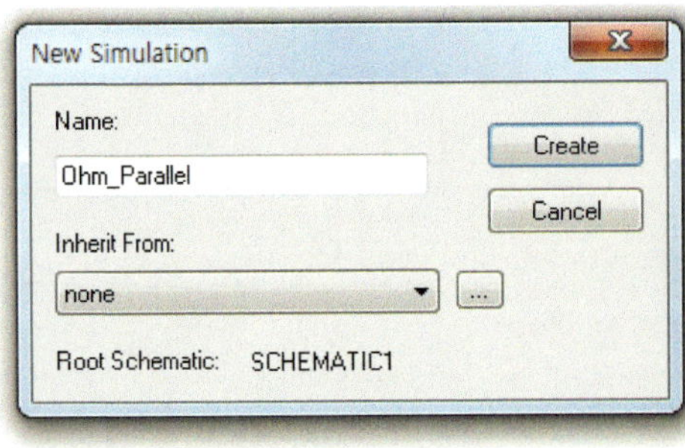

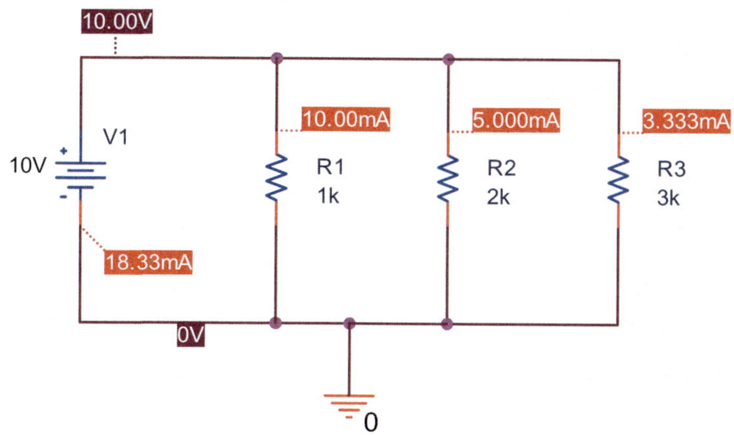

전류 프로브를 이용하여 각 저항에 흐르는 전류를 측정하고 다음 그래프와 같은 형태로 Label을 구성한다.

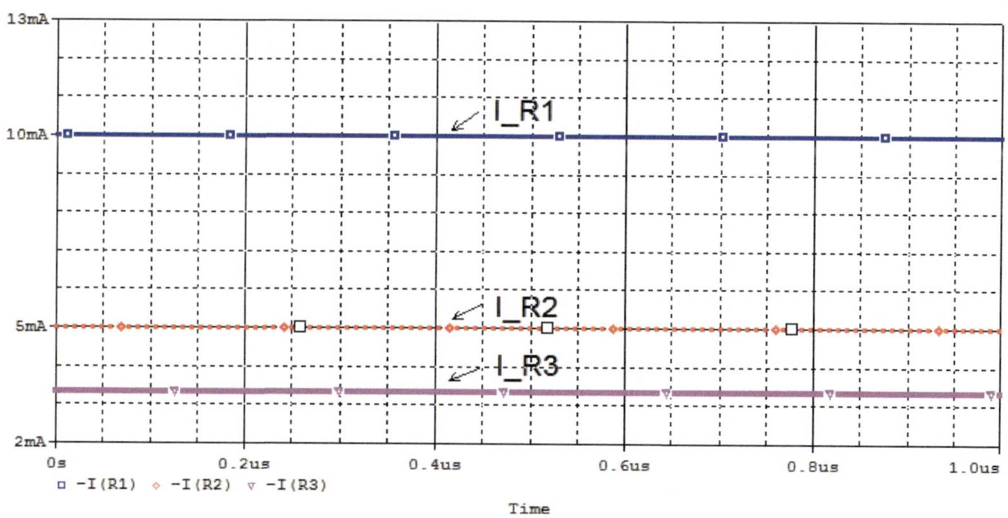

3.2 크리히호프의 법칙

독일의 물리학자인 키르히호프가 1847년에 발견한 법칙으로 전류에 관한 법칙은 옴의 법칙을 확장한 것으로 전기회로에서 각 소자에 걸리는 전압과 전류를 구할 때 사용된다. 즉 옴의 법칙으로는 아무리 간단한 회로일지라도 회로망을 해석하는 것이 어렵기 때문에 각종 회로 소자들의 단자 특성과 함께 키르히호프 법칙을 사용하여 회로를 체계적으로 해석할 수 있다. PSpice에서 회로를 해석하는데 가장 중요하게 사용되는 알고리즘이라고 할 수 있다.

전자소자 측정에 사용되는 멀티미터를 사용할 때 전압 측정 시에는 소자에 병렬로 연결하고 전류를 측정할 때는 소자 사이를 단락시키고 사이에 연결한다. 이때 전압을 측정할 때는 내부저항이 거의 0에 가깝고 전류계일 때는 내부저항이 무한대에 가까운데 이유는 전압을 측정할 때는 키르히호프 법칙에 의해 전압계에 전압이 분배되지 않도록 하기 위함이고 전류를 측정할 때는 흐르는 전류를 전류계로 최대한 흐르게 하기 위함이다.

3.2.1 키르히호프의 전압법칙(KVL : Kirchhoff's Voltage Law)

키르히호프 전압법칙은 "폐회로에서 전원장치가 공급한 전압은 각 소자에 걸린 전압의 합과 같다"로 요약할 수 있으며 다음의 회로에서 키르히호프 법칙을 적용한 수식적인 표현은 다음과 같다.

$$V = V_{R1} + V_{R2} + V_{R3//R4}$$

또는 "폐회로에서 전압상승과 전압하강의 합은 0이다"라고 표현할 수 있으며 아래와 같이 표현할 수도 있다. 여기서 폐회로는 전류가 흐를 수 있도록 연결된 회로를 말한다. 아래 회로에서 전압원의 전압은 직렬로 연결된 저항의 크기에 비례하여 나뉘고 병렬로 연결된 저항에는 동일한 크기의 전압이 인가되므로 전체 전압은 두 개의 직렬 연결된 저항과 병렬저항에 걸린 전압의 합과 같다.

$$V-(V_{R1} + V_{R2} + V_{R3//R4}) = 0$$

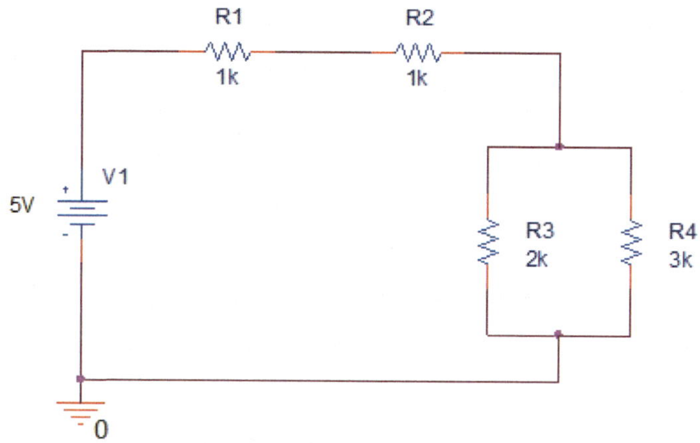

저항과 전압원 구성회로에서 키르히호프 법칙 적용

3.2.2 키르히호프의 전류법칙(KCL : Kirchhoff's Current Law)

전하의 보존법칙(Conservation law of charge)이라고도 하며 "임의의 한 노드에 들어가는 전류의 합과 나오는 전류의 합은 같다" 바꾸어 표현할 수 있다.

$$I = I_1 + I_2$$

이 수식은 "전하 보존법칙에 의해 들어간 전류와 나가는 전류의 합은 0이다."라고 표현할 경우 전류법칙은 다음과 같이 표현이 가능하다.

$$I - (I_1 + I_2) = 0$$

즉, 아래회로에서 직렬로 연결된 저항에는 동일 전류가 흐르며 병렬로 연결된 저항에는 동일한 전압의 인가되므로 옴의 법칙에 의해 저항 크기에 반비례하는 전류가 나뉘어 인가된 후 다시 합쳐져서 전체 전류의 합과 같게 된다.

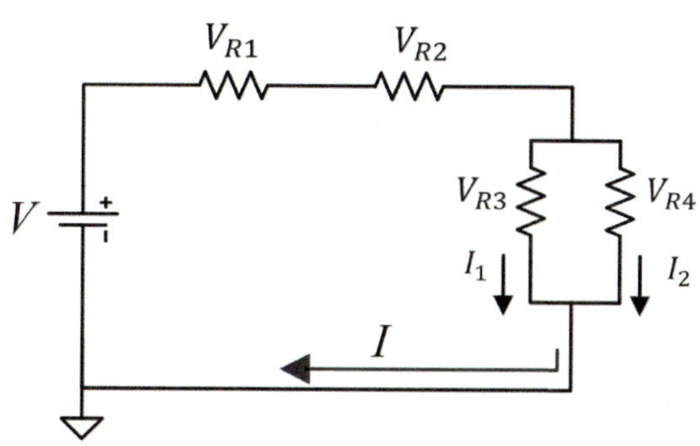

키르히호프 전류법칙 적용

실험회로 3-3

다음 회로를 구성하여 키르히호프 전압법칙과 전류법칙을 확인하시오.

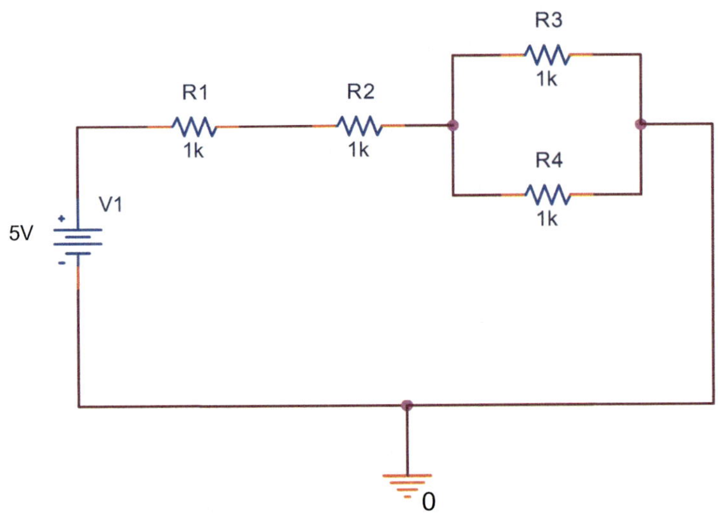

◻ 회로구성

Place/Part에서 저항 R1, R2, R3, R4와 직류전원 VDC를 배치하고 주어진 회로와 같이 배선을 그린다. Place ground로 0 표기가 있는 접지를 연결하고 Transient Simulation을 수행한다.

◻ 계산결과

회로해석을 위해서는 우선 전체저항을 구하고 옴의 법칙에 의해 전체 전류를 구한다. 전체 저항은

$$\begin{aligned} R_{TOTAL} &= R_1 + R_2 + R_3 // R_4 \\ &= R_1 + R_2 + \frac{R_3 \times R_4}{R_3 + R_4} \\ &= 1[\mathrm{k\Omega}] + 1[\mathrm{k\Omega}] + 0.5[\mathrm{k\Omega}] = 2.5[\mathrm{k\Omega}] \end{aligned}$$

전체전류는

$$I = \frac{V}{R} = \frac{5[\mathrm{V}]}{2.5[\mathrm{k\Omega}]} = 2[\mathrm{mA}]$$

각 저항에 걸리는 전압은

$$V_{R1} = IR_1 = 2[\text{mA}] \times 1[\text{k}\Omega] = 2[\text{V}]$$

$$V_{R2} = IR_2 = 2[\text{mA}] \times 1[\text{k}\Omega] = 2[\text{V}]$$

이고 R3, R4는 KCL에 의해서 전류가 동일하게 분배되므로

$$V_{R3} = V_{R4} = I_1R_3 = I_2R_4 = 1[\text{mA}] \times 1[\text{k}\Omega] = 1[\text{V}]$$

☐ 시뮬레이션

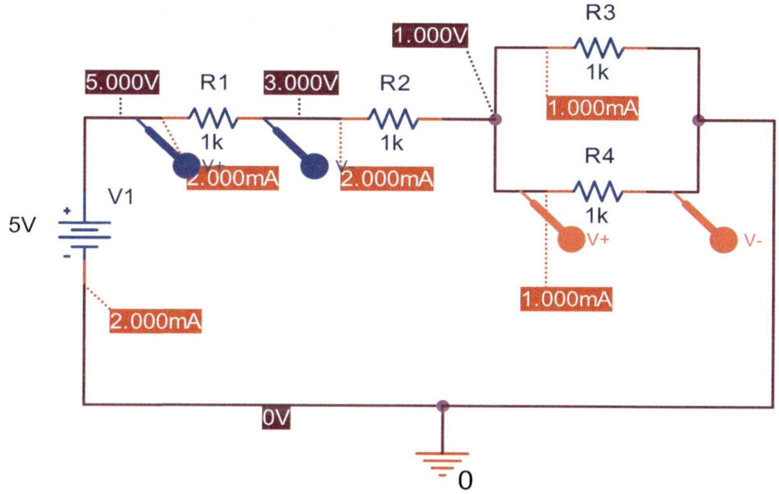

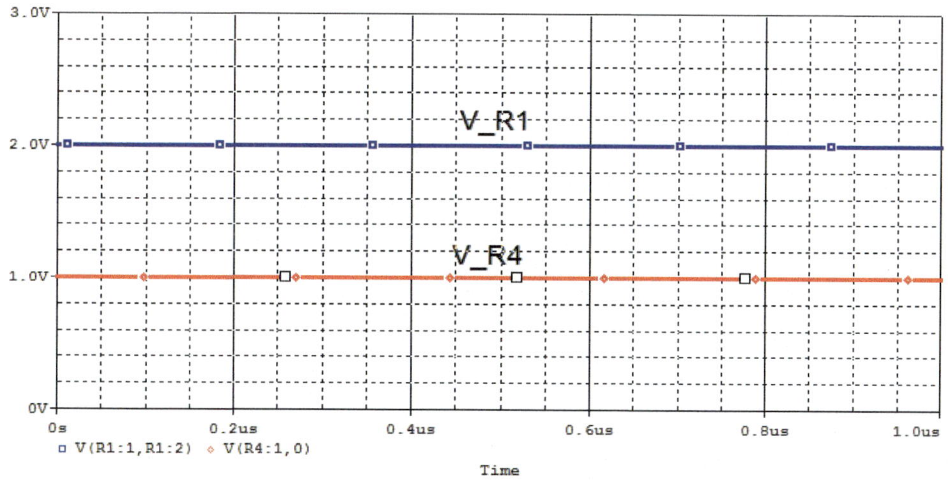

3.3 중첩의 원리

중첩의 원리를 설명하기 전에 중요한 전제조건으로 선형소자, 선형 종속전원, 선형회로망에 대한 설명이 필요하다.

- **선형소자** : 전압과 전류의 관계가 1차식으로 표현되는 R, L, C와 같은 소자이다.
- **선형종속전원** : 두 단자 사이의 전압 또는 전류가 회로의 어떤 전류나 전압에 직접 비례하는 종속 전류원 또는 종속 전압원을 말한다.
- **선형회로망** : 독립전원, 선형 종속전원 그리고 선형 소자만으로 구성된 회로이다.

중첩의 원리는 여러 개의 독립전원을 포함하고 있는 선형회로에서, 회로 내의 어떤 점에서의 전류 또는 전압은, 각 독립전원이 단독으로 있을 때의 성분들을 대수적으로 합함으로써 얻어진다. 즉, 하나의 독립전원에 의한 성분을 구할 때, **다른 전압원들은 그 값을 0으로 하고 단락회로로 바꿔줘야 하며, 다른 전류원들도 그 값을 0으로 하되 개방회로로 바꿔 주어야 한다.** 종속 전원을 포함하는 선형회로에서도 중첩의 원리가 사용될 수 있지만, 종속전원은 0으로 만들 수 없기 때문에 이 경우에는 유용하지 못하다.

다시 말해 2개 이상의 전원전압이 접속된 회로망에서 회로 내의 임의의 점에 흐르는 전류 또는 두 점 사이의 전압은 각각 전원이 개별적으로 동작하는 때의 그 두 점 사이를 흐르는 전류 또는 두 점 사이에 걸리는 전압을 합한 것과 같다. 이것을 중첩의 원리라고 한다.

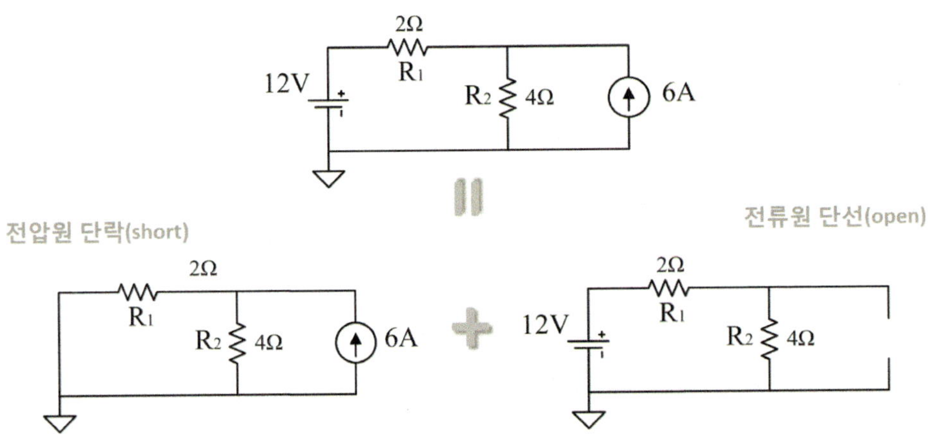

중첩의 원리는 종속전원과 독립전원이 여러 개 들어 있는 회로에도 적용할 수 있다. 실제로 중첩의 원리는 회로에 여러 가지 형태로 적용될 수 있다. 예를 들면 세 개의 독립전원을 가진 회로의 경우, 앞의 예에서와 같이 각 전원을 단독으로 인가함으로써 해를 구할 수도 있고, 또는 두 개의 독립전원은 동시에 있는 것으로 취급하여 부분 해를 구하고, 나머지 하나의 독립전원은 단독으로 있는 것으로 하여 부분 해를 구한 뒤, 이들을 합함으로써 원하는 최종 해를 구할 수 있다.

중첩의 원리는 선형방정식에서는 기본적으로 충족되는 것이며, 따라서 원인과 결과가 선형적으로 관련이 있는 경우에는 항상 적용될 수 있다. 이러한 관점에서 선형회로의 전류와 전압에서는 중첩의 원리가 적용되지만, 비선형 함수로 주어지는 전력을 구하는 데에는 적용된 수 없다는 것을 알아두어야 할 필요가 있다.

실험회로 3-4

다음 회로를 중첩의 원리를 적용하여 R4에 흐르는 전류를 구하여 PSpice 결과와 비교하시오.

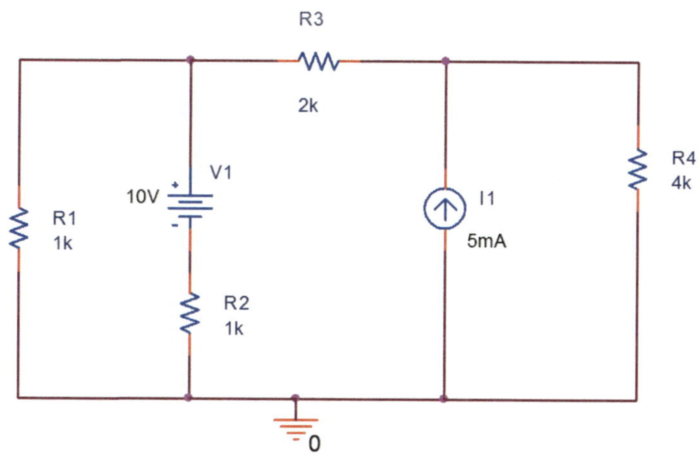

◻ 회로해석

전압원 V1을 단락시키고 전류원만 있는 상태에서 각 저항에 흐르는 전류와 각 저항에 걸리는 전압을 구한다. 다음 그림은 전압원을 단락(Short)하였을 때 회로이다.

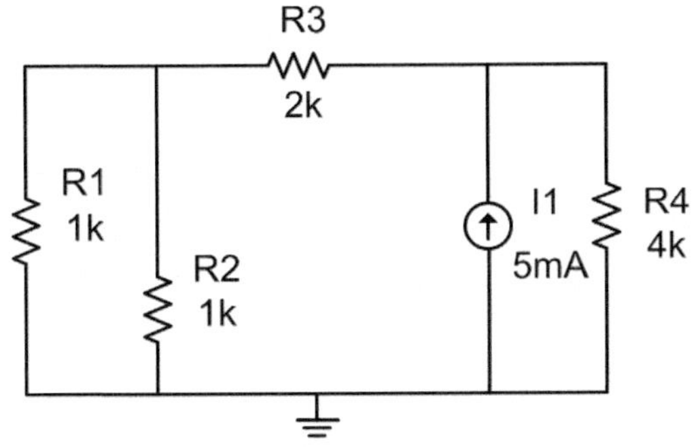

회로해석의 편의를 위해서 I1과 R4의 위치를 바꾸어 배치한다.

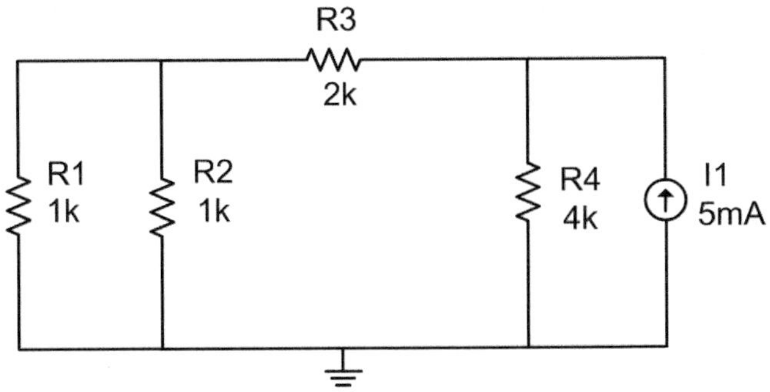

R1과 R2는 병렬로 연결되어 R3와 직렬로 접속되므로 R5 저항으로 단순화시킨다. R5는 2.5[kΩ] 이 된다.

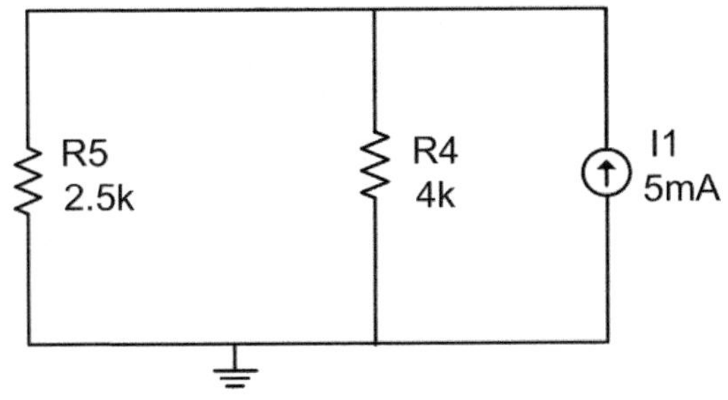

KCL에 의해 5[mA] 전류는 R4와 R5으로 나뉘어 분배되므로 전압원을 단락시키고 전류원만 있을 때 R4에 흐르는 전류는 다음과 같다. 우선 KVL에 의해 R5와 R4에는 동일한 전압이 걸리므로 R4와 R5의 합성저항을 우선 구한다. R4와 R5의 합성저항은 1.538[kΩ]이고 R4와 R5에 걸리는 전압은

$$V = IR = 5[\mathrm{mA}] \times 1.538[\mathrm{k\Omega}] = 7.69[\mathrm{V}]$$

R4, R5에 7.69[V]의 전압이 걸리게 되므로 각 저항에 흐르는 전류는 옴의 법칙에 의해 다음과 같이 구한다.

$$I_{R4} = \frac{V}{R_4} = \frac{7.69[\mathrm{V}]}{4[\mathrm{k\Omega}]} = 1.923[\mathrm{mA}]$$
$$I_{R5} = \frac{V}{R_5} = \frac{7.69[\mathrm{V}]}{2.5[\mathrm{k\Omega}]} = 3.076[\mathrm{mA}]$$

전압원을 단락시킨 상태에서 R4에 걸리는 전압과 전류를 구했으므로 이번에는 전류원을 Open 시키고 전압원만 있는 상태에서 각 노드에 흐르는 전류와 각 저항에 걸리는 전압을 계산한다.

우선 R3 저항과 R4 저항이 직렬이므로 R6 저항으로 합치고 해석의 편의를 위해서 V1, R2와 R1의 위치를 바꾼다.

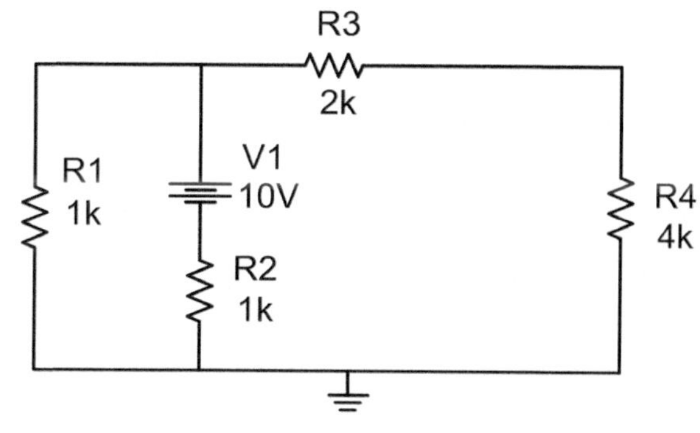

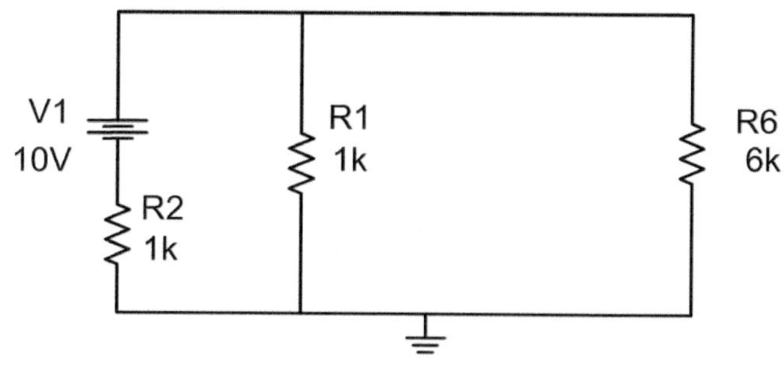

R1과 R6는 병렬이므로 R7 저항으로 병렬저항을 계산하여 대치한다.

$$\frac{1}{R_1} + \frac{1}{R_6} = \frac{1}{R_7}$$

R7의 합성 저항값은 0.86 [kΩ]이 된다. 마지막으로 단순화된 회로는 R2와 R7의 저항이 직렬로 연결된 형태로 간단히 바꾸고 전체 전류를 계산한다.

$$I = \frac{V}{R_2 + R_7} = \frac{10[\mathrm{V}]}{1[\mathrm{k\Omega}] + 0.86[\mathrm{k\Omega}]} = 5.38[\mathrm{mA}]$$

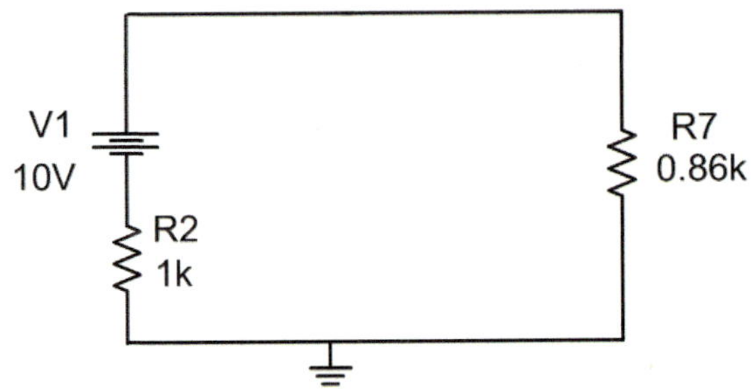

5.38 [mA]는 결국 R2 저항을 통하여 R1과 R6 저항으로 나뉘게 되므로 R4에 흐르는 전류는 옴의 법칙에 의해서 저항 크기에 반비례하여 흐르게 된다.

$$I_{R4} = I_{R6} = 5.38[\mathrm{mA}] \times \frac{1[\mathrm{k\Omega}]}{1[\mathrm{k\Omega}] + 6[\mathrm{k\Omega}]} = 769[\mu\mathrm{A}]$$

따라서 중첩의 원리에 의해서 R4에 흐르는 전류는 전압원을 단락하고 전류원만 있을 때 구한 1.923 [mA]와 전류원을 개방하고 전압원만 있을 때 구한 769 [μA]의 합과 같다.

◻ 시뮬레이션

중첩의 원리를 적용하여 계산한 값을 PSpice를 이용하여 확인해 본다.

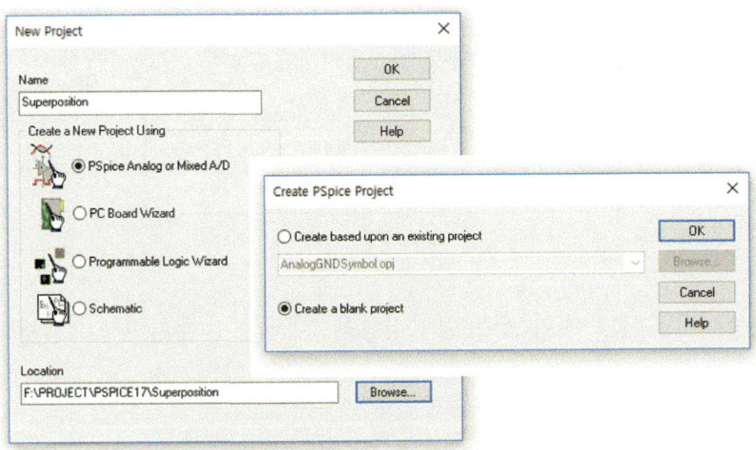

프로젝트를 생성하고 전압원 VDC, 전류원 IDC와 저항을 배치하고 배선한다.

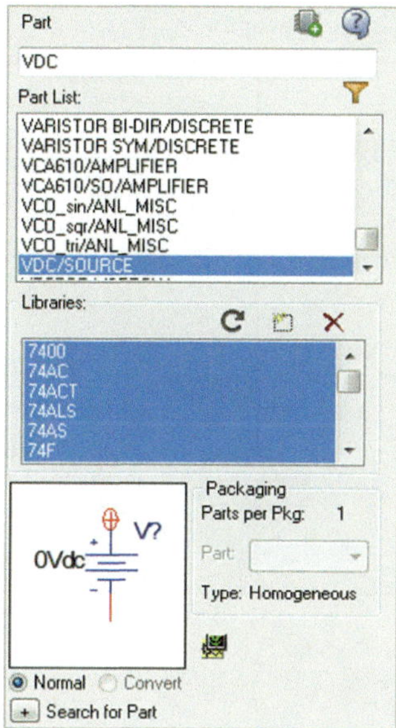

New Simulation Profile을 구성하고 Transient Simulation을 수행한다.

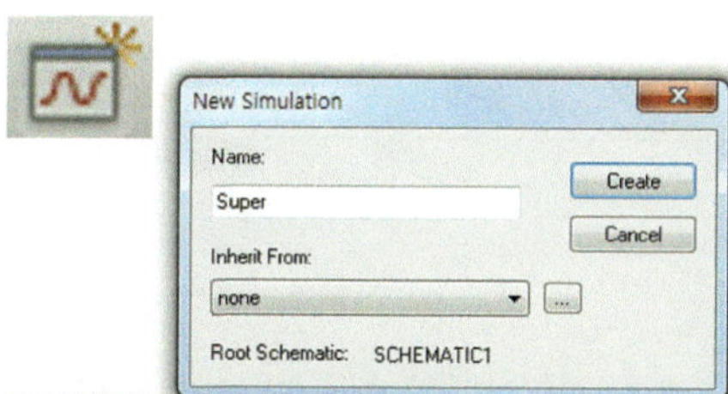

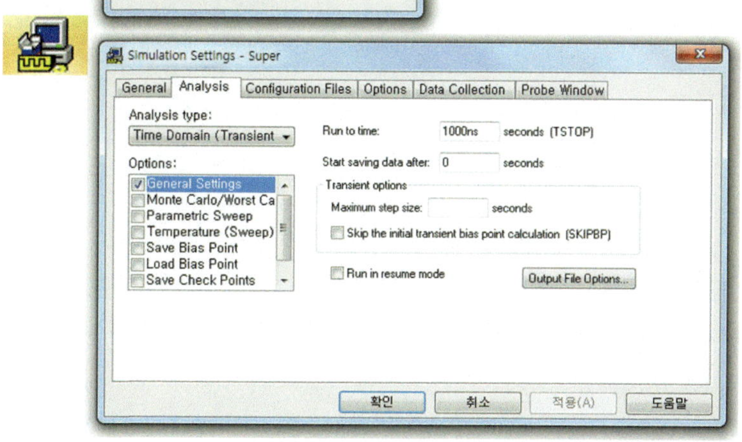

회로를 해석할 때와 동일하게 전압원을 단락시키고 시뮬레이션을 수행한다.

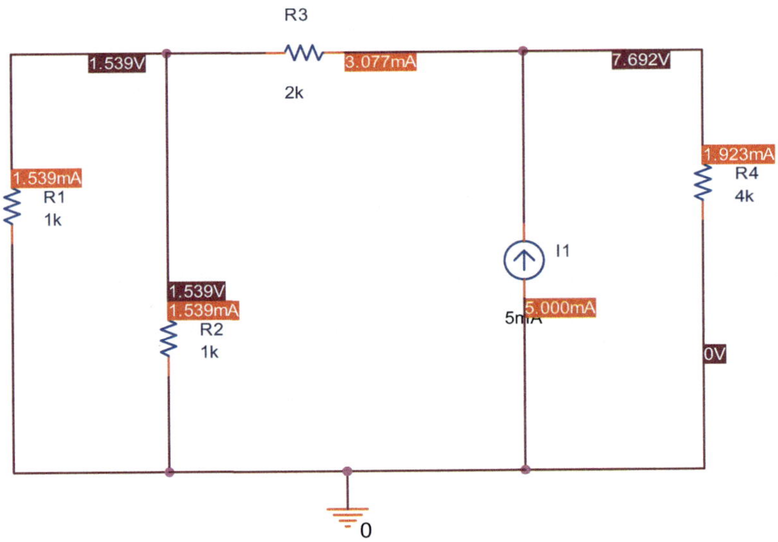

회로해석과 동일하게 R4에 1.923 [mA]의 전류가 흐르는 것을 확인할 수 있다.
두 번째 회로를 해석할 때와 동일하게 전류원을 개방시키고 시뮬레이션을 수행한다.

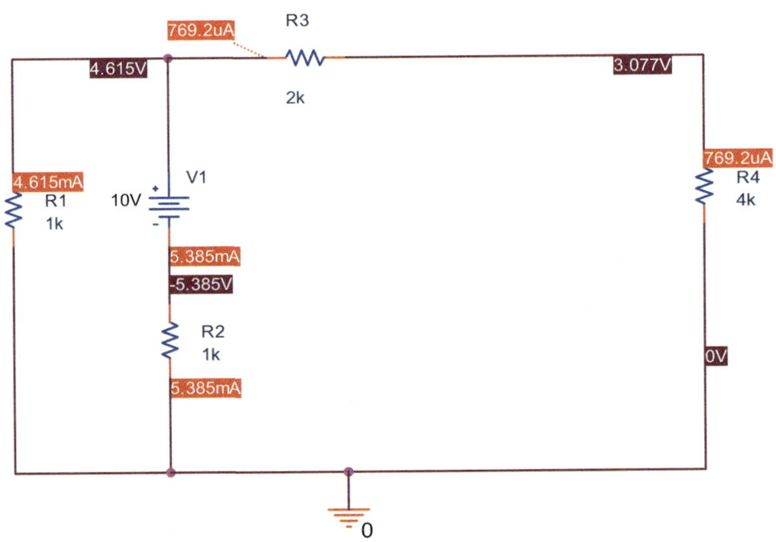

전압원과 전류원을 함께 사용하여 시뮬레이션을 수행하면 회로해석과 동일하게 2.692 [mA]의 전류가 R4에 흐르는 것을 확인할 수 있다.

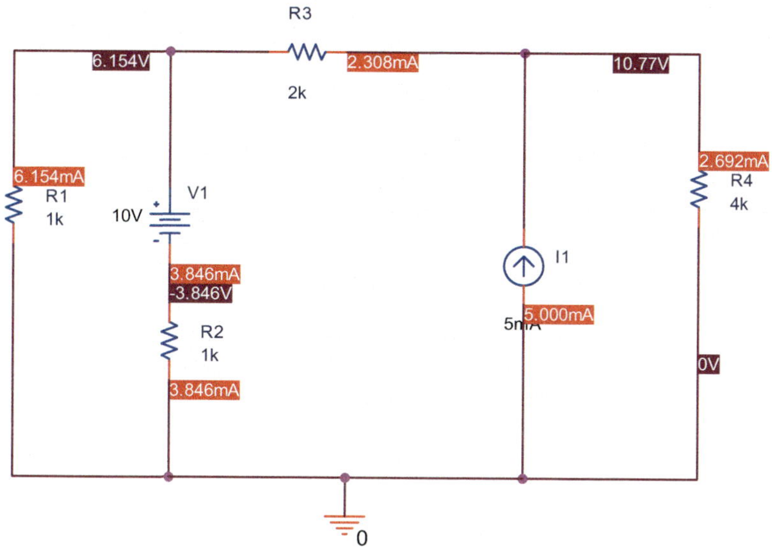

3.4 테브난 정리와 노튼 정리

테브난 정리는 전압, 전류전원과 저항이 포함된 회로를 하나의 전압전원과 이에 직렬로 연결된 저항의 등가회로로 변환할 수 있다. 노튼 정리는 전압, 전류전원과 저항이 포함된 회로를 하나의 전류전원과 이에 병렬로 연결된 저항의 등가회로로 변환할 수 있다.

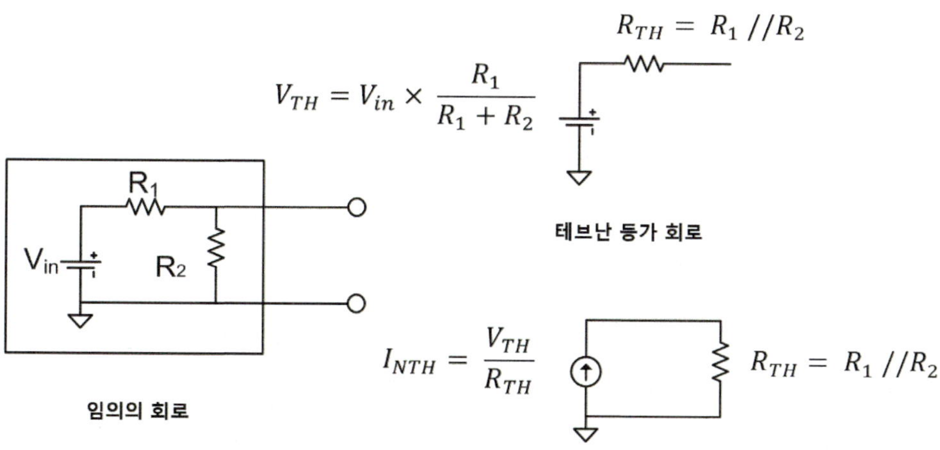

임의의 회로

테브난 등가 회로

노튼 등가 회로

테브난 정리와 노턴 정리는 두 단자와 연결된 회로를 해석할 때 임의의 복잡한 회로를 단순화 시켜 전체 회로의 해석을 쉽게 해 준다.

• 테브난 등가회로를 구하는 과정

(1) 연결점의 부품을 개방 회로로 만든다.
(2) 전압원은 Short 시키고 전류원은 Open 시키고 단자에서 바라본 등가저항 R_{TH}를 구한다.
(3) R_{TH}와 V_{TH}를 직렬로 연결한다.

실험회로 3-5

다음 회로의 부하저항 RL에 대한 테브난 등가회로 및 노튼 등가회로를 구하고 PSpice로 검증하시오.

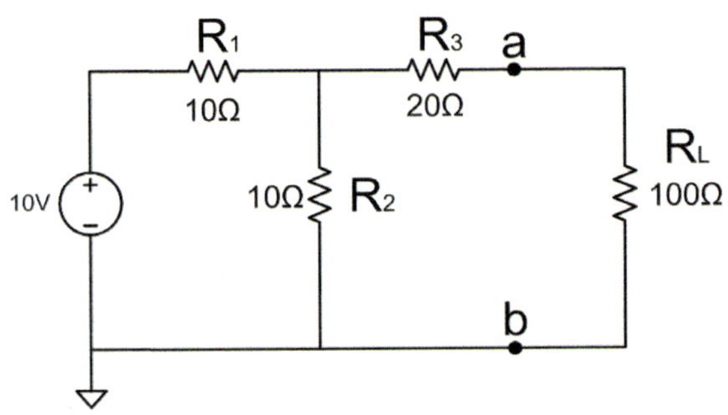

STEP1: 전압원을 short 시키고 a, b에서 바라본 등가 저항을 구하면 다음과 같다.

$$R_{TH} = \frac{100}{10+10} + 20 = 25\,[\Omega]$$

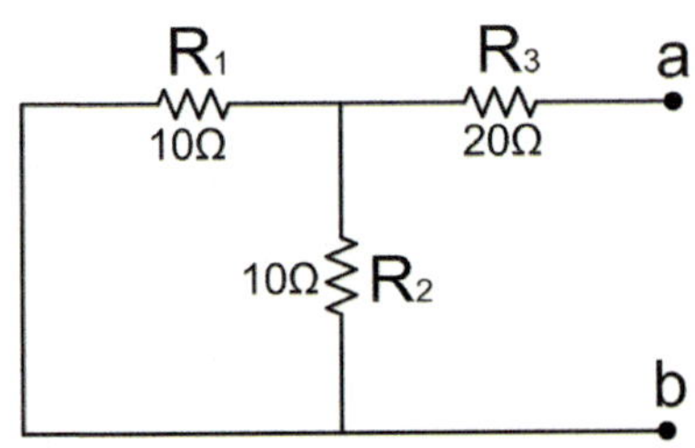

STEP2: V_{TH}는 R_2에 걸리는 전압과 같으므로 $V_{TH} = 10 \times \frac{10}{10+10} = 5[\text{V}]$

STEP3: $I_{NTH} = \frac{V_{TH}}{R_{TH}} = \frac{5V}{25\Omega} = 0.2[\text{A}]$

따라서 제시된 회로에 대한 테브난, 노튼 등가회로는 다음과 같다.

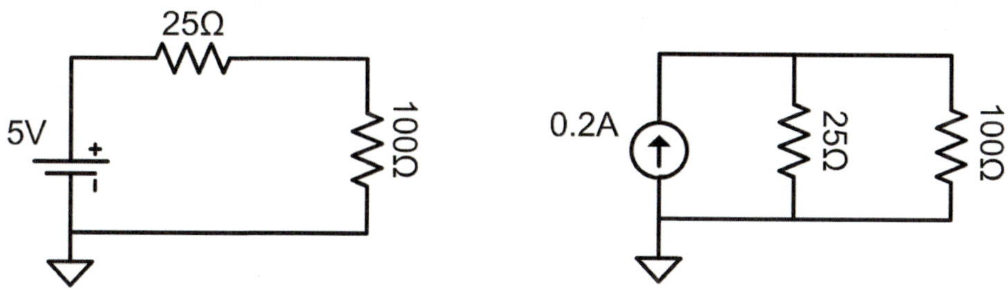

테브난 노튼회로 변환

◻ 회로구성

전압원, 저항, 접지 소자를 배치하고 배선한다.
부하저항에 흐르는 전류를 측정하여 계산한 값과 같은지를 확인한다.

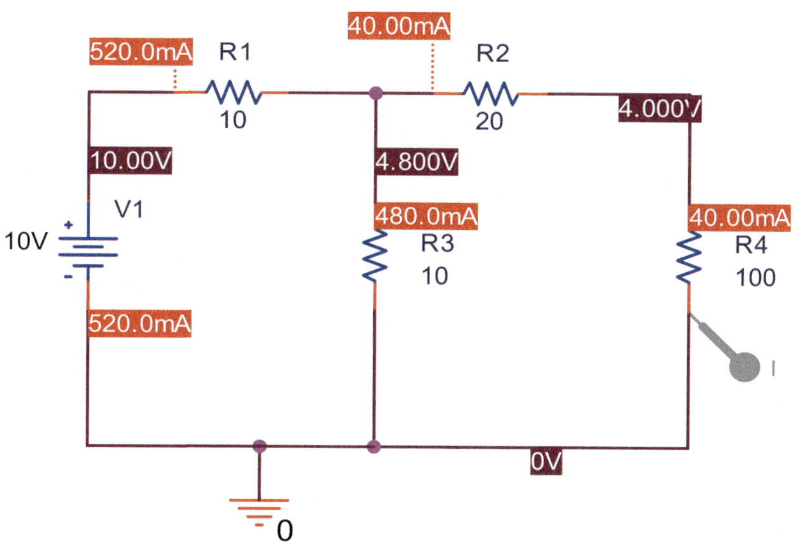

■ 시뮬레이션

테브난 회로와 노튼 회로를 구성하고 전체회로에서 R4에 흐르는 전류와 테브난 노트 각각의 회로에서 부하저항 R6와 R8에 흐르는 전류가 같은지 확인한다.

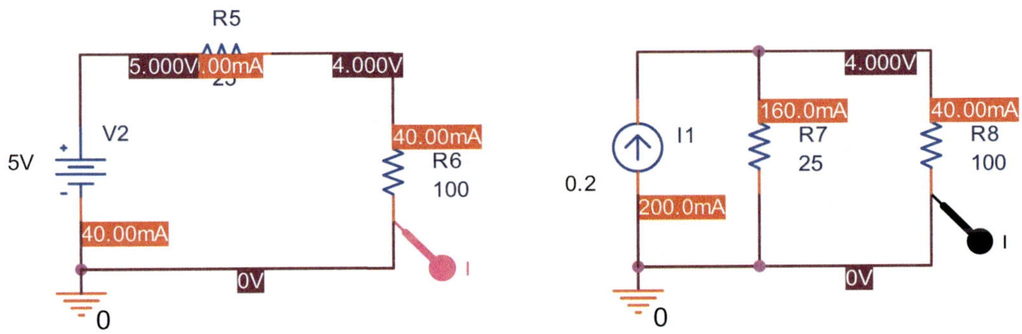

테브난 노튼회로 변환 회로 시뮬레이션

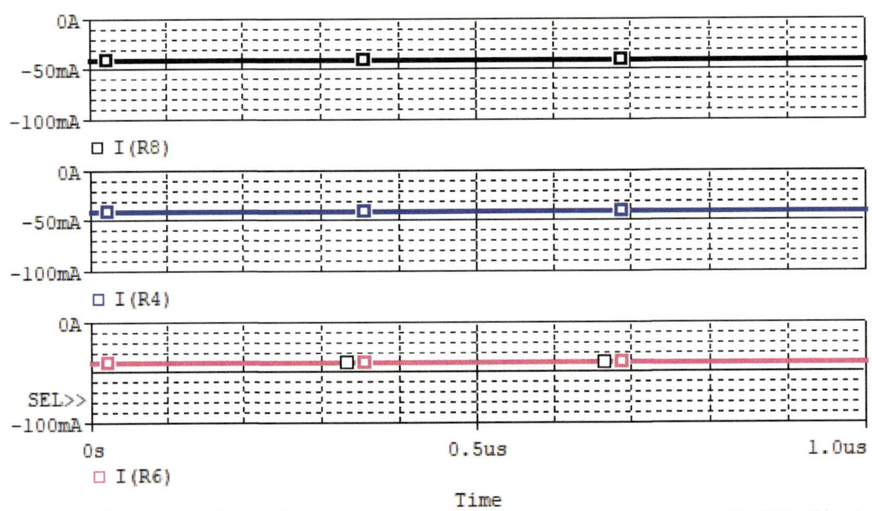

Transient 시뮬레이션 결과 계산한 값과 일치함을 확인할 수 있다.

실험회로 3-6

그림의 회로를 테브난, 노튼 회로로 변환하고 결과를 PSpice를 이용하여 검증하시오

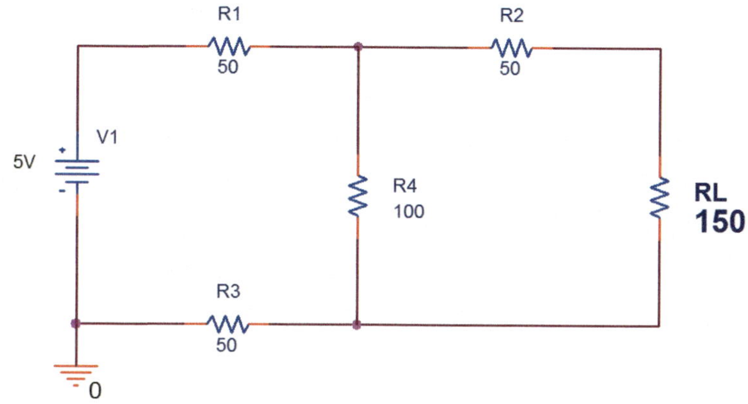

☐ 시뮬레이션

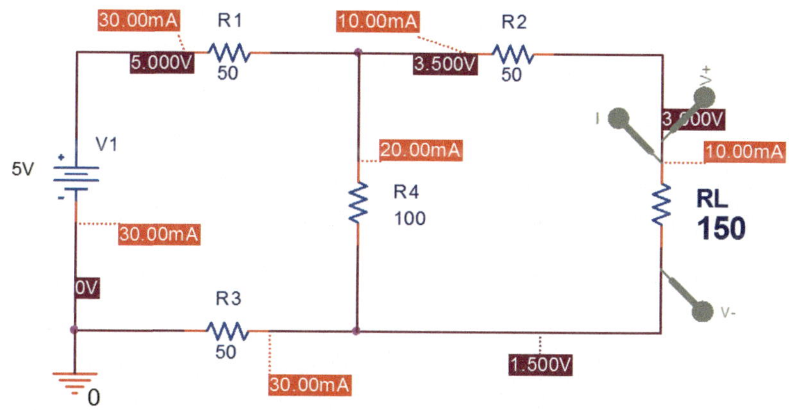

전체회로에서 부하저항에 흐르는 전류는 10 [mA]이다.

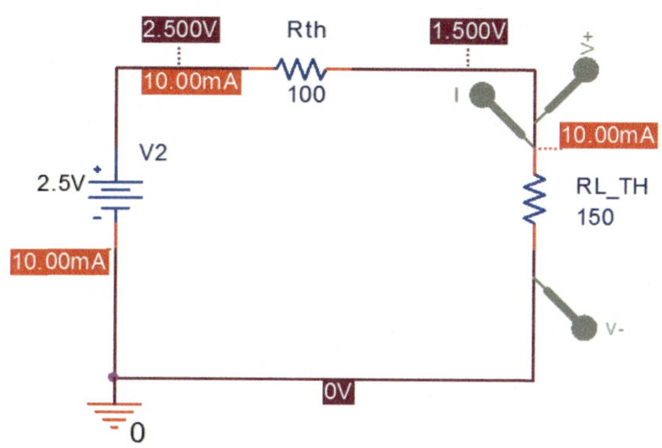

테브난 회로에서 부하저항에 흐르는 전류는 10 [mA]이다.

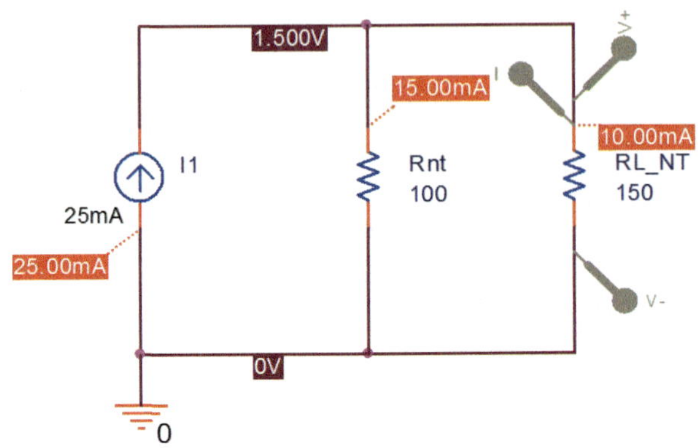

노튼 회로에서 부하저항에 흐르는 전류는 10 [mA]이다.

Probe를 사용하여 전압과 전류를 그래프로 나타내기 위해서는 그래프를 추가하여 전압과 전류를 분리한다.

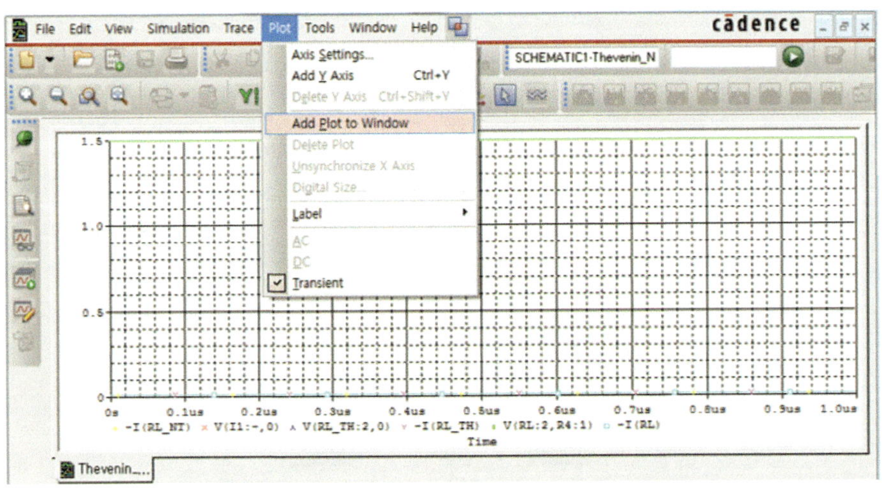

Plot 메뉴의 Add Plot to Window로 그래프를 추가한다.

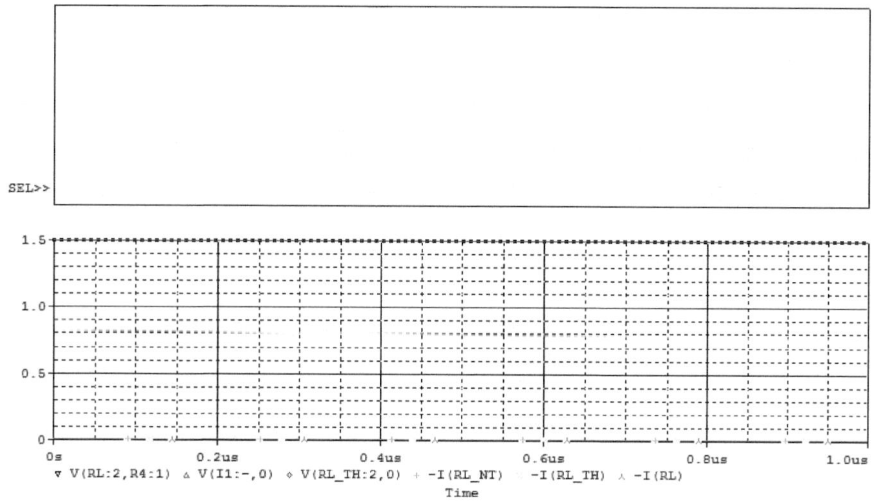

옮기고자 하는 그래프를 선택하여 Ctrl+x로 그래프를 복사하고 SEL〉〉 이 표시된 그래프를 선택하려 Ctrl+v로 붙여 넣어 분리한다.

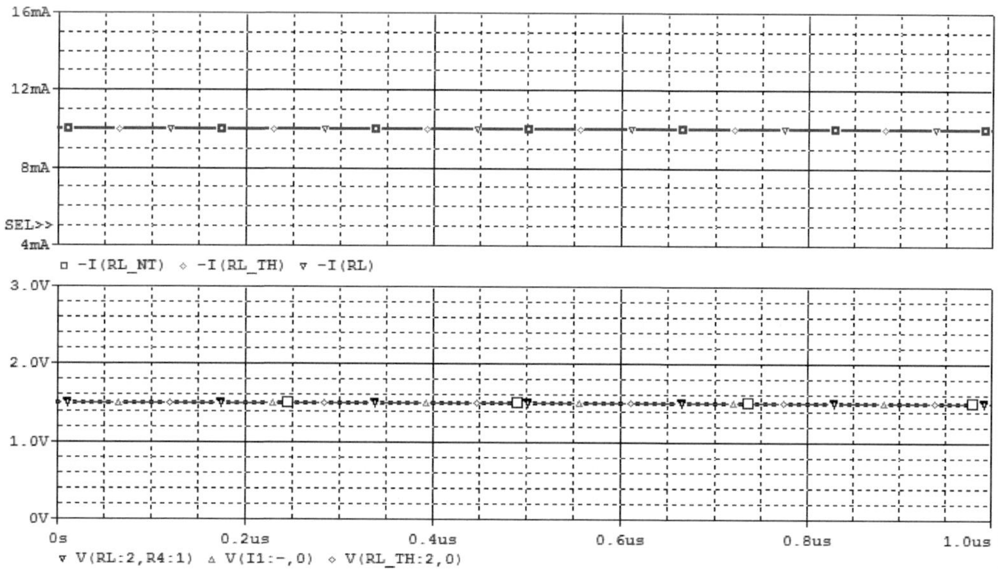

그래프 상의 값을 정확하게 알고 싶을 때는 Trace 메뉴의 Cursor 메뉴를 이용하면 그래프상의 원하는 지점의 값을 정확히 알 수 있으며 그래프의 기울기나 최대 최소값을 쉽게 찾을 수 있다.

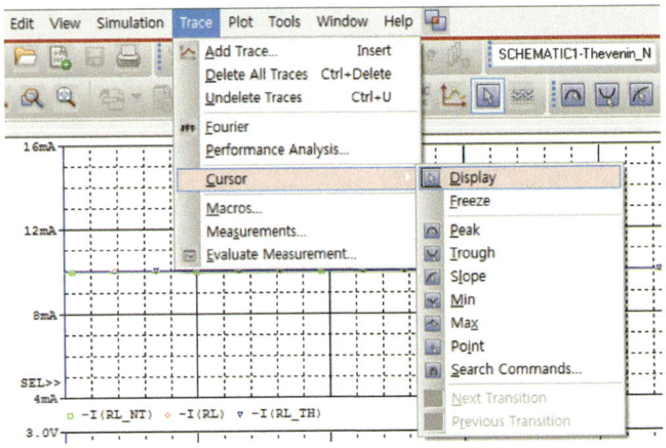

Trace Color	Trace Name	Y1
	X Values	300.870n
	V(RL:2,R3:2)	1.5000
	V(I1:-,0)	1.5000
	V(RL_TH:2,0)	1.5000
CURSOR 1,2	-I(RL_NT)	10.000m
	-I(RL)	10.000m
	-I(RL_TH)	10.000m

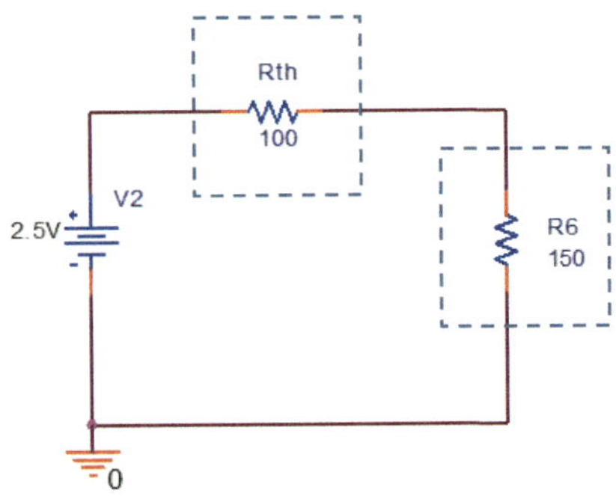

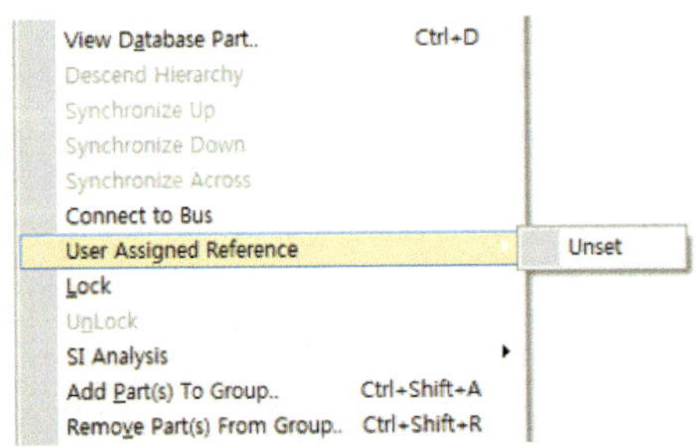

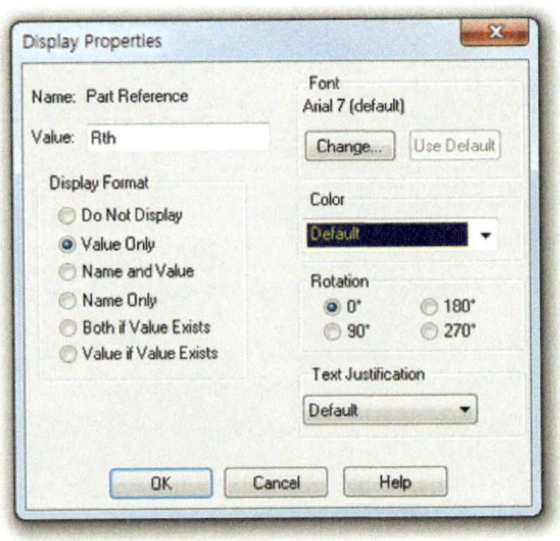

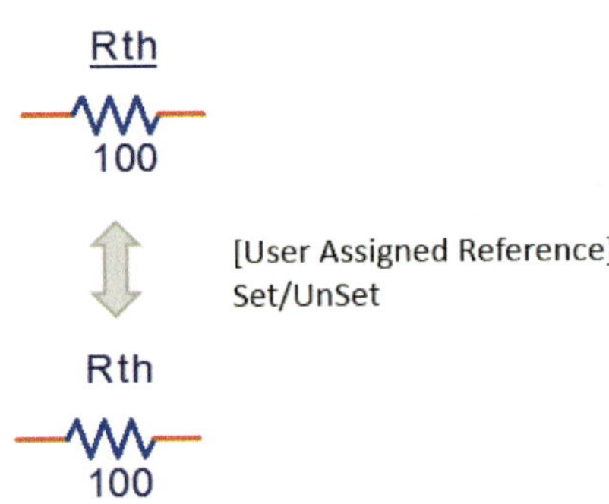

회로를 구성하고 시뮬레이션을 수행할 때 수학적 계산을 위해서 PSpice에서는 회로 도면의 각 부품의 연결을 spice 언어로 표현한 netlist라는 파일을 참고하는데 부품명의 중복으로 계산 오류를 막기 위한 설계자가 부품을 회로에 배치하면 R1, R2와 같이 일정한 규칙으로 부품을 구별한다.

경우에 따라서는 이 값을 사용자가 원하는 값으로 바꿀 수 있으며 이때 자동으로 지정된 경우가 아니므로 부품명에 밑줄이 표시된다. 이때 표시된 밑줄을 없애기 위해서는 부품을 선택하고 User Assigned Reference를 선택하면 설계자가 원하는 파트명으로 변경할 수 있다. 이때 주의할 점은 파트명 중복으로 시뮬레이션 오류가 발생할 수 있으므로 주의해야 한다.

3.5 최대전력 전달 조건

최대전력 전달 조건은 테브난 노튼회로를 응용하여 TV나 라디오등 가전제품에서 가장 실용적으로 적용되는 원리로써 전원측의 내부 임피던스와 부하측의 임피던스를 동일하게 설계하여 과도한 열발생을 효과적으로 억제하면서 최대의 효율을 얻을 수 있다.

최대전력 전달 조건을 PSpice로 시뮬레이션하기 위해서는 회로상에 부하를 변수로 설정하고 값을 변화시키면서 이때 전달되는 전력의 최대값을 모니터링 하면서 최대 전력이 전달될 때의 저항값을 구할 수 있다.

전력(Electric Power)은 단위시간 동안에 부하(전기장치)에 공급되는 전기에너지를 말한다. 일반적으로 P로 표시하며 단위는 와트(W)이다. 전력은 전류와 전압의 곱으로 표시하며 옴의 법칙을 이용하면 여러 가지 형태로 표시될 수 있다.

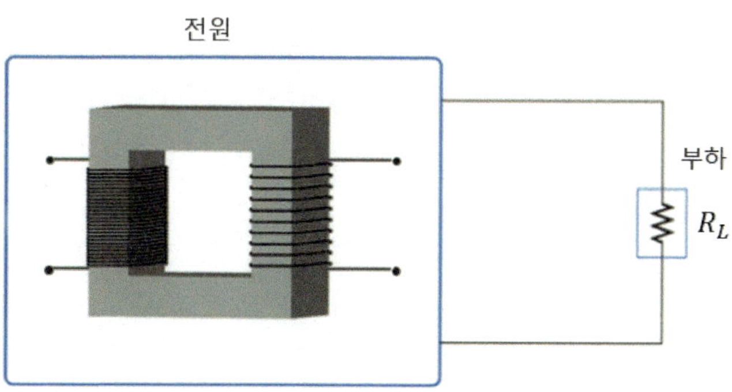

전원과 부하의 관계

회로 내부의 임피던스와 부하임피던스가 동일할 경우 최대전력이 전달되는 것은 다음과 같이 증명할 수 있다. 회로에 흐르는 전류는

$$I = \frac{V}{R} = \frac{V_0}{R_0 + R_L}$$

부하에서 소비되는 전력은

$$P = IV = I^2 R_L = \frac{{V_0}^2}{(R_0 + R_L)^2} \times R_L$$

위 식은 이차 방정식으로서 최대값을 구하려면 미분계수가 0이 되면 최대값을 구할 수 있으므로 위식을 이용하여 미분계수를 구한다.

$dR_L = \dfrac{R_L}{(R_0 + R_L)^2}$을 R_L로 미분을 하면

$$\begin{aligned} dR_L' &= \left\{ \frac{R_L}{(R_0 + R_L)^2} \right\}' \\ &= (R_0 + R_L)^2 - 2(R_0 + R_L) R_L \\ &= R_0^2 + 2R_0 R_L + R_L^2 - 2R_0 R_L - 2{R_L}^2 \\ &= R_0^2 + R_L^2 - 2{R_L}^2 \\ &= R_0^2 - {R_L}^2 \\ &= \left(R_0^2 + R_L\right)\left(R_0 - R_L\right) \\ &= 0 \end{aligned}$$

이며 이 식을 만족하는 값을 구하면 된다.

위 식에서 결국 $R_0 = R_L$일 때 최대 전력이 전달됨을 알 수 있으며 R_L을 회로의 테브난 등가 저항과 같음을 알 수 있다.

PSpice에서는 소자의 값을 변수(Parameter)로 지정하고 일정 범위에서 변화시키면서 결과를 확인할 수 있다. 최대전력 전달조건을 찾거나 회로를 구성하여 적절한 소자값을 구하고자 할 때 유용하게 사용할 수 있다.

실험회로 3-7

다음 회로를 구성하고 PARAM 기능을 활용하여 부하에 전달되는 전력이 최대가 되는 부하저항을 구하시오.

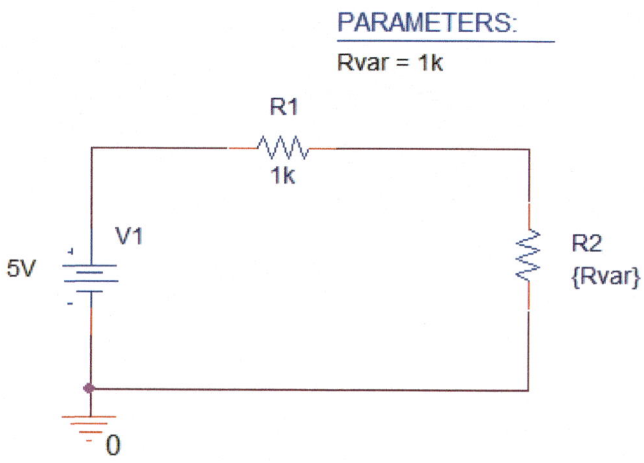

회로구성

PSpice 프로젝트 생성을 위해 PSpice Analog or Mixed A/D를 선택하여 프로젝트를 생성한다.

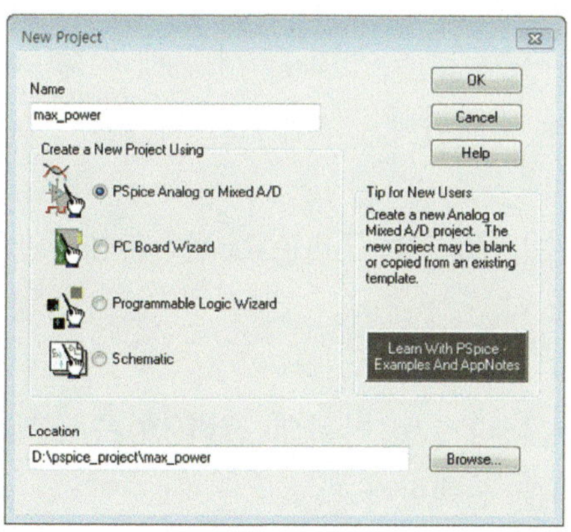

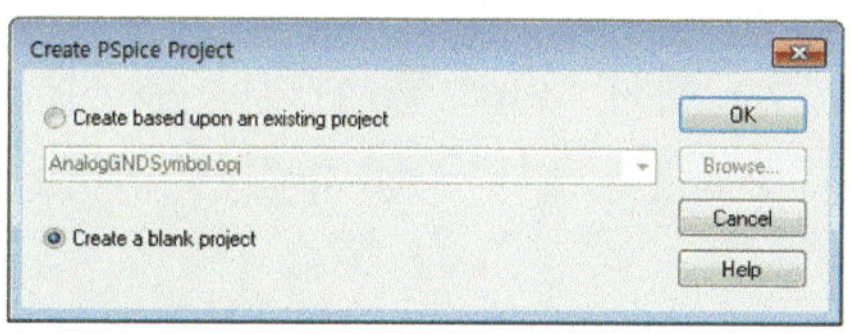

저항값을 파라미터로 설정하고 값을 변경하기 위해서는 PARAM 소자를 이용하고 { } 안에 변수 이름으로 Rvar를 입력한다.

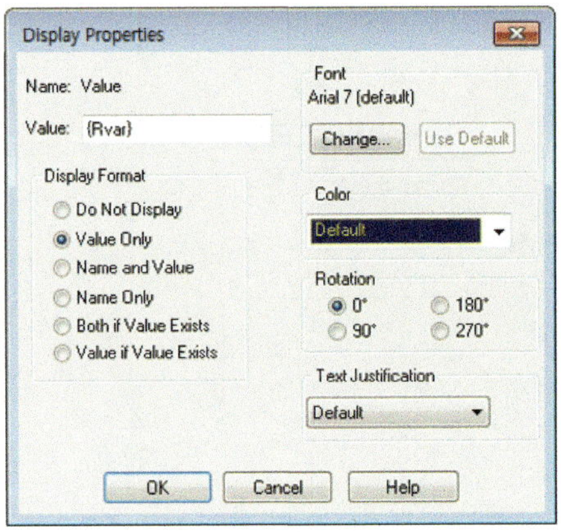

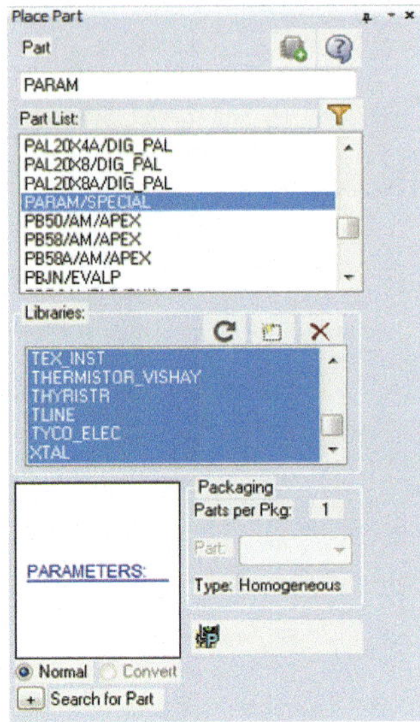

회로도 상에 파라미터 변수를 보이기 위해서 PARAMETERS에 New Property에 변수이름과 초기값을 설정한다. 초기값을 보이기 위해 Rvar에 대한 Display Format의 Name and Value를 선택한다.

◻ 시뮬레이션

Simulation Setting 창에서 Analysis 탭의 Type을 DC sweep으로 설정하고 Option의 Primary sweep을 선택한다. 값을 변화시키는 변수의 Rvar의 이름을 동일하게 입력하고 Sweep Type에서 Linear를 선택한 후 시작값과 종료값 및 변화를 시킬 때 선형(Linear)적으로 얼마 간격으로 변화시킬지를 increment에 입력한다.

값의 변화는 로그(log) 스케일로도 변화시킬 수도 있으며 Value List를 사용하면 특정값을 콤마(,)를 이용하여 여러 개를 입력할 수도 있다.

그래프상에 전달된 전력을 표시하기 위해서 Add Trace 항목의 전력(W)을 선택할 때 R2에 전달되는 전력을 표시하기 위해서 W(R2)를 선택한다.

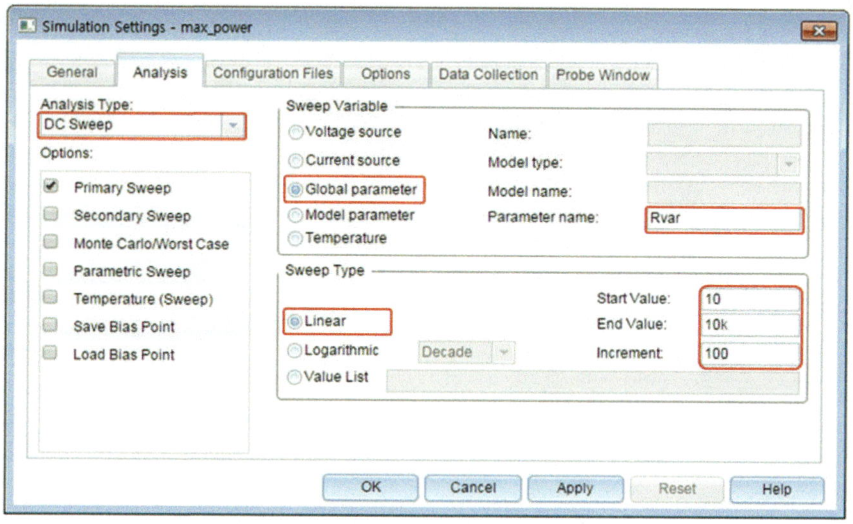
Simulation Settings - max_power
General
Analysis
Configuration Files
Options
Data Collection
Probe Window
Analysis Type:
DC Sweep
Options:
Primary Sweep
Secondary Sweep
Monte Carlo/Worst Case
Parametric Sweep
Temperature (Sweep)
Save Bias Point
Load Bias Point
Sweep Variable
Voltage source
Current source
Global parameter
Model parameter
Temperature
Name:
Model type:
Model name:
Parameter name:
Rvar
Sweep Type
Linear
Logarithmic
Decade
Value List
Start Value:
End Value:
Increment:
10
10k
100
OK
Cancel
Apply
Reset
Help

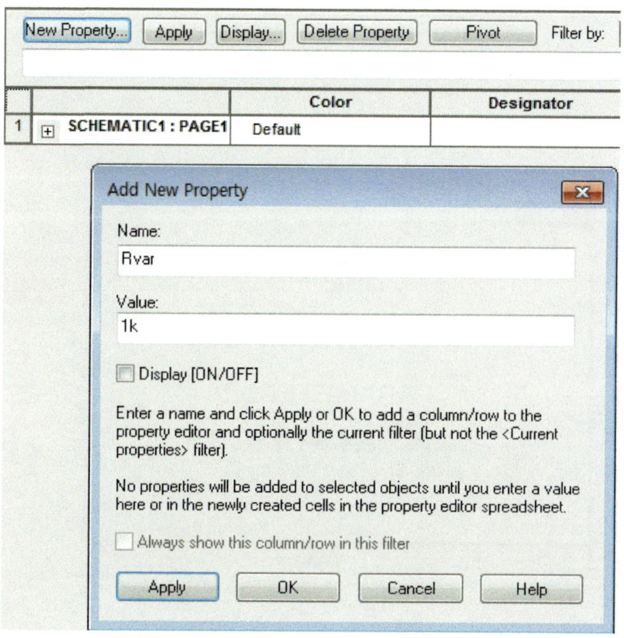
New Property...
Apply
Display...
Delete Property
Pivot
Filter by:
Color
Designator
1
SCHEMATIC1 : PAGE1
Default
Add New Property
Name:
Rvar
Value:
1k
Display [ON/OFF]
Enter a name and click Apply or OK to add a column/row to the property editor and optionally the current filter (but not the <Current properties> filter).
No properties will be added to selected objects until you enter a value here or in the newly created cells in the property editor spreadsheet.
Always show this column/row in this filter
Apply
OK
Cancel
Help

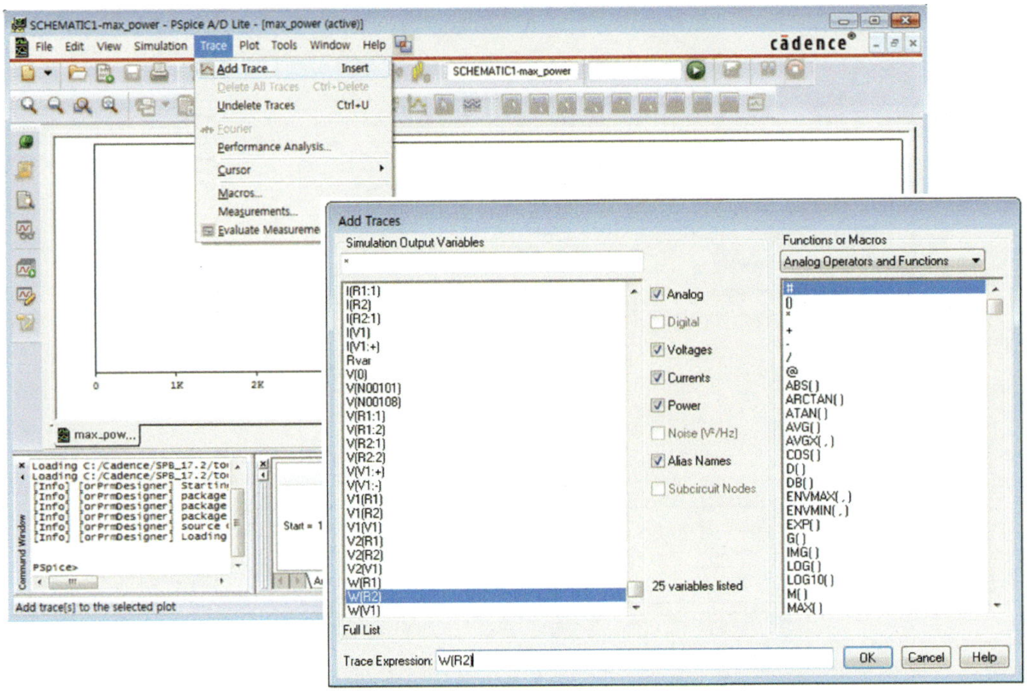
SCHEMATIC1-max_power - PSpice A/D Lite - [max_power (active)]
File Edit View Simulation Trace Plot Tools Window Help
Add Trace... Insert
Delete All Traces Ctrl+Delete
Undelete Traces Ctrl+U
Fourier
Performance Analysis...
Cursor
Macros...
Measurements...
Evaluate Measurement
Add Traces
Simulation Output Variables
Analog
Digital
Voltages
Currents
Power
Noise (V²/Hz)
Alias Names
Subcircuit Nodes
25 variables listed
Functions or Macros
Analog Operators and Functions
Full List
Trace Expression: W(R2)
OK
Cancel
Help
Add trace(s) to the selected plot

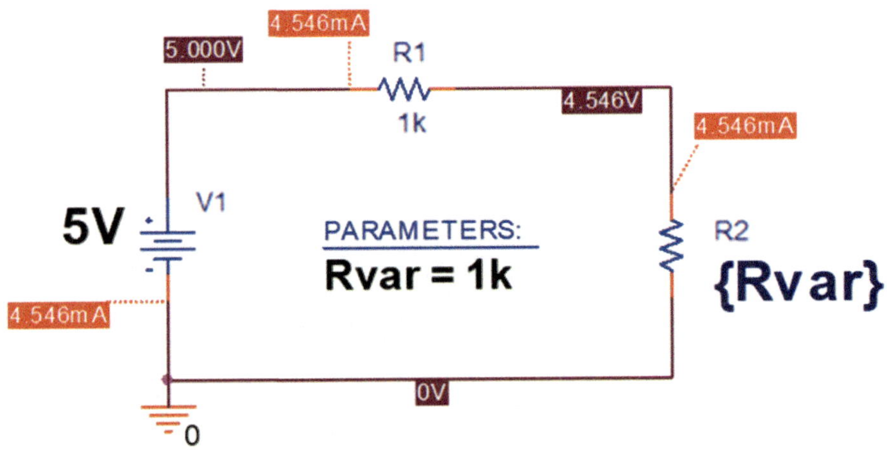
4.546mA
5.000V
R1
1k
4.546V
4.546mA
5V
V1
PARAMETERS:
Rvar = 1k
R2
{Rvar}
4.546mA
0V
0

Run을 실행하여 부하에 전달된 최대 전력을 관찰한다. 아래 그래프에서와 같이 테브난 등가 회로의 저항과 동일한 부하 저항일 때 최대 전력이 부하에 전달되는 것을 확인할 수 있다.

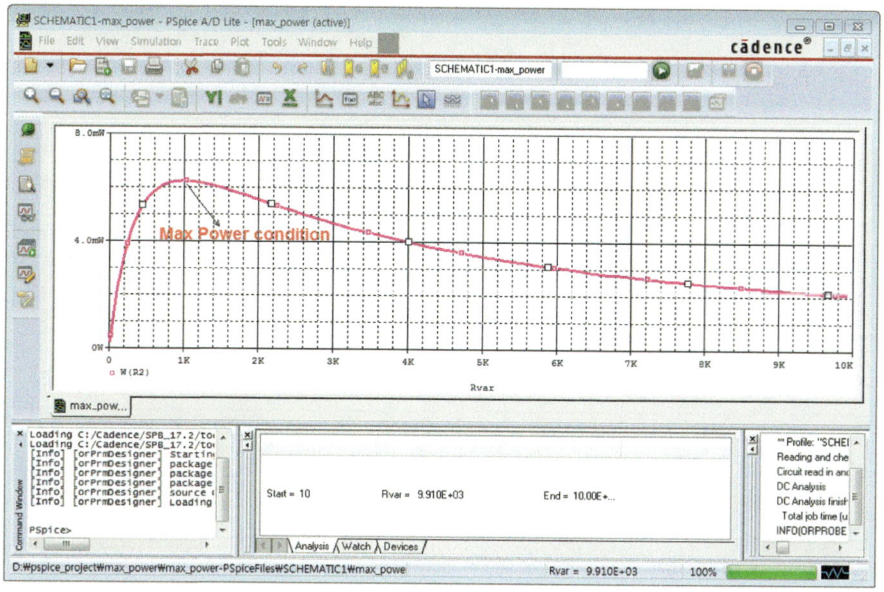

3.6 R, L, C 회로 해석

저항은 주파수에 무관하게 일정한 저항을 가지며 인덕터와 커패시터는 주파수에 따라 변하는 가변 저항이라고 할 수 있다. 이번 장에서는 R, L, C 소자의 특성을 PSpice를 이용하여 파악하는 법을 다룬다. 전자회로에서 대표적인 수동소자(passive component)는 저항 커패시터, 인덕터이다. 저항은 전류의 흐름을 방해하는 성질이 있으며 인덕터나 커패시터 전기 에너지를 저장하는 역할을 한다. 인덕터와 커패시터 회로에서 전압과 전류와는 아래와 같은 수식으로 표현할 수 있다.

$$v_L = L\frac{di_L}{dt}, \qquad i_C = C\frac{dv_C}{dt}$$

특히, 커패시터와 인덕터는 주파수 성분에 영향을 받으며 이때 전류가 흐르기 어려운 정도를 임피던스(impedance)란 용어로 정의하며 복소 주파수로 표현한다. 저항, 코일, 커패시터가 연결된 교류회로의 합성저항을 임피던스라고 한다. 임피던스는 전압과 전류의 비율 외에 위상도 함께 나타내는 벡터량이다. 복소수 $Z = R + ix$(i는 허수단위)로 표시하며 실수부분 R은 저항값이며, 허수부분 x는 리액턴스이다.

복소 주파수에서 허수 부분은 실제 존재하지 않는 성분이지만 소자가 갖고 있는 에너지 성분으로 이해할 수 있다. 복소수로서 실수부분은 저항, 허수부분은 리액턴스를 의미하며, 크기 뿐 아니라 위상도 함께 표현할 수 있는 벡터량이다. 단위는 SI 단위계로 옴(Ω)을 사용하며, 보통 기호 Z로 표시한다. 임피던스의 역수는 어드미턴스라고 한다.

$$Z(j\omega) = \frac{V(j\omega)}{I(j\omega)}, \quad s = j\omega$$

임피던스 개념으로 R, L, C를 정리하면 다음과 같다.

<table>
<tr><th>소자
복소주파수</th><th>R</th><th>L</th><th>C</th></tr>
<tr><td>s</td><td>R</td><td>sL</td><td>$\frac{1}{sC}$</td></tr>
<tr><td>직류특성</td><td rowspan="2">통과</td><td>통과</td><td>차단</td></tr>
<tr><td>교류특성</td><td>저주파 통과
고주파 차단</td><td>저주파 차단
고주파 통과</td></tr>
<tr><td>직,병렬 구성</td><td colspan="2">직렬 : 증가
병렬 : 감소</td><td>직렬 : 감소
병렬 : 증가</td></tr>
</table>

R, L, C 회로해석에 앞서 교류신호로 사용되는 VSIN의 특징은 다음과 같다. 교류입력으로 사용되는 VSIN 소자는 Transient 해석으로 이용시 주로 사용하는 속성값은 VOFF(오프셋 값), VAMPL(교류전압의 진폭), FREQ(전압 주파수)이다.

출력값의 기준값은 VOFF 속성에 기입한 값만큼 가감되어지며 아래와 같이 VOFF 속성에 2를 VAMPL에 2을 기입하면, 해당 교류 파형은 0 [V]에서 4 [V]까지 출력되어진다. FREQ는 주파수이며, 주기와 역수이기 때문에 FREQ에 100을 입력 시 결과창에서는 한 주기는 10 [ms]를 가지게 된다.

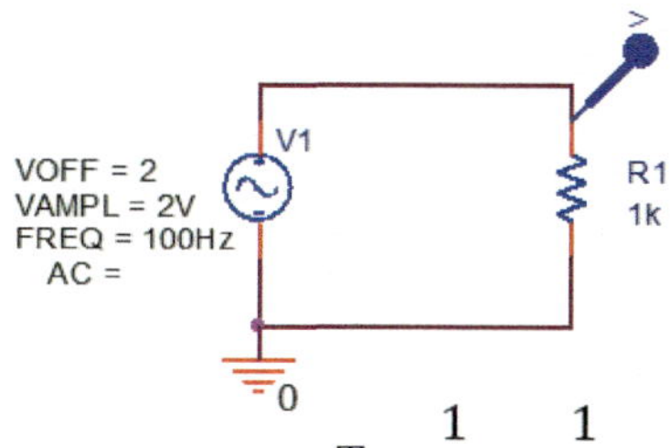

$$T = \frac{1}{F} = \frac{1}{100} = 10ms$$

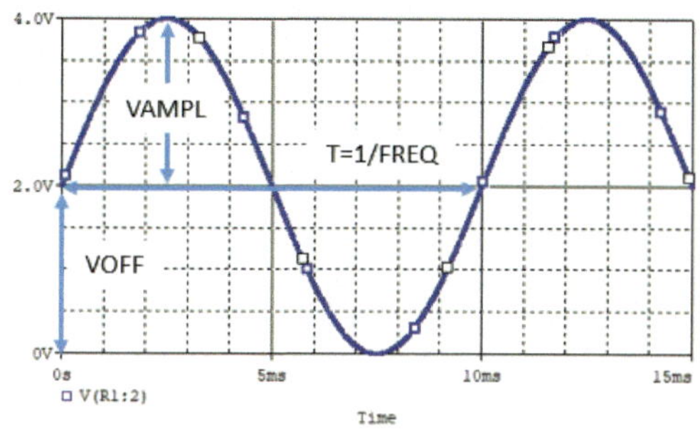

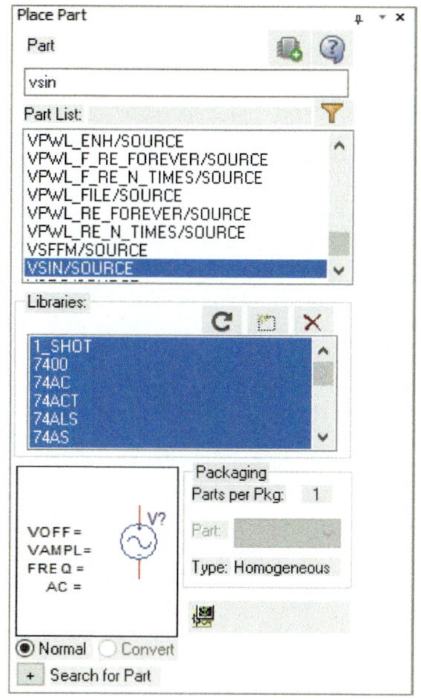

시간에 대하여 전압을 펄스형태로 자유롭게 입력할 때는 Vpwl을 사용한다. 소자를 클릭하여 각 시간마다 원하는 전압을 입력하여 사용한다.

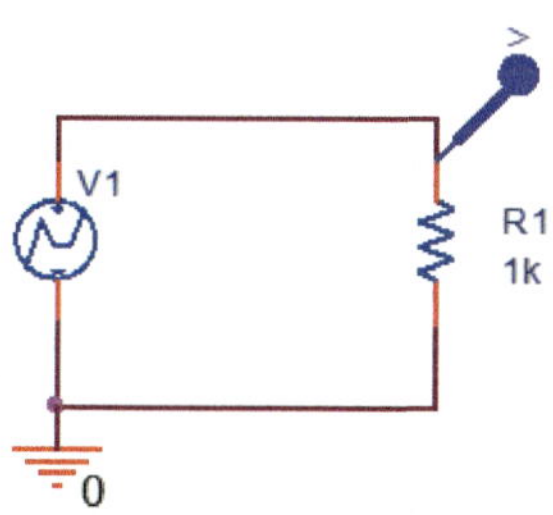

T1	0	0
T2	1m	0
T3	2m	5
T4	3m	5
T5	4m	0
T6	5m	0

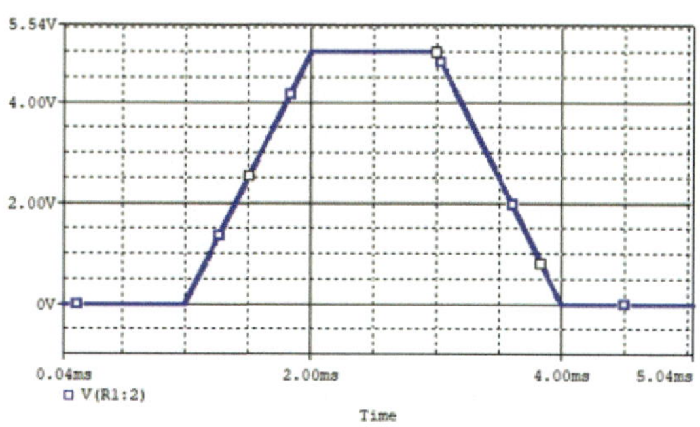

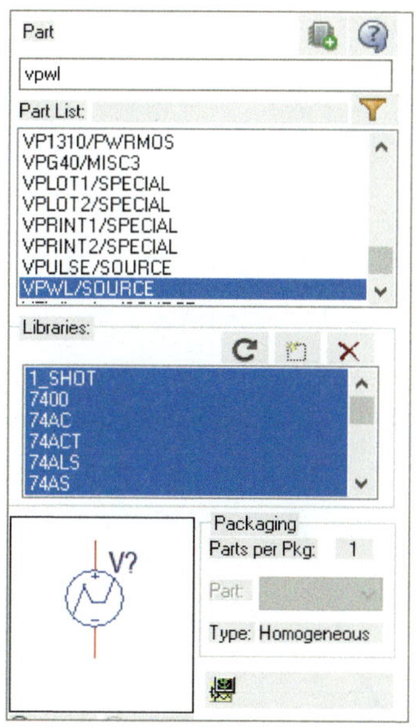

3.6.1 RC 직렬회로(적분회로)

저항과 커패시터가 직렬로 연결된 회로이며 저항 전압 V_{R_1}과 커패시터 전압 V_{C_1} 간에 90° 위상차 발생한다. 교류입력과 펄스입력에 대하여 다음과 같은 특징이 있다.

실험회로 3-8

다음 회로를 구성하여 Vsin 입력일 때 출력특성을 분석하시오.

□ 회로구성

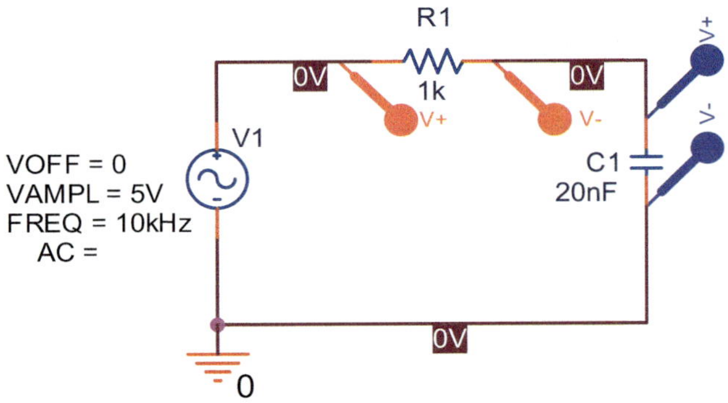

□ 시뮬레이션

저항과 커패시터 각각의 전압을 측정할 때는 차동전압 프로브를 이용한다. 즉 접지를 기준으로 소자 양단의 전압을 측정하여 두 값을 빼면 소자에만 걸리는 전압을 프로브 할 수 있다. 커패시터는 주파수에 따라 가변 하는 저항으로 작용하여 전압이 분배되며 입력전압 파형보다 90도 위상이 지연된다.

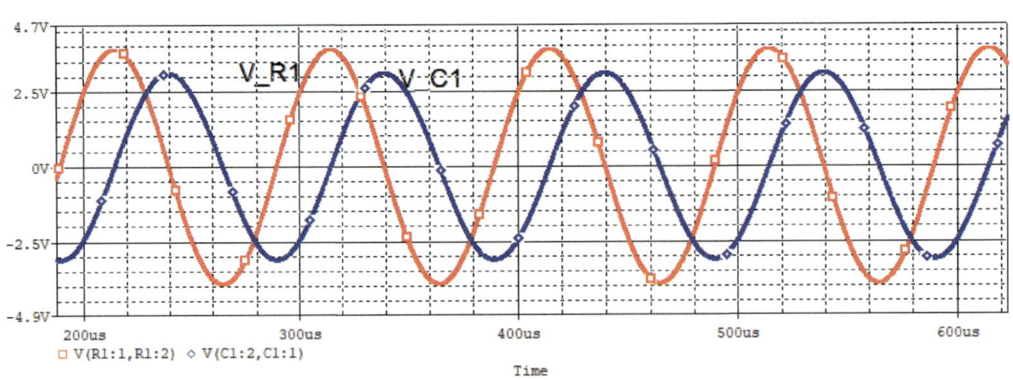

실험회로 3-9

다음 회로를 구성하여 Vpwl 입력일 때 출력특성을 분석하시오.

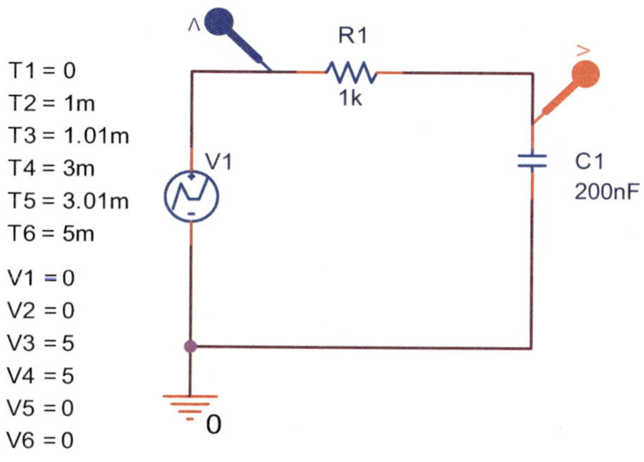

저항과 커패시터를 직렬로 연결하여 펄스를 인가하면 아래 수식에서와 같이 적분동작을 수행하며 고주파신호는 억제하고 저주파 신호만 통과시키는 저역필터(Low Pass Filter) 역할을 한다.

$$V_{OUT} = V_1 \times \frac{\frac{1}{sC_1}}{R_1 + \frac{1}{sC_1}} = V_1 \times \frac{1}{1 + sC_1R_1}$$

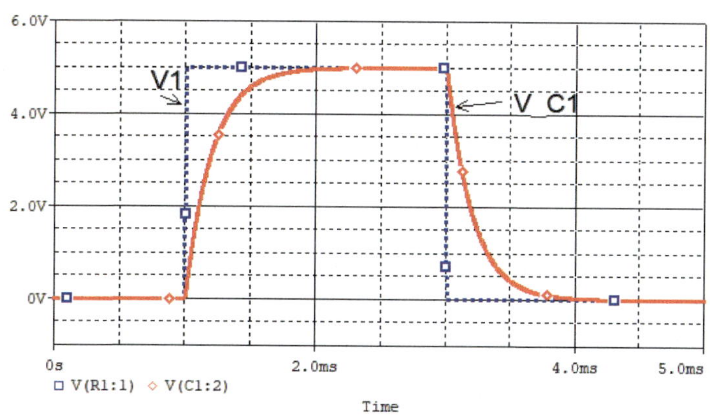

이 그래프에서 C에 의해 입력 파형이 느리게 충전되는 것을 볼 수 있는데 커패시터에 충전되는 전하량은 Q로 표시하며 커패시터와 전압의 곱과 같다.

$$Q = CV \quad \text{또는} \quad Q = it = CV$$

시정수는 어떠한 회로에 펄스신호를 인가하였을 때 즉 상승구간에서 최고치의 63.2%에 도달하거나 하강구간에서 36.8% 수준으로 떨어질 때까지 걸리는 시간으로 정의하며 다음과 같이 저항과 커패시터의 곱으로 표시된다.

$$\tau = RC \qquad \text{(for RC circuit)}$$

$$\tau = \frac{L}{R} \qquad \text{(for RL circuit)}$$

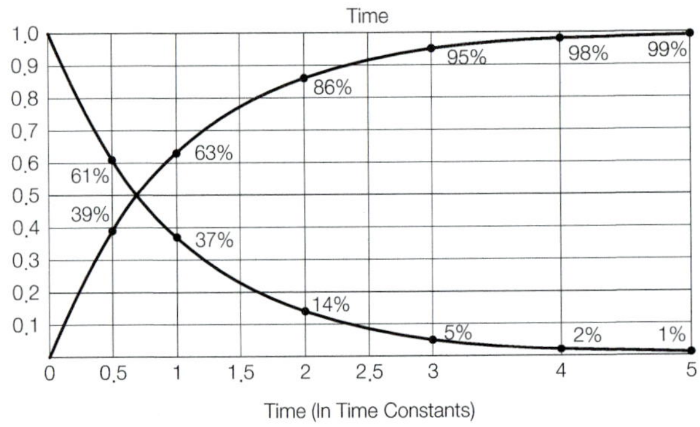

시정수의 정의

펄스 형태의 입력 파형을 생성할 때 Vpwl과 유사하게 Vpulse를 사용할 수 있다. 천이되는 두 개의 전압을 V1, V2로 입력하고 TD를 이용하여 시간을 지연시킬 수 있다. TR은 Rising Time이고 TF는 Falling Time이다. PW는 Pulse Width로써 High인 구간은 폭이며 PER은 Period를 의미하며 파형의 반복 주기를 뜻한다. 다음과 같이 PARAM 기능을 활용하여 C값에 따른 시정수의 변화를 확인해 보자.

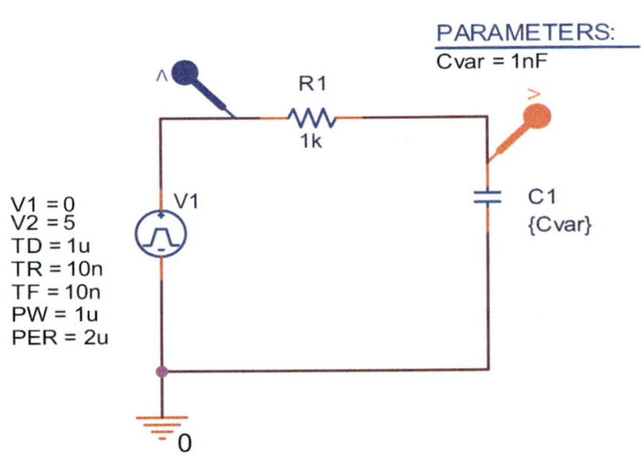

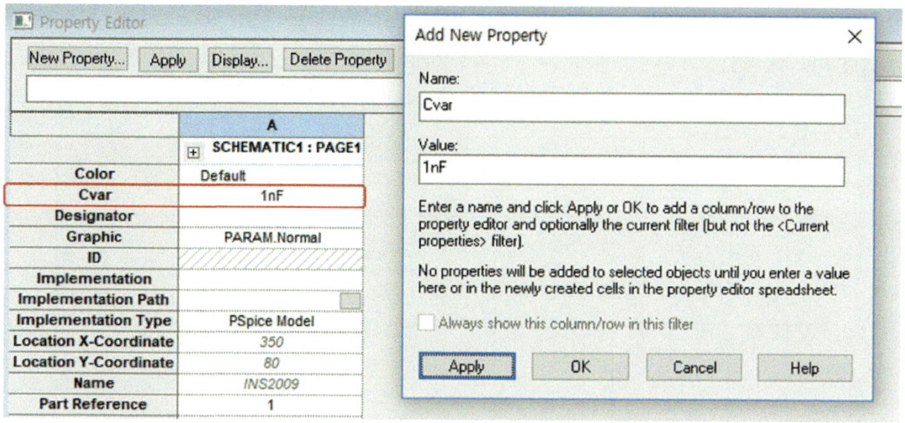
Property Editor
New Property...
Apply
Display...
Delete Property
A
SCHEMATIC1 : PAGE1
Color
Default
Cvar
1nF
Designator
Graphic
PARAM.Normal
ID
Implementation
Implementation Path
Implementation Type
PSpice Model
Location X-Coordinate
350
Location Y-Coordinate
80
Name
INS2009
Part Reference
1
Add New Property
Name:
Cvar
Value:
1nF
Enter a name and click Apply or OK to add a column/row to the property editor and optionally the current filter (but not the <Current properties> filter).
No properties will be added to selected objects until you enter a value here or in the newly created cells in the property editor spreadsheet.
Always show this column/row in this filter
Apply
OK
Cancel
Help

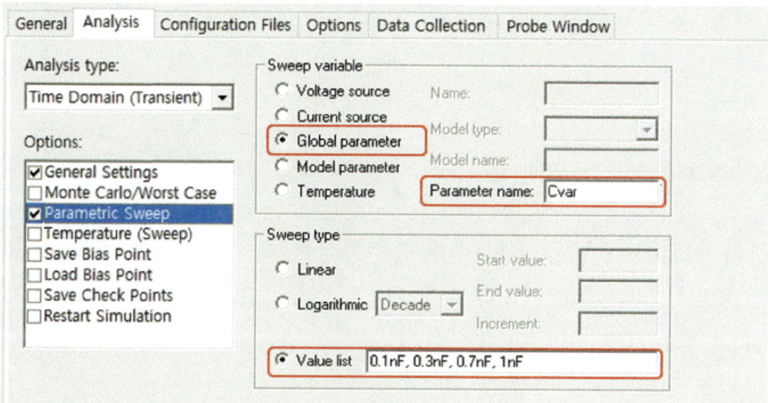
General
Analysis
Configuration Files
Options
Data Collection
Probe Window
Analysis type:
Time Domain (Transient)
Options:
General Settings
Monte Carlo/Worst Case
Parametric Sweep
Temperature (Sweep)
Save Bias Point
Load Bias Point
Save Check Points
Restart Simulation
Sweep variable
Voltage source
Current source
Global parameter
Model parameter
Temperature
Name:
Model type:
Model name:
Parameter name:
Cvar
Sweep type
Linear
Logarithmic
Decade
Start value:
End value:
Increment:
Value list
0.1nF, 0.3nF, 0.7nF, 1nF

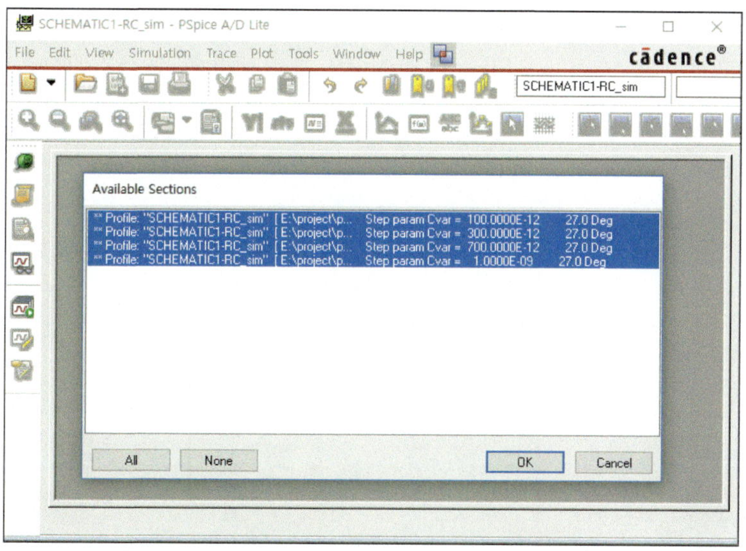
SCHEMATIC1-RC_sim - PSpice A/D Lite
File
Edit
View
Simulation
Trace
Plot
Tools
Window
Help
cādence
SCHEMATIC1-RC_sim
Available Sections
** Profile: "SCHEMATIC1-RC_sim" [E:\project\p... Step param Cvar = 100.0000E-12 27.0 Deg
** Profile: "SCHEMATIC1-RC_sim" [E:\project\p... Step param Cvar = 300.0000E-12 27.0 Deg
** Profile: "SCHEMATIC1-RC_sim" [E:\project\p... Step param Cvar = 700.0000E-12 27.0 Deg
** Profile: "SCHEMATIC1-RC_sim" [E:\project\p... Step param Cvar = 1.0000E-09 27.0 Deg
All
None
OK
Cancel

Available Sections이 표시되고 Parametric Sweep Value List들을 모두 선택하거나 일부 파형을 선택할 수 있다.

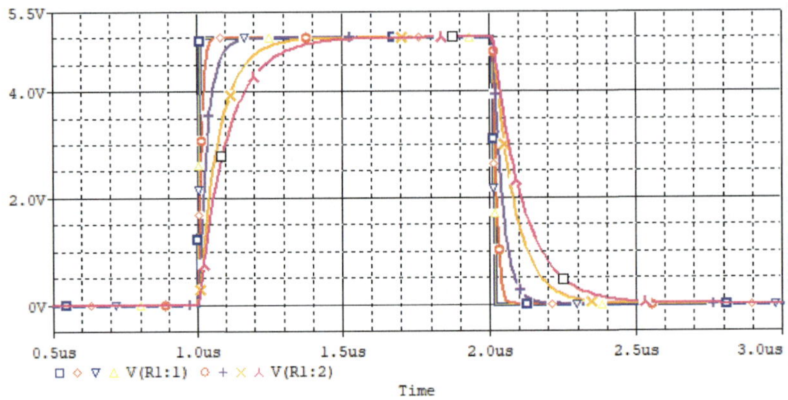

3.6.2 CR 직렬회로(미분회로)

콘덴서와 저항을 직렬로 구성한 회로이며 미분동작을 하여 고주파 성분은 통과시키고 낮은 주파수 신호는 차단하는 고주파필터(HPF : High Pass Filter) 역할을 수행한다. 미분동작은 기울기를 구하는 동작으로 이해할 수 있다.

실험회로 3-10

다음 회로를 구성하여 Vac, Vpulse 입력일 때 출력특성을 분석하시오.

□ 회로구성

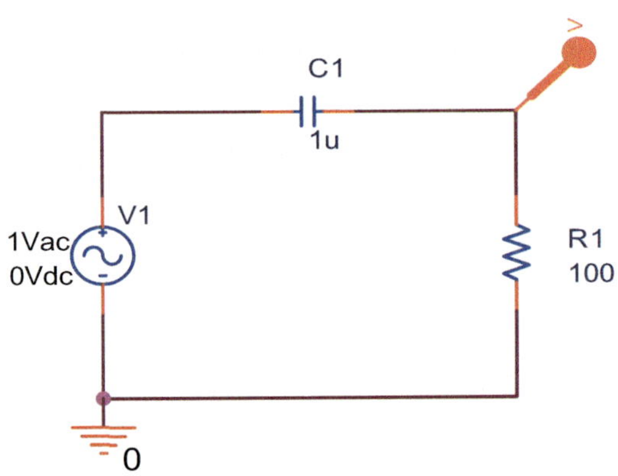

Vac 소자는 주로 AC Simulation에 사용되는 소자이다.

◻ 회로해석

$$V_{OUT} = V_1 \times \frac{R_1}{\frac{1}{j\omega C_1} + R_1} = \frac{j\omega C_1 R_1}{1 + j\omega C_1 R_1} V_1$$

◻ 시뮬레이션

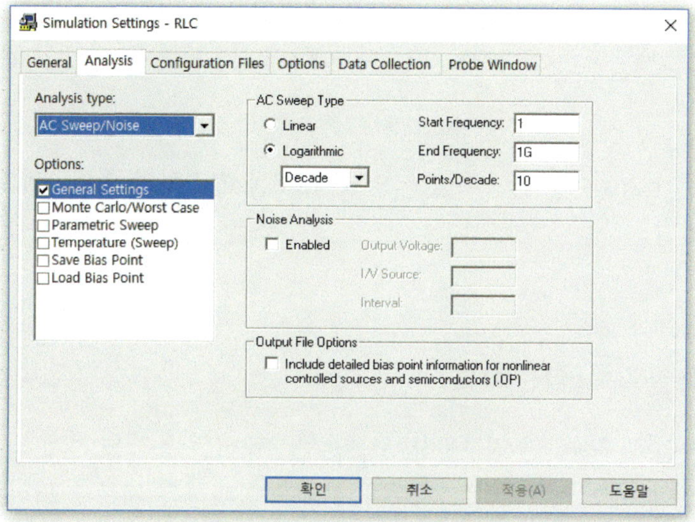

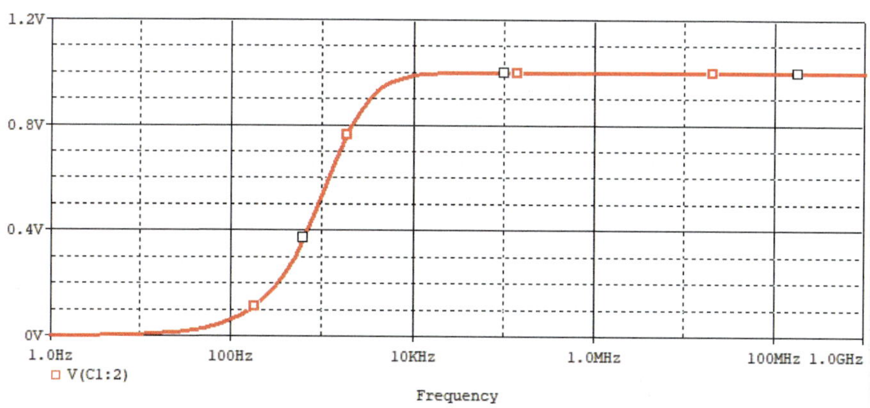

CR 직렬회로는 특정 주파수 이상의 신호만 통과시키는 HPF 역할을 수행함을 확인할 수 있다.

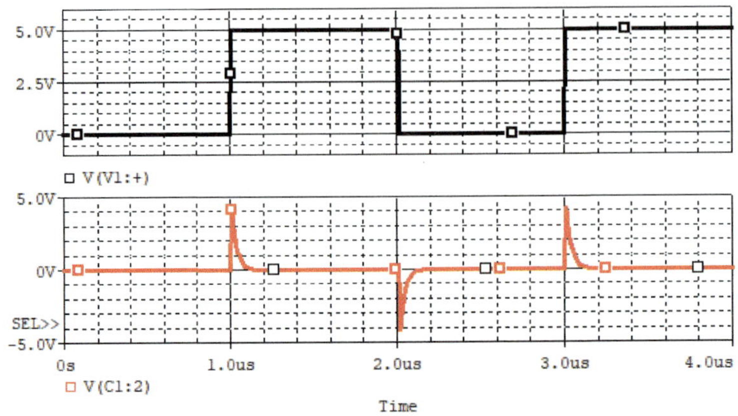

위의 회로에서 주기 2us 이고 펄스폭 1us 의 Vpulse를 입력하면 위의 그림과 같은 미분특성을 확인할 수 있다.

3.6.3 RL 직렬회로(적분회로)

코일과 저항을 직렬로 구성하면 적분동작, 즉, 면적을 구하는 동작을 하게 되며 주파수 영역으로 해석하면 고주파 신호는 억제하고 저주파 신호를 통과하는 저주파 필터(LPF : Low Pass Filter)의 동작을 수행한다.

실험회로 3-11

다음 회로를 구성하여 Vac, Vpulse 입력일 때 출력특성을 분석하시오.

□ 회로구성

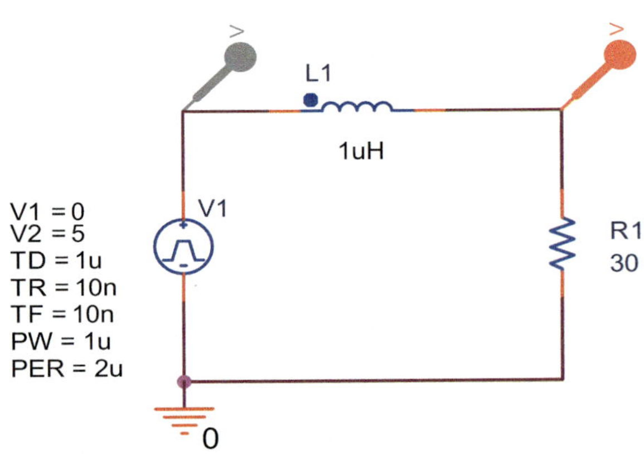

□ 회로해석

$$V_{OUT} = V_1 \times \frac{R_1}{R_1 + j\omega L_1}$$

인덕터(코일)은 PSpice에서 INDUCTOR로 검색하여 사용한다.

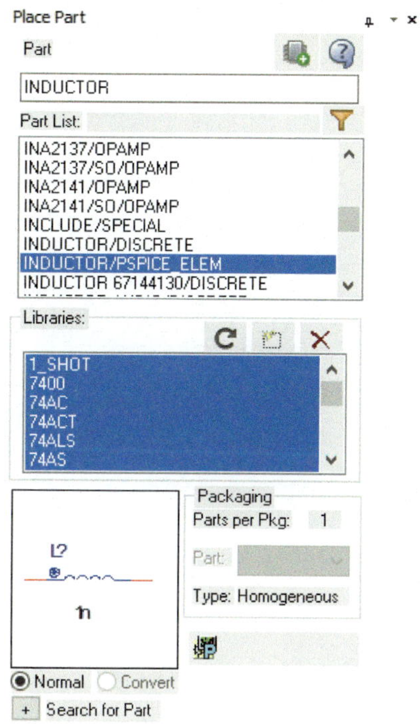

□ 시뮬레이션

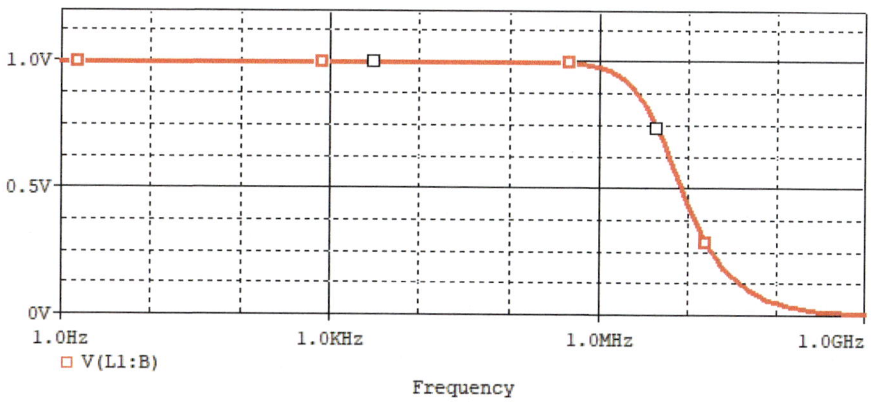

Vac 입력일 때 RL 직렬회로 파형

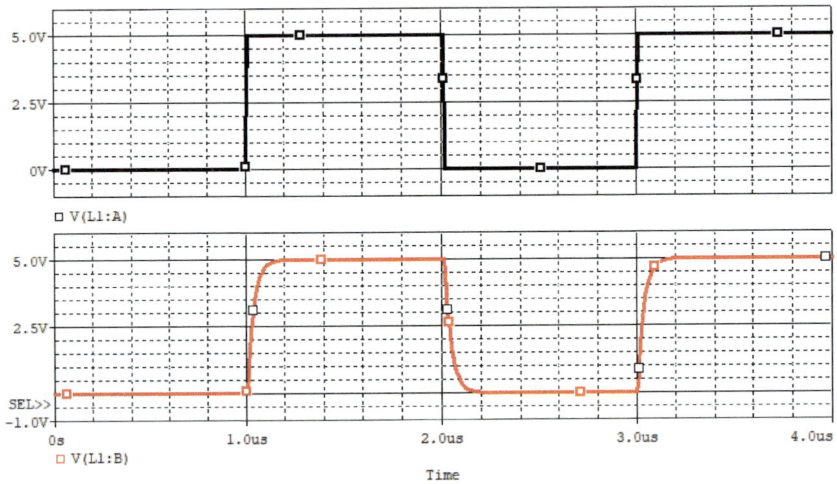

Vpulse 입력일 때 RL 직렬회로 파형

3.6.4 CL 직렬회로(진동회로)

커패시터와 인덕터를 직렬로 구성한 회로이며 이러한 회로는 발진하게 된다. 발진 주파수는 다음과 같다.

$$f_{osc} = \frac{1}{2\pi\sqrt{LC}}$$

실험회로 3-12

다음 회로를 구성하여 Vac, Vpulse 입력일 때 출력특성을 분석하시오.

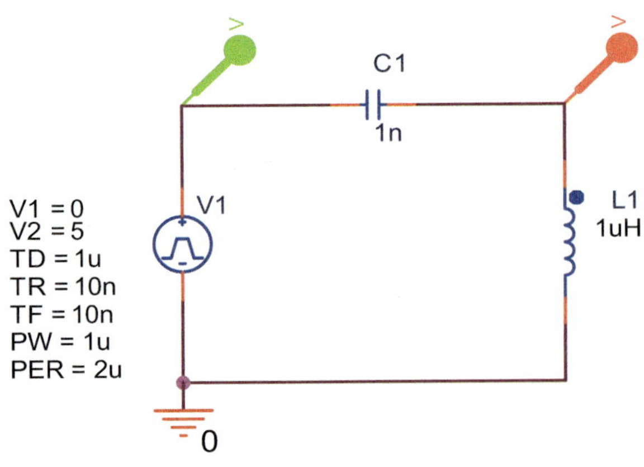

■ 시뮬레이션

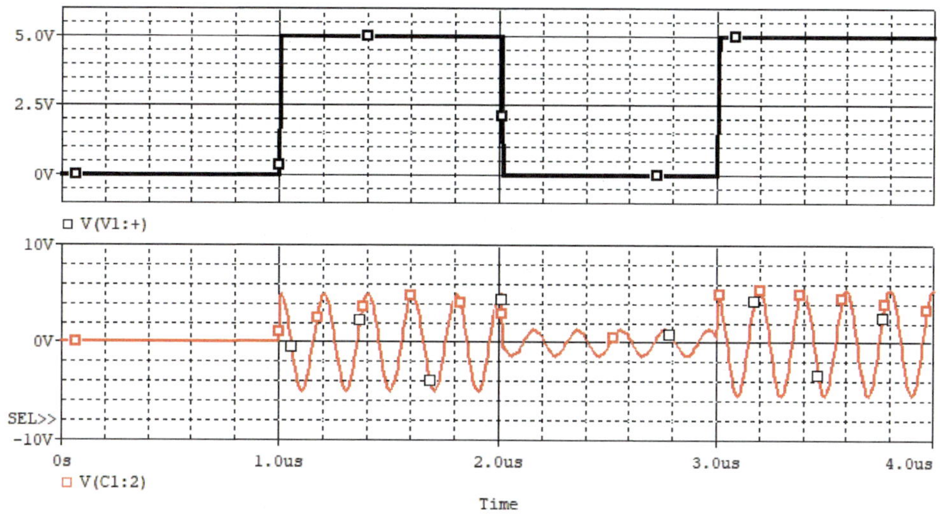

위의 회로에서 1[nH]와 1[μH]의 직렬회로이므로 대략 5[MHz]에서 공진한다는 것을 알 수 있으며 아래와 같이 VAC 소자를 이용하여 AC 시뮬레이션을 수행하면 계산과 동일하게 5[MHz]에서 공진 주파수가 형성됨을 알 수 있다.

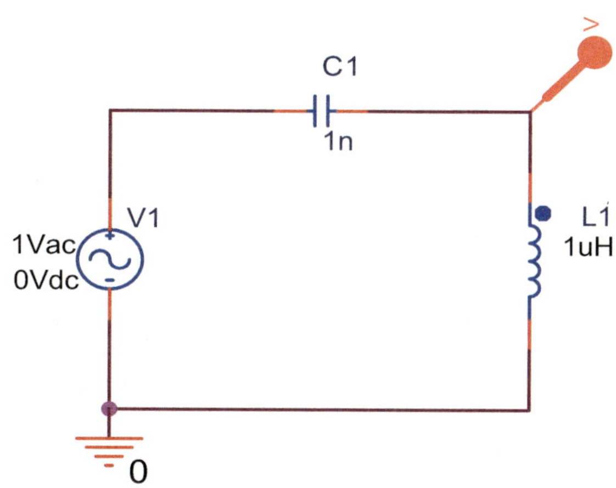

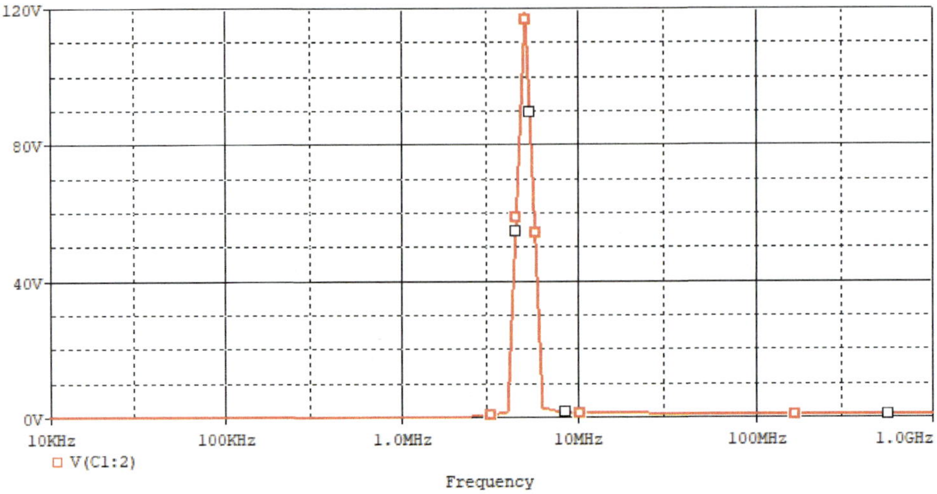

RLC 회로를 구성할 때의 가장 큰 특징은 공진(Resonance)이라는 성질이다. 공진은 전압 및 전류의 위상이 반대인 커패시터와 인덕터가 함께 작용하여 발생하는데 용량성 리액턴스 X_C와 유도성 리액턴스 X_L가 상쇄하여 저항성질만 남는 상태를 나타낸다. 공진은 주파수 변화에 따라 발생하며 공진이 일어나는 특정 주파수를 공진주파수(Resonance Frequency : f_r)라고 한다. 공진이 발생하면 저항성분만 남게 되므로 에너지가 최대로 작용하며 우리 주위에서는 공진현상을 활용한 많은 기술을 볼 수 있는데, 대표적으로 자기공명영상(MRI)촬영 장치가 있다. MRI는 물을 구성하는 수소 원자핵의 고유진동수와 똑같은 주파수의 진동을 일으켜 인체 내부를 촬영하는 장치이며 라디오 주파수를 맞추거나 TV 채널을 바꾸는 것도 각 방송국의 고유주파수와 일치하는 주파수를 선택해 방송을 수신하는 것도 공진현상의 원리를 이용한 것이다.

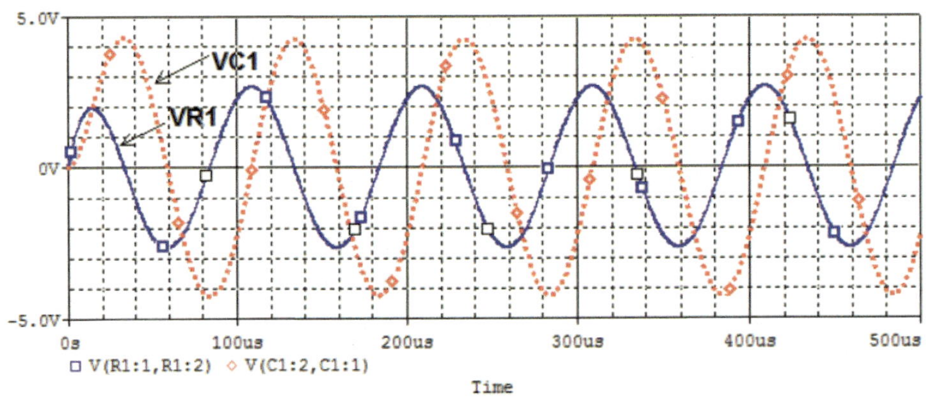

참고 **교류신호의 실효치**

교류신호의 유효성을 직류전류의 크기로 표시하며 실효치(Effective Value)라고 한다. 즉, 교류의 경우 시간에 따라 순시 값이 교번함으로 인해 실질적인 직류적 관점의 유효치를 찾아내기 위해서는 수학적인 환산이 필요하며, 실효치(Root Mean Square)로 환산해야 전력계산이 가능하다. 동일한 의미로써 교류에서의 실효치란 그 실효값과 같은 직류전압이 동일부하에 일하는 일의 양과 같은 값이라고 할 수 있다. 즉 교류 실효치가 100[V]이면 직류 100[V]가 동일부하에 전하는 전력량과 같다는 뜻으로 교류전류의 실효치는 다음과 같다.

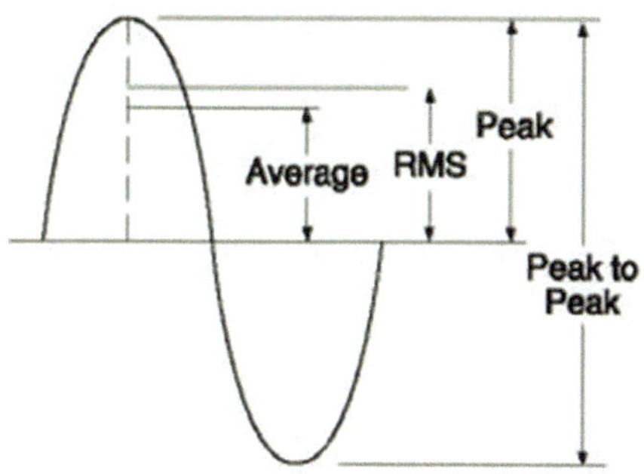

$$V_S = \frac{V_{max}}{\sqrt{2}} = V_{max} \times 0.707$$

교류신호에서의 평균치란 반주기 내에서의 순시치를 수학적 평균값을 구한 것으로 교류신호의 Negative 영역을 Positive 영역으로 변환한 후 마치 산을 깎아 평탄하게 작업하여 평균화된 값을 의미한다.

V실효치 = V진폭 * 0.707
V평균치 = V진폭 * 0.635

PSpice에서의 단위는 대소문자 구별이 없다. 특히 Mega 단위는 Milli단위와 혼돈이 있으므로 MEG 또는 meg로 사용한다.

참고 **가정용 전원은 왜 AC를 사용하는가?**

20세기 초 전기가 보편화되면서 발전소로부터 먼 거리까지 전력을 공급하는 문제가 제기되었으며 에디슨은 직류방식으로 전송하는 것을 주장하였고 테슬라는 교류방식을 주장하였다. 당시에 전기가 보편화가 되고 있었지만 발전소에서 전기를 공급하는 가격이 너무 비싸 전기는 부자들만 사용하였다. 에디슨이 주장한 직류방식은 저압발전 및 저압 송신으로 안전성을 강조하였지만 전송 선로가 길어지게 되면 저항이 커지게 되어 거리에 대한 제약을 해결할 수 없었으며 테슬라가 주장한 교류방식 전송은 얇은 전선으로도 먼 거리를 전송할 수 있었고, 고압전기에 대한 안전성 문제가 있었지만 테슬라의 변압기 개발로 문제가 해결되어 현재는 거의 대부분 교류방식 전송을 사용하고 있다. 에디슨은 발명을 할 줄 아는 사업가로 특허 대부분을 상용화에 성공하여 엄청난 부를 축적하였지만 미래에서 온 과학자로 알려진 테슬라는 연구에만 집중한 과학자로 알려져 있다.

Thomas Edison : 1847~1931

Nikola Tesla : 1856~1943

CHAPTER 04

다이오드 회로

다이오드는 원래 양극과 음극으로 이루어진 가장 단순한 진공관의 명칭이었다. 다이오드는 2개의 전극을 가지고 옴의 법칙에 따라 순방향 전압에서는 전류가 흐르고 역방향에서는 전류가 거의 흐르지 않는다. 다이오드는 제2차 세계 대전 중에 라디오용 광석 검파기의 개량을 위해 게르마늄과 실리콘을 사용한 다이오드가 연구되면서 트랜지스터 발명의 기초가 되었다.

학습목표

▸ 다이오드는 정류기, 검파기 등 통신회로에 많이 사용되며 광-전기 변환소자로서 포토 다이오드(photo diode), 발광 다이오드가 있다. 다양한 다이오드 회로를 PSpice로 이해한다.

4.1 다이오드 특성

물질은 전기적 성질에 따라 도체(Conductor), 부도체(절연체, Insulator), 반도체(Semi-conductor)로 나뉜다. 도체는 구리나 철 알루미늄 같이 전류를 잘 흘리는 물질로 전기적 저항이 매우 작은 물질이며 부도체는 전기적 저항이 매우 커서 전류를 잘 흘리지 못하는 물질이다.

이에 비해 반도체는 전기적 저항이 도체와 부도체의 중간 정도의 값을 갖는 물질이고, 또 필요에 따라 부도체로 만들 수 있고 도체로도 만들 수 있는 물질이다. 즉, 반도체는 설계자의 의도에 따라 전기저항을 변화시켜 전류의 흐름을 제어할 수 있는 소자이며 대표적인 소자가 '다이오드'와 '트랜지스터'이다.

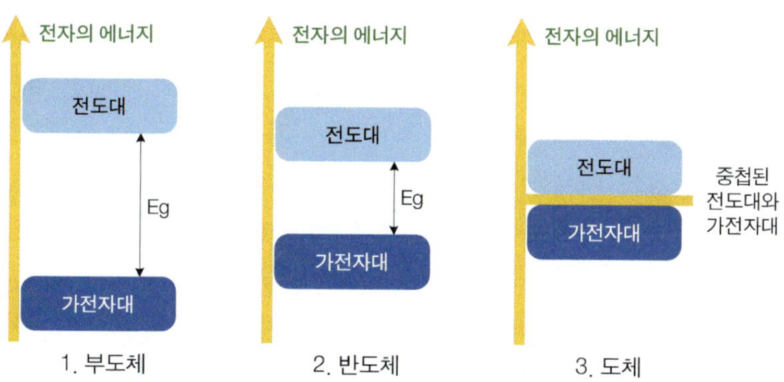

부도체, 반도체, 도체의 에너지 준위비교

불순물 반도체(extrinsic semiconductor)는 진성 반도체에 특정한 불순물을 첨가한 반도체이며 진성 반도체는 전류가 거의 흐르지 않지만, 소량의 불순물을 첨가하면 전기 전도도가 급격히 증가하는데 진성 반도체에 불순물을 집어넣는 것을 도핑(doping)이라 부른다. 불순물 반도체는 첨가하는 불순물에 의하여 p형 반도체와 n형 반도체로 구분된다.

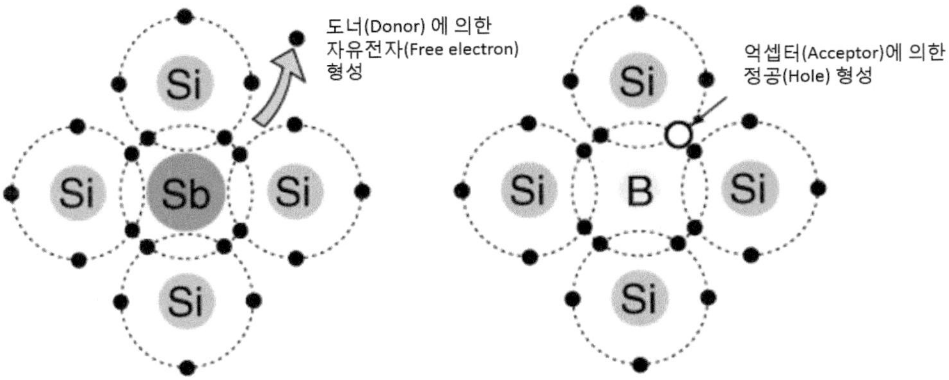

N형 반도체와 P형 반도체

(1) n형 반도체

실리콘에 5가의 금속인 인(p), 아세나이드(As), 안티몬(Sb) 등을 도핑하면 n형 반도체가 된다. 위의 그림에서처럼 n형 반도체는 5가의 안티몬(Sb)이 4가의 실리콘 원자와 공유결합을 하면 전자가 하나 남는 상태가 된다. 이 전자에 대한 실리콘 원자핵의 구속이 약하기 때문에 작은 에너지를 받더라도 쉽게 자유 전자가 될 수 있다. 5가의 불순물은 자유전자를 주는 불순물이므로 도너(donor)라고 부른다. n형 반도체에서는 자유전자가 많기 때문에 다수 캐리어는 자유전자가 되고, 소수 캐리어는 정공이 된다.

(2) p형 반도체

p형 반도체는 4가의 실리콘에 3가의 불순물인 붕소(B), 알루미늄(Al), 갈륨(Ga)이나 인듐(In)을 첨가한 반도체이다. 그림에서처럼 3가의 붕소(B)가 4가의 실리콘 원자와 공유결합을 하면 전자가 하나 모자라기 때문에 전자가 비어있는 정공을 만든다. 3가의 불순물은 전자를 받아들이는 정공을 만들기 때문에 억셉터(acceptor)라고 부른다. p형 반도체에서는 정공이 많기 때문에 다수 캐리어는 정공이 되고, 소수 캐리어는 자유 전자가 된다.

진성반도체와 N형 반도체 및 P형 반도체는 아래 그림에서와 같이 에너지 밴드로 표현할 수 있으며 가전자대(Valanced Band)와 전도대(Conduction Band) 사이에 페르미 레벨이 존재한다.

실리콘 반도체 내에서 전자가 가전자대에서 전도대로 뛰어 넘어야 비로소 전류가 흐를 수 있는데 반도체 내에서 전자가 에너지 갭(Eg)을 뛰어 넘는 방법은 Eg에 해당하는 열에너지를 받는 것이다. 즉, 반도체가 열을 많이 받아 많은 수의 전자가 에너지 밴드 갭을 넘어 전도대로 넘어 가게 되면 전류를 많이 흘릴 수 있다.

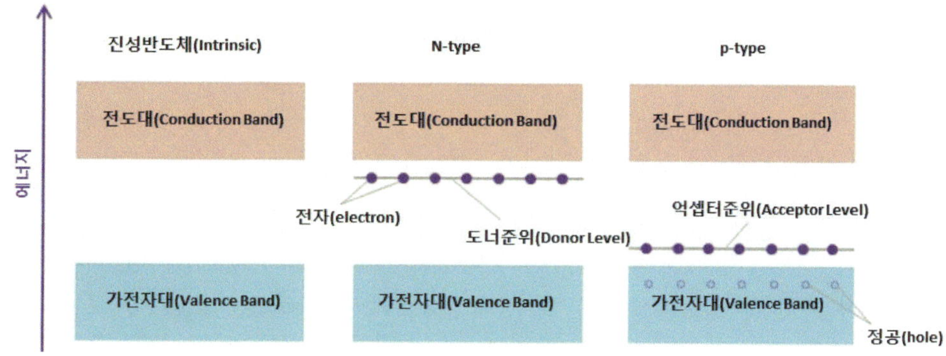

반도체 에너지 준위 비교

(3) P/N 접합 반도체

P형 반도체와 N형 반도체를 접합시키면 경계면에서 자유전자와 정공의 이동이 발생한다. P형 반도체는 정공이 많으므로 확산에 의하여 N형 반도체 쪽으로 정공이 이동하고, N형 반도체에는 자유전자가 많으므로 P형 반도체 쪽으로 자유전자가 이동한다. P형 반도체의 경계영역으로 들어온 자유전자는 정공과 결합하여 마이너스로 대전되고 자유전자가 없어진다. 한편 N형 반도체의 경계영역으로 정공이 들어오면 전자와 결합하여 플러스로 대전되고 정공은 사라지게 된다. 따라서 경계면에서 자유전자와 정공의 이동의 결과로 캐리어는 사라지고 고정된 이온들만 남게 되어 N영역에서 P영역으로 전계가 형성된다.

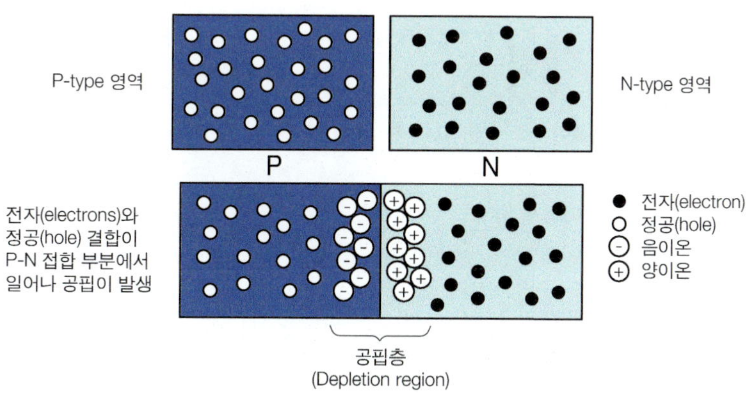

P–N 접합 메커니즘

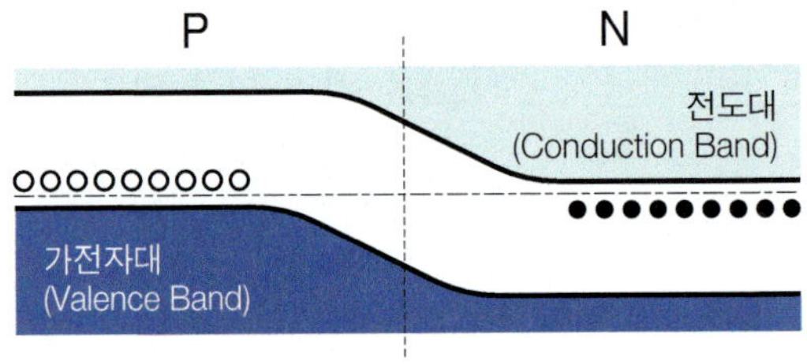

평형 상태에서의 에너지 밴드

전계가 형성된 후 또 다른 자유전자나 정공이 전계가 형성된 영역에 들어오면 전계에 의하여 자유 전자는 N영역으로 되돌아가고, 정공은 P역으로 되돌아가게 된다. 따라서 이 영역은 캐리어들이 존재하지 않는 영역이 되어 공핍영역(depletion region)이라고 부르기도 하고, 고정 이온들만 존재하기 때문에 공간전하영역(space charge region)이라고도 부른다. 이 전계에 의하여 전위 장벽이 형성되고, 다수 캐리어들이 P와 N의 경계면을 가로 질러 이동하지 못하므로 전류가 흐르지 못한다.

다이오드(diode)는 전류를 한쪽 방향으로 흐르게 하는 반도체 부품으로서 다시 말해 교류를 직류로 바꿔주는 소자라고도 설명할 수 있다. 다이오드는 문턱전압(일반적으로 0.7[V]) 이상의 순방향 전압이 인가되면 도통되어 전류가 흐르고 역방향 전압이 인가되면 차단된다. 이러한 인가된 전압의 방향에 따라 도통 또는 차단되는 특징을 이용하여 전원회로의 정류회로에 많이 사용된다. 그림에서와 같이 다이오드는 순방향 또는 역방향 상태에 따라서 소자 모델링이 다르며 회로를 해석할 때 모델링된 다이오드를 이용하면 회로 해석이 용이하다.

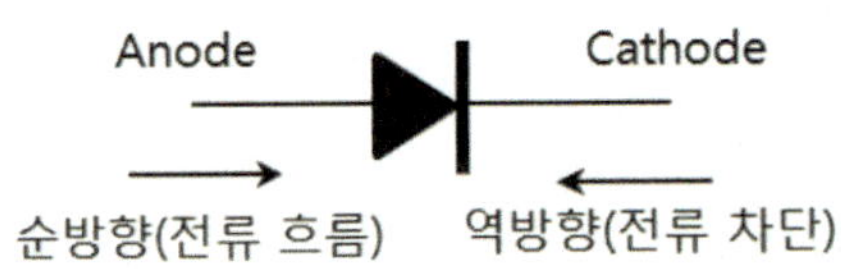

다이오드 기호

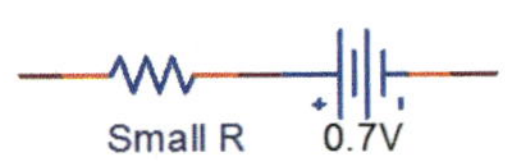

순방향 등가 회로

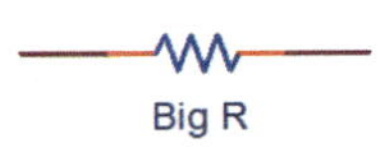

역방향 등가회로

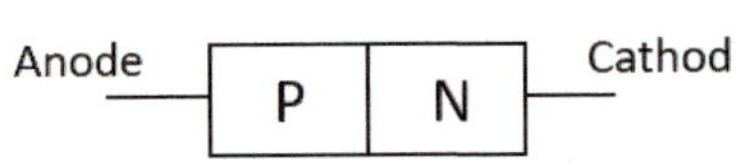

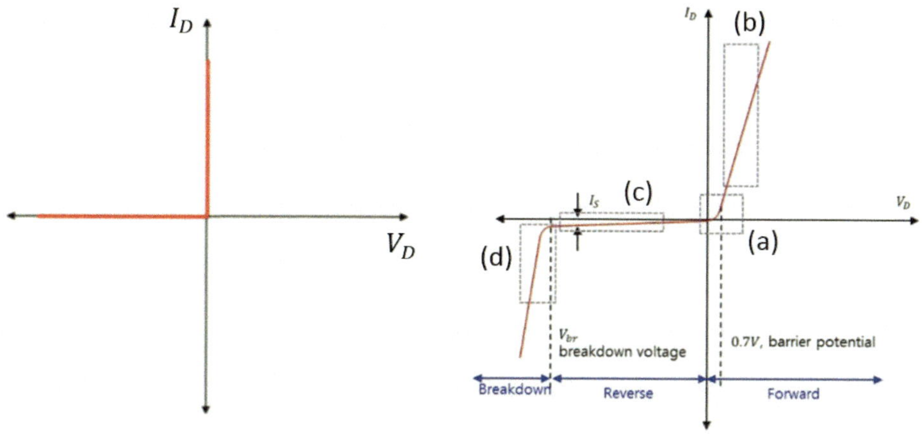

이상적인 다이오드 특성곡선과 실제 특성곡선

다이오드에 인가되는 전압에 따른 전류는 아래의 식처럼 지수함수 관계를 보인다.

$$I_D = I_s e^{\frac{V_D}{V_T}}$$

I_S : 역방향 포화전류

V_D : 다이오드의 애노드와 캐소드 사이 전압

V_T : 열 전압(26[mV]@300[K])

P/N 접합의 전류 전압 특성은 그림에서 보는 것과 같이 0[V] 근처에서는 전류가 흐르지 않는다. 순방향 바이어스를 인가하여 값을 증가시키면, 0.7[V] 이상에서 전류는 전압에 따라 지수 함수적으로 증가한다. 다이오드는 인가된 전압의 방향에 따라 전류의 특성이 다르게 나타나는 비선형소자로써 이상적인 경우 역방향일 때는 전류가 흐르지 않고(무한대 저항) 순방향일 때는 도통(0 저항)이지만 실제 다이오드는 그림의 우측에서와 같은 특징을 나타내며 각 영역에 대한 설명은 다음과 같다.

역방향 바이어스에서는 소수 캐리어에 의하여 수 nA의 정도의 아주 작은 역포화 전류가 흐르고, 역방향 바이어스를 계속적으로 증가시키면 어느 전압 이상에서 역방향 전류가 급격히 증가하게 되는데 이를 항복 현상이라고 부른다. 항복 현상이 일어날 경우 더 이상 P/N 접합은 전류의 흐름을 제어하지 못하게 되어 접합이 파괴된다. 결과적으로 P/N 접합 반도체는 순방향 전압을 인가하면 전류를 잘 흐르고, 역방향 전압을 인가하면 항복영역에 이르기 전까지 전류가 거의 흐르지 않는다.

(a) 문턱 전압(barrier potential)

문턱 전압은 오프셋 전압이라고도 하며, 반도체 물질이 Ge일 때는 0.2[V]~0.3[V], Si일 때는 0.5[V]~0.7[V]. 문턱 전압 이하에서는 순방향의 전압이 인가되어도 전류가 흐르지 않고 문턱 전압 이상의 전압이 걸려야 전류가 흐른다.

(b) 벌크 저항(bulk resistance)

순방향의 전류가 흐를 때 다이오드의 반도체 자체가 이상으로 0[Ω]이 될 수 없어, 약간의 저항을 가지고 있다. 따라서 이를 반영하여 그림의 기울기를 가진 그래프로 나타낼 수 있다. 그리고 기울기에 따라서 다이오드의 저항을 나타낼 수 있다.

(c) 역방향 전류(reverse current)

이상적인 다이오드는 역방향 전압이 인가되어도 전류가 흐르지 않지만 실제의 다이오드는 미세한 역방향 전류가 흐른다. 이를 역방향 전류라고 하며 그림의 (c)와 같이 표현한다.

(d) 항복 전압(breakdown voltage)

다이오드는 역방향으로 차단할 수 있는 전압이 한계가 있으며, 이를 항복 전압이라고 한다. 항복 전압을 넘어서면 더 이상 전류를 차단시키지 못하고 역방향으로 전류가 흐른다. 따라서 그림 (d)의 항복 전압을 넘어 역방향으로 전류가 흐르는 것을 나타낸다.
특히 Breakdown voltage는 소자가 파괴될 수 있는 전압으로 다이오드 종류에 따라 데이터시트에 나타나 있으며 회로를 설계할 때 Breakdown 전압 이상 역방향 전압이 인가되지 않도록 주의해야 한다.

(4) 순방향 바이어스

P형 반도체에 플러스 전압을 인가하고, N형 반도체에 마이너스를 인가하면 순방향 전압을 인가하는 것이 된다. 이때 P형 반도체의 정공과 N형 반도체의 자유전자는 인가된 플러스 전압과 마이너스 전압에 의하여 각각 접합면으로 이동하고 이로 인하여 고정 전하만이 분포하던 공간전하 영역의 폭은 인가한 전압만큼 감소하여 열평형 상태에서보다 전위 장벽이 감소하게 된다.

전위장벽이 낮아지면 N형 반도체의 전도대에 있는 많은 자유 전자들은 확산에 의해 P형 반도체의 전도대로 흘러 들어가고 같은 원리로 p형 반도체의 가전자대에 있는 정공들은 N형 반도체의 가전자대로 확산해 들어간다. 결국 P/N 접합이 순방향 바이어스 상태가 되면 다수 캐리어들의 확산이 활발해져서 P형 반도체에서 N형 반도체로 순방향 전류가 흐르게 된다.

MAXIMUM RATINGS

Rating	Symbol	1N4001	1N4002	1N4003	1N4004	1N4005	1N4006	1N4007	Unit
†Peak Repetitive Reverse Voltage Working Peak Reverse Voltage DC Blocking Voltage	V_{RRM} V_{RWM} V_R	50	100	200	400	600	800	1000	V
†Non-Repetitive Peak Reverse Voltage (halfwave, single phase, 60 Hz)	V_{RSM}	60	120	240	480	720	1000	1200	V
†RMS Reverse Voltage	$V_{R(RMS)}$	35	70	140	280	420	560	700	V
†Average Rectified Forward Current (single phase, resistive load, 60 Hz, T_A = 75°C)	I_O	1.0							A
†Non-Repetitive Peak Surge Current (surge applied at rated load conditions)	I_{FSM}	30 (for 1 cycle)							A
Operating and Storage Junction Temperature Range	T_J T_{stg}	-65 to +175							°C

This data sheet provides information on subminiature size, axial lead mounted rectifiers for general-purpose low-power applications.

Features

- Shipped in Plastic Bags, 1000 per bag
- Available Tape and Reeled, 5000 per reel, by adding a "RL" suffix to the part number
- Available in Fan-Fold Packaging, 3000 per box, by adding a "FF" suffix to the part number
- Pb-Free Packages are Available

Mechanical Characteristics

- Case: Epoxy, Molded
- Weight: 0.4 gram (approximately)
- Finish: All External Surfaces Corrosion Resistant and Terminal Leads are Readily Solderable
- Lead and Mounting Surface Temperature for Soldering Purposes: 260°C Max. for 10 Seconds, 1/16 in. from case
- Polarity: Cathode Indicated by Polarity Band

LEAD MOUNTED RECTIFIERS
50-1000 VOLTS
DIFFUSED JUNCTION

CASE 59-10
AXIAL LEAD
PLASTIC

데이터시트에서의 항복전압 확인

(5) 역방향 바이어스

P형 반도체에 마이너스 전압을 인가하고 N형 반도체에 플러스 전압을 인가하면 역방향 전압이 된다. 이때 P형 반도체의 정공은 마이너스 전압 단자 쪽으로 이동하고, N형 반도체의 정공은 플러스 전압에 의해 플러스 전압 단자 쪽으로 이동한다. 이렇게 되면 공간 전하 영역의 폭이 증가하게 되고, 공간 전하 영역의 폭이 증가하면 전위 장벽이 열평형 상태에서의 전위 장벽에 비하여 인가해 준 전압만큼 증가하므로 다수 캐리어의 이동이 사라지게 된다. 반면 소수 캐리어인 정공은 전계로 인하여 P형 반도체 영역 쪽으로 이동한다.

소수 캐리어들이 이동하더라도 그 양이 워낙 적기 때문에 소량의 역포화 전류만 흐르게 된다. 정리하면 P/N 접합에 역방향 바이어스를 인가하면 다수 캐리어들의 이동은 불가능해지고, 소수 캐리어들만 N형 반도체에서 P형 반도체로 이동하여 아주 작은 역포화 전류만 흐르게 된다.

실험회로 4-1

D1N4002 다이오드를 이용하여 I-V 다이오드 특성곡선을 출력하시오.

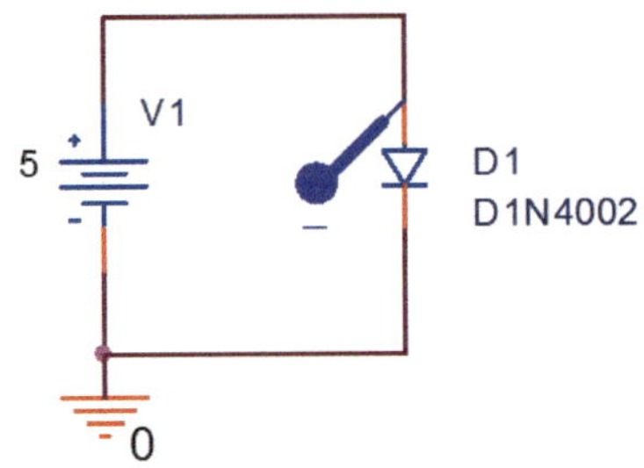

□ 회로구성

Vdc 전원에 다이오드를 순방향으로 연결하고 캐소드(Cathode) 단자에 전류 프로브를 설정한다. 시뮬레이션 프로파일을 구성하고 Analysis Type을 DC sweep으로 구성하고 Primary 옵션을 선택하고 전압소스로 V1을 입력한다. Sweep type을 Linear 로 선택하고 -300[V]부터 100[V]까지 10[V] 간격씩 증가되도록 설정한다.

□ 시뮬레이션

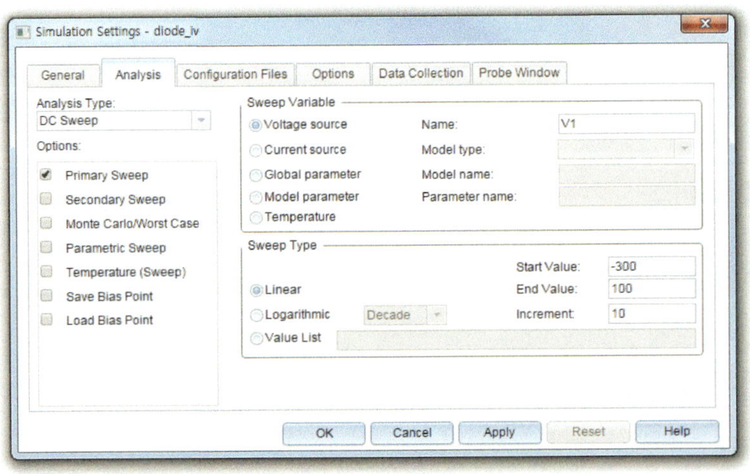

세로축에 다이오드 전류를 나타내고 가로축에 다이오드 전압을 나타내었다. 전류가 1[mA]에서 10[mA]로 10배나 변하여도 다이오드의 애노드와 캐소드 사이의 전압(V_F)은 거의 0.7[V]로 고정된다.

이는 다이오드 전류는 다이오드 전압에 대하여 지수함수로 급격히 변하기 때문이다. 따라서 실리콘 다이오드의 도통 전압($V_{D,on}$)은 통상 다이오드에 흐르는 전류 범위에 대하여 0.7[V]로 설정하여도 문제가 없다는 것을 알 수 있다.

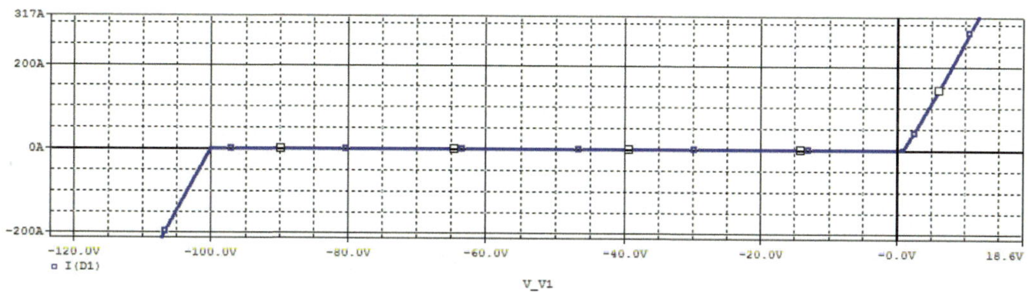

4.2 클리핑(clipping) 회로

입력 파형을 원하는 전압 레벨로 자르는(clipping) 회로이며 입력 교류전압의 특정 레벨을 제한하는 회로로써 리미터(Limiter)라고도 한다.

실험회로 4-2

다음 회로를 구성하고 입출력 특성을 비교하시오.

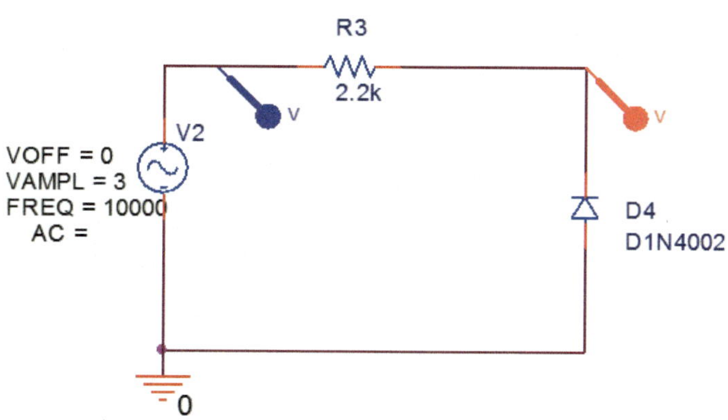

클리핑 회로구성

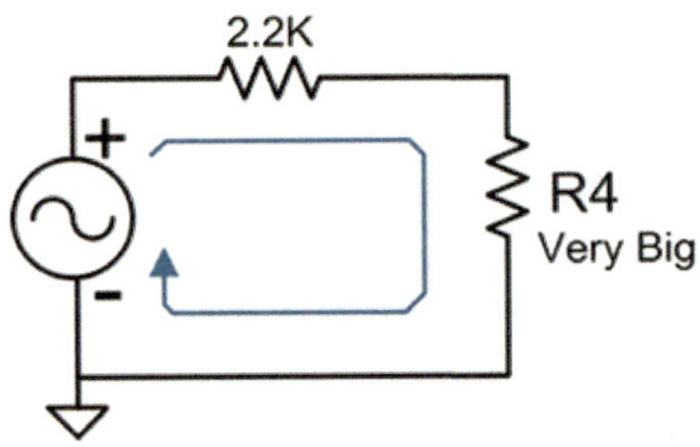

양의 주기일 때 등가회로

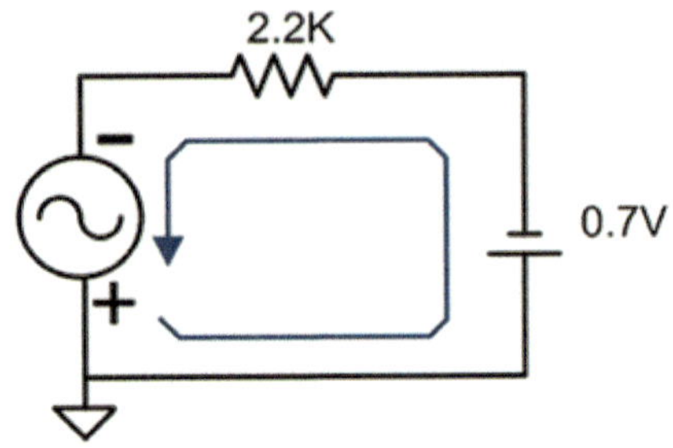

음의 주기일 때 등가회로

◻ 회로해석

해석은 교류신호의 양의 주기와 음의 주기일 때 다이오드를 순방향 또는 역방향 등가회로로 구성하면 해석이 쉬워진다. 정극성 클리핑 회로와 부극성 클리핑 회로로 구분된다. 정극성 클리핑(positive clipping)은 입력신호의 양의 반주기 동안 다이오드에 순방향 바이어스가 인가되어 다이오드가 도통된다.

따라서 출력전압은 다이오드의 도통전압인 약 0.7[V]로 제한된다. 입력신호의 음의 반주기 동안은 다이오드에 역방향 바이어스가 인가되어 다이오드가 차단된다. 즉, 교류전원이 양의 주기일 때는 다이오드가 역방향상태이므로 매우 큰 저항 R4로 대체될 수 있으며 옴의 법칙과 키르히호프 법칙에 의해서 대부분의 전압강하가 R4에서 발생하므로 전원 신호가 그대로 출력에 나타난다. 반대로 음의 주기일 때는 작은 저항과 문턱전압에 해당하는 직류전원으로 모델링 할 수 있으므로 음의 주기일 동안에는 -0.7[V] 만큼의 전압만 출력된다.

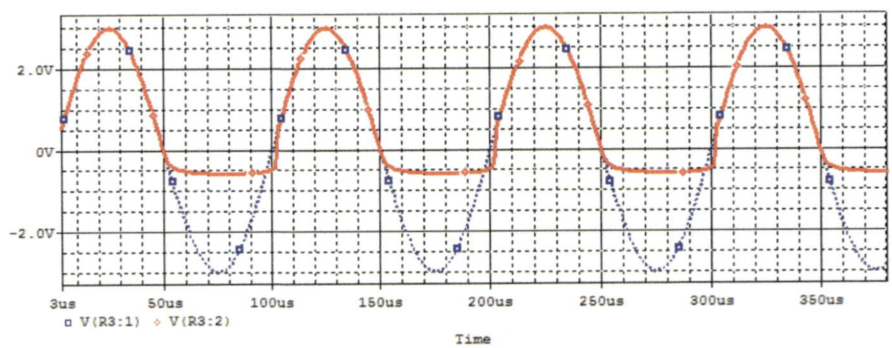

클리핑 회로에서 음의 주기 동안 클리핑 되는 부분은 직류 전압원을 이용하여 조절할 수 있으며 그림과 같이 양의 주기일 때와 음의 주기일 동안에 동일한 방법으로 순방향과 역방향일 때 등가회로가 다르게 해석되며 특히 역방향일 때는 다이오드 문턱전압과 1.5[V] 전압이 상쇄되어 1.2[V]만큼만 클리핑 된다.

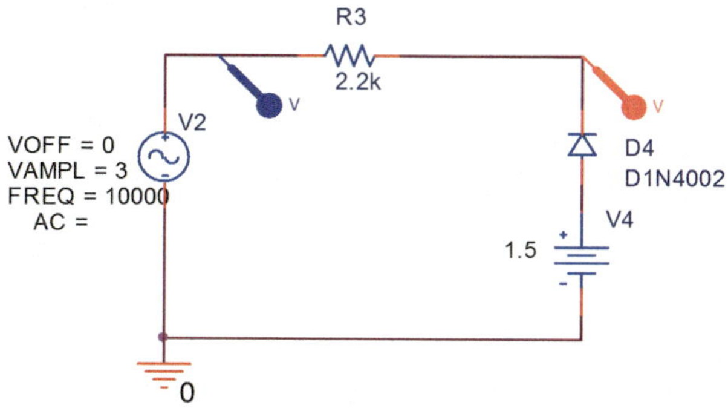

전압원을 이용한 클리핑 레벨 조절

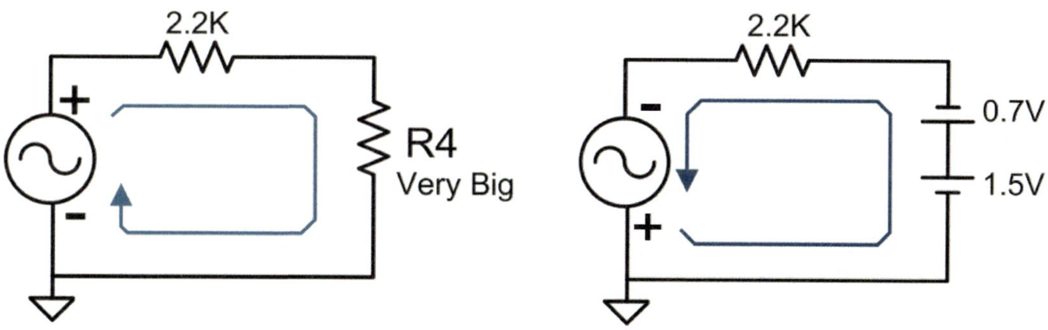

양의 주기일 때 등가회로　　　　음의 주기일 때 등가회로

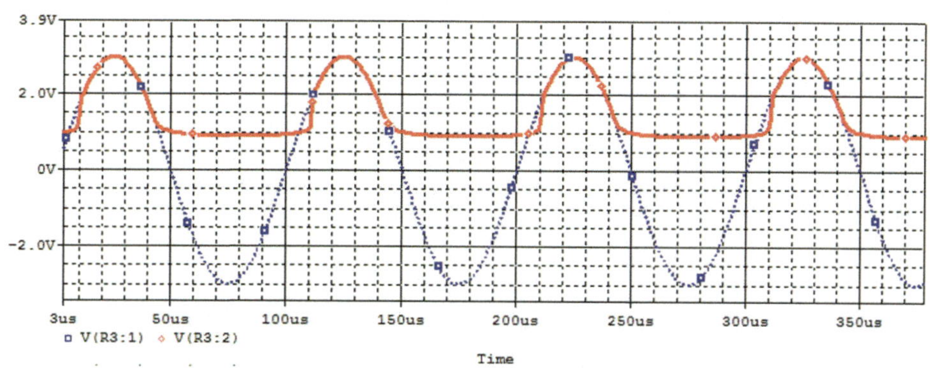

다음 그림과 같이 다이오드 두 개를 병렬로 구성하면 교류입력신호의 양의 영역과 부의 영역을 동시에 클리핑할 수도 있다.

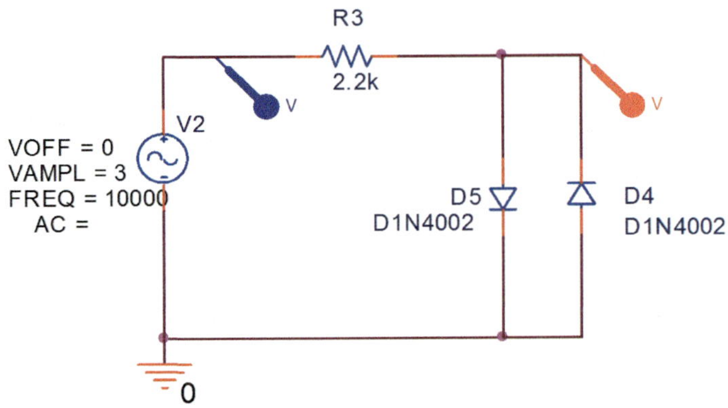

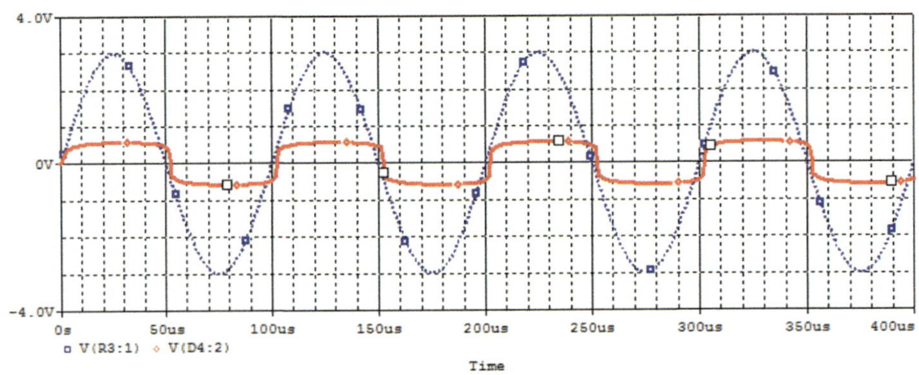

두 개의 다이오드를 이용한 클리핑 회로는 전압원을 이용하여 클리핑 레벨을 조절할 수 있다.

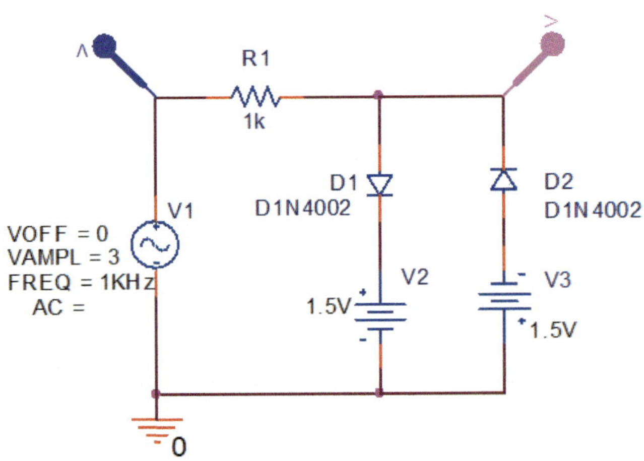

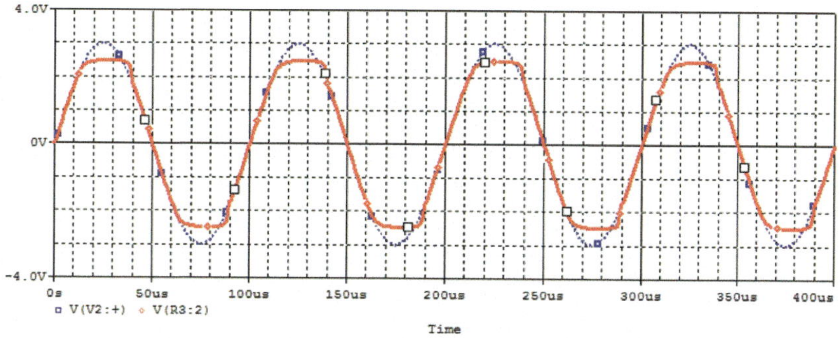

4.3 클램핑(clamping) 회로

클램핑은 "빗장을 지르다"는 의미로서 교류신호의 직류 오프셋 전압 레벨을 가변시키는 회로이다. 클램핑 회로 해석은 다이오드가 도통되는 구간부터 시작하는 것이 해석을 쉽게 할 수 있다.

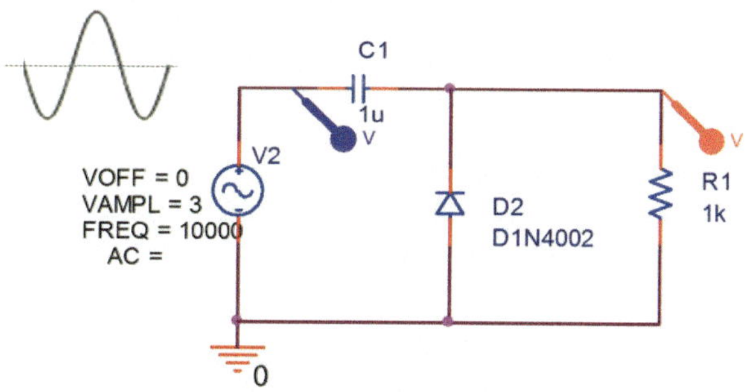

정극성 클램핑 회로

(1) 입력신호의 음의 첫 번째 1/4주기 동작

다이오드는 음의 신호일 때 도통이 시작되며 도통되려면 입력신호가 음의 신호가 되어야 한다. 입력신호 음의 첫 번째 1/4주기 동안 입력전압이 0[V]에서 $-V_P$전압으로 이동한다.

입력전압이 음의 최대값인 $-V_P$가 되면 다이오드가 도통하여 출력은 -0.7[V]가 된다. 입력이 $-V_P$이므로 출력의 전압이 입력전압보다 높아진다. 따라서 전류가 출력에서 입력전원 방향으로 흘러서 커패시터에는 입력전압의 최대값에서 다이오드의 도통전압을 뺀 전압(V_P- 0.7[V])만큼 충전된다.

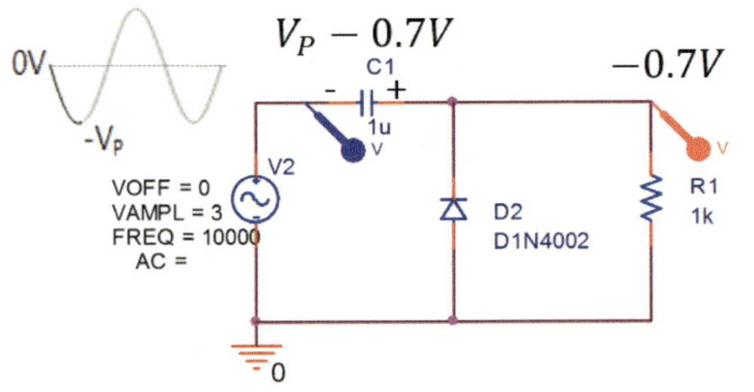

정극성 클램핑 회로에서 첫 번째 음의 1/4주기 동작

(2) 입력신호의 음의 두 번째 1/4주기 동작

음의 두 번째 1/4주기 동안 입력신호가 $-V_P$에서 0[V]로 변한다. 입력신호가 0[V]일 때 출력전압은 V_P-0.7[V]가 된다. 따라서 다이오드는 차단 상태가 된다.

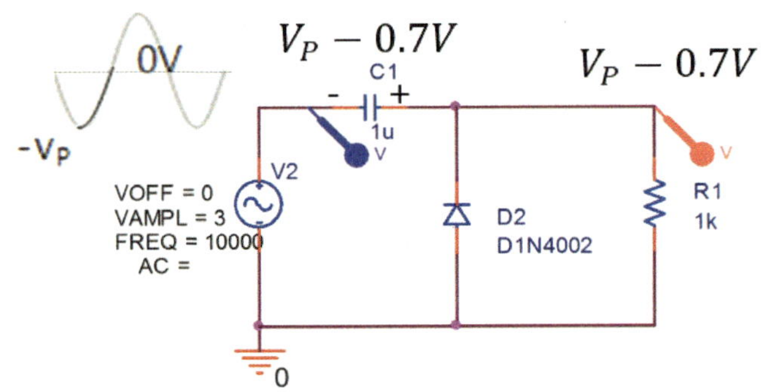

정극성 클램핑 회로에서 두 번째 음의 1/4주기 동작

(3) 입력신호의 양의 첫 번째 1/4주기 동작

입력신호가 양의 첫 번째 1/4주기 동안은 입력신호가 0[V]에서 V_P로 증가한다. 입력신호가 V_P가 되면 출력은 다음 그림과 같이 $2V_P - 0.7$[V]가 된다.

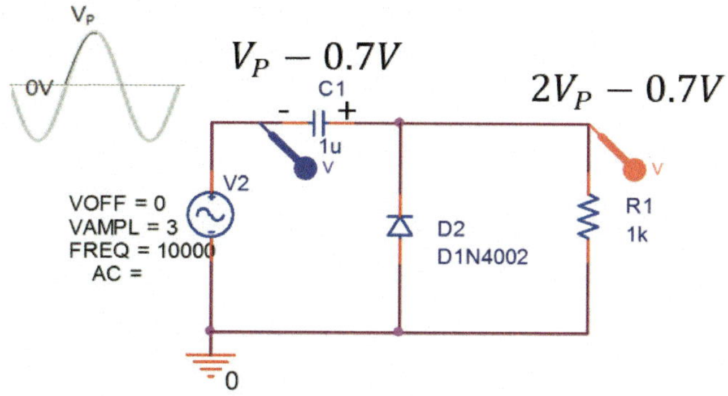

정극성 클램핑 회로에서 첫 번째 양의 1/4주기 동작

(4) 입력신호의 양의 두 번째 1/4주기 동작

입력신호가 양의 두 번째 1/4주기 동안에 입력신호는 V_P에서 0[V]로 변한다. 입력이 0[V]가 되면 출력은 음의 두 번째 1/4주기 동안의 출력과 같이 $V_P+0.7$[V]가 된다. 위에서 설명한 내용을 종합하면 정극성 클램핑의 출력신호는 아래 그림과 같이 입력신호의 크기와 같고, 직류 오프셋 전압만 0[V]에서 $V_P-0.7$[V]로 양의 방향으로 변한다는 것을 알 수 있다.

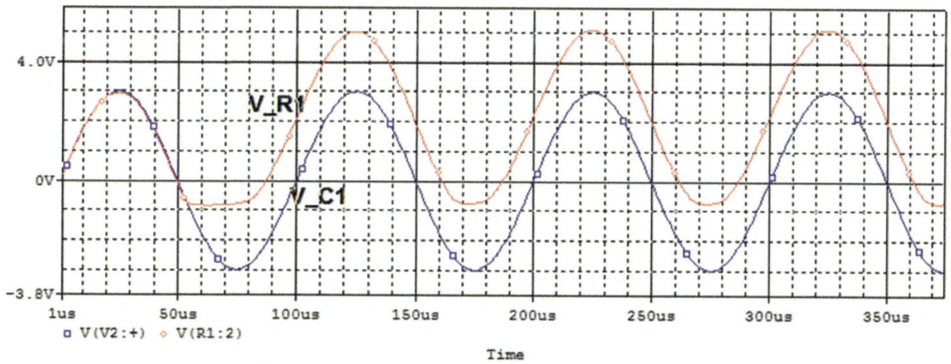

4.4 제너 다이오드

제너 다이오드는 정류용 다이오드와는 달리 역방향 항복영역이 동작에 활용되는 다이오드로써 정전압 소자로 많이 사용된다. 입력전압이 제너다이오드 정격전압(V_z)을 넘으면 전압에 무관하게 제너다이오드에는 일정 전압이 유지되고 일정한 전류가 흐르게 된다. 제너다이오드는 정전압 회로 또는 정전류원으로 사용되며 보호회로 용도로도 사용된다.

아래 그림에서와 같이 제너 다이오드의 기호와 특성 곡선을 나타낸 것이다. 제너 다이오드에서는 역방향 항복에서 전류가 급격히 증가하여도 다이오드 양단의 전압은 거의 일정하게 유지된다.

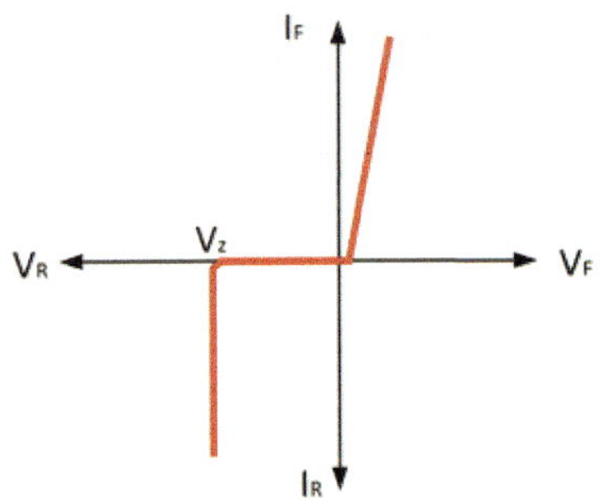

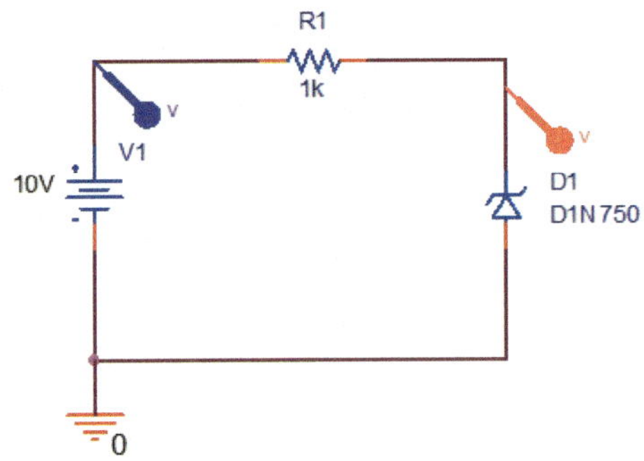

이 역방향 항복을 제너 항복(Zener Breakdown)이라고 하며 보통 5~200[V]의 범위의 항복전압(V_z)을 갖는데 보통 $V_z = 1.8 \sim 200$[V]까지 다양한 종류가 있으며 원하는 정격에 맞도록 선택하여 사용할 수 있다.

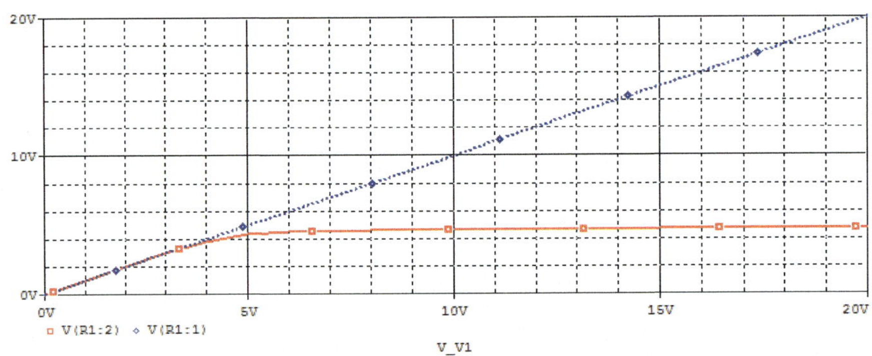

4.5 배압회로

배압회로는 다이오드의 정류작용과 커패시터의 충방전을 응용한 회로로써 양의 주기 동안은 D1이 off 되어 D2를 통해 C2에 전하가 충전되고 음의 주기 동안에는 D2가 off 되고 D1, D2을 통해 C2가 충전되면서 DC 옵셋을 발생하여 전압이 상승되는 효과를 나타낸다. 전압은 다이오드 숫자와 커패시터의 개수만큼 배압된다.

◘ 회로구성

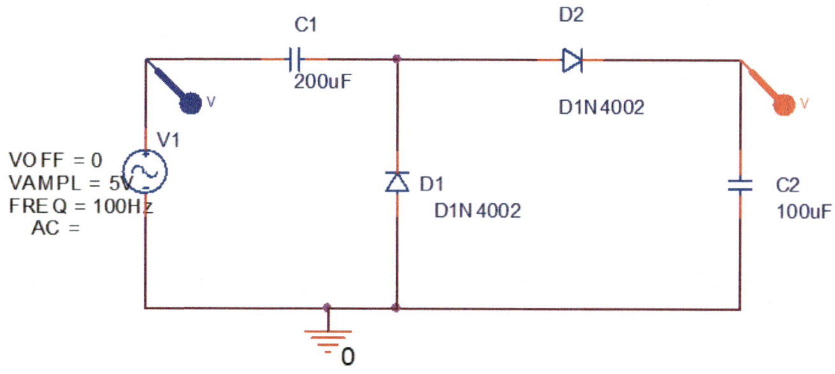
C1
200uF
D2
D1N4002
V1
VOFF = 0
VAMPL = 5V
FREQ = 100Hz
AC =
D1
D1N4002
C2
100uF
0

◘ 시뮬레이션

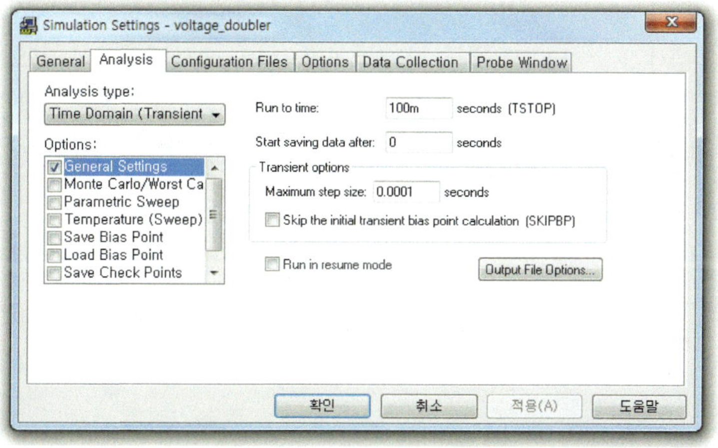
Simulation Settings - voltage_doubler
General
Analysis
Configuration Files
Options
Data Collection
Probe Window
Analysis type:
Time Domain (Transient
Options:
General Settings
Monte Carlo/Worst Ca
Parametric Sweep
Temperature (Sweep)
Save Bias Point
Load Bias Point
Save Check Points
Run to time: 100m seconds (TSTOP)
Start saving data after: 0 seconds
Transient options
Maximum step size: 0.0001 seconds
Skip the initial transient bias point calculation (SKIPBP)
Run in resume mode
Output File Options...
확인
취소
적용(A)
도움말

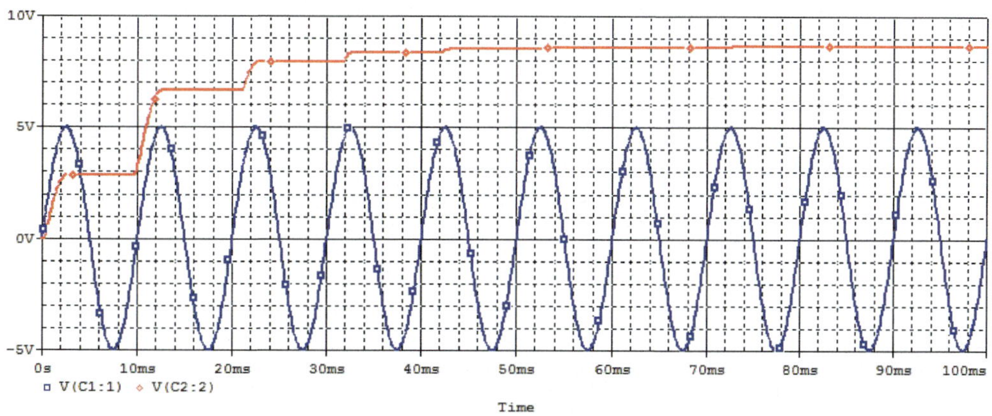
10V
5V
0V
-5V
0s
10ms
20ms
30ms
40ms
50ms
60ms
70ms
80ms
90ms
100ms
V(C1:1)
V(C2:2)
Time

이때 배압되는데 시간이 걸리는 이유는 C1이 갖는 임피던스 때문이다. 즉, C1이 충전되는 것은 처음 반 사이클이면 바로 충전이 되고 충전은 RC의 시정수를 가질 때 느려지는 것인데 배압회로에서는 R이 존재하지 않으므로 C의 충전 때문에 느려지는 것은 C1이 갖는 임피던스 때문에 느려지게 되는 것이다. C2의 전압상승을 빨리 하고 싶다면 C1을 키우고 C2는 줄이거나 입력 전원 주파수를 높여도 빠르게 배압시킬 수 있다.

4.6 정류회로

일상생활에서 다이오드가 가장 많이 사용되는 제품은 정류기이다. 정류회로는 다이오드를 이용하여 교류신호를 한쪽 방향으로만 흐르게 하는 회로이다. 변환되는 출력 신호 형태에 따라 반파정류기와 전파정류기로 구분한다. 가정에서 사용하는 전압은 발전소로부터 효율을 높이기 위해 110[V] 또는 220[V]에 주파수는 60[Hz]의 교류전원이 들어오며 전자제품에서는 대부분 3.3[V], 5[V] 또는 9[V], 12[V]의 직류 전압으로 정류하여 사용한다. 정류기에는 반파정류기와 전파정류기로 나뉘며 전파정류기가 정류효율이 좋기 때문에 주로 사용된다.

(1) 반파 정류기(half-wave rectifier)

반파 정류기는 그림처럼 다이오드와 저항의 직렬연결로 구성되어 있다.

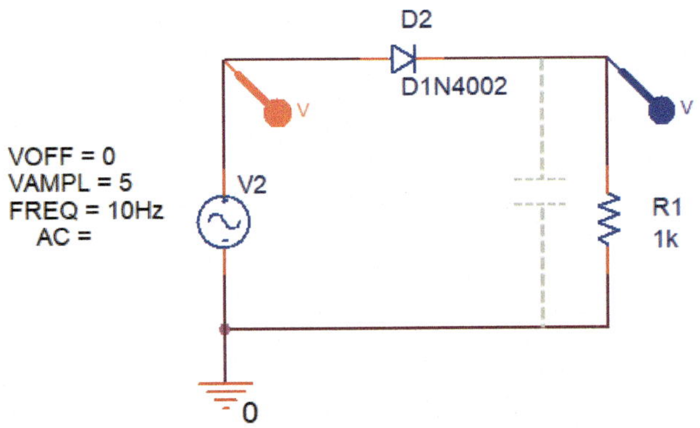

입력신호의 양의 반주기 동안은 다이오드에 순방향 바이어스가 인가되어 다이오드가 도통 상태가 된다. 따라서 출력신호는 입력신호보다 0.7[V] 작은 신호가 형성된다. 입력신호의 음의 반주기 동안은 다이오드에 역방향 바이어스가 인가되어 다이오드가 차단 상태가 된다. 따라서 출력신호는 0[V]가 된다.

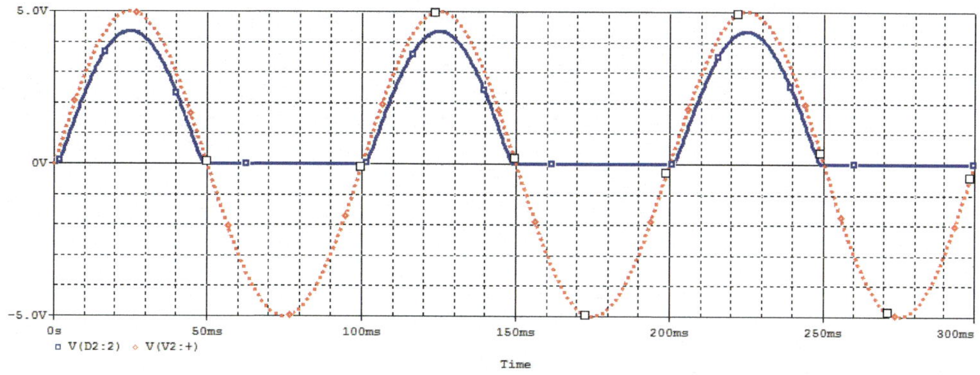

커패시터 연결 없음

이때 반파 정류 신호의 평균값은 임의 신호의 평균값은 신호를 한 주기 동안 적분한 값을 주기로 나눈 값이다. 따라서 반파정류신호의 평균값은 아래의 식으로 표현할 수 있다.

$$V_{DC} = \frac{1}{T}\int_{0}^{T} v(t)dt = \frac{1}{T}\int_{0}^{T} V_m \sin\omega t\, dt$$

반파정류신호는 $T/2$에서 T 동안 값이 0이므로 무시할 수 있다.
따라서 위의 식은 아래와 같이 나타낼 수 있다.

$$V_{DC} = \frac{1}{T}\int_{0}^{\frac{T}{2}} V_m \sin\omega t\, dt = \frac{V_m}{T}\int_{0}^{\frac{T}{2}} \sin\omega t\, dt = \frac{V_m}{T\omega}\left[-\cos\omega t\right]_{0}^{\frac{T}{2}}$$

$$= \frac{V_m}{T\frac{2\pi}{T}}\left[-\cos\frac{2\pi}{T}\frac{T}{2}+1\right] = \frac{V_m}{2\pi}\times 2 = \frac{V_m}{\pi} \approx 0.32\,V_m$$

즉, 반파정류신호의 평균값(DC값)은 입력신호 최대값의 약 0.32배로 나타난다. 저항에 병렬로 커패시터를 연결하면 커패시터에 전압이 충전되었다가 방전되는 특성을 이용하여 직류특성을 얻을 수 있으며 파형의 기울기는 RC 시정수에 따라 커패시터의 용량이 작은 경우는 급격히 감소하며 큰 경우는 천천히 감소하여 전압변동을 크게 감소시켜 직류에 가까운 전압이 생성된다.

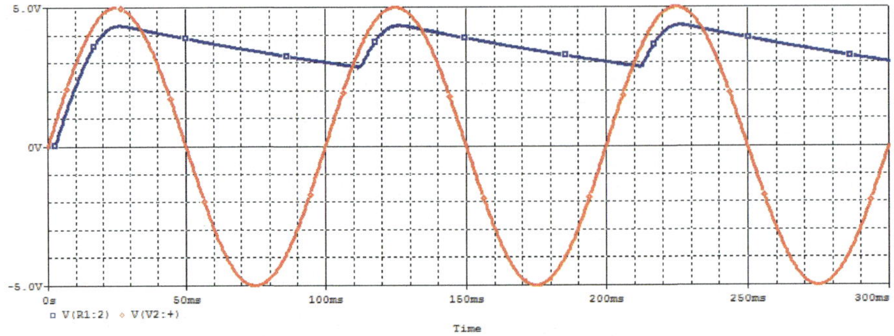

200uF 커패시터 병렬연결

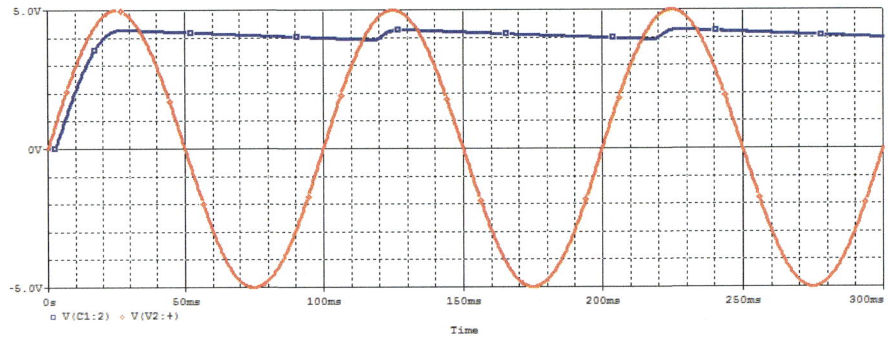

1000uF 커패시터 병렬연결

위의 두 그래프를 비교해 보면 200[μF]일 때보다 1000[μF]일 때가 시정수가 더 길기 때문에 방전이 늦게 진행되어 전압이 일정하게 유지됨을 확인할 수 있다.

(2) 전파 정류기

전파정류기는 중간탭 전파 정류기와 브리지 전파 정류기로 나뉘며 중간탭 변압기를 사용하지 않아도 되는 브리지 전파 정류기(bridge full-wave rectifier)가 주로 사용된다. 브리지 전파정류는 다이오드 4개를 브리지(다리) 형태로 배치하고 중간에 저항을 연결한 구조이다.

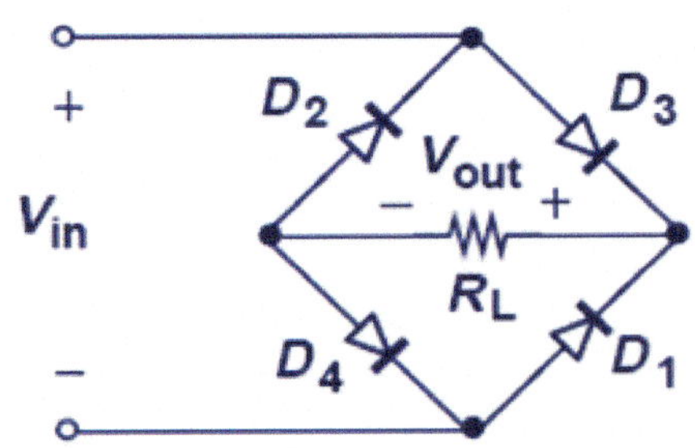

브리지 전파정류회로

① 입력의 양의 반주기

입력 신호의 양의 반주기 동안 D3과 D4에 순방향 바이어스가 인가되어 도통 상태가 되고, D1와 D2에 역방향 바이어스가 인가되어 차단 상태가 된다. 따라서 부하저항 R_L 양단에는 입력신호와 형태가 같고 입력신호보다 2개의 다이오드 도통전압(1.4[V])만큼 낮은 신호가 형성된다.

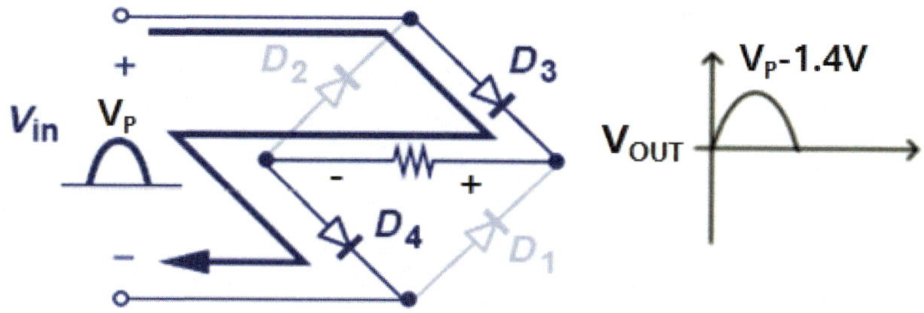

브리지 전파정류회로의 양의 반주기 동안의 동작

② 입력의 음의 반주기

입력 신호의 음의 반주기 동안은 D1과 D2에 순방향 바이어스가 인가되어 도통 상태가 되고, D3와 D4에 역방향 바이어스가 인가되어 차단 상태가 된다.

따라서 부하저항 R_L 양단에는 입력신호의 양의 반주기 경우와 마찬가지로 입력 신호와 형태가 같고 입력 신호보다 2개 다이오드의 도통 전압(1.4[V])만큼 낮은 신호가 형성된다. 입력신호의 극성이 바뀌어도 양의 반주기의 출력신호의 위상과 동일하다.

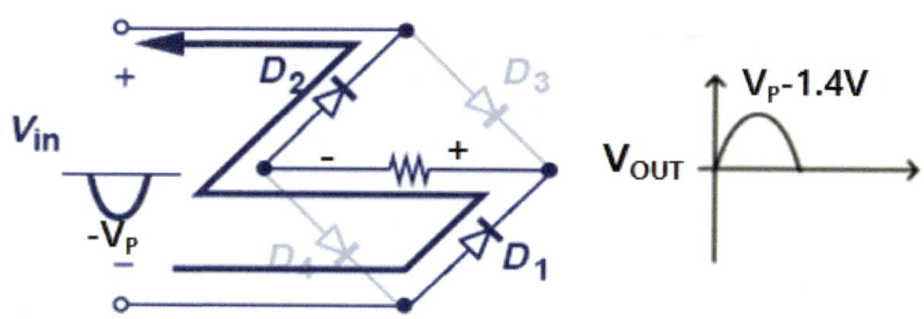

브리지 전파정류회로의 음의 반주기 동안의 동작

③ 전파정류

위의 두 구간의 신호를 묶어 입력 신호 한 주기에 대한 출력신호는 다음 그림처럼 입력 신호의 한 주기 동안 다이오드가 번갈아 도통되어 출력에는 입력의 양의 반주기 신호가 연달아 나타난다.

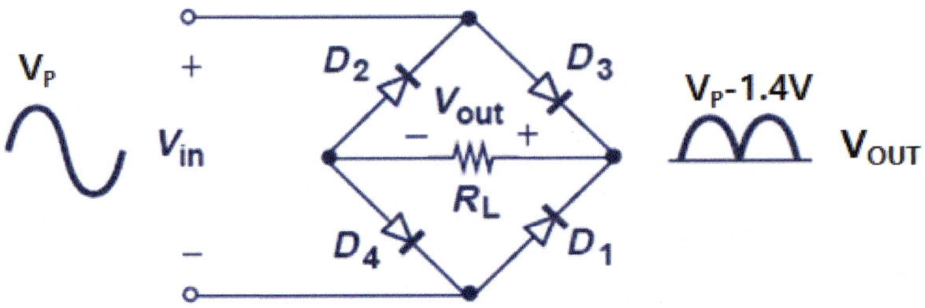

브리지 전파정류회로의 입력 및 출력신호

전체 입력 신호에 대하여 항상 양의 신호가 출력에 나타나므로 전파 정류 회로라고 부른다. 출력 신호는 입력 신호보다 2개 다이오드의 도통 전압(약 1.4[V])만큼 낮아진다.

(3) 변압기를 사용한 브리지 전파정류회로

브리지 회로의 VOUT 파형을 오실로스코프로 측정하기 위하여 프로브의 신호 단자를 VOUT에 접촉하고 프로브의 접지 단자를 회로의 접지에 연결하면 입력 신호원의 접지와 오실로스코프의 프로브의 접지 단자가 서로 연결되어 출력에는 전파정류신호가 발생되지 않고 다음 그림과 같은 반파정류파형이 발생한다.

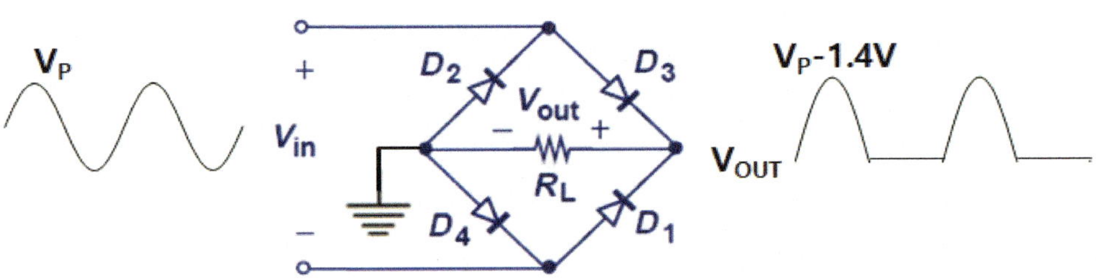

오실로스코프로 측정한 브리지 회로의 출력 파형

입력신호의 양의 반주기 동안은 D1, D2에 역방향 바이어스가 인가되어 D1, D2는 차단 상태가 되고, D4의 애노드와 캐소드는 접지가 되어 D4도 차단상태가 된다. D3에는 순방향 바이어스가 인가되어 D3만 도통 상태가 된다. 따라서 VOUT에 입력신호보다 0.7[V]만큼 낮은 신호가 형성된다. 입력 신호의 음의 반주기 동안에는 D2만 도통 상태가 되고, D1, D3 및 D4가 차단 상태가 되어 VOUT은 접지와 동일한 전압 레벨이 된다. 따라서 오실로스코프로 VOUT 파형을 측정하면 음의 반주기 동안 0[V]가 되는 반파정류신호의 형태로 나타난다.

브리지 전파정류회로의 출력을 오실로스코프로 측정하기 위하여 신호원의 접지와 오실로스코프 프로브의 접지를 분리시켜야 한다.

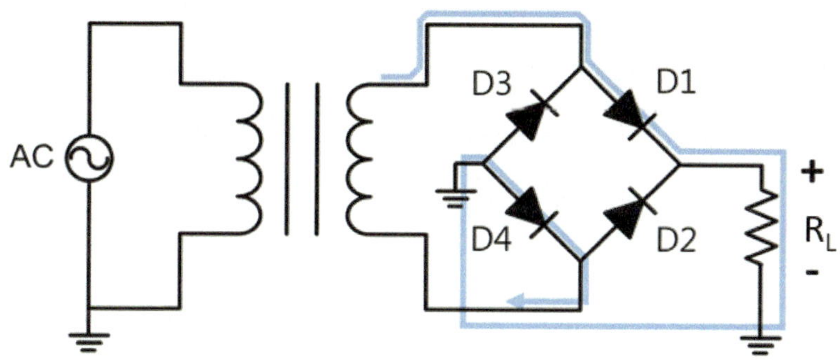

신호원의 접지와 오실로스코프 프로브의 접지를 분리시키기 위하여 변압기(transformer)를 사용한다. 다음 그림은 변압기를 사용한 브리지 전파정류회로의 양의 반주기 입력신호 동안의 출력 파형을 나타낸 그림이다. 입력신호원의 (-)단자(접지)와 브리지 회로의 (-)단자가 분리되어 있다. 입력신호의 양의 반주기 동안 D1, D2가 도통되고 D3, D4는 차단된다. 이 경우는 1개의 다이오드를 거쳐 부하저항 R_L에 출력파형이 나타나므로 VOUT에는 입력신호보다 0.7[V] 낮은 신호가 형성된다.

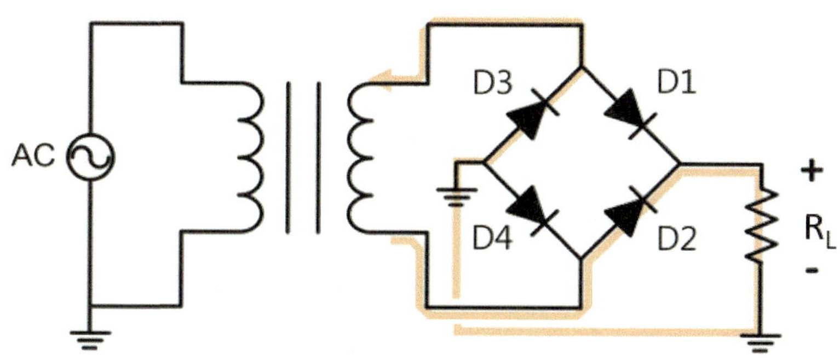

변압기(TRANSFORMER)는 전자기유도작용을 이용하여 교류전압을 변환하는 소자로서 PSpice에서는 K3019PL_3C8을 사용할 수 있다. 사용방법은 소자를 클릭하여 COUPLING 계수와 L1_TURNS 및 L2_TURNS를 입력하여 L1의 입력전압과 L2의 출력 전압의 비율을

입력하여 1차 측과 2차 측의 권선 비로 전압 비를 결정된다. COUPLING 계수는 연결계수라고도 하며 1차 측에서 2차 측으로 에너지 전달되는 비율을 나타내는 것으로 0~1 범위의 값을 가진다. 연결계수가 0.9이면 1차 측에서 2차 측의 에너지 전달효율이 90%임을 나타낸다.

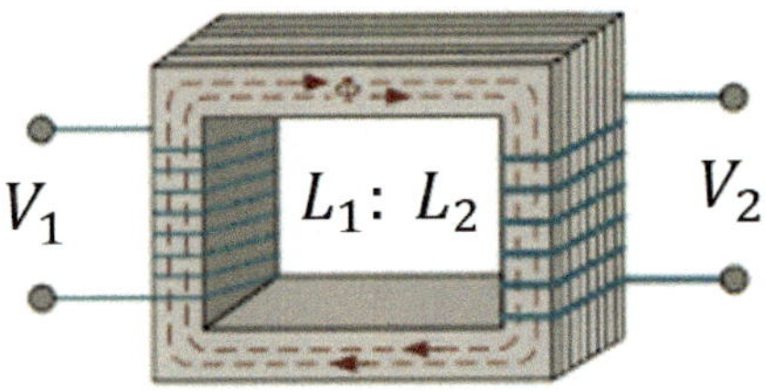

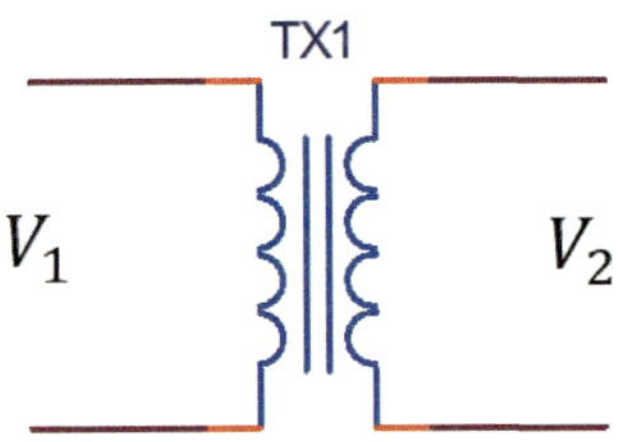

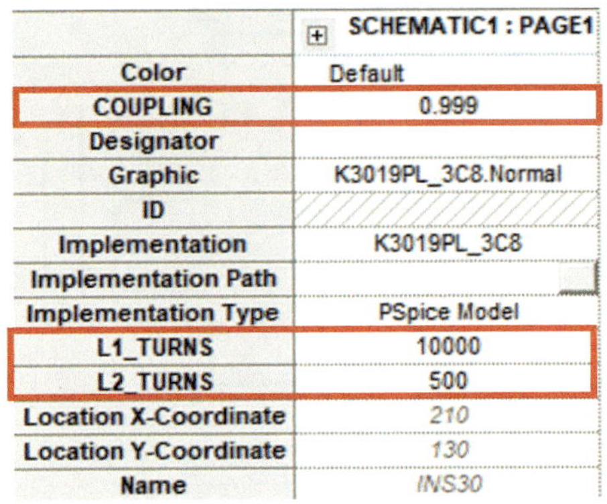

	SCHEMATIC1 : PAGE1
Color	Default
COUPLING	0.999
Designator	
Graphic	K3019PL_3C8.Normal
ID	
Implementation	K3019PL_3C8
Implementation Path	
Implementation Type	PSpice Model
L1_TURNS	10000
L2_TURNS	500
Location X-Coordinate	210
Location Y-Coordinate	130
Name	INS30

실험회로 4-3

브리지 회로와 변압기를 사용하여 가정용 전원으로부터 휴대용 기기에 9V 직류전원 공급을 위한 전파 정류 회로를 구성하시오.

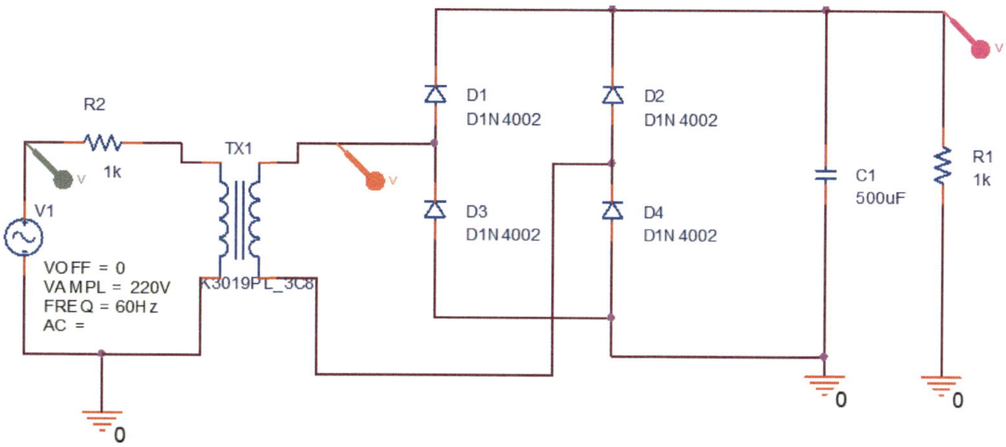

□ 시뮬레이션

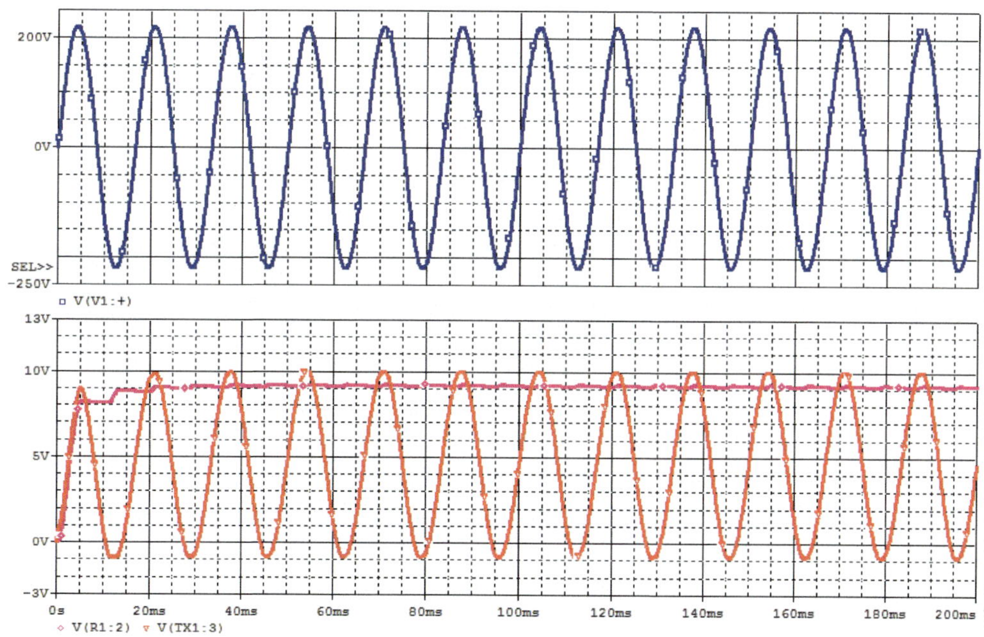

참고

ESD(Electro-Static Discharge)의 종류

정전기는 높은 전하가 도체에 축적되어 있다가 접촉에 의해 순간적으로 수백 볼트 이상의 높은 전압의 신호가 전자 부품에 흐르면서 회로를 손상하며 회로에 인가되는 정전기 발생 모델은 일반적으로 세 가지 모델로 표시한다. 인체에서 발생되는 정전기를 모델화한 HBM, 기계에서 발생되는 정전기를 모델화한 MM, 반도체 내부에서 발생되는 정전기를 모델화한 CDM이 대표적인 정전기 모델이다.

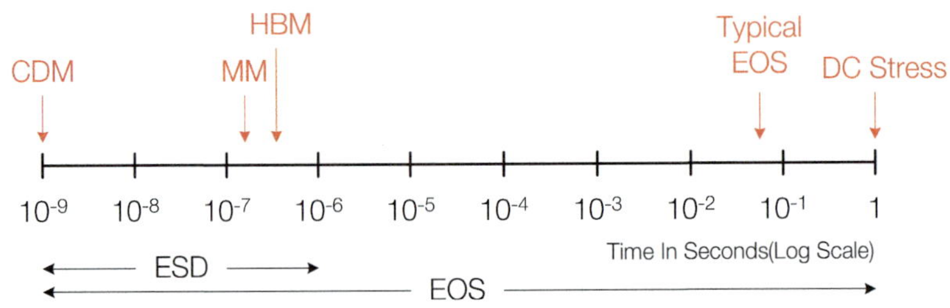

(1) HBM(Human Body Model)

HBM은 인체에서 발생하는 정전기 모델이다. 여러 가지 마찰에 의해 인체에 축적된 전하가 사람이 집적회로의 핀을 만질 때 핀을 통하여 집적회로 속으로 방전한다. 이렇게 방전된 전하에 의하여 집적회로는 파괴된다. 이러한 형태로 발생하는 정전기를 HBM 정전기라고 부른다. 보통 정전기는 HBM 정전기를 지칭한다.

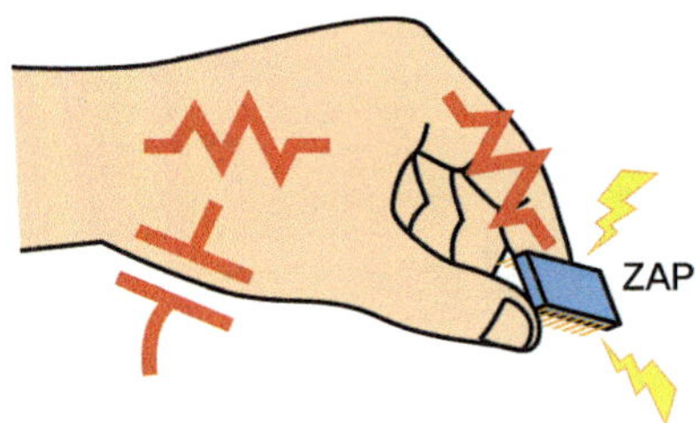

HBM 정전기 모델

(2) MM(Machine Model)

MM은 일본에서 고안한 모델로 집적회로 등 전자 부품을 기계로 PCB에 자동 삽입하는 과정에서 발생되는 정전기 모델이다. 집적회로를 자동으로 삽입할 때 자동 삽입기계를 통해 누설 전류가 집적회로의 핀으로 유입되어 집적회로를 파괴시키는 모델이다.

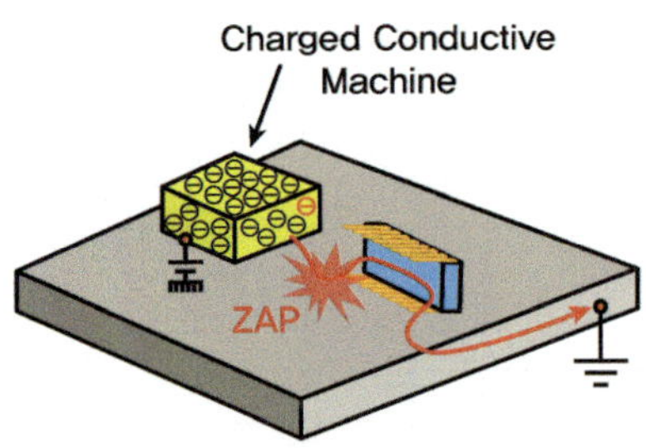

MM 정전기 모델

(3) CDM(Charged Device Model)

CDM은 HBM과 반대 개념의 모델로 집적회로 제조 과정 중에 발생된 전하가 집적회로 내에 축적되어 있다가 집적회로 내부에서 핀 바깥으로 급속하게 방전되면서 발생되는 정전기 모델이다.

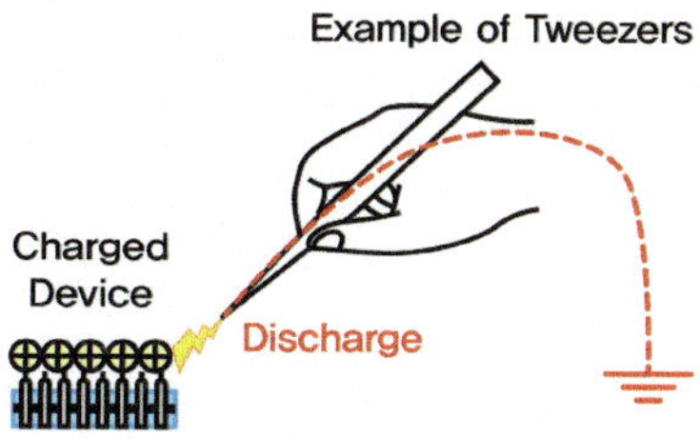

CDM 정전기 모델

정전기 발생 모델 별로 집적회로가 견뎌내야 할 정전기 기준을 각 협회에서 기준으로 제시하고 있다. 표에 정전기 모델 사양을 나타내었다. HBM은 JDEC 기준이나 밀리터리 기준으로 규정하고 있고, 이 기준으로 정전기를 2,000[V] 이상으로 인가하여도 집적회로는 정상적으로 동작해야한다. MM은 EOS, ESD 및 JDEC 기준으로 제시되어 있고, 제시한 기준으로 인가한 200[V] 이상의 정전기에서도 집적회로는 정상적으로 동작해야 한다. CDM도 EOS, ESD 및 JDEC에서 제시한 기준으로 500[V] 이상의 정전기에서도 집적회로가 정상적으로 동작해야 한다. 견뎌내야 할 정전기 크기에 대한 기준은 회사별로 조금씩 다를 수 있지만 큰 차이는 없다. 최근에는 각 set 제조사들이 집적회로가 견디어야 할 정전기 수준을 점점 올리는 추세이다. 자동차용 집적회로의 정전기 기준은 일반 민수용 집적회로의 정전기 기준보다 훨씬 높고 별도의 기준으로 규정하고 있다.

정전기 모델 사양

정전기모델	Standard	Spec
HBM	1. ANSI/ESDA/JEDEC JS-001-2010(General) 2. EOS/ESD association standard STM.5.1(General) 3. JEDEC STD JESD22-A114-A(Industrial) 4. MIL-STD 883E (Militarily)	2,000[V] 이상
MM	1. EOS/ESD association standard STM.5.2(General) 2. JEDEC STD JESD22-A115-A (Industrial)	200[V] 이상
CDM	1. EOS/ESD association standard STM.5.3.1 2. JEDEC STD JESD22-C101-A	1,000[V] 이상

참고 ESD의 Test

(1) HBM Test

다음 그림은 HBM 정전기 시험회로이다. 이 시험회로는 고전압원과 등가저항 및 등가 커패시터로 구성되어있다. 고전압을 커패시터로 충전시킨 후 충전된 전압을 저항을 통하여 집적회로에 인가한다. 등가 커패시터 값은 100[pF]이고 등가저항은 1.5[kΩ]이다. 저항값이 타 정전기 모델에 비하여 큰 편이다.

2,000[V]의 정전기를 발생시키면 순간적으로 발생하는 피크 전류는 1.3[A]가 된다. 이 전류가 집적회로의 핀으로 인가되어 전기적 충격을 준다. 이 전류의 상승시간은 2~10[nsec]로 다른 모델에 비하여 빠른 편이다.

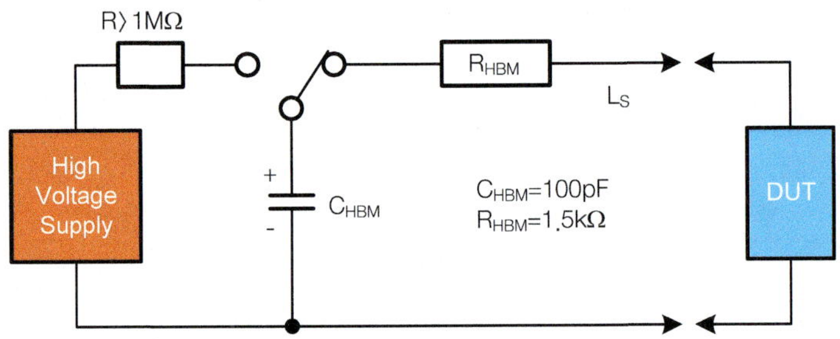

HBM 정전기 시험회로

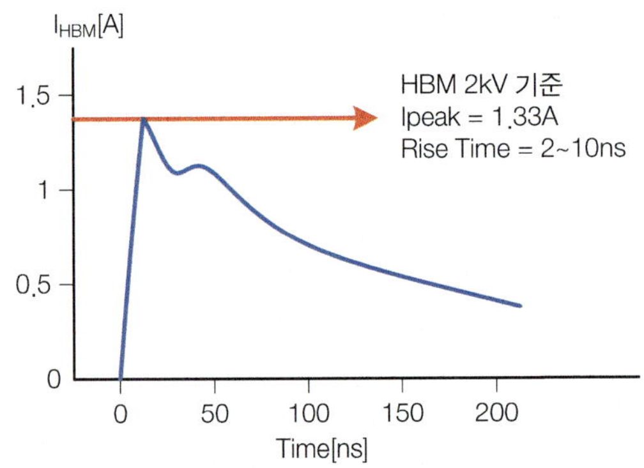

HBM 정전기 충격신호

VDD 핀을 그라운드로 연결하고 그라운드 핀을 포함한 집적회로의 모든 핀에 차례대로 앞에서 설명한 전기충격신호를 플러스로 1회 인가하고 시료를 교환하여 마이너스로 1회 인가한다. 이를 VDD 모드라고 부른다. 시료를 교환하여 그라운드 핀을 그라운드로 연결하고 전원 핀을 포함한 모든 집적회로의 핀에 차례대로 플러스로 1회 인가하고 시료를 바꾸어 마이너스로 1회씩 전기신호를 인가한다. 이것을 VSS 모드라고 부른다.

(2) MM Test

MM의 모델의 시험회로는 다음 그림과 같다. 앞에서 설명한 HBM 정전기 시험회로에 인덕턴스가 추가된다. 저항값은 약 10[Ω]으로 HBM보다 작다. 인가하는 전압 크기가 200[V]로 HBM의 인가전압보다 작지만, 순간 최대전류는 2.8~3.5[A]로 HBM의 전류보다 훨씬 크다. 따라서 MM이 HBM보다 훨씬 가혹한 조건이다. 인덕턴스 때문에 전류의 상승시간은 15~30[nsec]로 HBM의 전류 상승시간보다 느리다. MM에서도 VDD, VSS 모드로 정전기 스트레스를 인가한다.

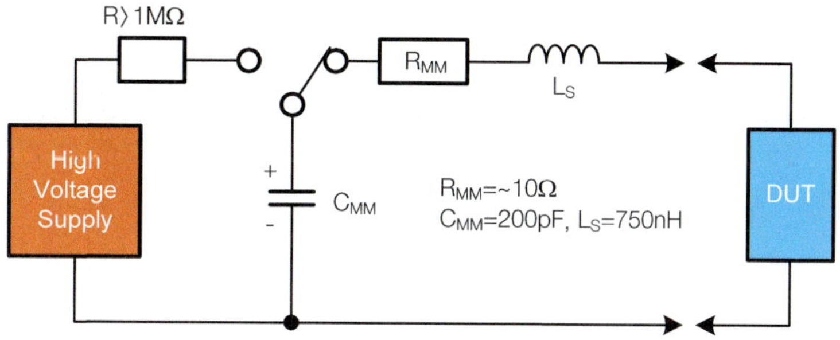

MM 정전기 시험회로

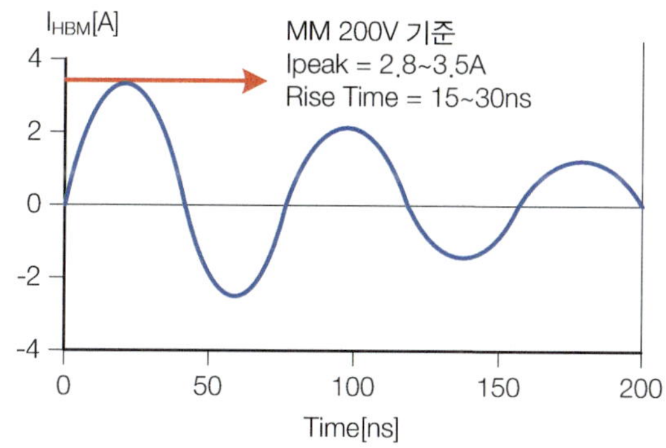

MM 정전기 충격신호

(3) CDM Test

CDM 정전기 시험은 다이렉트 모드로 테스트한다. 다이렉트 모드는 HBM이나 MM처럼 커패시터에 전하를 충전시키지 않고 직접 전압원으로 집적회로의 핀으로 전기충격신호를 인가하는 방식이다. 집적회로와 전압원 사이에 저항이 거의 0[Ω]이므로 500[V]의 전압을 전기 신호를 인가하면, 최대전류는 8[A]가 되고 전류상승시간은 1[nsec]이다. CDM은 집적회로의 모든 핀에 전기신호를 3회 인가한다.

충격신호 값으로부터 세 가지 정전기 모델 중 CDM의 충격전압이 가장 크다는 것을 알 수 있다. 그렇지만 충격 신호가 인가되는 시간이 MM보다 빠르기 때문에 MM의 충격 신호보다는 강도가 약하다. 세 가지 정전기 모델 중 가장 충격이 강한 모델은 MM이고 CDM, HBM 순이다.

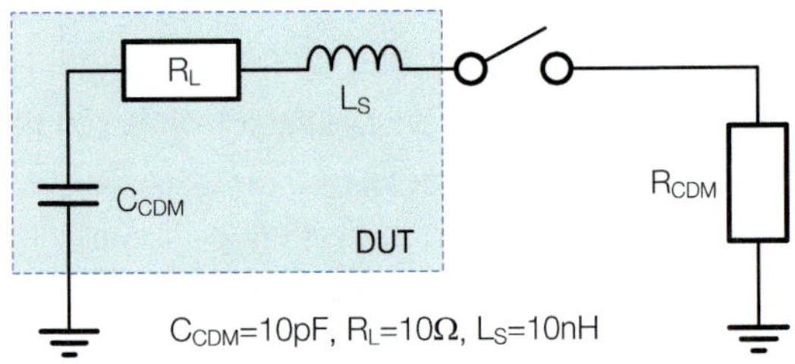

CDM 정전기 시험회로

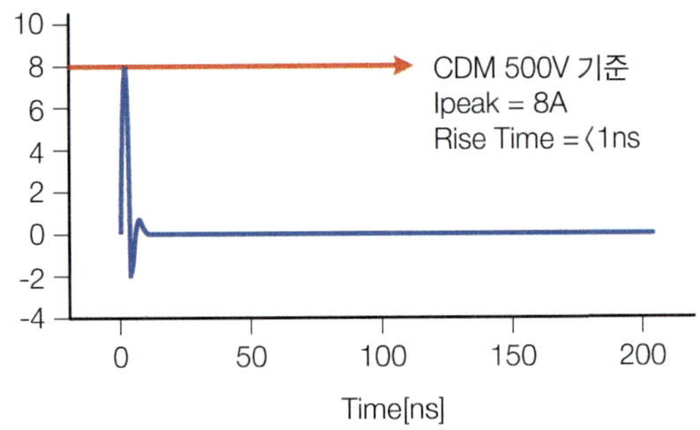

CDM 정전기 충격신호

입력단자를 기준으로 접지와 VCC 사이에 다이오드를 구성하면 VCC보다 문턱전압 이상의 정전기나 접지레벨 이하의 써지를 빼내어 내부회로를 보호한다. 즉 VCC보다 높은 레벨의 신호가 유입되면 위쪽 다이오드가 턴온(Turn On)되어 노이즈가 빠져나가며 접지보다 낮은 레벨의 신호는 아래쪽 다이오드가 턴온 되어 접지로 빠져나가게 되어 내부회로가 보호된다.

CHAPTER 05

OP-AMP 회로

OP-Amp라는 이름이 더 익숙한 연산증폭기는 오늘날 가장 널리 쓰이는 전자 부품 중의 하나이며 소비자 디바이스, 산업용 디바이스, 공학용 디바이스로 다양하게 쓰이고 있다. 이번 장에서는 전자회로에서 가장 많이 사용되고 중요한 증폭기 소자인 OP-Amp에 대한 원리 및 활용을 다룬다. 본 장을 통하여 OP-Amp를 이해하고 활용할 수 있다.

학습목표

▸ OP-Amp를 이용한 반전, 비반전 증폭기와 이를 응용한 다양한 회로를 학습한다.

5.1 OP AMP 기초

여러 가지 물리적인 신호를 전기나 전자회로에서 처리 하려면 전기신호로 변환되어야 한다. 센서(sensor)는 온도, 압력, 소리 등의 물리적인 신호를 전압이나 전류와 같은 전기신호로 변환시키는 소자이다. 그러나 센서의 출력 신호는 크기도 매우 작고 큰 내부저항을 포함하고 있다. 따라서 신호를 증폭하고 전자회로에서 다루기 편리하도록 내부저항의 크기도 줄여주는 것이 바람직하다.

연산증폭기는 이처럼 신호의 크기를 조절하고 내부저항의 크기도 조절할 수 있는 기능을 한다. 증폭회로는 전자회로에서 가장 중요한 분야이며 연산증폭기는 트랜지스터나 저항 커패시터에 대한 지식이 없더라도 쉽게 증폭회로를 구성할 수 있다.

연산증폭기는 여러 가지 전기신호에 대하여 가산, 감산 등 다양한 연산을 할 수 있어서 연산증폭기(operational amplifier, OP-AMP)라고 부르며 내부에 다단으로 트랜지스터가 구성되어 있다. 신호를 비교하는 비교기, 입력 신호와 반대로 신호를 증폭하는 인버터 증폭 회로, 신호를 증폭하지만 입력 신호와 같은 출력을 제공하는 반인버터 증폭 회로, 입력 신호를 적분하는 적분기, 입력 신호를 미분하는 미분기, 입력 신호들을 더하는 가산기, 입력 신호의 차이를 증폭하는 차등증폭기 등이 있다. 연산증폭기는 부궤환 방식으로 여러 가지 연산회로 구성이 가능하며 다음 그림과 같이 표시한다.

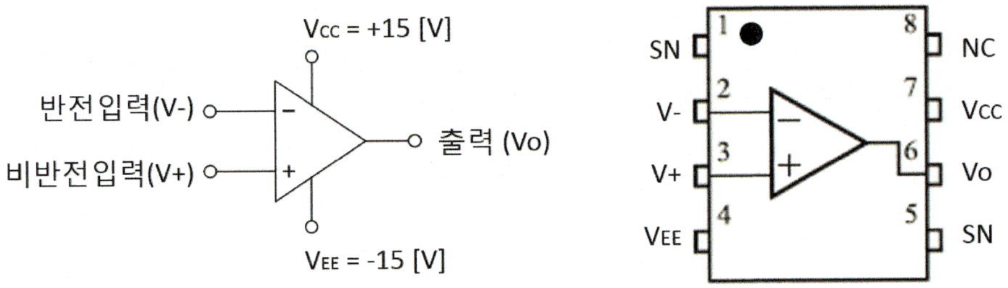

OP-AMP 기호와 uA741 IC

그림에서와 같이 삼각형 형태의 기호에 2개의 입력과 1개의 출력 그리고 동작범위를 정의하는 V_{CC}와 V_{EE}로 구성되며 우측에서와 같이 패키지 IC 형태로 제공된다.

연산증폭기의 중요한 특징은 다음과 같다.

> ① 입력 임피던스는 매우 크고, 출력 임피던스는 작다.
> ② 이득이 매우 크다.

입력 임피던스가 크다는 의미는 입력 신호를 최대한 많이 입력받기 위해서이며 출력저항이 작다는 의미는 외부에 최대한 많은 신호를 전달하기 위한 특징이다. 대표적인 OP-AMP IC로는 741 IC이며 8핀으로 구성되어 있으며 각 핀에 대한 정의는 다음과 같다.

> ① OFFSET NULL : 출력을 바르게 설정하기 위해 보통 ①과 ⑤ 사이에 가변저항을 연결하여 출력을 조절
> ② INVERTING INPUT : 출력이 반전되도록 하는 입력하는 단자
> ③ NON-INVERTING INPUT : 출력이 반전되지 않도록 입력하는 단자
> ④ V-(VEE) : DC 바이어스 전원으로 보통 -15[V]를 사용한다.
> ⑤ OFFSET NULL : ①과 같다.
> ⑥ OUTPUT : 출력단자
> ⑦ V+(VCC) : DC 바이어스 전원으로 보통 +15[V]를 사용한다.
> ⑧ NO CONNECTION : 연결하지 않는다.

PSpice에서 사용하는 741 IC는 part에 uA741로 검색할 수 있으며 이상적인 Op-Amp로 해석할 때 다음의 2가지 특성을 이해하여야 한다.

① V+ 및 V− 입력에 전류 유입이 되지 않는다.(즉 입력 임피던스는 무한대이다)
② V+ 와 V− 의 전압 차이는 0이다.(즉 한쪽은 다른 쪽 전압을 따라간다.(가상접지))

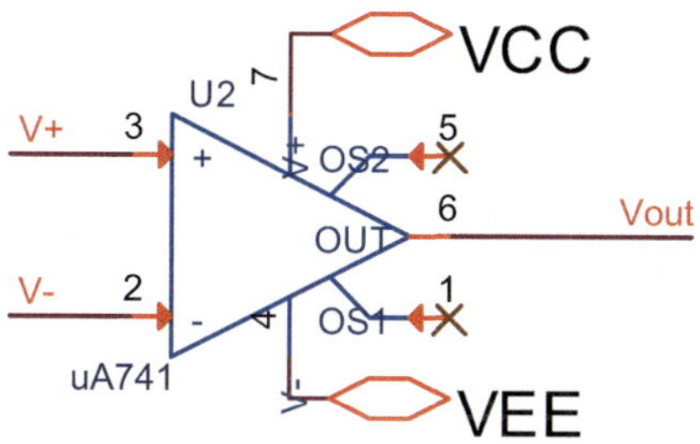

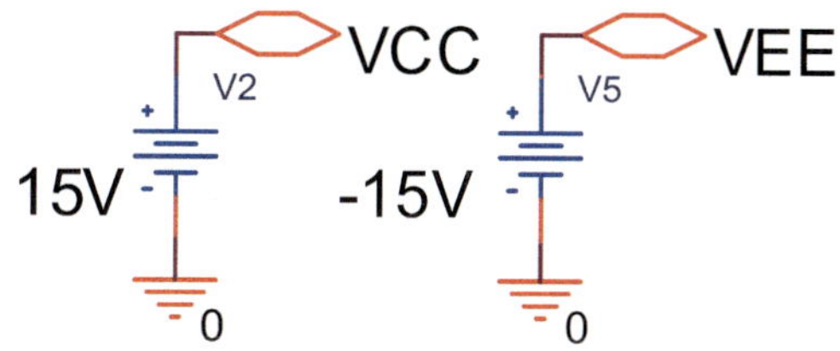

PSpice에서의 uA741 OP-AMP 구성

741 IC는 바이어스 전압으로 ±15[V]를 인가하여야 하지만 일반적으로 디지털 회로를 구성할 때는 전원 전압으로 ±5[V]를 주로 사용하기 때문에 적당하지 않고 IC 당 1개의 OP-AMP만 내장되어 있어 집적도 가 낮다. 따라서 디지털회로에 사용하는 비교기나 집적도가 높고 바이어스 범위가 ±5[V] 이내인 경우에는 LM324를 사용하면 문제점을 해결할 수 있다. LM324는 14핀으로 구성되어 있으며 내부에 4개의 OP-AMP가 집적되어 있으며 바이어스 전압으로 ±5[V]를 사용한다.

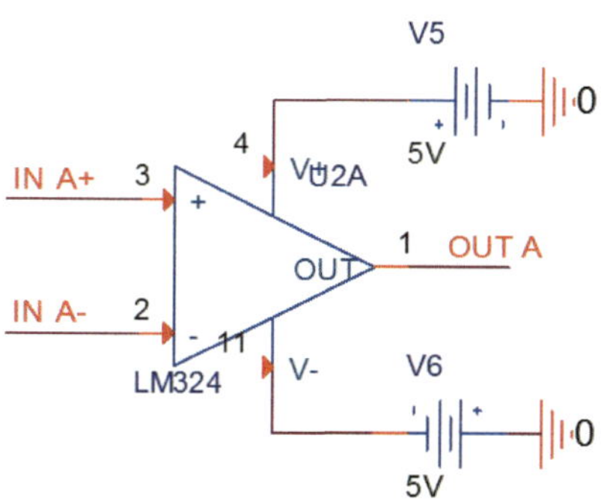

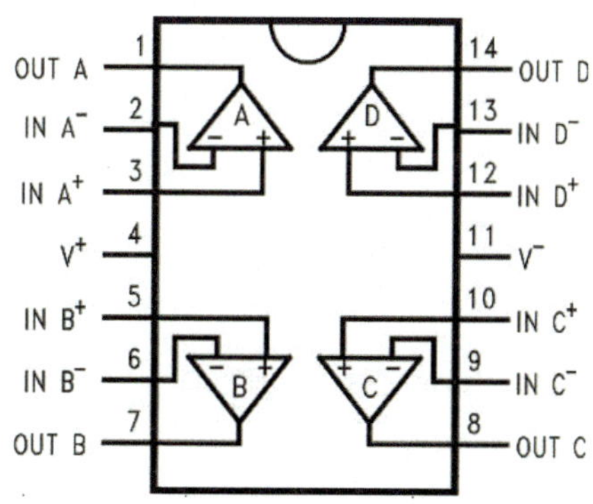

LM324 OP-AMP 구조

OP-AMP와 같이 상하좌우 구별이 있으며 주변 회로 구성을 용이하게 하기 위해서는 소자를 상하로 뒤집거나 좌우 위치를 바꾸는 기능이 유용하며 아래 그림과 같이 Mirror 기능을 이용하여 쉽게 배치 모양을 변경할 수 있다.

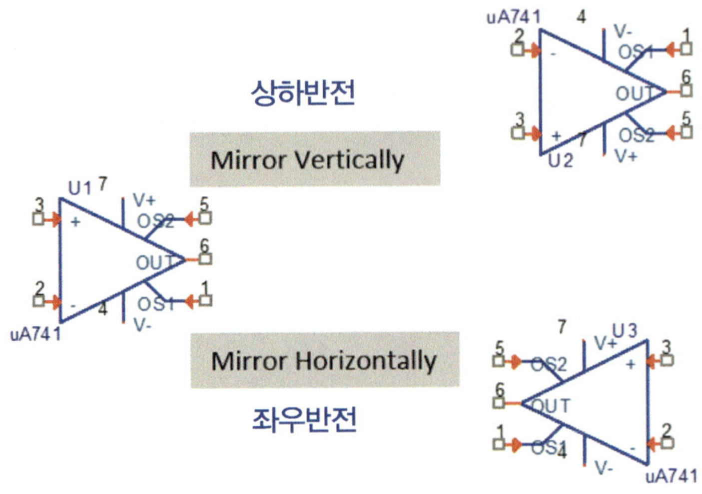

회로구성에 따른 수직/수평 변환

5.2 반전증폭기

반전증폭기 회로 또는 인버터 회로는 출력 전압의 음의 귀환에 의해 입력의 전압의 파형이 반대되어 출력되며 수식적으로 입력과 출력의 위상이 반대로 표현된다. 즉, 반전증폭회로는 출력의 부궤환에 의해 입력과 위상이 반대인 출력이 발생한다.

실험회로 5-1

다음 회로를 구성하고 입력과 출력 특성을 해석을 통해 확인하고 시뮬레이션과 비교하시오.

◼ 회로구성

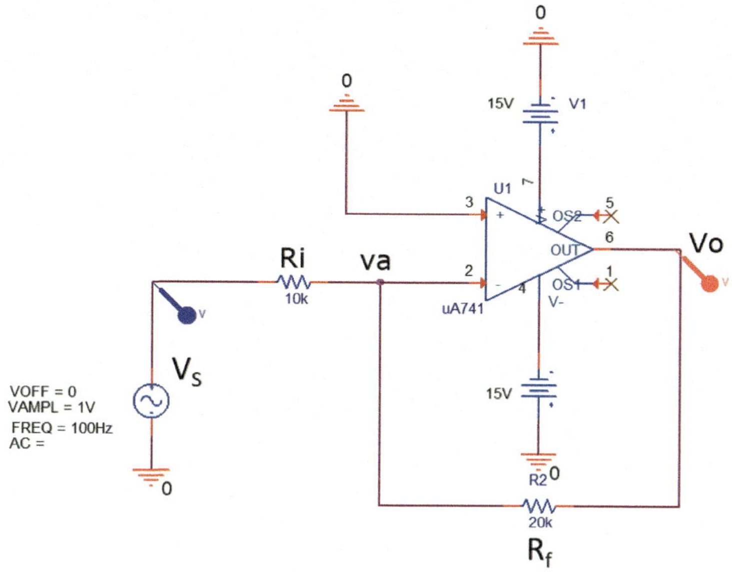

OP-AMP 반전증폭기 회로

◼ 회로해석

그림에서 KCL을 적용하면 다음 식과 같다.

$$\frac{v_s - v_a}{R_i} = \frac{v_a - v_o}{R_f}$$

이때 가장접지에 의해서 $v_a = 0$이므로 출력전압은 다음과 같다.

$$v_o = -\frac{R_f}{R_i} v_s$$

이 식으로부터 반전증폭기의 이득은 두 저항의 비로 결정되며 위상이 반대가 됨을 알 수 있다.이때 출력되는 파형은 다음과 같다.

■ 시뮬레이션

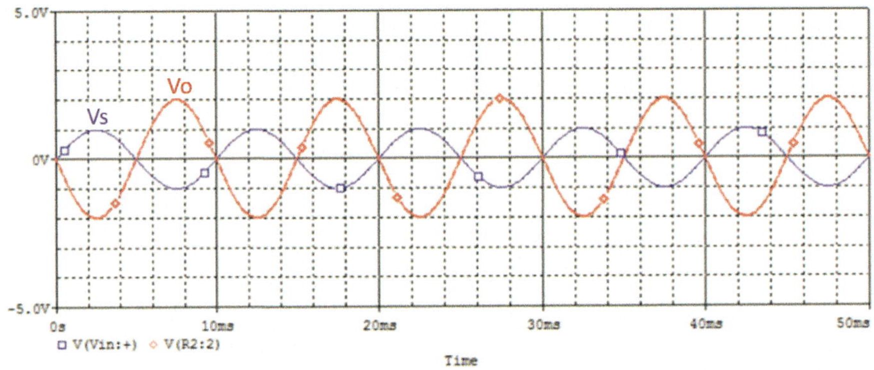

OP-AMP 반전증폭기 회로 시뮬레이션

OP-AMP를 사용할 때 주의할 점은 증폭된 신호의 출력범위가 바이어스 범위를 벗어나지 말아야 한다는 점이다. 위의 회로에서 입력전원의 VAMP를 10[V]로 바꾸면 출력신호는 2배 증폭되어 20[V]가 되고 바이어스 범위인 15[V]를 벗어나서 아래 파형처럼 출력 파형이 잘리게 된다.

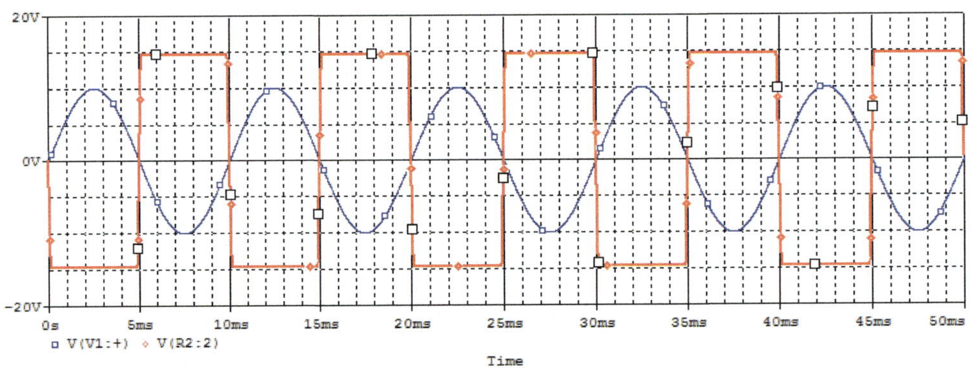

출력 신호 포화

5.3 비반전증폭기

비반전 증폭회로는 입력이 (+)단자로 입력되며 입출력 수식에 의해서 저항비에 1을 더한 것과 같고 위상이 동일하다.

실험회로 5-2

다음 회로를 구성하고 입력과 출력 특성을 확인하시오.

◻ 회로구성

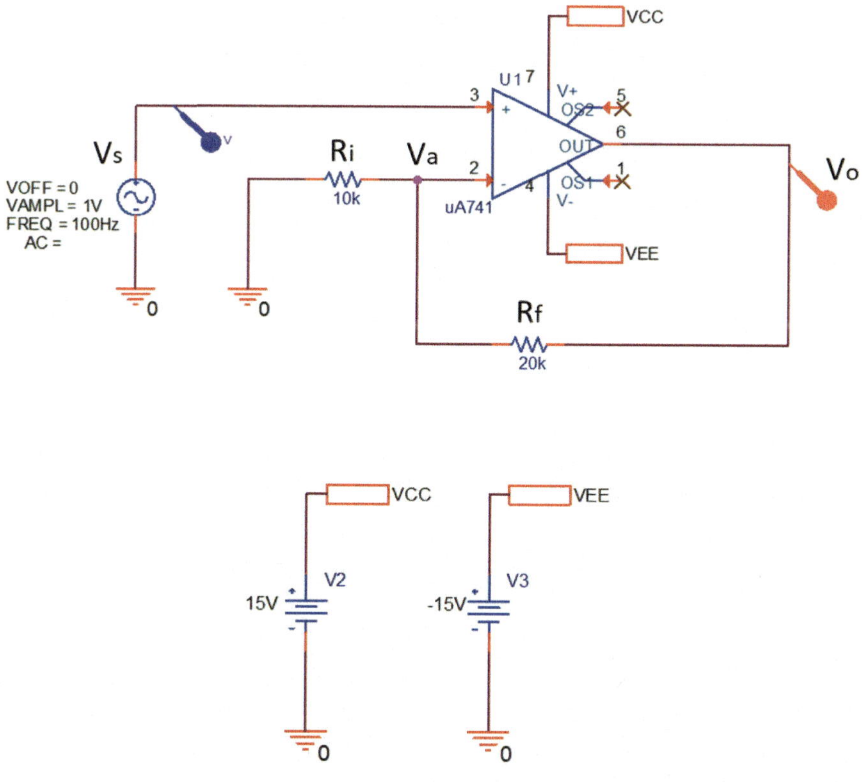

OP-AMP 비반전 증폭기 회로

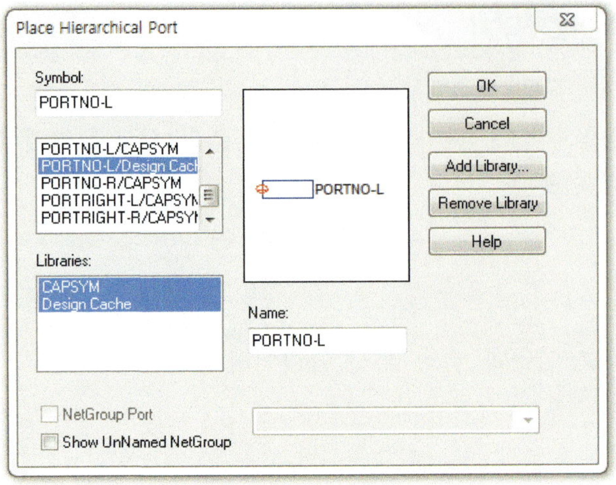

PORT를 이용한 바이어스 설정

◘ 회로해석

반전증폭기와 동일하게 가상접지 개념과 KCL을 적용한다.

$$\frac{v_a}{R_i} + \frac{v_a - v_0}{R_f} = 0$$

이 식을 다시 정리하면

$$v_0 = \frac{R_i + R_f}{R_i} v_s = \left(1 + \frac{R_f}{R_i}\right) v_s$$

회로를 구성할 때 포트를 이용하여 구성하면 동일 신호를 사용할 때 하나의 전원만 사용하여도 되고 회로구성이 좀 더 단순해질 수 있다. 비반전 회로의 바이어스 전원을 포트를 이용하여 구성하면 하나의 전원으로 여러 개의 회로에 동일한 전원을 공급할 수 있는 장점이 있다.

◘ 시뮬레이션

비반전 OP-AMP의 파형은 다음과 같다. 두 저항비가 2배이지만 수식에 1이 더해지므로 출력 파형은 입력 파형의 3배가 되었다. 따라서 출력파형을 2배로 만들기 위해서는 비반전 회로 구성에서는 두 저항비가 동일해야 한다.

그래프를 출력하면 제일 큰 신호를 기준으로 범위가 자동으로 설정되므로 X축 또는 Y축을 클릭하면 각 축에 대한 범위와 그리드 형태를 조정할 수 있다.

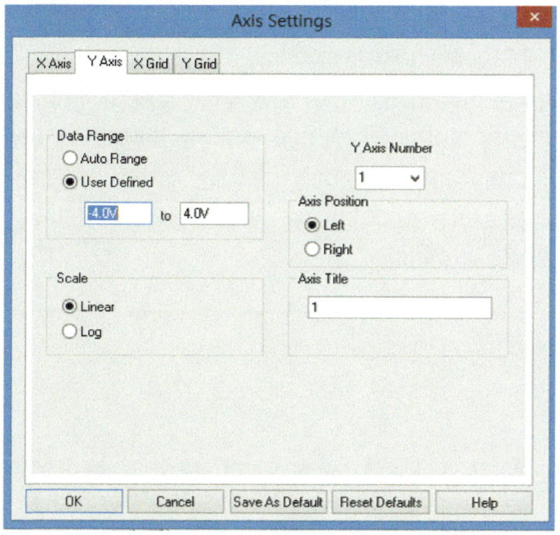

출력 파형의 Y축 범위 변경

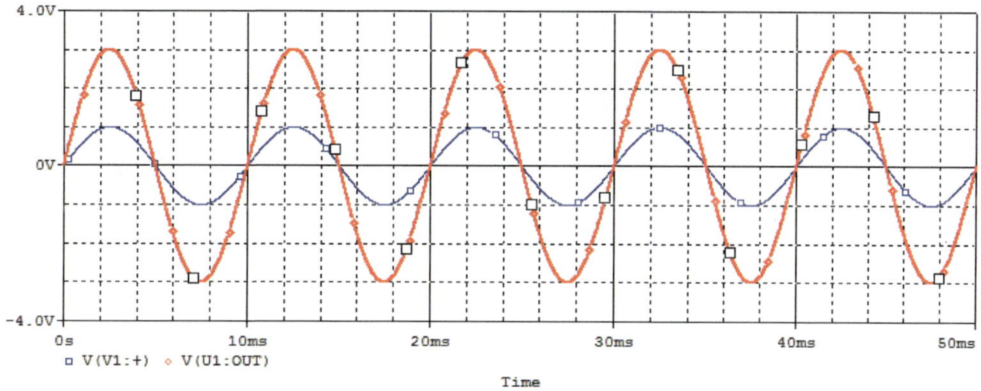

OP-AMP 비반전 증폭기 회로 시뮬레이션

비반전 증폭기 구성에서 피드백 저항을 0으로 하면 이득이 1로써 입력 파형과 출력 파형이 같지만 전류구동 능력이 향상되어 Fan Out을 향상시킬 수 있으며 시스템간 임피던스 매칭이 향상된다. 이러한 회로 구성을 '버퍼회로'라고 하며 다음과 같이 구성한다.

참고 **단위 이득 주파수(unity-gain frequency) : f_T**

단위이득 주파수는 이득이 1(0[dB])이 되는 주파수로서 이 주파수보다 크면 이득이 역전한다. 즉, 출력이 입력보다 작아진다. 단위 이득 주파수는 트랜지스터, 연산증폭기 등 증폭기 동작성능 스펙상에서 고역 주파수 성능한계를 나타내는 수치로써 제공되는데 이 주파수가 높을수록 빠른 동작 특성을 보이는 소자이다. OP-AMP의 단위이득 주파수를 알아보기 위해서는 VAC 소스로 AC 해석을 수행한다.

실험회로 5-3

다음과 같이 버퍼 회로를 구성하고 입력과 출력 특성을 확인하시오.

□ 회로구성

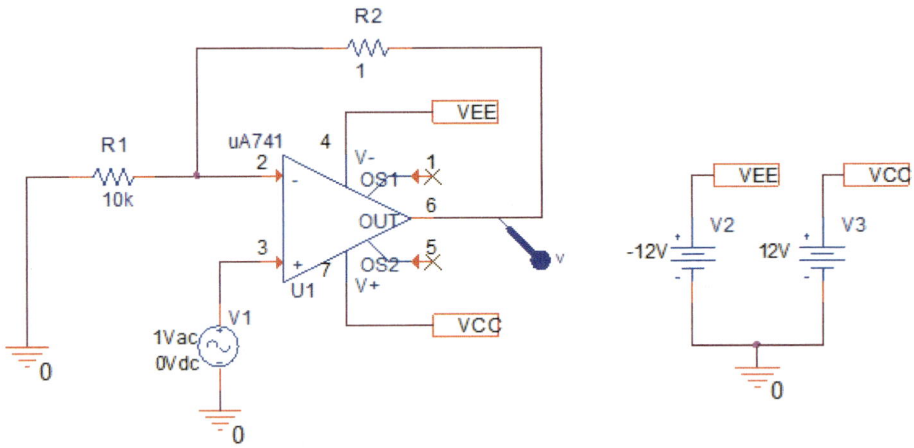

비반전 증폭기의 AC 특성 시뮬레이션 회로 구성

위와 같이 비반전 회로를 구성하고 R2 저항을 1[Ω]으로 하거나 R2를 제거(R2=0[Ω])하면 비반전 증폭기 이득식 $v_0 = \left(1 + \frac{R_f}{R_i}\right)v_s$에서 이득이 1이 되고 이때 AC 해석을 하면 단위이득 주파수가 약 1[MHz]라는 것을 알 수 있다.

■ 시뮬레이션

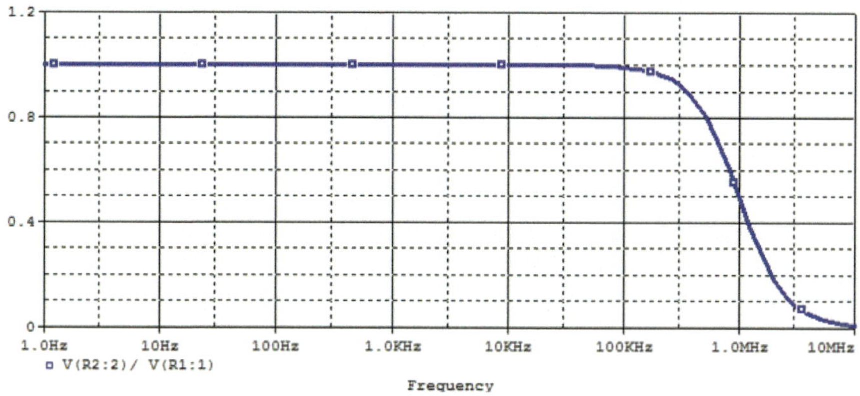

비반전 증폭기의 AC 특성 시뮬레이션

참고

차단 주파수(Cut-Off frequency) : f_C

주파수 특성이 기준 주파수에 대한 값에 대하여 정해진 값만큼 저하시킨 값의 주파수 또는 이득이 기준 주파수에 대한 값보다 3[dB] 저하하는 주파수를 말한다. 즉 차단 주파수는 신호가 통과하는 주파수 대역과 통과하지 못하는 주파수 대역의 경계점이다. 차단 주파수는 음악을 감상할 때 음량의 변화를 느끼는 주파수로 이해하면 이해가 쉬우며 -1~2[dB] 정도 변화일 경우는 변화를 감지할 수 없지만 3[dB]만큼 변화하면 음량의 변화를 감지할 수 있다.

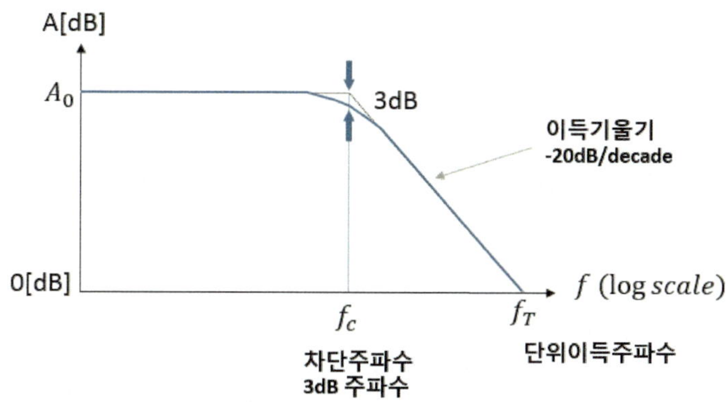

AC 특성 시뮬레이션 결과의 해석

이때 dB(데시벨)은 신호의 상대적인 세기를 상용로그로 나타내는 단위이며 증폭률 등 숫자의 크기가 너무 커져 그래프에 표시가 어려운 경우 상대적인 값으로 표현하여 수치해석이 용이해 진다. 전압, 전류 및 전력에 대한 dB 표현과 절대적인 수치는 아래 표와 같다.

$$V[\mathrm{dB}] = 20\log_{10}\frac{V_O}{V_i}$$

$$I[\mathrm{dB}] = 20\log_{10}\frac{I_O}{I_i}$$

$$P[\mathrm{dB}] = 10\log_{10}\frac{P_O}{P_i}$$

데시벨의 물리적 표현

배수	전압, 전류[dB]	전력[dB]
1/100	-40[dB]	-20[dB]
1/10	-20[dB]	-10[dB]
1/2	-6[dB]	-3[dB]
2	6[dB]	3[dB]
10	20[dB]	10[dB]
100	40[dB]	20[dB]

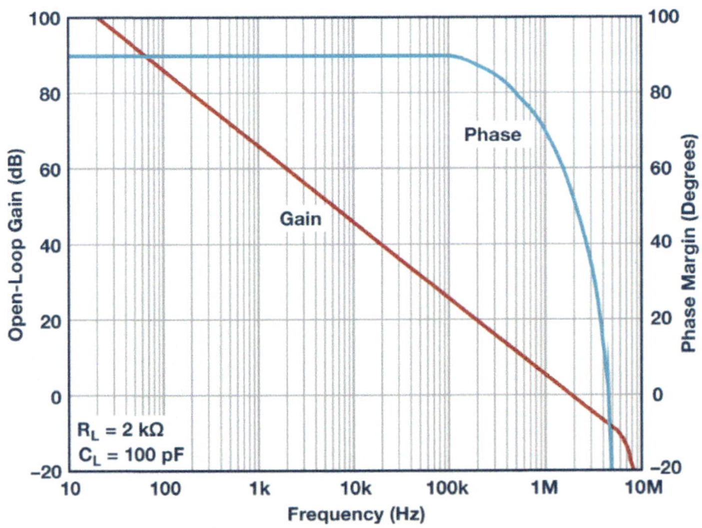

주파수 영역에서의 Gain과 Phase Margin 관계

참고 **이득대역곱(Gain Bandwidth Product)**

Unit Gain Bandwidth는 단위이득 대역폭이라고도 하며 OP-AMP의 성능을 나타내는데 사용된다. Unit Gain Bandwidth는 이득이 1일 때의 주파수를 의미하며 이 값은 OP-AMP에서 일정한 값을 나타낸다. 즉 아래 그래프에서와 같이 Gain을 증사시키면 Bandwidth가 줄어들고 Bandwidth를 증가하면 이득이 줄어든다.

특히, 이득 대역곱(GBP)는 증폭기 설계상의 성능지수이며 증폭기에서 이득과 대역폭 사이에 절충 관계를 나타내는데 이득을 키우면 대역폭이 줄어들고, 이득을 낮추면 대역폭을 늘릴 수 있다. 즉, 이득-대역폭 곱은 항상 일정한 특징이 있다. 이득대역폭이 일정하다는 것을 확인하기 위해 아래와 같은 비반전 증폭기를 구성하고 피드백 저항을 파라미터로 설정하여 변화시켜본다.

실험회로 5-4

다음 회로를 구성하고 입력과 출력 특성을 확인하시오.

◻ 회로구성

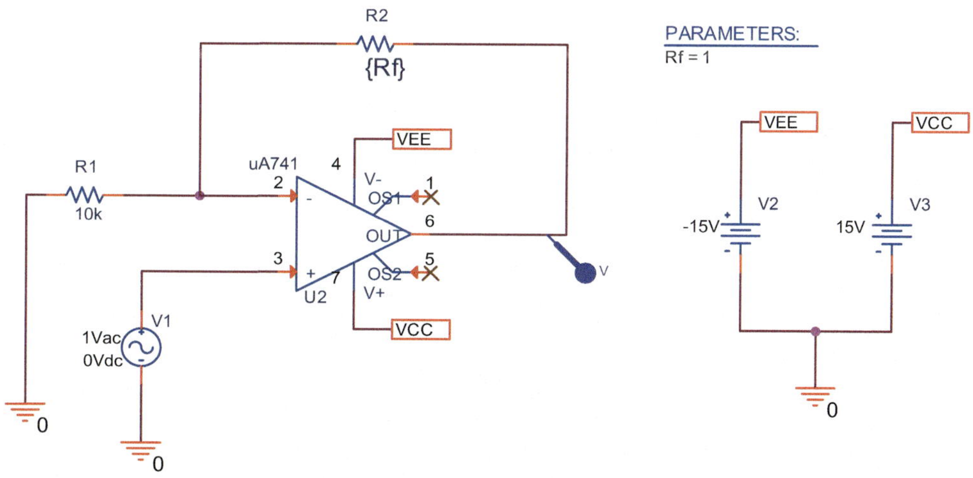

주파수 영역에서의 Gain과 Phase Margin 관계

◻ 시뮬레이션

Simulation Settings에서 AC Sweep을 선택하고 Log 스케일과 주파수는 10[MHz]로 설정한다.

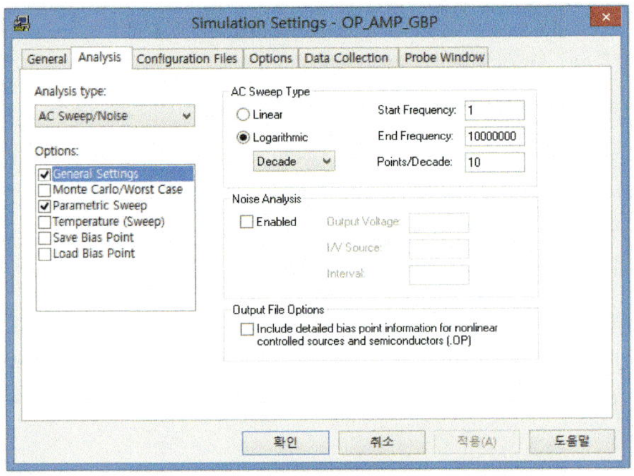

AC 해석 설정

파라미터 기능을 사용하였으므로 Parameter로 사용된 Rf를 지정하고 이득에 따른 차단 주파수 변화를 확인한다.

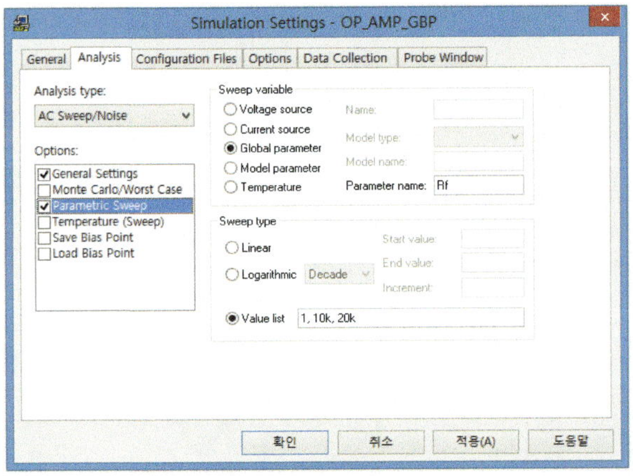

파라미터 해석 설정

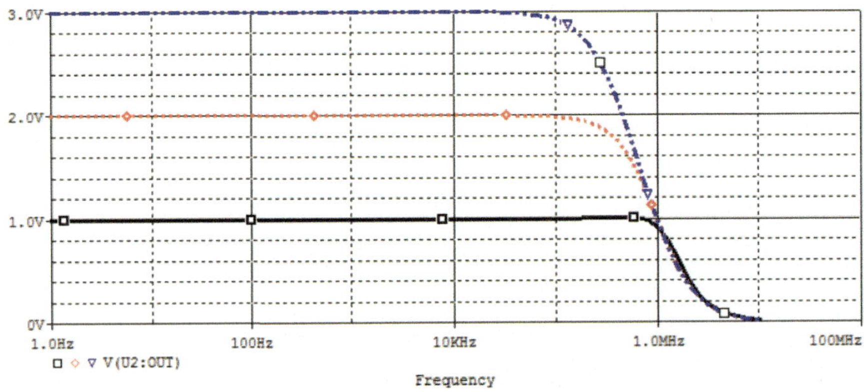

이득 변화에 따른 AC 특성 시뮬레이션

시뮬레이션 결과에서와 같이 저항이 커지면 이득은 커지지만 대역폭은 줄어들고 저항이 줄어들면 이득은 감소하지만 대역폭은 증가하여 이득과 대역폭의 곱은 일정하게 유지됨을 알 수 있다.

5.4 가산기

OP Amp는 두 신호를 더하는 가산기 회로로 응용할 수 있다.

실험회로 5-5

다음 회로를 구성하고 입력과 출력 특성을 확인하시오.

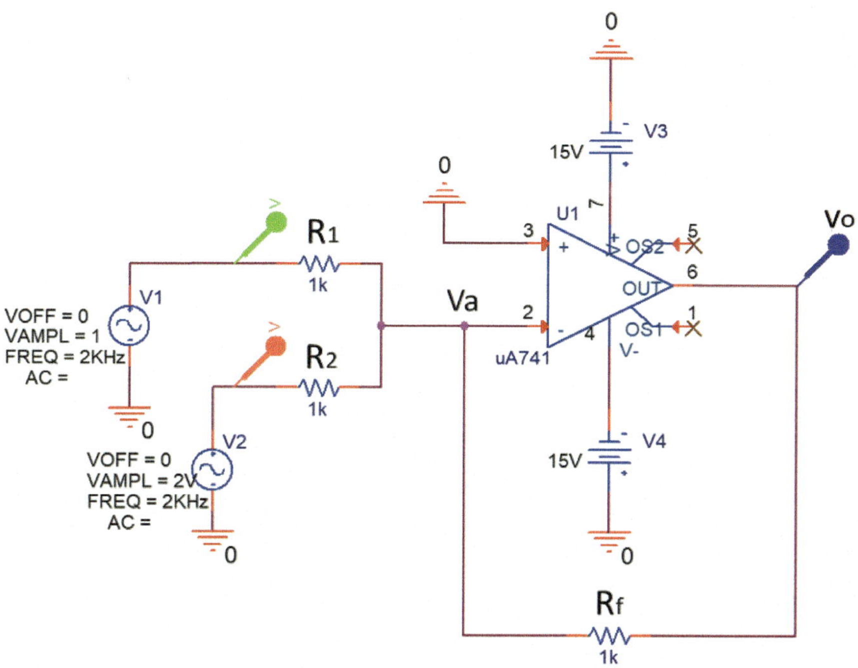

OP-AMP를 이용한 가산기 구성

그림의 회로에서 노드 a에서 KCL을 적용하면 다음 식이 얻어진다.

$$\frac{v_a - v_1}{R_1} + \frac{v_a - v_2}{R_2} + \frac{v_a - v_0}{R_f} = 0$$

$v_a = 0$으로 가상접지이므로 다음과 같이 나타낼 수 있다.

$$\frac{v_1}{R_1} + \frac{v_2}{R_2} + \frac{v_0}{R_f} = 0$$

위식을 v_0에 대하여 정리하면 $v_o = -R_f\left(\frac{v_1}{R_1} + \frac{v_2}{R_2}\right)$이며 두 개의 입력신호가 각각의 저항과 피드백 저항의 비율로 반전되어 더해짐을 알 수 있다.

□ 시뮬레이션

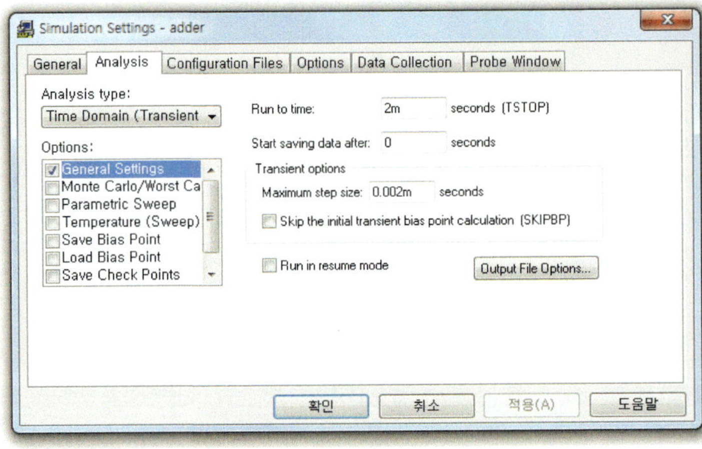

Transient 시뮬레이션 설정

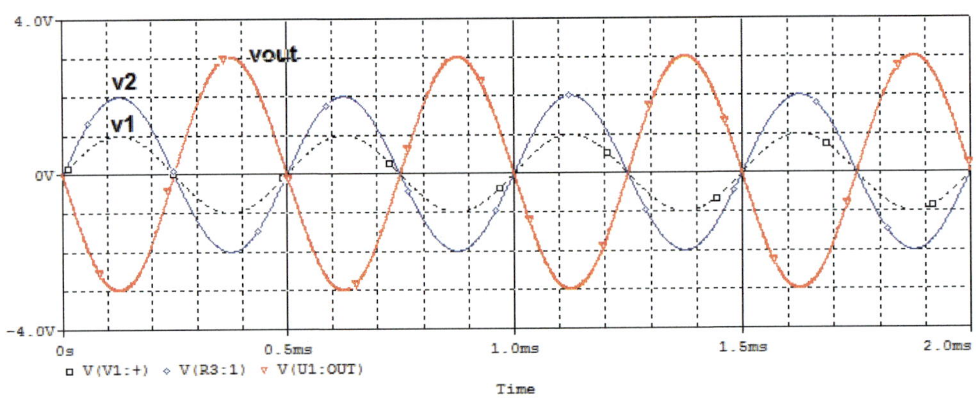

가산기회로 시뮬레이션

5.5 감산기

실험회로 5-6

다음 회로를 구성하고 입력과 출력 특성을 확인하시오.

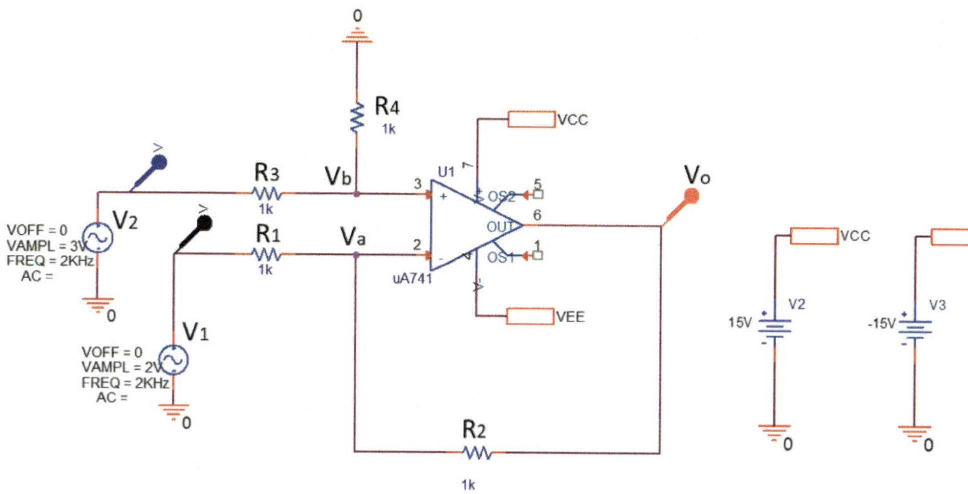

감산기 회로

감산기는 두 입력 신호의 차이를 출력하는 회로이다. 그림과 같이 OP-amp 회로를 구성하고 노드 a에서 KCL을 적용하면

$$\frac{v_1 - v_a}{R_1} = \frac{v_a - v_o}{R_2}$$

노드 b에서 KCL을 적용하면

$$\frac{v_2 - v_b}{R_3} = \frac{v_b}{R_4}$$

이때 v_a와 v_b는 가상접지에 의해 항상 전압이 같으므로

$$v_a = \frac{R_4}{R_3 + R_4} v_2$$

이고

$$v_o = \left(1+\frac{R_2}{R_1}\right)v_a - \frac{R_2}{R_1}v_1$$
$$= \left(1+\frac{R_2}{R_1}\right)\frac{R_4}{R_3+R_4}v_2 - \frac{R_2}{R_1}v_1$$

이때 저항을 $R_1 = R_2$, $R_3 = R_4$로 구성하면 출력은 두 입력의 차이와 같다.

■ 시뮬레이션

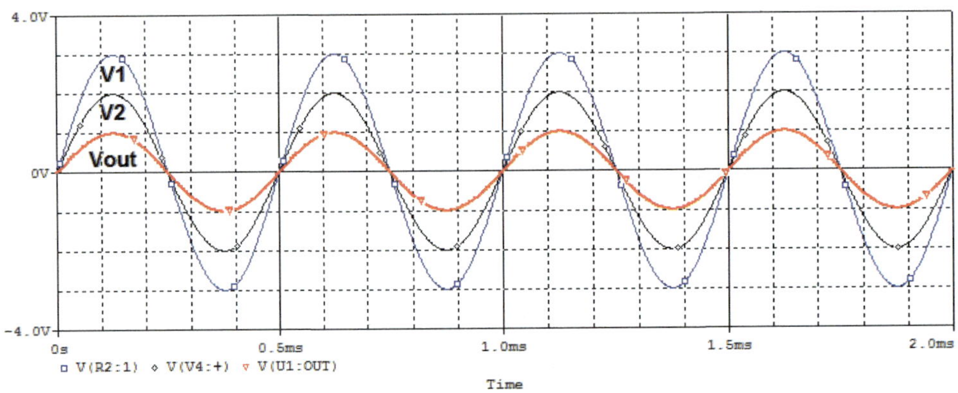

OP-amp 감산기 시뮬레이션 결과

5.6 적분기

적분기는 입력신호를 적분하는 회로이다. OP-amp 입력 저항은 무한대이므로 반전입력의 전류는 피드백 루프의 커패시터로 흐르므로 다음과 같이 적분식으로 나타낼 수 있다.

$$v_o = -\frac{1}{C}\int_0^t i(t)dt = -\frac{1}{C}\int_0^t \frac{v(t)}{R}dt$$
$$= -\frac{1}{RC}\int_0^t v(t)dt$$

실험회로 5-7

다음 회로를 구성하고 입력과 출력 특성을 확인하시오.

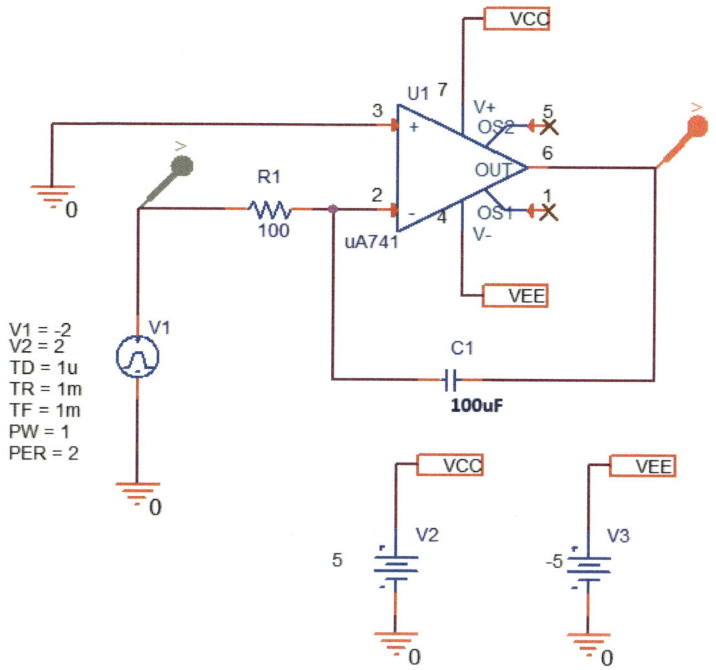

■ 시뮬레이션

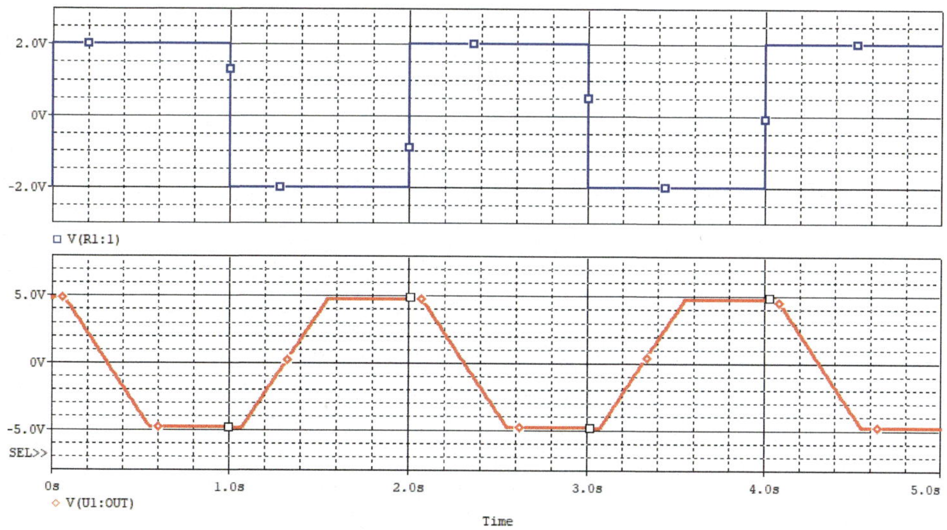

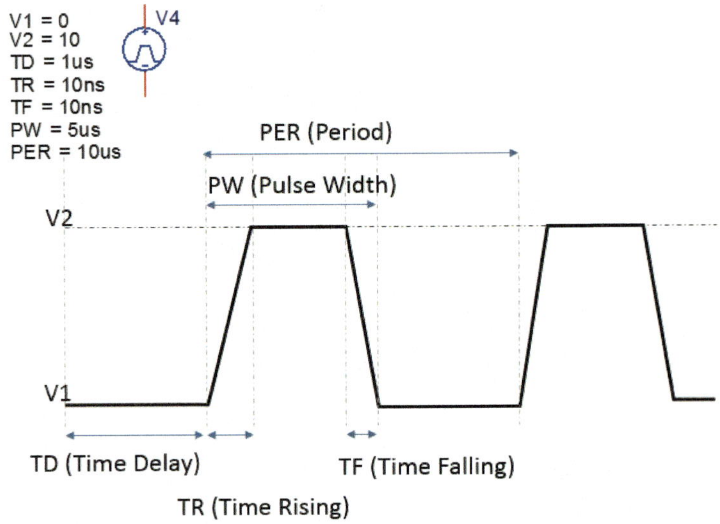

이 회로에서 사용된 입력신호 VPULSE는 일정 주기를 갖는 펄스를 생성할 수 있으며 상승, 하강시간과 듀티비를 조절할 수 있다.

5.7 미분기

미분기는 입력신호를 미분하는 회로이다. 즉 입력파형의 기울기를 구한다.

$i(t) = C\frac{dv_s}{dt}$에서 전류는 모두 저항으로 흐르게 되므로 $-\frac{v(t)}{R} = C\frac{dv_s}{dt}$에서

$$\text{출력 전압 } v(t) = -RC\frac{dv_s}{dt}$$

실험회로 5-8

다음 회로를 구성하고 입력과 출력 특성을 확인하시오.

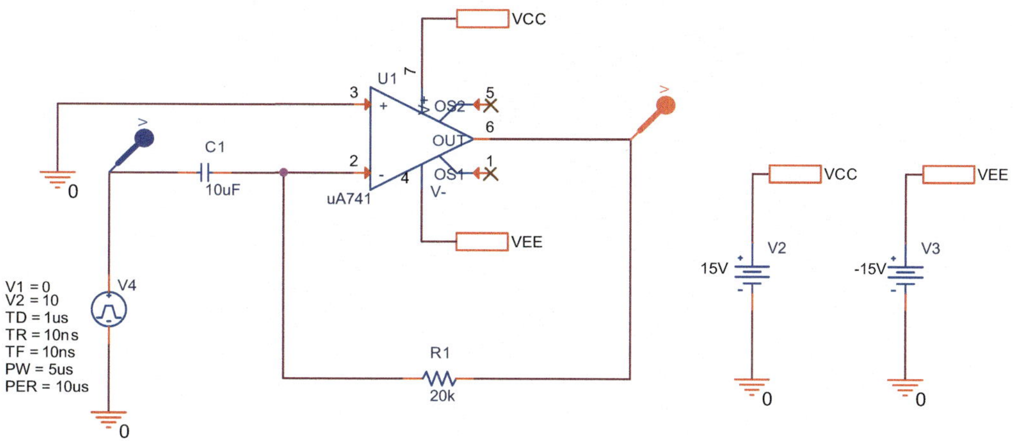

■ 시뮬레이션

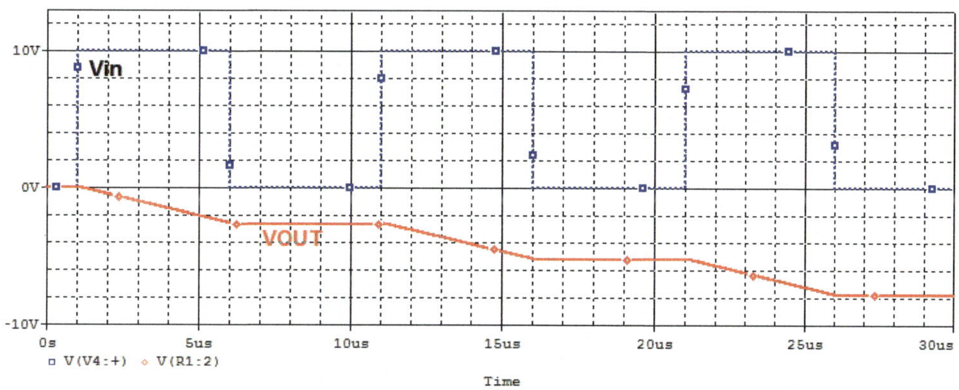

5.8 슈미트 트리거 회로

OP-amp를 이용한 슈미트 트리거 회로는 센서를 이용하여 신호를 입력받을 때 노이즈에 대한 마진을 설정하여 off에서 on 으로 변화하거나 on에서 off로 변화할 때 변환 기준 레벨을 각각 다르게 설정할 때 주로 사용한다.

아래 그림에서 로직 0에서 로직 1로 천이할 때는 1.8[V] 문턱전압을 기준으로 상태가 바뀌고 로직 1에서 0으로 천이할 때는 0.8[V]를 기준으로 상태가 바뀌게 함으로써 신호에 포함되는 글리치 노이즈가 로직 신호에 영향을 주는 것을 방지할 수 있다.

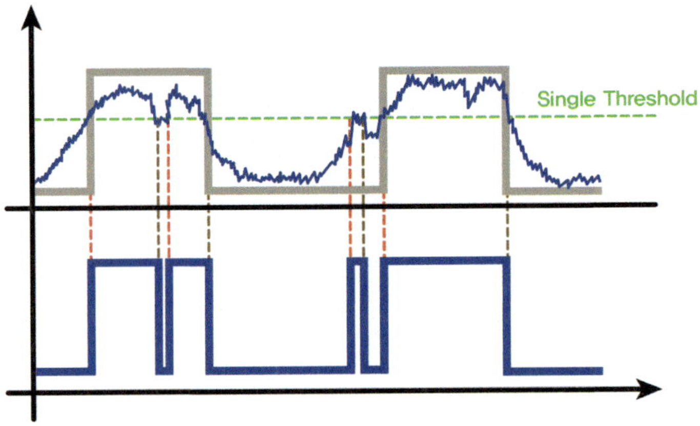

비교 기준전압이 하나일 때 디지털 동작

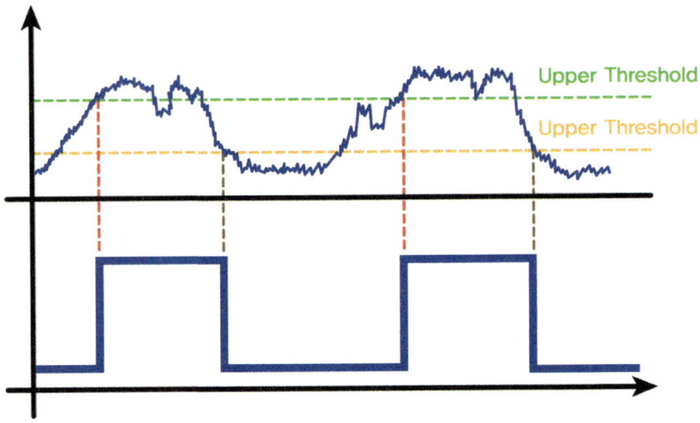

기준전압이 두 개일 때 디지털 동작

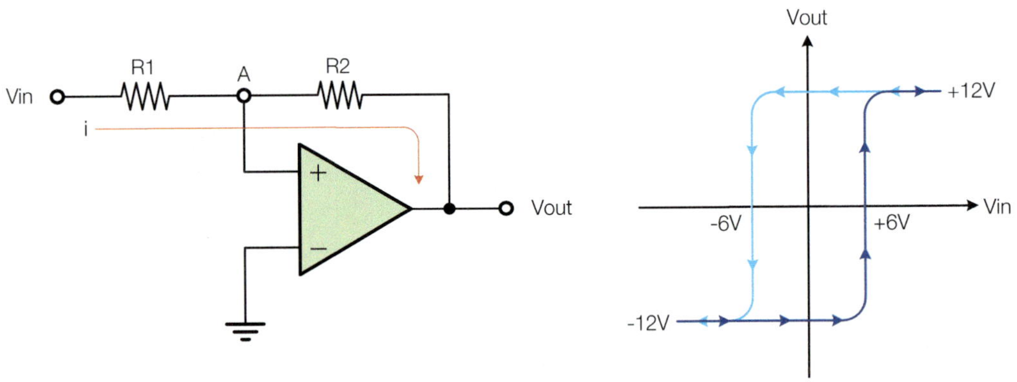

슈미트 트리거 회로의 동작 특성

슈미트 트리거의 기준전압은 다음 회로와 같이 저항의 값을 바꾸면 조절이 가능하다.

실험회로 5-9

다음 회로를 구성하고 입력과 출력 특성을 확인하시오.

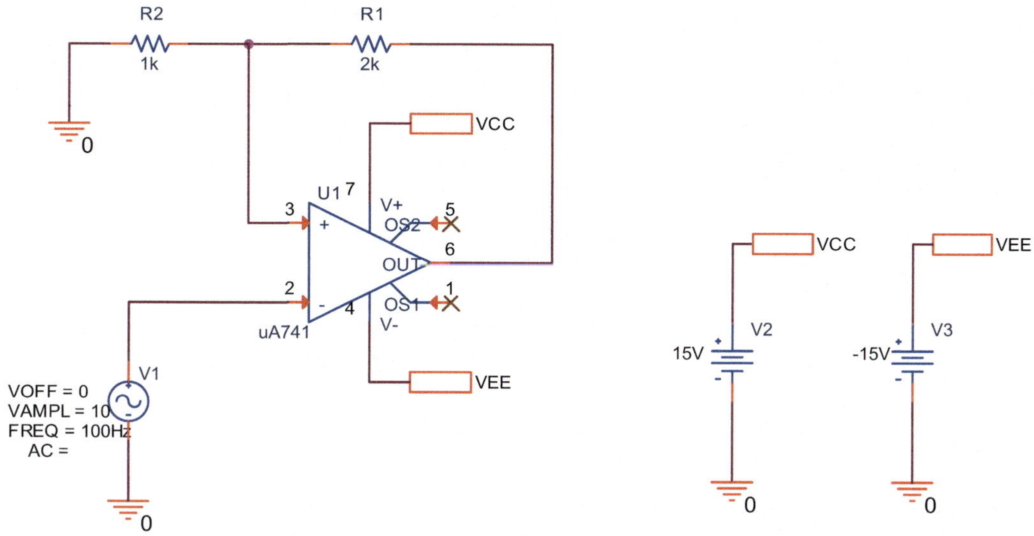

슈미트 트리거 회로

◻ 시뮬레이션

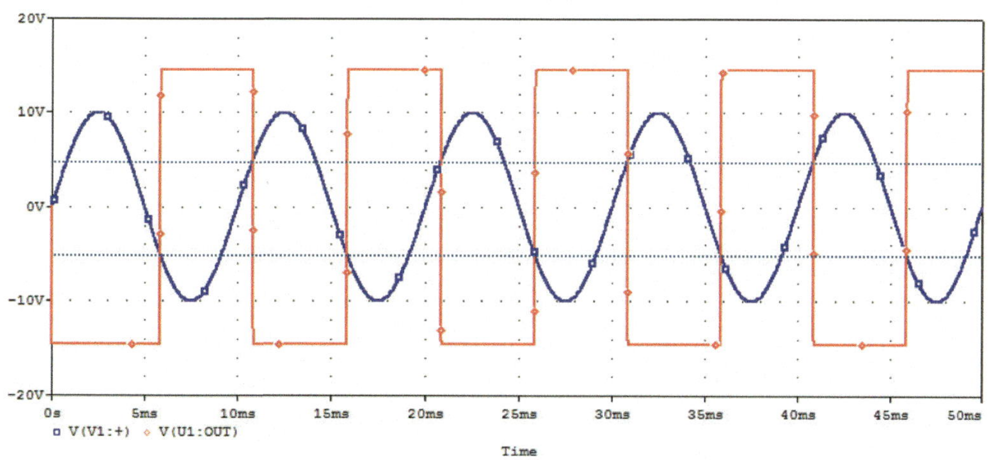

슈미트 트리거 회로 시뮬레이션

5.9 비교기(기준전압검출기)

OP-AMP의 부입력에 원하는 기준전압을 직접 입력하고 정입력에 신호를 인가하면 기준전압을 기준으로 입력신호가 크면 High 상태를 기준전압보다 작으면 Low 신호를 출력한다.

실험회로 5-10

다음 회로를 구성하고 입력과 출력 특성을 확인하시오.

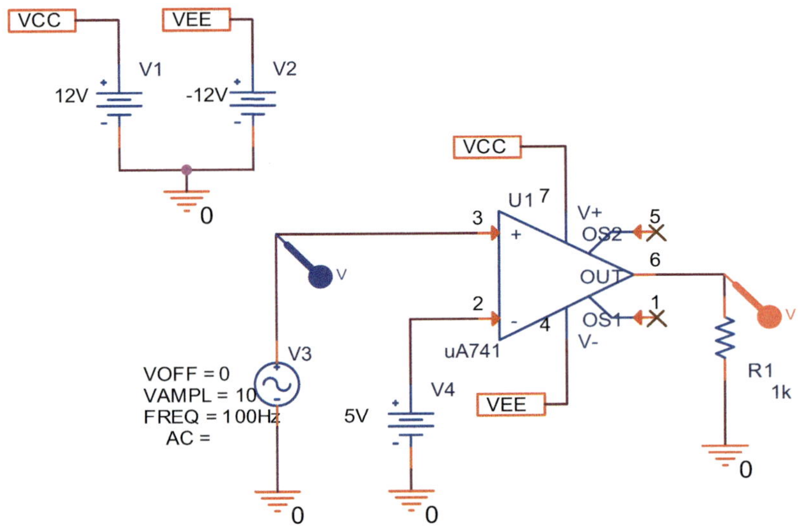

기준전압 입력에 의한 비교기

■ 시뮬레이션

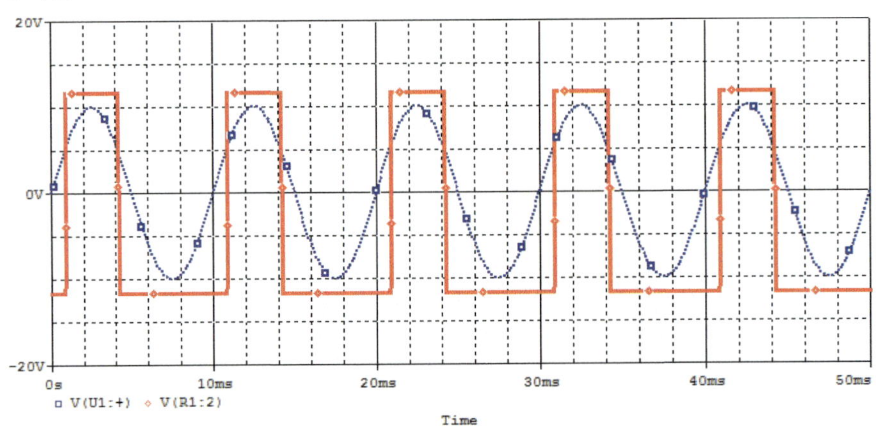

비교기 시뮬레이션

5.10 다단증폭기

비반전 증폭기와 반전 증폭기를 직렬로 연결하면 전체 이득은 두 증폭기의 이득을 곱해진 만큼의 이득을 얻을 수 있다.

실험회로 5-11

다음 회로를 구성하고 입력과 출력 특성을 확인하시오.

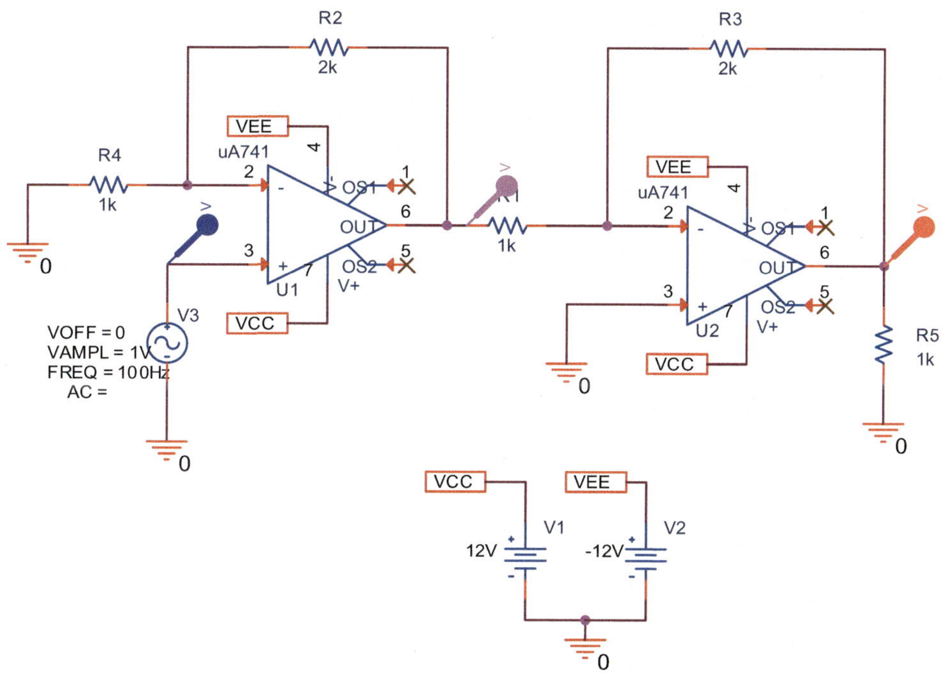

OP-amp를 이용한 다단증폭기 회로

◻ 시뮬레이션

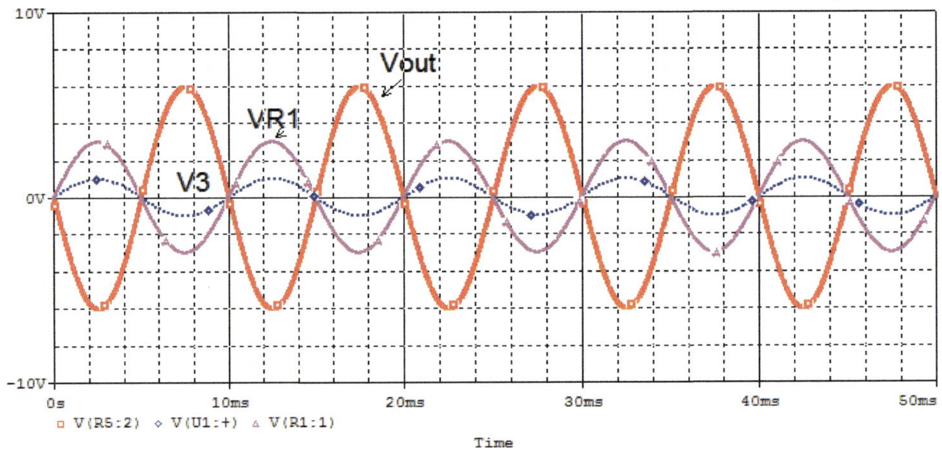

다단증폭기 시뮬레이션

5.11 전파정류회로

OP-amp와 두 개의 다이오드를 이용하여 다음 회로와 같이 전파정류회로를 설계할 수 있다.

실험회로 5-12

다음 회로를 구성하고 입력과 출력 특성을 확인하시오.

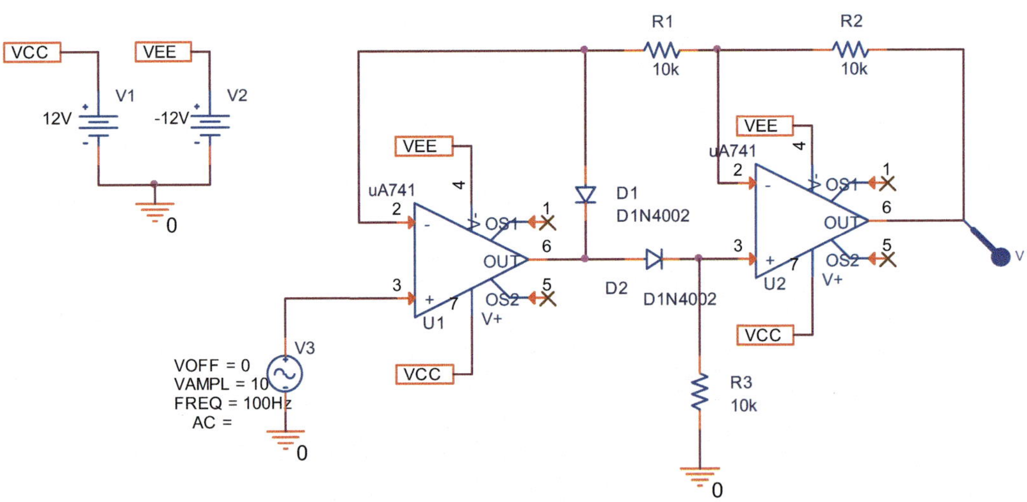

OP-amp를 이용한 전파정류회로

□ 시뮬레이션

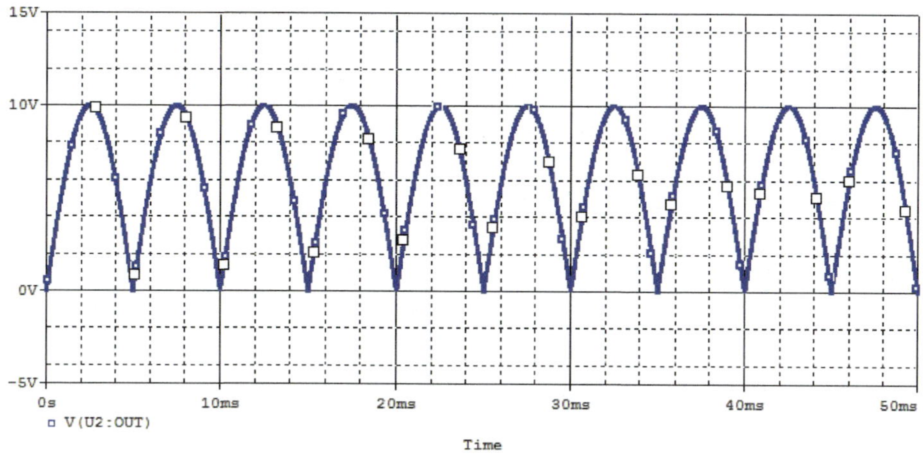

전파정류회로 시뮬레이션

5.12 비안정 멀티 바이브레이터

OP-amp의 불안정한 정궤환 특성을 이용하면 특정 주파수의 신호를 만들 수 있다. 아래 실험회로에서와 같이 전압원이 없는 상태에서 저항과 커패시터의 RC 시정수에 의한 충방전 특성으로 발진하게 되므로 회로에 특정한 초기값(Initial Condition)을 설정하여야 하는데 IC 라는 부품을 이용하여 설정한다. 이때 R2=R3로 설정하여야 하며 발생하는 주파수는 다음과 같다.

$$f = \frac{1}{2RC}$$

실험회로 5-13

다음 회로를 구성하고 입력과 출력 특성을 확인하시오.

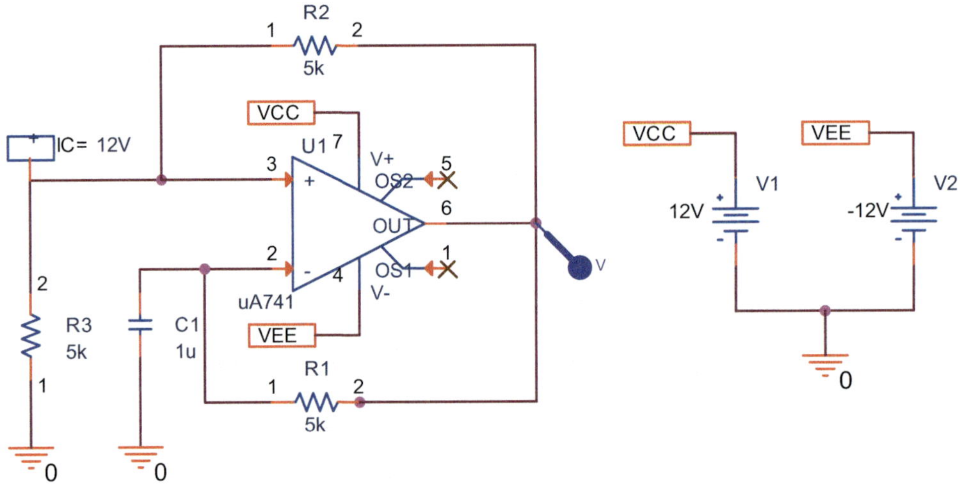

OP-amp를 이용한 비안정 멀티 바이브레이터

◻ 시뮬레이션

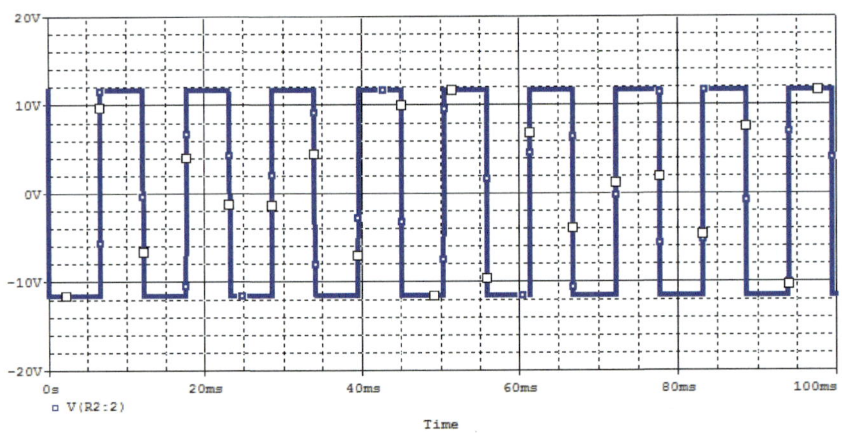

멀티바이브레이터 시뮬레이션

회로에 입력되는 입력주파수의 낮은 주파수를 통과시키는 회로를 저역통과 필터(LPF:Low Pass Filter)라고 하며 그림에서 $0 \leq f < f_c$의 주파수 범위를 출력시킨다. 자유롭게 통과할 수 있는 주파수대를 통과대, 통과를 저지하는 주파수대를 '감쇠대'라고 한다. 또, 통과대와 감쇠대와의 경계의 주파수 f_c를 차단 주파수라 한다. 입력되는 신호 중 노이즈 성분은 대부분 높은 주파수 특성을 가지므로 노이즈를 제거하고 원하는 신호만 통과시키는 입력회로에 많이 적용되며 저항, 커패시터, 인덕터를 이용하여 구성하거나 OP-amp를 이용하여 설계할 수 있다.

5.13 주파수 해석(AC해석)

신호는 일정한 주파수 특징을 갖기 때문에 시간의 변화에 따른 진폭 특성의 변화를 의미하는 Transient 해석과 주파수에 따른 진폭 특성을 의미하는 AC 해석이 중요하다. 다음 그림에서와 같이 음성신호는 100Hz 정도이고 주변의 노이즈 신호는 이보다 높은 수십 kHz일 때 마이크 등의 입력장치를 통하여 시스템에 입력되는 신호를 주파수 영역에서 분석하면 음선신호와 노이즈 신호가 분리되어 나타나며 서로 다른 진폭을 확인할 수 있다.

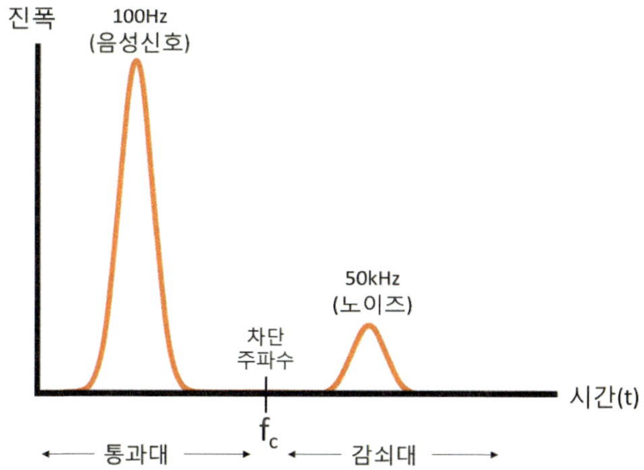

따라서 신호처리를 위해 음성신호로부터 노이즈를 분리하기 위해서 원하는 신호와 노이즈 중간에 차단주파수에서 음성신호만을 선택할 수 있으며 이러한 역할을 하는 것이 저역통과필터(Low Pass Filter)이다. 이러한 현상을 시간영역에서 확인하며 아래 그림과 같으며 저역대역 필터를 통과 후에 노이즈가 제거된 사인파를 획득할 수 있다.

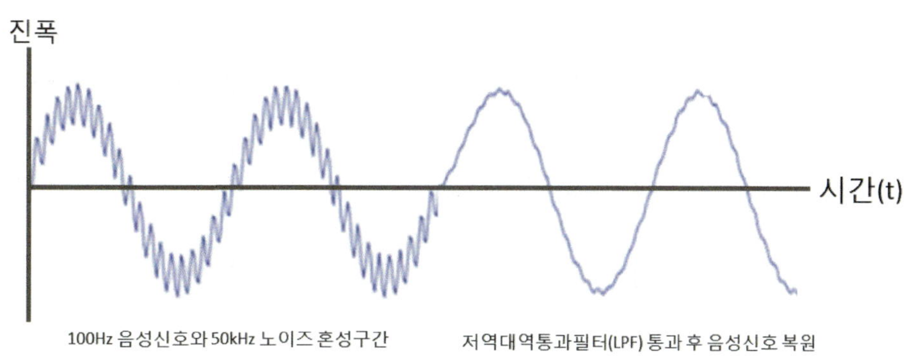

경우에 따라서는 차단 주파수를 기준으로 높은 신호가 필요할 수 있으며 이러한 경우에는 고역통과필터(HPF : High Pass Filter)가 사용될 수 있으며 특정주파수만을 선택하는 협대역 필터(BPF : Band Pass Filter)가 사용되거나 특정 주파수만을 제거하는 대역 저지 필터(BSF : Band Stop Filter)들이 사용될 수 있다. 필터는 다양한 회로소자를 이용하여 설계할 수 있으며 사용되는 저항 커패시터의 수에 따라 1차 또는 2차 필터가 있으며 차수가 커지면 필터특성이 좋아진다.

	1차 수동형 필터	1차 능동형 필터
저역통과필터 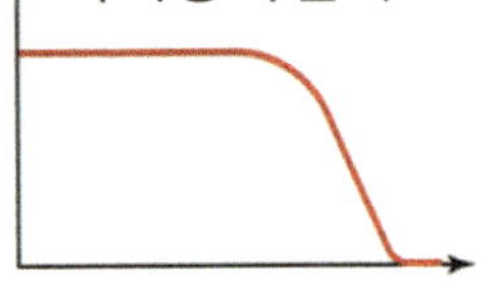	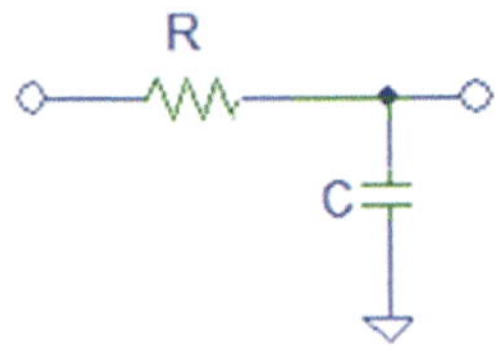	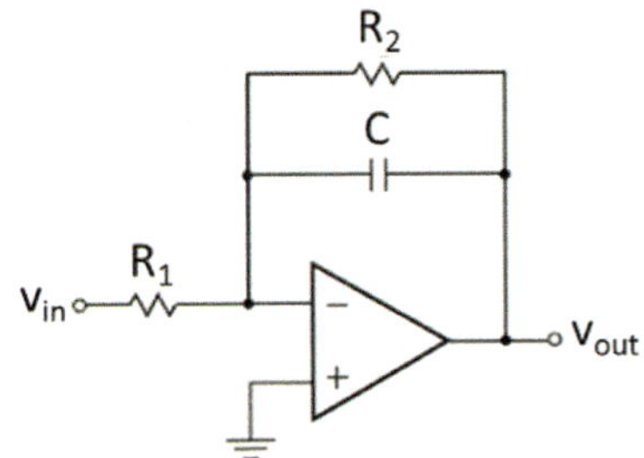
고역통과필터 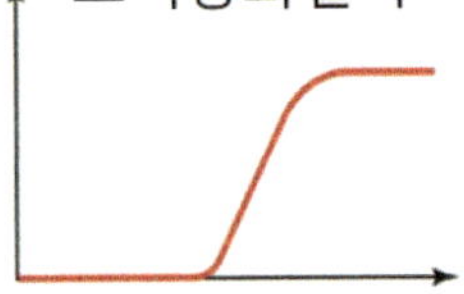	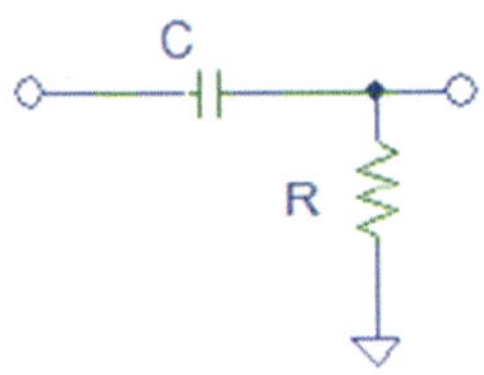	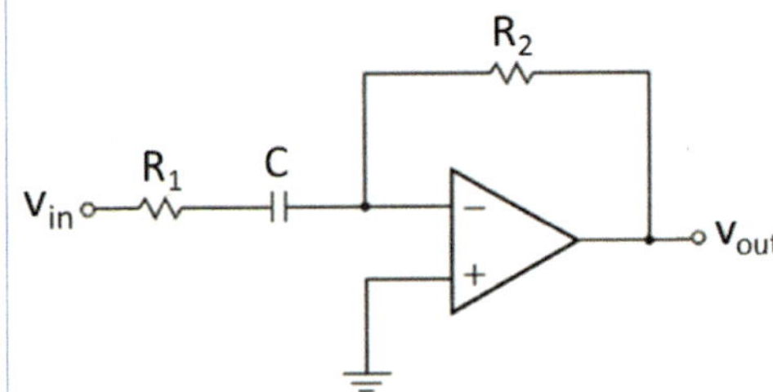

AC 해석 그래프에서 통과 대역(Pass Band)는 DC에서 신호가 -3dB로 이득이 떨어지는 주파수까지의 영역으로 정의하며 이상적인 필터는 통과대역과 차단영역의 경계가 명확하지만 실제로는 필터의 차수(Order)에 따라서 감쇄 기울기가 달라진다.

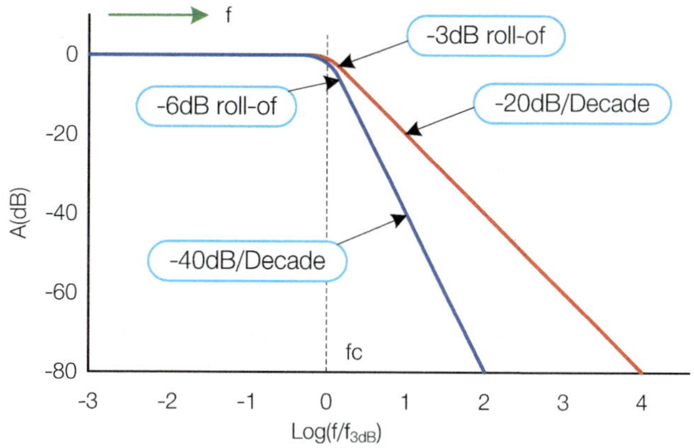

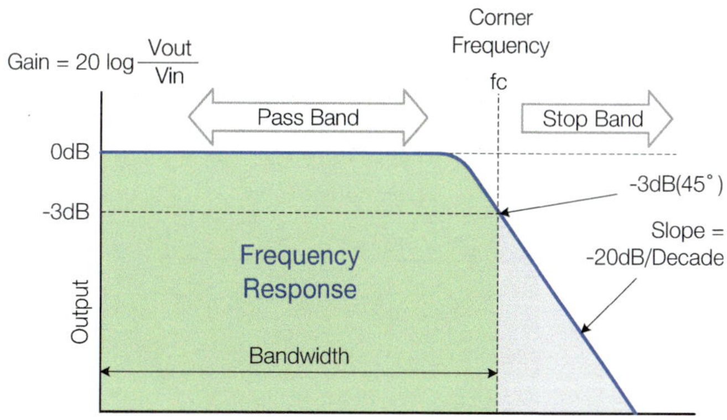

일반적인 저역 통과 필터특성

3dB 주파수란 차단 주파수 또는 반전력 주파수라고도 하는데 전력이득이 최대값의 0.5배 또는 전압이득이 최대값의 0.707배 즉, $1/\sqrt{2}$ 배인 지점의 주파수를 말하며 아래와 같이 log를 이용한 이득식에 의해서 -3dB와 동일한 의미이다. -3dB를 기준으로 잡는 이유는 입력에너지가 출력에 전달될 때 50% 이상 전력이 감소하면 신호가 차단되었다고 정의하기 때문이다.

$$\text{전력이득} = 10\log\left(\frac{1}{2}\right) = -3\,[\text{dB}]$$

$$\text{전압이득} = 20\log\left(\frac{1}{\sqrt{2}}\right) = 20\log(0.707) - 3\,[\text{dB}]$$

실험회로 5-14

아래 그림과 같이 2개의 커패시터를 이용한 2극 저역필터(Low Pass Filter)회로를 구성하고 입력단의 전원 주파수를 100Hz, 1kHz, 10kHz로 변경하면서 시뮬레이션하고 각 주파수의 입력에 따른 출력결과를 확인하시오.

◻ 회로해석

(1) 주파수 해석을 이용하여 차단주파수(정상상태에서 -3dB 떨어지거나 70.7% 떨어지는 주파수)를 측정하시오.

(2) 시간영역에서 시뮬레이션을 진행하고 100Hz, 1kHz, 10kHz 주파수에서의 Vpeak 값을 구하시오.

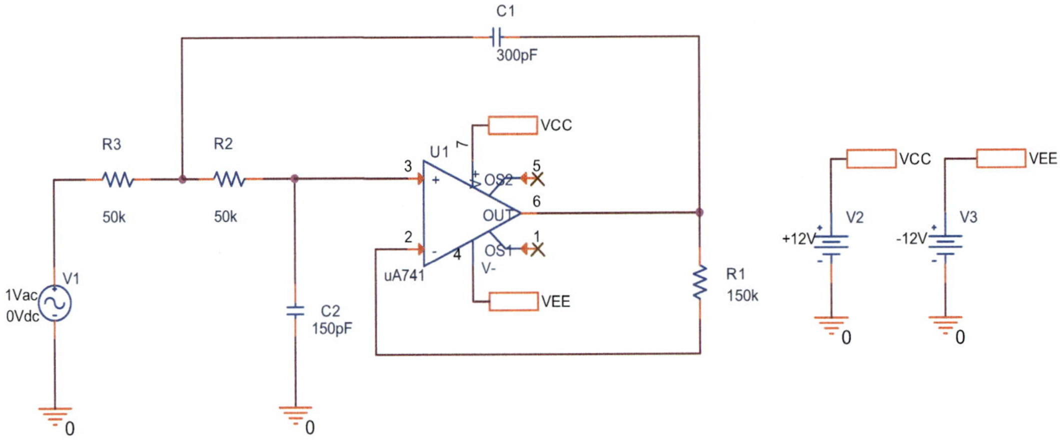

◻ 시뮬레이션

프로젝트를 형성하고 PSpice Analog or Mixed A/D를 선택한다.

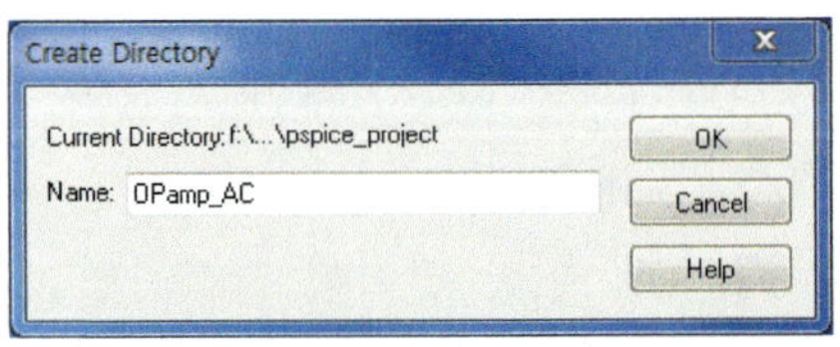

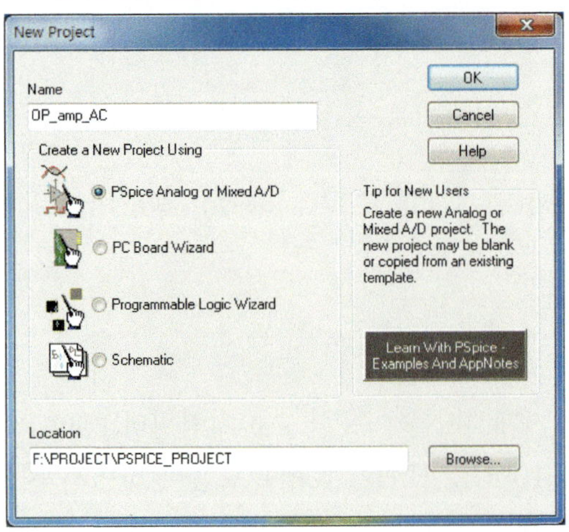

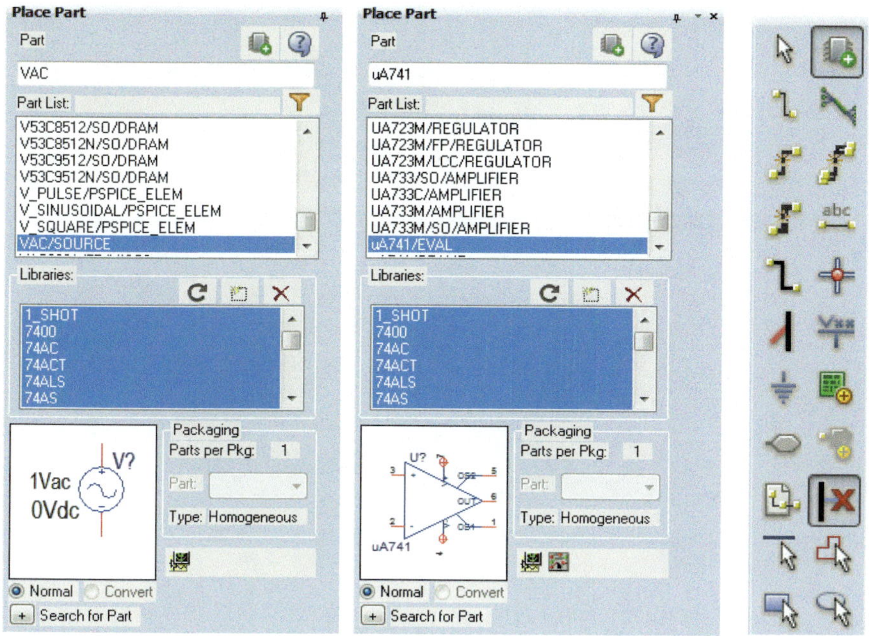

회로구성에 필요한 저항(R), 커패시터(C), 직류전압원(vdc)를 추가하여 배치하고 AC 해석 입력으로 VAC 라이브러리를 찾아서 배치하고 OP-amp 로 많이 사용되는 uA741을 찾아서 배치한다. 사용되지 않는 1,5번 옵셋단자는 no connect 소자로 연결하여 처리하고 포트 라이브러리를 이용하여 VCC에 +12V, VEE에 -12V 바이어스 전압을 공급시킨다.

 를 이용하여 새로운 시뮬레이션을 구성한다.

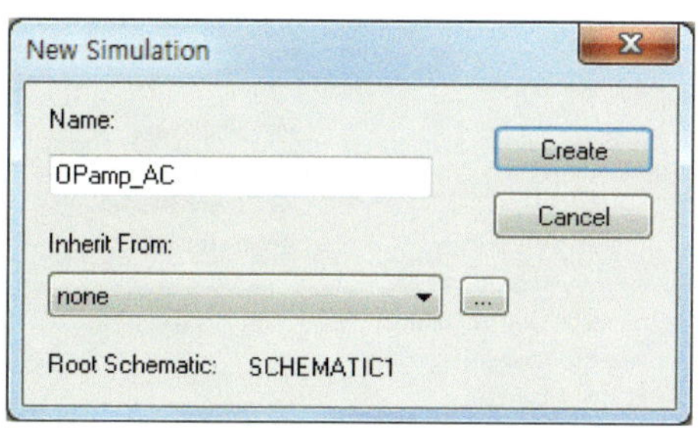

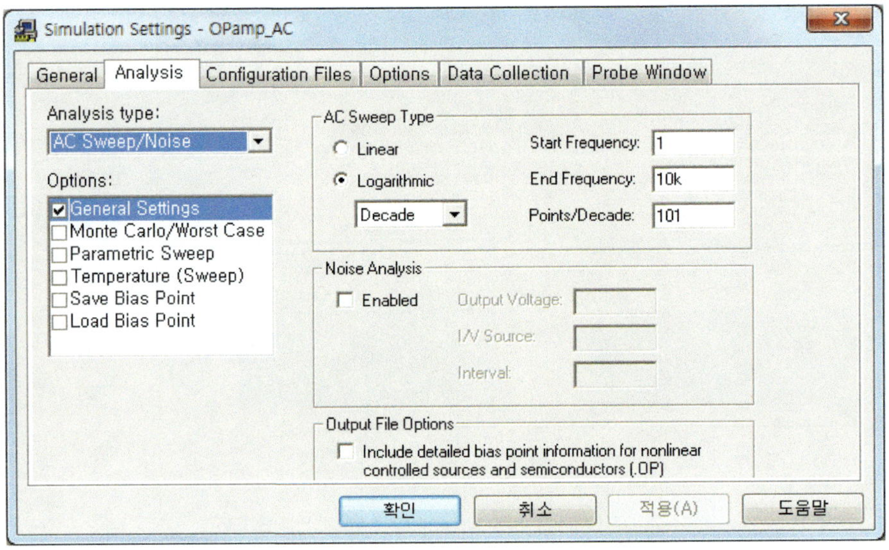

주파수 해석은 주파수를 변화시키면서 이에 따른 출력 진폭의 변화를 관찰하는 시뮬레이션 방법으로 이를 측정하기 위해서 PSpice 메뉴의 Markers Advanced 메뉴에서 dB Magnitude of Voltage를 선택하여 VDB 프로브를 원하는 출력단자에 배치하고 시뮬레이션을 수행하면 된다.

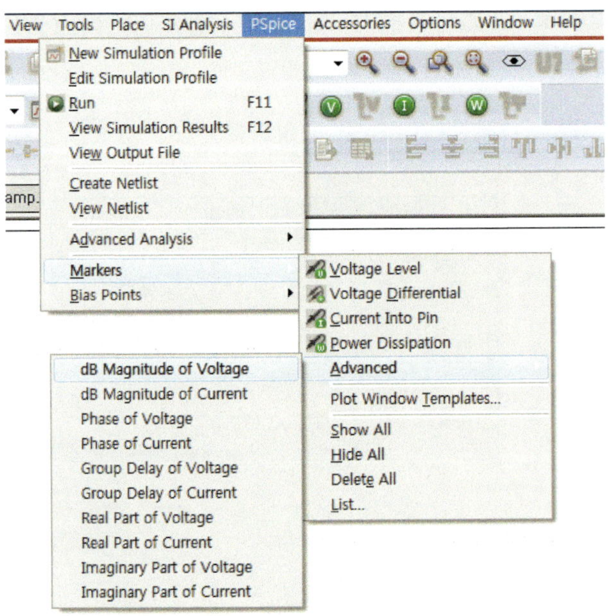

dB Magnitude of Voltage를 선택하고 VDB 프로브를 OP-amp의 6번 출력핀에 배치하고 를 클릭하여 시뮬레이션을 수행한다.

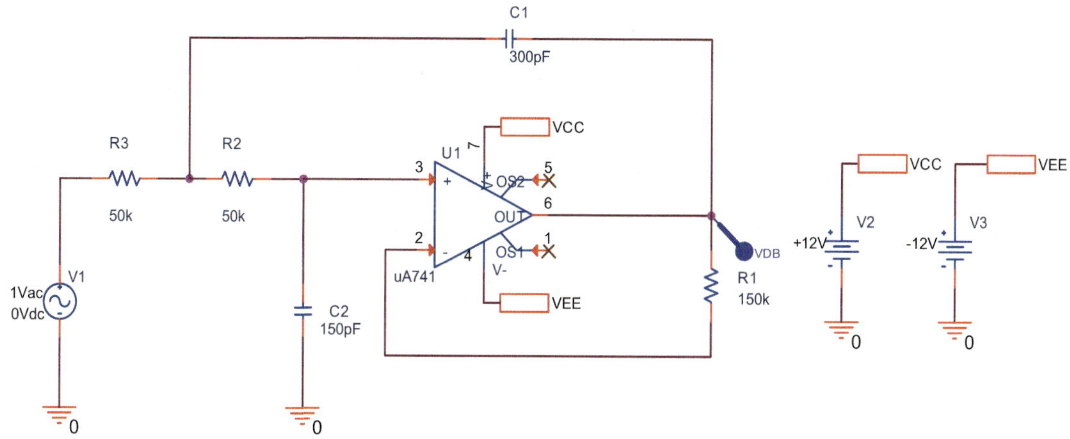

3dB 지점은 시뮬레이션을 수행하고 시뮬레이션 결과창의 Toggle Cursor 기능을 이용한다.

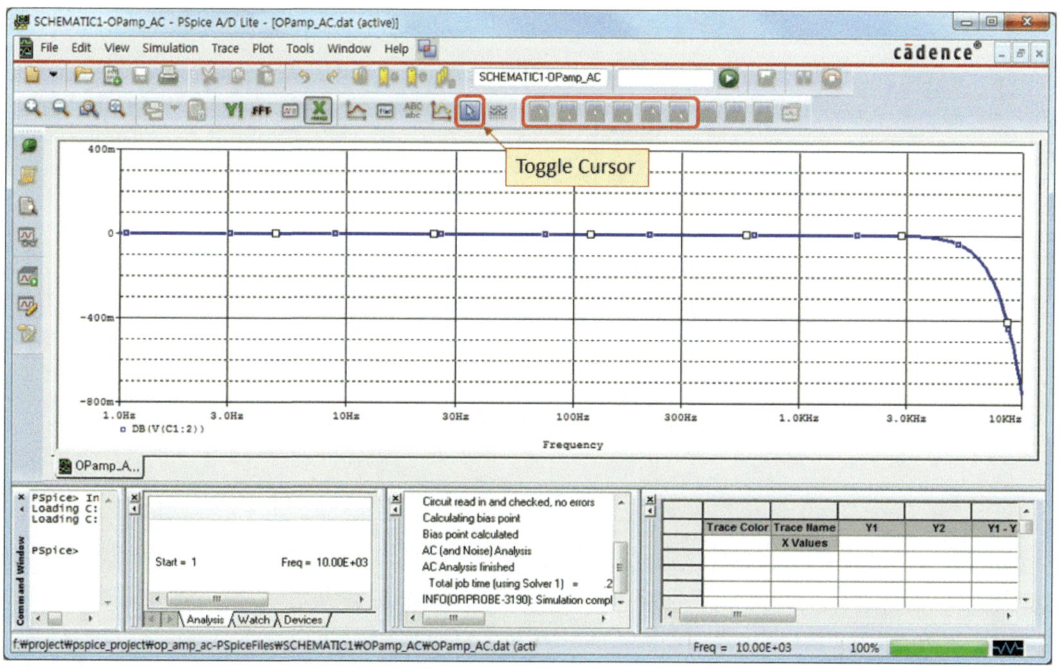

toggle cursor를 클릭하면 출력 그래프에서 원하는 값을 선택할 수 있는 5개의 아이콘이 활성화 된다. PSpice Plot 창에서 파형의 값을 측정하기 위해서는 메뉴 Trace - Cursor - Display를 클릭한다.

3dB 지점을 찾기 위해 망원경 표시의 Cursor Search를 클릭하면 다음과 같이 명령어를 입력할 수 있는 창이 나타나며 Search forward level(max-3)이라고 입력하고 OK 버튼을 누르면 3dB 지점을 찾을 수 있으며 Mark Label를 클릭하면 그래프 상에서 좌표를 표시할 수 있다.

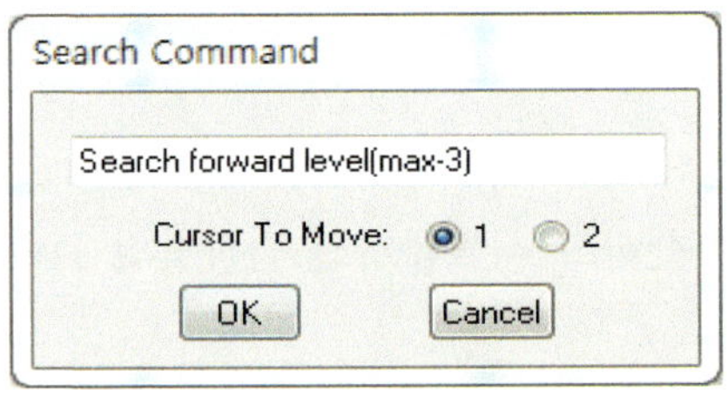

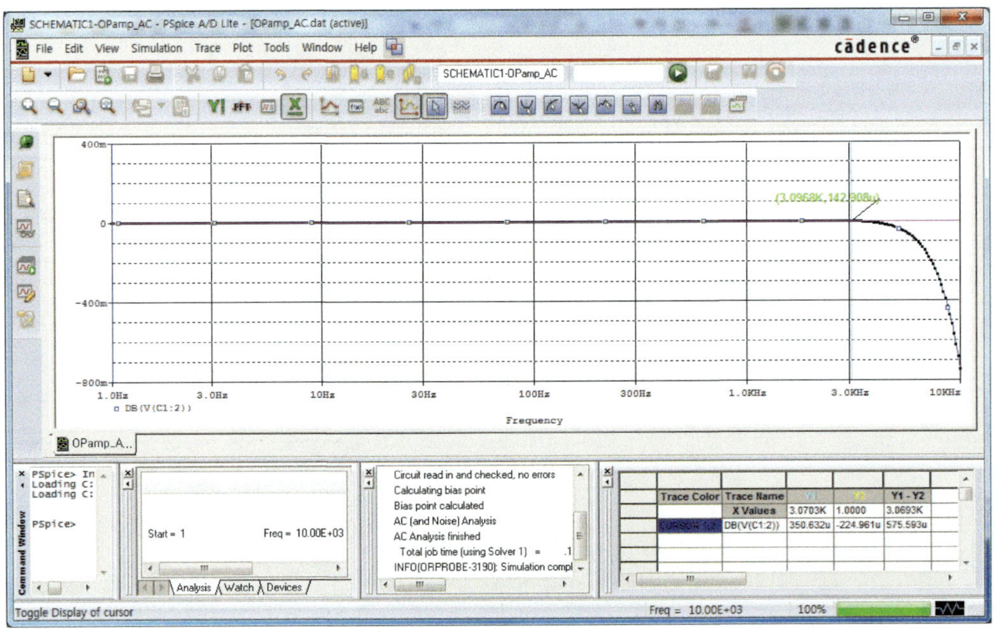

3dB 표시하기

Trace 기능에 대하여 좀 더 자세히 살펴보면 PSpice Plot 창에서 파형의 값을 측정하기 위해서는 메뉴 Trace - Cursor - Display를 클릭한다.

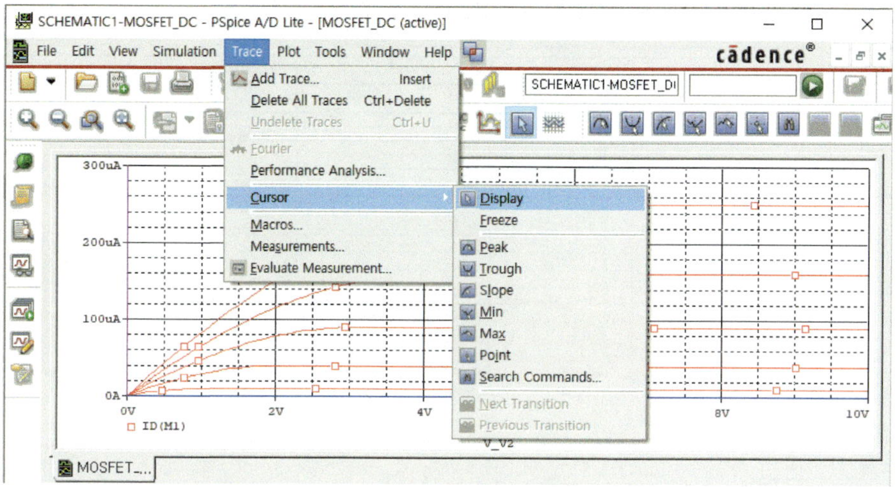

Cursor 기능 사용하기

또는 아이콘 중 Toggle Cursor 아이콘 을 클릭하면 아날로그 측정을 위한 Cursor(Peak, Trough, Slop, Min, Max, Point, Search Commands)와 디지털 측정(Next Transition, Previous Transition)이 활성화 되고 Plot창에 값을 입력하는 Mark label 기능이 있다.

Cursor 창을 비활성화 할 때에는 다시 Toggle Cursor( ) 또는 메뉴의 Trace - Cursor - Freeze를 클릭한다. Cursor가 활성화 되면 아래 그림과 같이 Probe Cursor 창이 나타나며, 마우스 Cursor가 있는 좌표에 Trace 값이 출력된다.

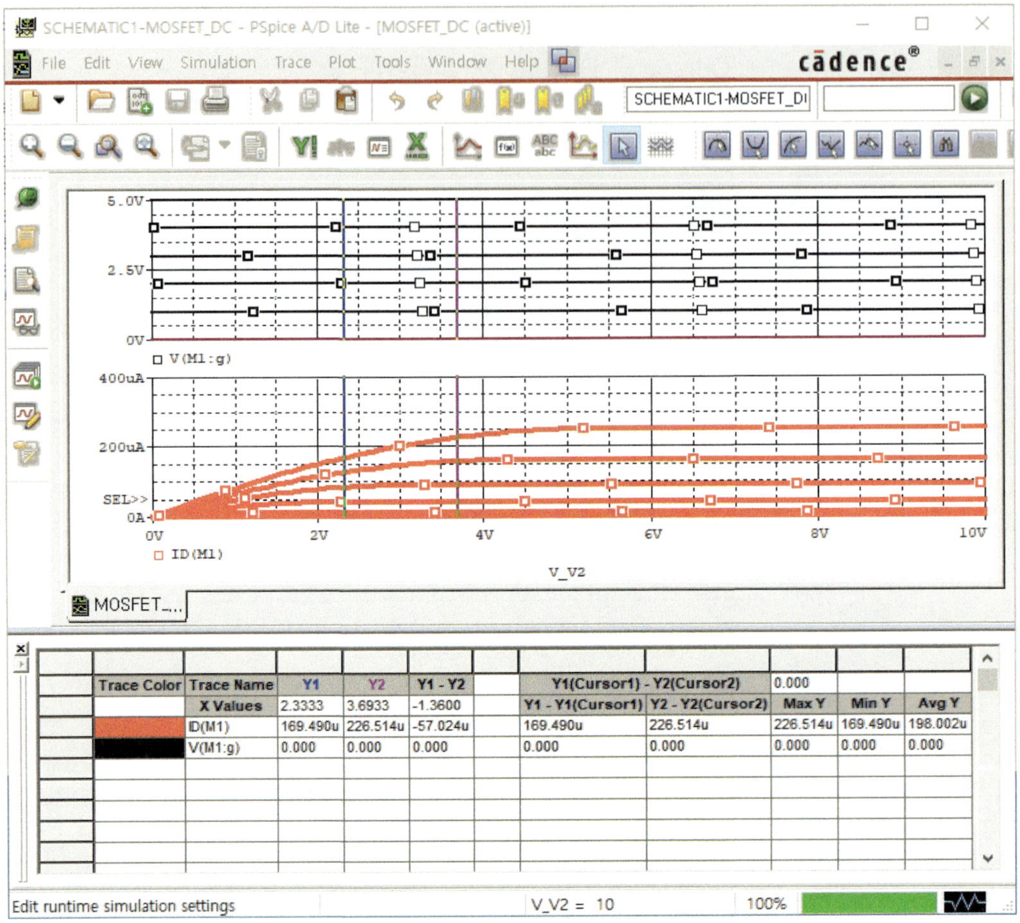

Cursor 기능을 이용한 측정

Cursor는 2개가 있으며 1번 커서는 마우스 왼쪽 커서로 이동이 가능하며, 2번 커서는 마우스 오른쪽으로 이동이 가능하며 마우스 커서를 고정시키기 위해서는 해당 Trace의 이름을 앞에 Trace Symbol을 마우스로 클릭하면 되는데 1번 커서(마우스 왼쪽 버튼)를 클릭하면 해당 Trace를 따라 1번 커서가 이동한다. Cursor의 색상은 Tools-Options-Probe Settings의 Cursor 탬을 선택하여 바꿀 수 있다.

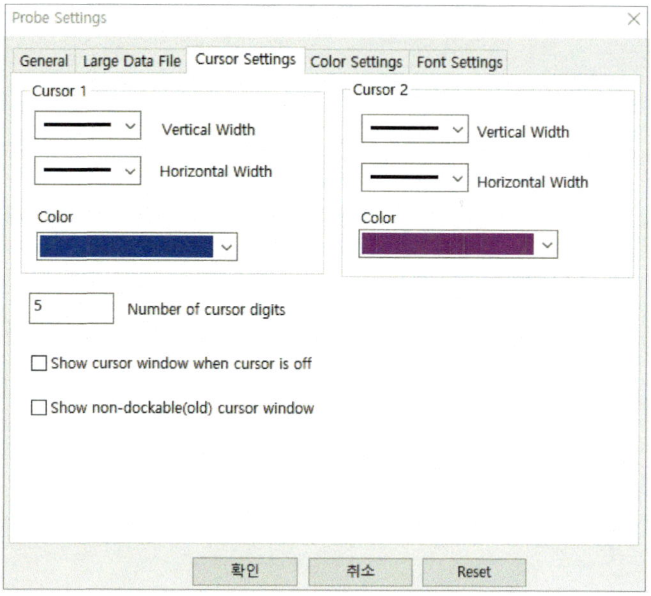
Probe Settings
General
Large Data File
Cursor Settings
Color Settings
Font Settings
Cursor 1
Vertical Width
Horizontal Width
Color
Cursor 2
Vertical Width
Horizontal Width
Color
5
Number of cursor digits
Show cursor window when cursor is off
Show non-dockable(old) cursor window
확인
취소
Reset

Cursor 색상 조정

MEMO

CHAPTER 06

BJT 트랜지스터 회로

트랜지스터는 3단자 소자로 pn 접합다이오드 두 개를 결합한 구조이다. 트랜지스터는 진공관에 비하여 소형이고, 가벼우며, 튼튼하고 수명이 반영구적이므로 현재 가장 널리 사용되는 전자 소자이다.

> **학습목표**
> ▸ 트랜지스터의 동작원리를 이해하고 PSpice로 트랜지스터회로를 설계하고 해석할 수 있다.

6.1 트랜지스터 기초 지식

대표적인 트랜지스터의 집합체인 연산증폭기 내부에는 다수의 소자가 집적되어 있으며 집적회로 구성을 위해 트랜지스터를 사용하여 신호를 증폭하거나 스위칭 작용을 구현한다. 트랜지스터의 내부 구조는 다음 그림과 같으며 대개의 경우 높은 이득을 얻기 위해 2단 이상의 증폭 구조와 각 트랜지스터가 원하는 동작을 할 수 있도록 바이어스를 제어하는 회로로 구성되며 10개 이상의 바이폴라 트랜지스터와 저항, 커패시터가 집적되어 있다.

BJT는 Bipolar Junction Transistor의 약자로 그림과 같이 3개의 단자를 갖고 있으며 P와 N의 접합에 따라 PNP형과 NPN형으로 구분된다. 전류를 이동시키는 캐리어가 전자와 정공이 모두 작용을 하므로 bipolar라는 명칭을 사용한다. 또한, 트랜지스터의 전류형성은 확산에 의한 diffusion 전류와 전계에 의한 drift 전류로 나뉘며 BJT는 diffusion 전류에 의해 전류흐름이 형성되고 다음 장에 소개되는 FET는 전계에 의한 drift 전류가 형성된다.

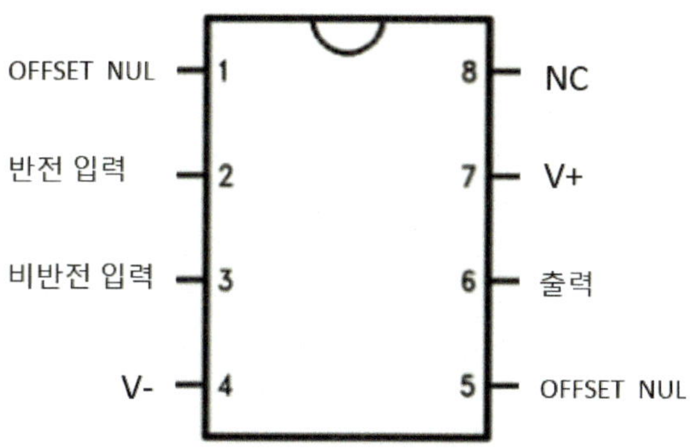

741 OP-AMP 외부구조

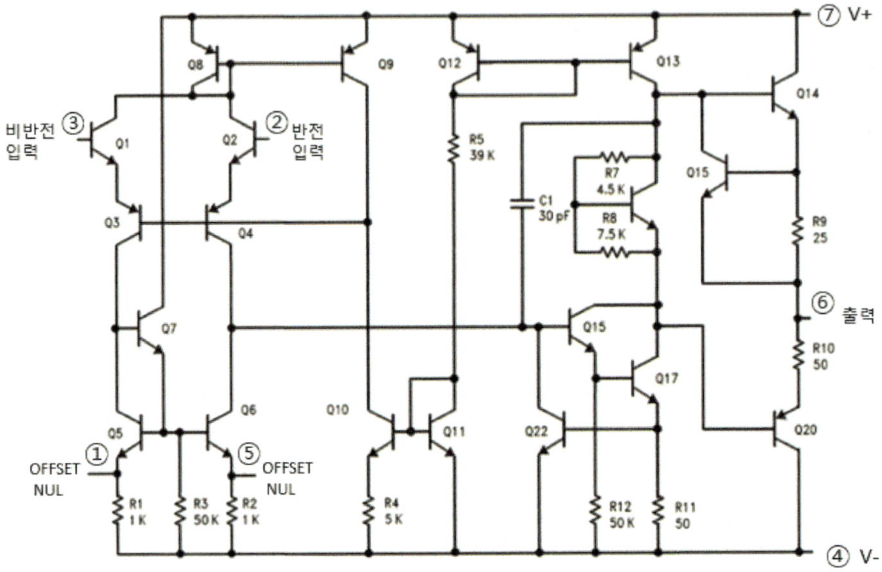

741 OP-AMP 내부구조

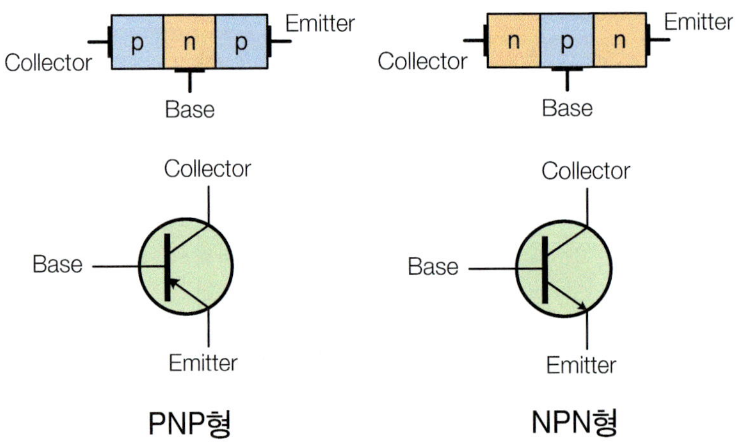

바이폴라 트랜지스터 구조와 심벌

다음 그림은 트랜지스터의 실물 사진으로 3개의 단자로 구성되어 있으며, 트랜지스터의 전압 및 전류용량에 따라 다양한 크기가 존재한다.

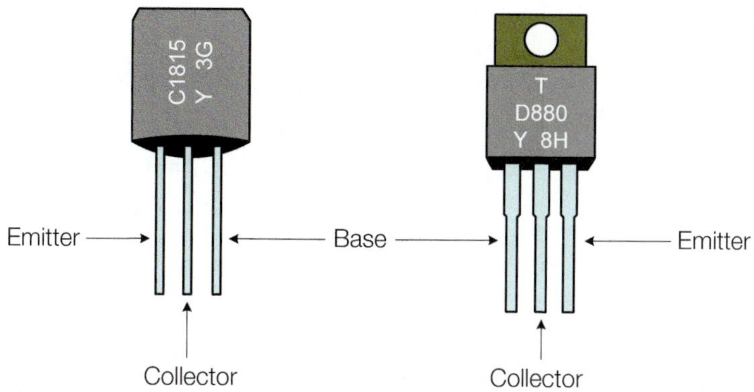

바이폴라 트랜지스터 외형

BJT의 외관은 그림과 같이 플라스틱 재질의 케이스가 내부를 보호하며 열방출을 쉽게 하도록 방열판이 부착된 구조도 있다.

바이폴라 트랜지스터는 Si나 Ge 만들어진 P형 반도체와 N형 반도체를 세 개의 층으로 접합하여 만들어진다. E(emitter)로 표시되는 이미터에서는 총 전류가 흐르게 되고 얇은 막으로 된 베이스 B(base)가 전류 흐름을 제어하며 증폭된 신호가 컬렉터 C(collector)로 흐르게 된다. 즉, 그 한 단자의 전압 또는 전류에 의해 다른 두 단자 사이에 흐르는 전류 또는 전압을 제어할 수 있다.

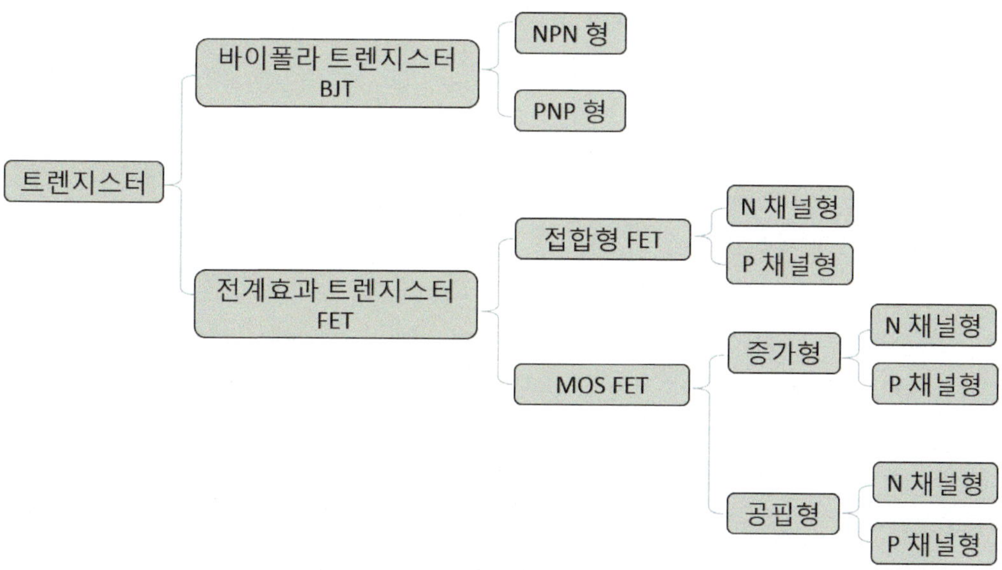

트랜지스터 분류

NPN형인 경우 전류는 이미터 쪽으로 흐르고 PNP형인 경우 이미터에서 나가는 방향으로 전류가 흐른다. 이를 전자회로의 기호표기에서 전류방향을 화살표로 나타낸다. 바이폴라 트랜지스터의 동작은 이미터(E)와 베이스(B) 연결과, 베이스(B)와 컬렉터(C) 연결이 있으며 V_{EB} 를 0이라고 하고, V_{CB}를 어느 정도 인가하면 역방향 바이어스 이므로 전류가 흐르지 않는다. 만약 V_{EB}를 조금씩 인가해주면 이미터의 전자가 베이스로 가는데 방해가 되던 전위 장벽을 낮추는 효과를 나타내며 이제 베이스 쪽으로 전자가 더 많이 넘어갈 수 있고, 이 전자들이 컬렉터로 드리프트를 하게 되고 컬렉터 전류가 상승하게 된다.

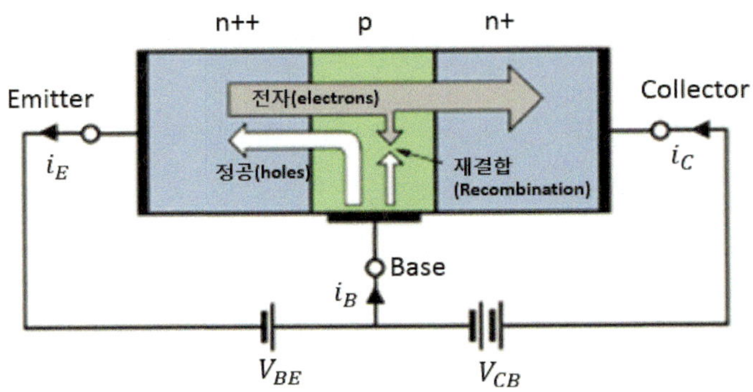

바이폴라 트랜지스터 동작

V_{EB}는 아주 작은 값이라고 하더라도, 베이스로 전자를 밀어주기 위해서, 필요한 전위장벽만큼의 에너지는 충분히 극복이 가능하고, 베이스에 도달한 전자들은 빠르게 드리프트 하여 컬렉터 쪽으로 넘어가게 된다.

이미터에서 베이스로 넘어온 전자들은 베이스에 넘쳐나는 정공과 재결합을 하므로 실제로 많은 부분 사라지게 되면서 효율이 떨어지는데 이것을 보완하기 위해서 베이스의 폭을 um 단위로 아주 얇게 만든다.

베이스와 컬렉터 사이에는 공핍층과 같은 방향의 역방향 전기장이 형성되어 컬렉터 부분의 N형 반도체의 다수 캐리어인 전자는 움직이지 않게 된다. 그런데 베이스와 이미터 간의 순방향 전원에 의해 이동된 전자에 대해서는 베이스와 컬렉터 사이의 전기장 방향이 순방향 바이어스가 되어 이미터에서 이동한 전자들이 컬렉터 쪽으로 흐르게 된다.

전자의 이동방향은 전기장방향의 역방향이며 전류방향의 역방향이다. 이때 컬렉터로 흐르는 전류는 베이스로 흐르는 전류에 비해 증폭된 형태로 나타나게 되므로 베이스에 작은 신호가 컬렉터에 증폭되어 나타나 트랜지스터는 증폭기로 사용된다. 위의 npn 트랜지스터 그림에서 n형 반도체의 다수 캐리어인 전자는 에미터의 밀쳐내는 힘에 의해 베이스로 주입(Injection) 되며 대부분의 전자는 diffusion에 의해 공핍층의 경계로 이동한다. 이때 컬렉터에는 양전압이 바이어스 되어 있으므로 전자들이 끌려 나가 컬렉터 전류를 형성하고 이중 소수는 베이스의 정공과 재결합하고 베이스의 정공은 에미터에 주입되어 베이스 전류를 형성한다.

재결합에 의해 소멸된 정공들을 메우기 위해 추가로 정공이 공급되어야 하며 추가적인 베이스 전류 공급이 이뤄진다. pnp 트랜지스터일 경우 정공이 전류 흐름을 주도하며 npn 트랜지스터의 전자의 역할이 정공으로 바뀐다.

바이폴라 트랜지스터와 함께 최근 집적회로에 많이 사용되는 MOS FET는 다음 장에서 설명되며 두 소자의 비교는 다음 표와 같다. 과거에는 MOS FET이 바이폴라 트랜지스터에 비해 단점이 많았지만 공정기술과 회로 기술이 발전하여 속도도 빨라지고 노이즈에도 강하며 큰 이득을 얻을 수 있으며 특히 집적도를 높일 수 있는 장점 때문에 최근에는 대부분의 바이폴라 트랜지스터의 사용을 대체하고 있다. 하지만, BJT는 여전히 노이즈에 대한 신뢰성이 높기 때문에 여전히 중요하게 사용되어지고 있다.

바이폴라 트랜지스터와 MOSFET 비교

	BJT	MOSFET
구동방식	전류구동	전압구동
파워소모	-크다	+작다
속도	+빠르다	-느리다
집적도	-작다	+크다
노이즈	+작다	-크다
이득	+크다	-작다
가격	-비싸다	-싸다

다음 그림은 PSpice에서 주로 사용되는 npn 트랜지스터와 pnp 트랜지스터의 구조와 기호를 나타낸다. 트랜지스터는 3개의 단자로 구성되는데, B는 베이스(base), C는 컬렉터(collector), E는 에미터(emitter) 단자를 나타낸다. npn 트랜지스터는 n형 반도체와 p형 반도체의 결합으로 이루어진다. 베이스 전류, 컬렉터 전류, 에미터 전류와 베이스와 에미터간의 전압은 각각 기준 방향에 대하여 항상 0보다 크거나 같다.

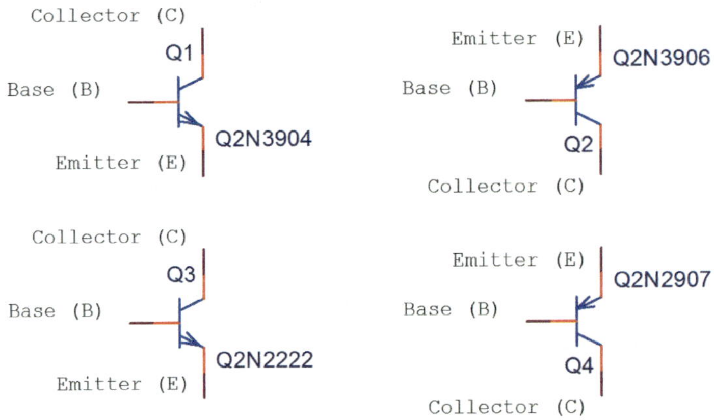

PSpice에서 사용되는 바이폴라 트랜지스터

트랜지스터는 비선형이므로 특성 곡선이 비선형적으로 나타난다. 트랜지스터 특성 곡선은 컬렉터-에미터 전압 v_{CE}와 컬렉터 전류 i_C와의 관계를 나타낸 그래프이다. 트랜지스터 모드는 작동영역에 따라 크게 활성화 모드, 포화 모드, 컷 오프(cut-off) 모드로 나뉜다. 활성화 모드는 증폭 작용을 나타내는 것이고 포화 모드는 스위칭 작용을 한다.

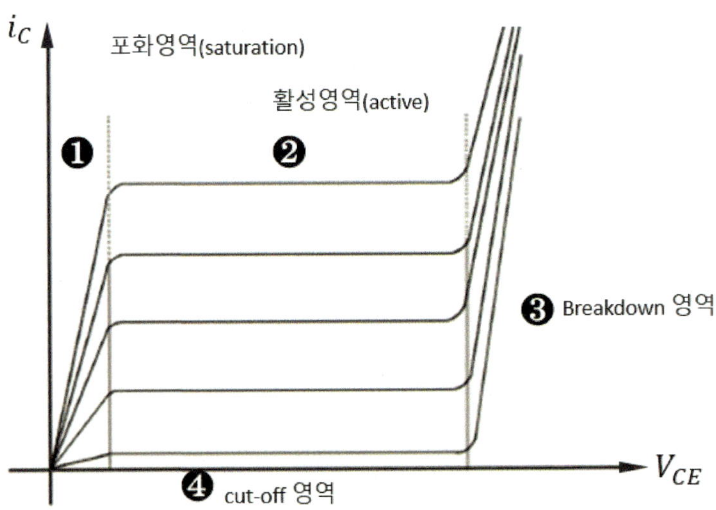

바이폴라 트랜지스터 동작 영역

x축 가까이는 $I_B = 0$ 이므로 $I_C = 0$인 트랜지스터가 꺼진 상태인 컷오프 모드를 나타내고 $v_{CE}(sat)$ 전압까지의 y축 $I_C = I_E$이므로 포화모드 그리고 x축과 y축을 제외한 나머지 영역은 활성화모드 즉, $I_C = \beta I_B$ 를 나타내어 증폭작용을 한다. 여기서 β는 공통이미터 전류이득(common-emitter current gain) 또는 전류 증폭률이라고 하며 베이스 입력 전류와 컬렉터 증폭 전류의 비율이다. 이미터, 베이스, 컬렉터 전류와의 관계는 $I_E = I_B + I_C$이고 $I_C = \beta I_B$이므로

$$I_E = \beta I_B + I_B = (1 + \frac{1}{\beta}) I_C$$

이때 이미터 전류와 컬렉터 전류의 비율을 전류 전달비 또는 공통 베이스 전류이득(common-base current gain) 이라고 하고 α로 표시한다.

$$\alpha = \frac{I_C}{I_E} = \frac{\beta}{1+\beta}$$

이상적인 트랜지스터인 경우 α는 1에 가까운 값이며 일반적으로 β는 100 이상의 값이다. 위 수식으로부터 $I_E \simeq I_C$임을 알 수 있다.

베이스 전류가 0일 때는 컬렉터 전류가 거의 흐르지 않는 차단영역 상태에 있으며 베이스에 전류가 흐르기 시작하면 이미터와 컬렉터 사이의 전위가 낮아지면서 포화영역에서 큰 전류가 흐른다. 또한 능동 영역에서는 베이스 전류에 비례하여 컬렉터 전류가 선형적으로 변화한다. 트랜지스터를 이용하여 증폭회로를 구성할 때 가장 먼저 수행하는 작업이 트랜지스터 특성곡선으로부터 동작점을 설정하는 것이며 트랜지스터 특성곡선은 트랜지스터마다 특성이 다르므로 회로를 설계할 때 PSpice를 이용하여 특성곡선을 파악할 수 있어야 한다. BJT의 동작은 이미터-베이스, 베이스-컬렉터 사이의 순방향 또는 역방향 바이어스에 따라 다음과 같이 분류되며 순방향(Forward) 바이어스는 애노드에 양전압을 캐소드에 음전압을 인가하며 역방향(Reverse) 바이어스는 애노드에 음전압을 인가하고 캐소드에 양전압을 인가한다.

바이폴라 트랜지스터 동작 바이어스 조건

	차단영역	활성영역	포화영역
E-B 전압	Reverse	Forward	Forward
B-C 전압	Reverse	Reverse	Forward
용도	스위치	증폭기	스위치, 논리회로

활성 영역에서 컬렉터에 흐르는 전류

$$i_C = I_S e^{v_{BE}/V_T}$$

로 표현되며 I_S 포화 전류라고 한다.

이 수식에서 중요한 점은 i_C가 v_{CE}의 영형을 받지 않는다는 점이다. 하지만 실제로 i_C는 다음과 같이 v_{CE}의 영향을 받으며

$$i_C = I_S e^{v_{BE}/V_T}(1+\frac{v_{CE}}{V_A})$$

아래 그림과 같이 특성 곡선을 연장했을 때, $v_{CE} = -V_A$에서 만나게 되며 이 현상을 처음 발견한 공학자 얼리(J. M. Early)의 이름을 따서, 이 전압을 얼리 전압(Early voltage)라고 부른다.

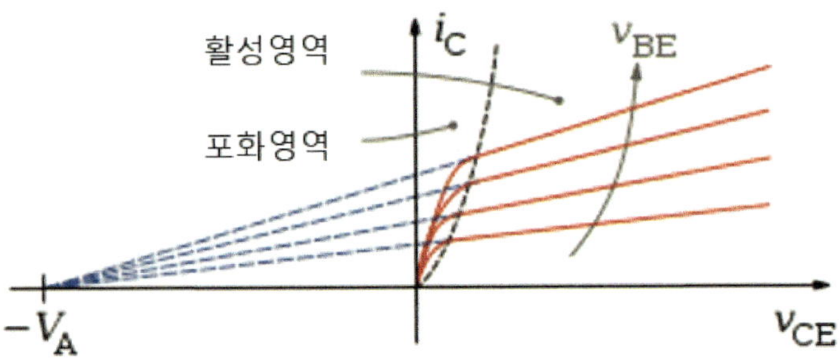

얼리 전압은 대략 50~100V의 전압 범위를 갖는데 i_C와 v_{CE} 곡선으로부터 출력저항이 무한대가 아님을 알 수 있으며 유한한 출력 저항 r_O는

$$r_O = \frac{V_A}{I_C}$$

로 나타내며 유한 출력저항 r_O 는 트랜지스터 증폭기의 이득에 중요한 영향을 준다. PSpice의 DC Sweep 기능을 이용하면 i_B와 v_{CE}의 변화에 따른 i_C 특성 곡선을 그릴 수 있다.

실험회로 6-1

다음 회로를 구성하여 트랜지스터 특성곡선을 확인하는 방법을 익힌다.

■ 회로구성

바이폴라 트랜지스터 중 로 많이 사용되는 Q2N2222를 사용하여 다음과 같이 회로를 구성한다.

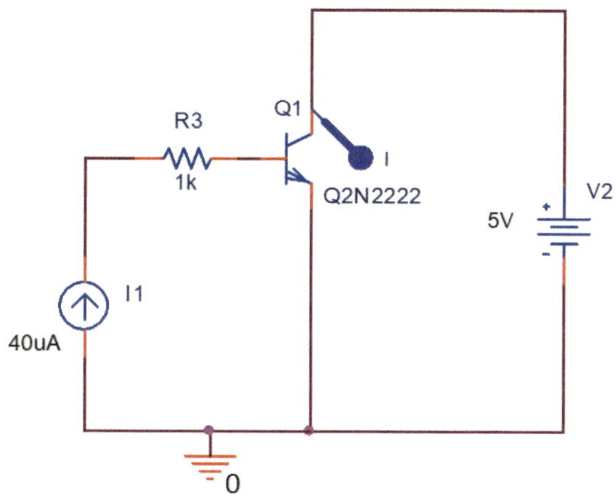

Analysis Type을 DC Sweep으로 변경하고 V_{CE}를 변화시키기 위해 Primary Sweep을 선택하여 전압원을 지정하고 0~10V 범위에서 0.05V 간격으로 Sweep Type을 지정한다.

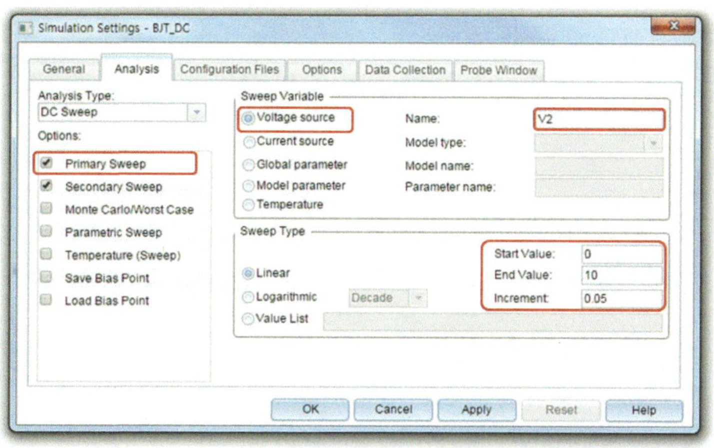

Base에 흐르는 전류에 따른 특성곡선을 그리기 위해 두 번째 변수로 전류원을 지정하고 10uA부터 80uA까지 10uA 간격으로 Sweep Type을 지정한다.

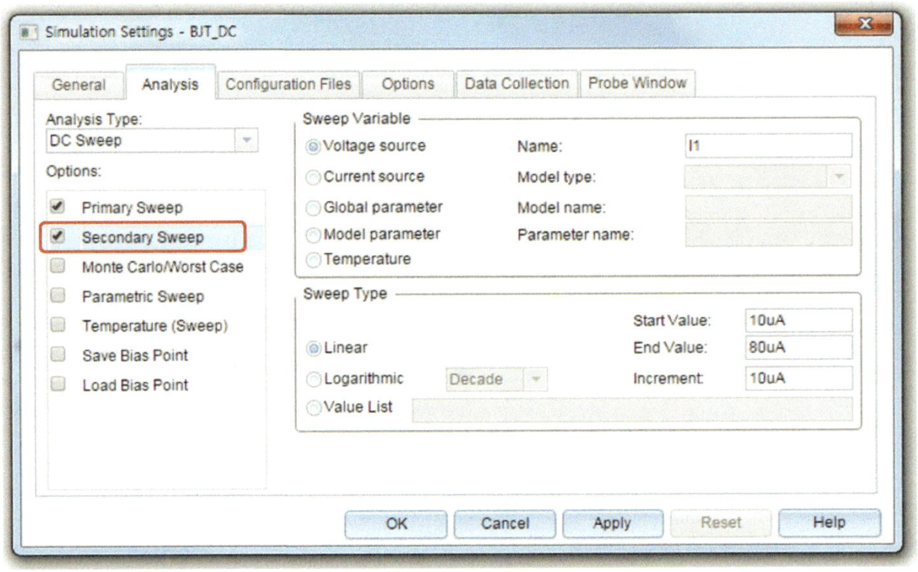

◻ 시뮬레이션

시뮬레이션을 수행하면 v_{CE}와 i_B 변화에 따른 컬렉터 전류 i_C의 변화를 확인할 수 있다.

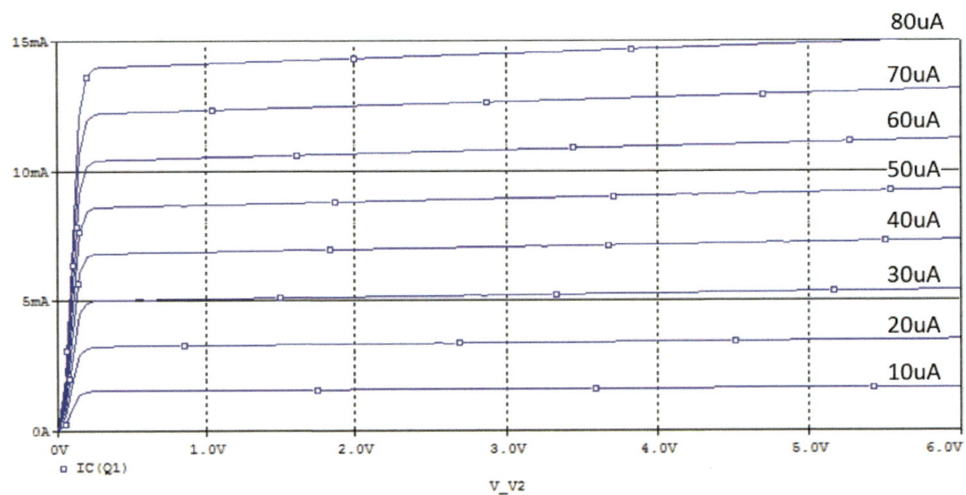

실험회로 6-2

다음 회로를 구성하고 Parameter 기능을 이용하여 트랜지스터 특성곡선을 확인하는 방법을 익힌다.

◻ 회로구성

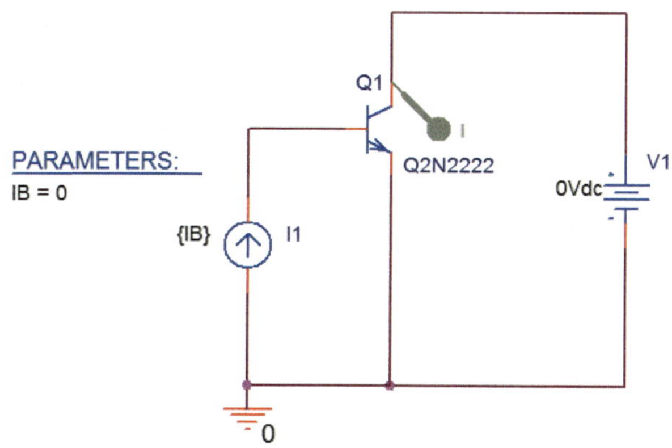

전류원을 IB 변수로 지정하고 Param 소자를 이용하여 Parameter 변화에 따른 트랜지스터의 I-V 곡선을 확인할 수 있다. 즉, 베이스 전류를 파라미터로 설정하고 Sweep variable에서 전압원 소스와 Parameter를 모두 Sweep variable로 설정하면 트랜지스터의 I-V특성을 얻을 수 있다. Parameter 방식을 이용하면 각 그래프의 개별 색상 변경이 가능하다.

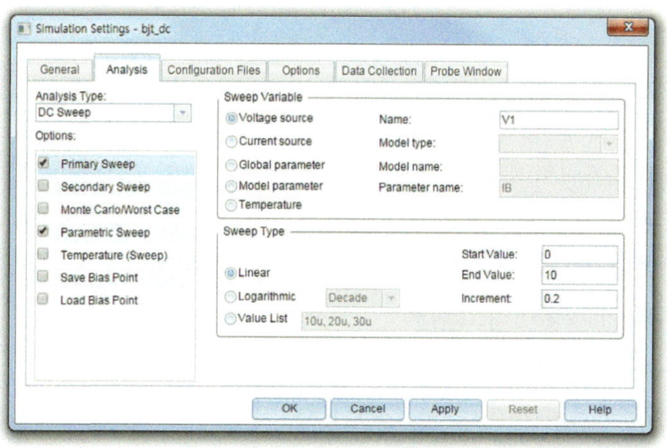

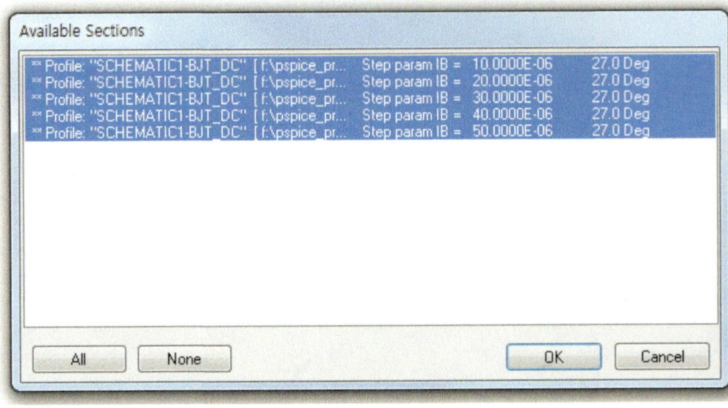

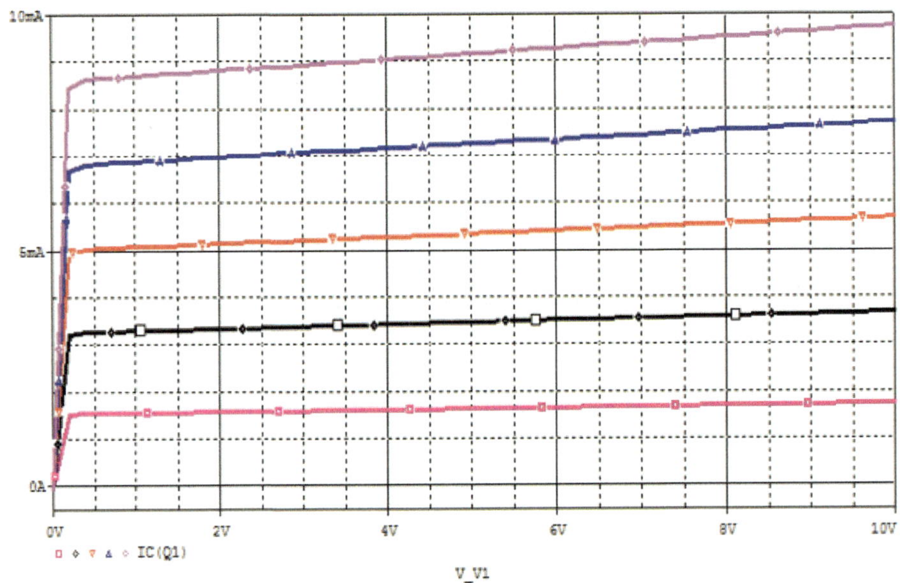

트랜지스터 I-V 곡선의 결과로부터 트랜지스터가 스위칭 작용을 하는 경우에는 포화영역과 차단영역에서 동작이 이뤄지며 증폭작용을 할 때는 능동영역에서 증폭이 이뤄진다. 트랜지스터가 증폭작용을 하기 위해서는 어떠한 형태로든 베이스에 전류가 공급되는 조건을 만들어 주어야 하며 베이스에 전류가 공급되어 트랜지스터로 구성된 회로가 원하는 영역에서 동작하도록 하는 것을 '바이어싱'이라고 한다.

그림의 특성 곡선을 보면 베이스 전류 I_B가 10uA에서 50uA로 증가함에 따라 y축의 컬렉터 전류 I_C도 비례하여 증가하는 것을 볼 수 있다. 따라서 컬렉터와 베이스 전류 사이에는 다음과 같은 관계로 표현할 수 있다.

$$\beta = \frac{I_C}{I_B}$$

이 식에서 β를 DC 전류 증폭 이득 또는 '전류증폭율'이라고도 한다. 전류증폭율 β는 트랜지스터 특성 중 가장 중요한 요소 중 하나로써 바이어스 상태에 의해서 변화되기도 하고 컬렉터 전류에 따라서도 변하기도 하는데 동일 트랜지스터일지라도 변화할 수 있다.

6.2 동작점 설정하기

트랜지스터를 이용하여 설계할 때 중요한 것이 동작점을 설계하는 것이다. 동작점은 입력의 DC 바이어스 회로에 의한 베이스 전류에 의해 결정되는데 이는 입력의 소신호가 출력될 때 파형의 형태에 중요한 영향을 미친다. 동작점을 잘못 선정하면 출력되는 신호의 파형이 잘려 왜곡된다.

동작점을 구하기 위해서는 먼저 로드라인을 구해야 하는데 로드라인은 다음과 같이 컬렉터 전류선의 방정식을 구하므로 얻을 수 있다. 그림의 회로로부터 KVL을 적용하면 다음 식을 구할 수 있다.

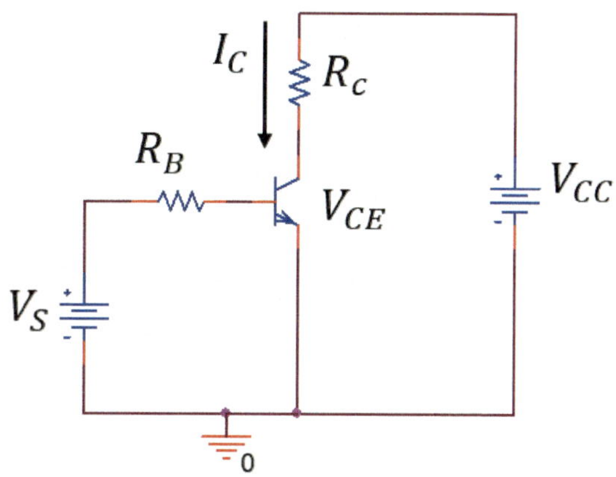

$$V_{CC} = I_C R_C + V_{CE}$$

이 식을 I_C에 대한 식으로 변형하면 다음과 같다.

$$I_C = -\frac{V_{CE}}{R_C} + \frac{V_{CC}}{R_C}$$

그래프의 절편값을 구하면 다음과 같다.

$$I_C = 0 \text{ 이면 } V_{CE} = V_{CC}$$

$$V_{CE} = 0 \text{ 이면 } I_C = \frac{V_{CC}}{R_C}$$

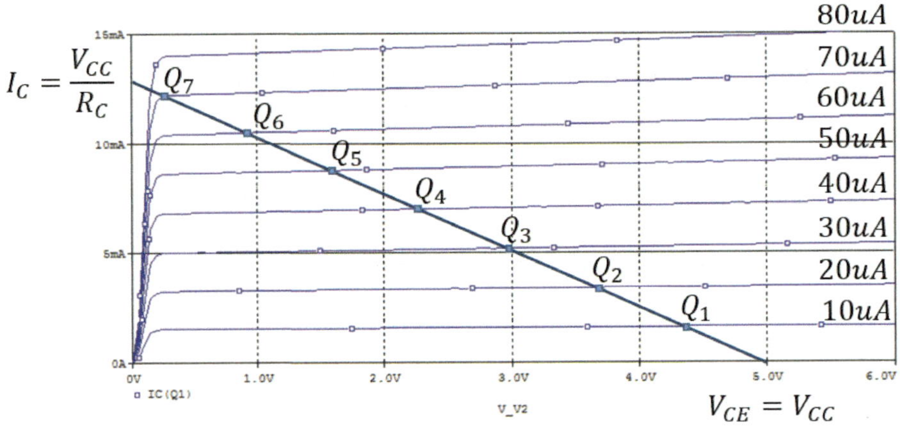

즉 트랜지스터 특성 곡선 그래프에 주어진 베이스 전류에 해당하는 특성 곡선에 로드라인을 그렸을 때 만나는 점이 동작점이 된다. 동작점은 우선 사용하는 트랜지스터의 DC I-V 곡선으로부터 X 절편과 Y 절편을 구하여 두 절편에 의한 직선과 만나는 점으로 설정할 수 있는데 동작점에 의한 입출력 특성을 알아보자.

동작점이 y축에 가까이 있을 때 출력에 미치는 현상은 saturation 모드에 가까워지는 것을 의미한다. 즉, 작동점이 포화점 근처로 치우친 경우 베이스 전류의 양(+)의 반주기 중 일부에서 BJT가 포화모드로 동작하여 컬렉터 전류가 포화되는 부분이 발생하여 출력파형에 왜곡이 발생한다.

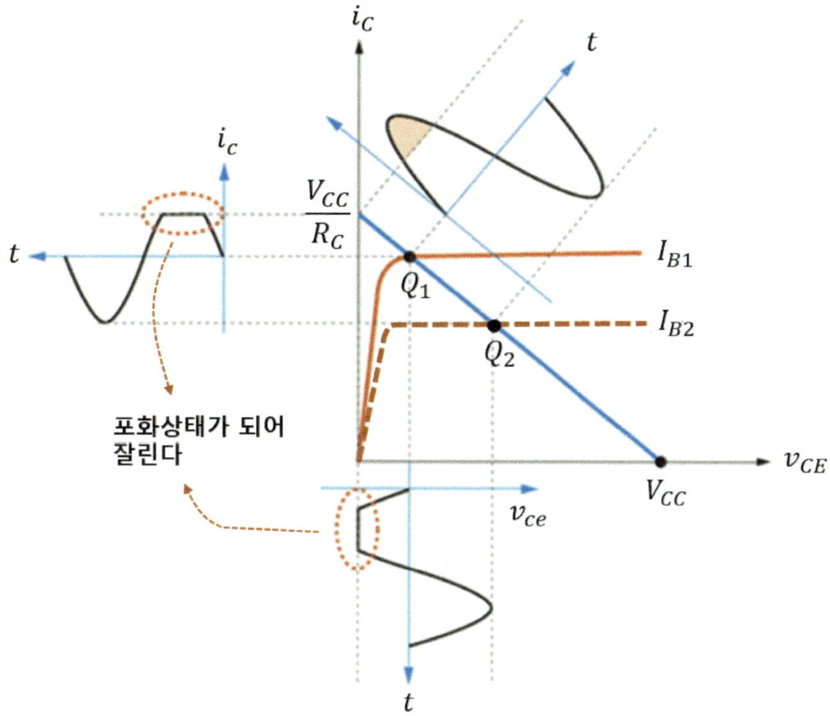

동작점이 Y축에 치우친 경우

로드라인 선상에서 동작점을 y축으로 이동하기 위해서는 베이스 전류를 조절한다. 트랜지스터의 특성 곡선으로부터 로드선을 그리고 베이스 전류를 I_{B1}에서 I_{B2}로 바꾸어주면 그림처럼 동작점이 Q_1에서 Q_2로 움직이게 된다.

동작점이 X축에 치우친 경우는 Cut-Off에 가까워진 상태로 동작점은 다음과 같이 x축에 치우쳐서 나타나게 되는데 이때 출력되는 파형은 크기가 줄어든 형태로 나타난다. 즉 동작점이 차단점 근처로 치우친 경우에는 베이스 전류의 음(-)의 반주기 중 일부에서 BJT가 차단모드로 동작하여 컬렉터 전류가 0이 되는 부분이 발생하여 출력파형에 왜곡이 발생하는 것이다.

이를 개선하기 위해서 동작점을 x축으로 이동하고자 하면 로드라인을 바꾸어 준다. 따라서 V_{CC}와 I_B를 고정하고 R_C의 값을 바꾸어 주면 동작점이 x축으로 움직인다.

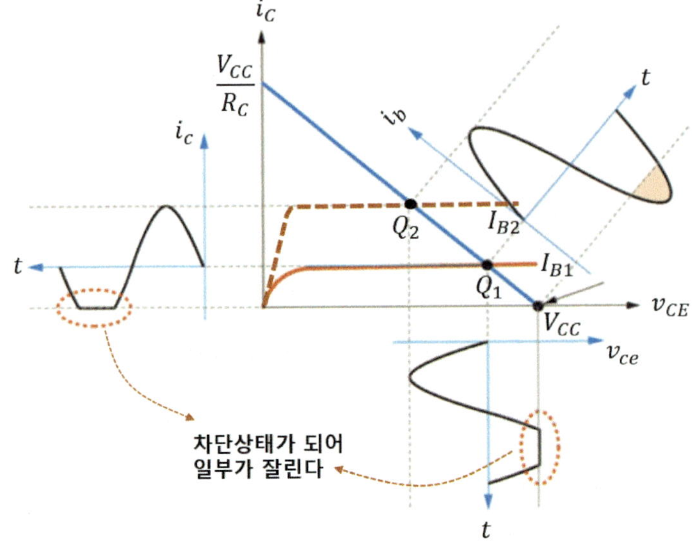

동작점이 X축에 치우친 경우

즉, BJT 증폭기에서 선형으로 동작하는 신호범위를 최대로 하기 위해서는 선형영역의 중앙 근처에 동작점이 설정되어야 한다는 것을 알 수 있다.

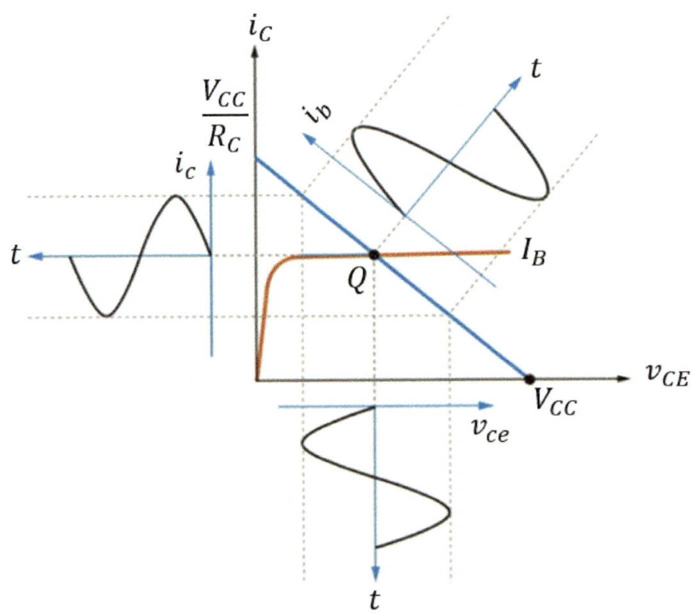

동작점이 선형영역의 중앙에 설정된 경우

실험회로 6-3

다음 회로를 구성하고 BJT의 동작영역이 중앙에 오도록 R_B와 R_C 값을 설정하시오. 그리고 이때의 β 값을 구하시오

□ 회로구성

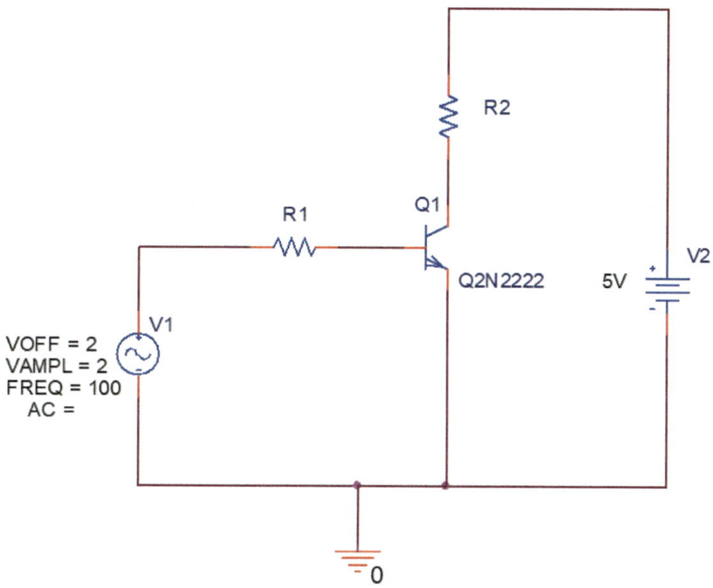

□ 회로해석

우선 동작점을 설정하기 위해서는 소자의 특성곡선을 파악해야 한다. 앞의 예제에서와 같이 $i_C - v_{CE}$ 곡선을 그리고 다음 그림과 같이 적당한 로드선을 그린다. 이때 로드선과 만나는 i_B =30uA이고 v_{CE}=2V이므로 이에 맞도록 베이스 저항 R1을 설정하여 로드라인을 선택하고 로드라인에 해당하는 기울기가 나오도록 R2를 설정한다.

$$R1 = \frac{V_1 - 0.7V}{30uA} = \frac{2V - 0.7V}{30uA} = 43k\Omega$$

Q2N2222의 i_B =30uA일 때 i_C = 5mA를 이용하여 β 를 구하면

$$\beta = \frac{i_C}{i_B} = \frac{5mA}{30uA} = 167$$

이고 회로에 KVL을 적용하면

$$V_{CC} = i_C R_2 + v_{CE}$$

이고 R_2는 $v_{CE} = 0$일 때 y절편과 같고 이 때 Load Line이 y축과 만나는 전류 값이 8mA 정도이므로

$$R_2 = \frac{V_{CC} - v_{CE}}{i_C} = \frac{5\,V}{8mA} = 625\ \Omega$$

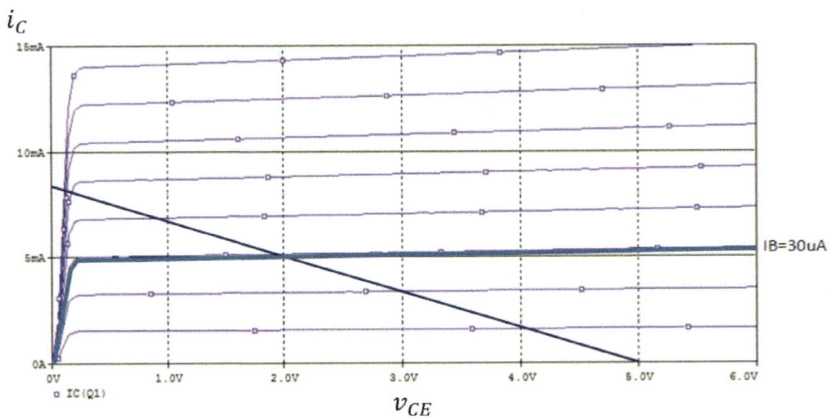

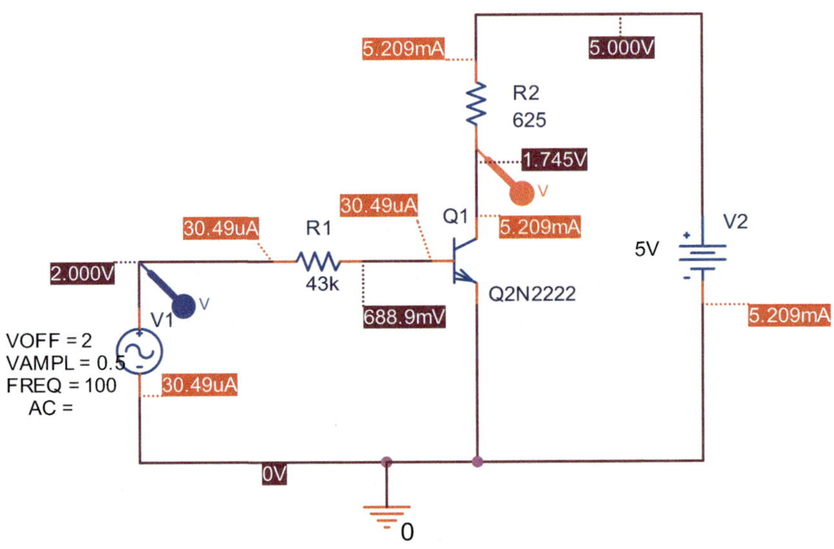

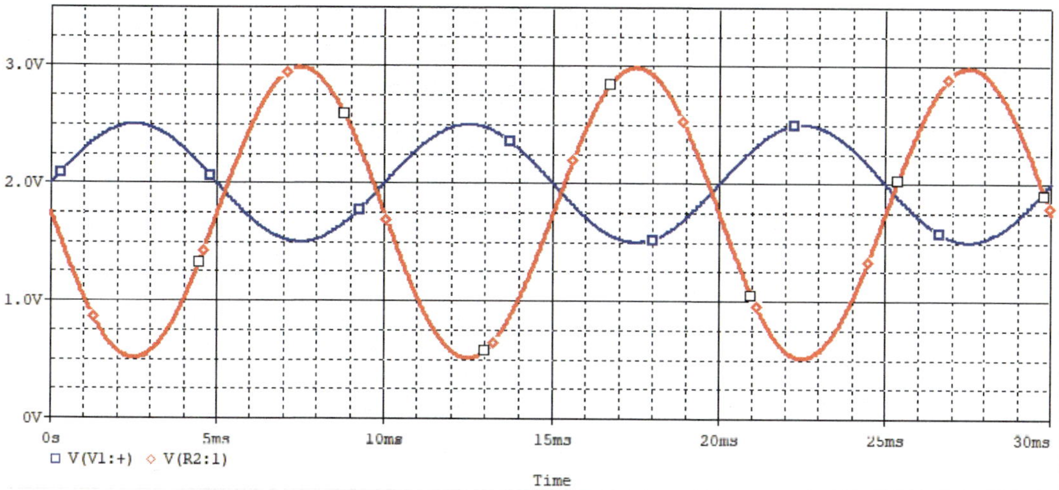

전압바이어스 출력파형에서 적절한 동작점 설정으로 파형이 정상적으로 반전되어 출력됨을 확인할 수 있다. 또한 바이폴라 트랜지스터는 전류증폭 목적을 주로 하므로 아래 파형에서처럼 입력 전류가 β=167배만큼 증폭됨을 주목하자.

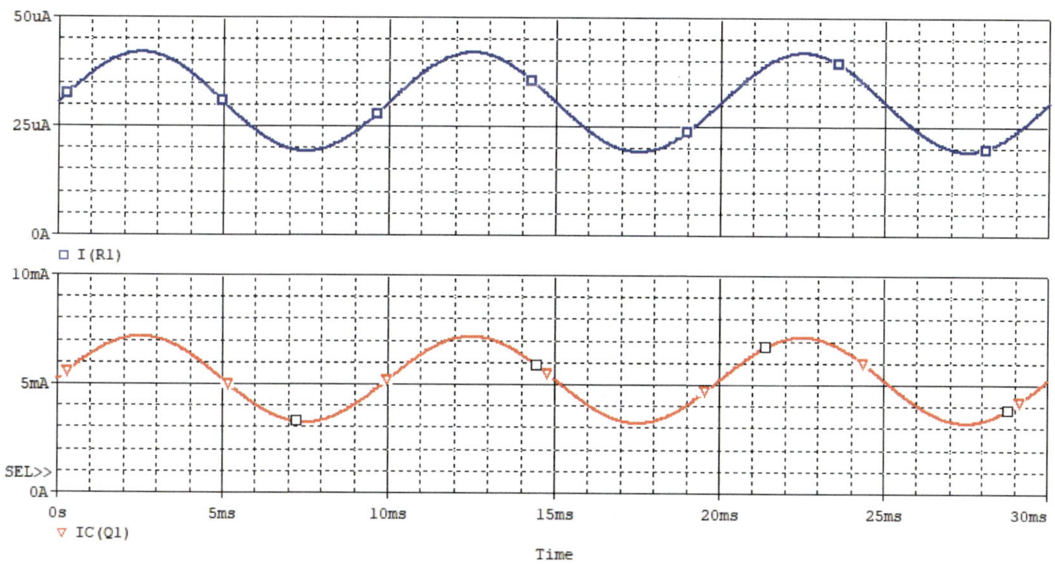

6.3 고정 바이어스

위의 예에서처럼 동작점 설정은 트랜지스터 회로 설계에서 가장 중요하다. 고정바이어스는 그림과 같이 전원전압을 바이어스 저항으로 낮추어, 베이스 전류가 흐르도록 조절하는 방식을 고정 바이어스 회로라 한다. 이 방식은 회로가 간단하고, 바이어스 저항에 상당한 오차가 허용되며, 회로손실이 적다는 장점이 있지만 안정도가 낮다는 결점이 있기 때문에 안정도와 충실도가 문제되지 않는 간단한 장치에만 이용된다. 고정바이어스는 실제 회로에서는 잘 사용하지 않는데 그 주된 이유는 '열폭주 현상' 때문이다.

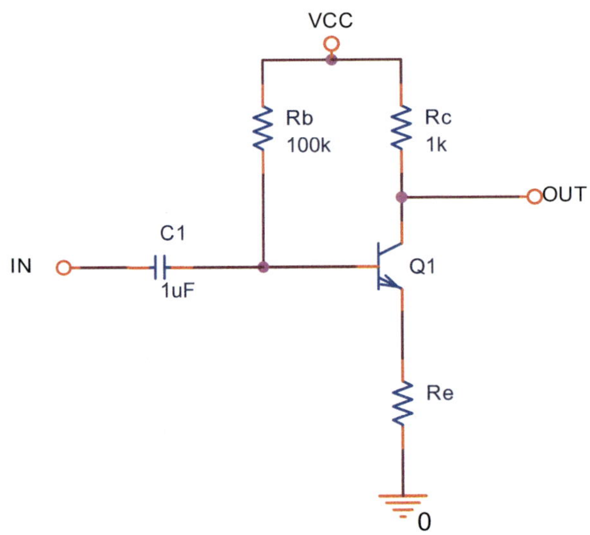

고정바이어스에서 R_B는 $V_C > V_B > V_E$ 조건이 만족하도록 100kΩ ~ 1MΩ 범위에서 설정하며 R_C는 1kΩ 범위에서 원하는 이득이 되도록 Re와 R_C를 설정한다. C1은 입력신호의 DC 성분을 제거하는 Coupling 용도로서 μF 단위로 입력 교류신호가 통과하는 범위에서 설정한다.

반도체 소자는 전류가 흐름에 따라 열발생이 많으며 특히 트랜지스터는 온도가 증가하면 저항이 감소하는 부성저항의 특성이 있는데 전류증폭률은 온도가 증가하면 증가하고 베이스 전류가 일정하더라도 결국 컬렉터 전류가 증가한다. 이러한 현상을 '열폭주'라고 하는데 열폭주가 발생하면 트랜지스터가 결국 파괴된다. 고정 바이어스의 경우, 열폭주를 제어하는 동작을 회로 자체에서 수행하지 못하기 때문에 온도가 증가하면 열폭주 현상에 의해서 트랜지스터가 파손될 수 있다.

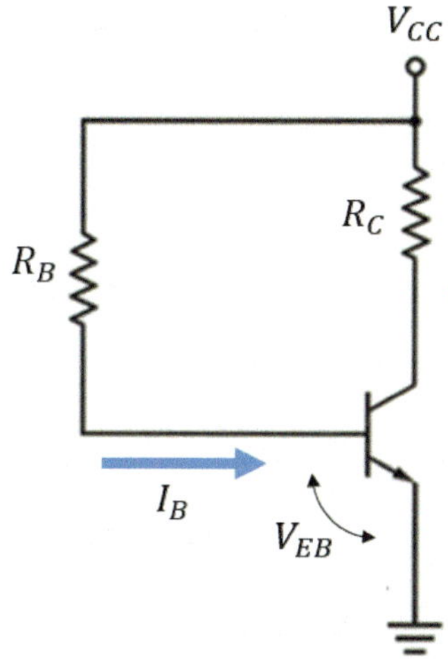

$$V_{CC} = V_{EB} + I_B R_B$$

$$I_B = \frac{V_{CC} - V_{EB}}{R_B}$$

$$V_{CE} = V_{CC} - I_C R_C$$

$$I_C = -\frac{V_{CE}}{R_C} + \frac{V_{CC}}{R_C}$$

즉 고정바이어스에서는 직류부하선과 베이스 전류 I_B의 교점에서 바이어스 전류와 전압이 I_C 와 V_{CE}에 의해서 설정됨을 알 수 있다.

6.4 전압분할 바이어스

이미터에 저항을 삽입한 전압 분할 바이어스는 회로에서 이미터 단자 측 Re는 온도 증가에 의해 Ic가 증가할 경우, 이미터와 베이스 사이 전압은 항상 일정하므로 피드백 동작이 일어나도록 하여 Ic를 다시 감소시킴으로써 추가적인 열발생을 막는 역할을 한다. 따라서 전압분할 바이어스는 안정성이 우수하고 동작점 설정이 용이하므로 가장 많이 사용되는 바이어스 방식이다.

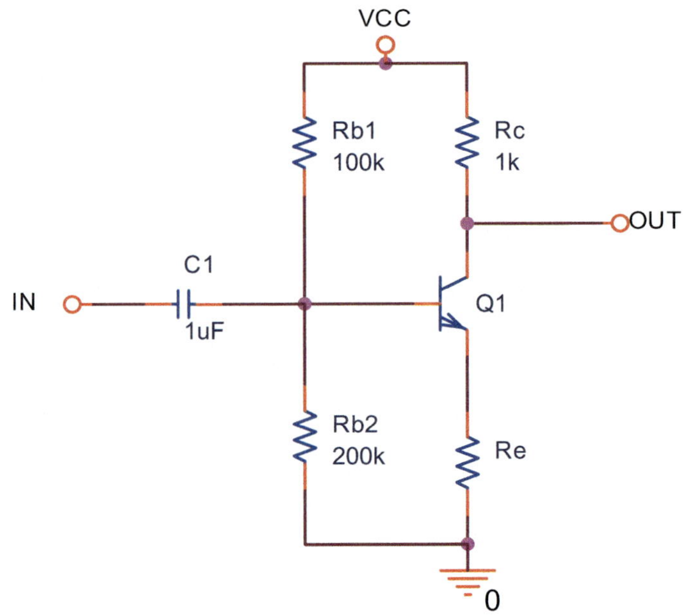

6.5 달링톤 회로

트랜지스터가 증폭을 하기 위해서는 Active 영역에 있어야 하며 소신호를 증폭할 때 전류증폭률이 큰 트랜지스터를 사용하면 좋지만 일반적인 트랜지스터의 전류증폭률은 100~1000 정도이므로 높은 증폭률을 얻기 위해 2개의 트랜지스터를 조합하여 사용하는데 이 회로를 달링톤 회로라고 한다.

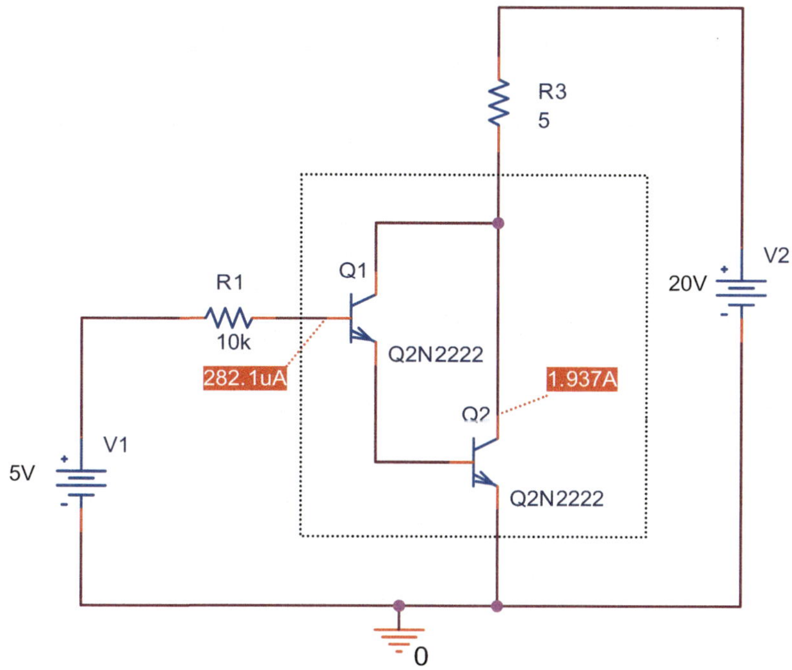

위 회로에서 최종출력전류는

$$\beta(1+\beta)\times I_B = 1.937A$$

이고 이는 전류증폭률을 제곱한 결과와 같다.

6.6 바이폴라 트랜지스터의 기본 증폭 회로

바이폴라 트랜지스터는 접지방식에 따라서 3가지 증폭회로 구성이 가능하다. 공통이미터 접지 회로는 이미터를 공통 접지로 하여 베이스에 신호를 인가하여 컬렉터에서 증폭이 구성되며 공통 베이스 접지 회로는 베이스를 공통 접지로 이미터에 신호를 인가하여 컬렉터에서 증폭된 신호가 출력된다. 공통 컬렉터 증폭회로는 컬렉터를 공통 접지로 베이스에 신호를 인가하여 이미터에서 증폭된 출력을 얻는다. 각 구성 방식에 따른 특성은 아래 표와 같다.

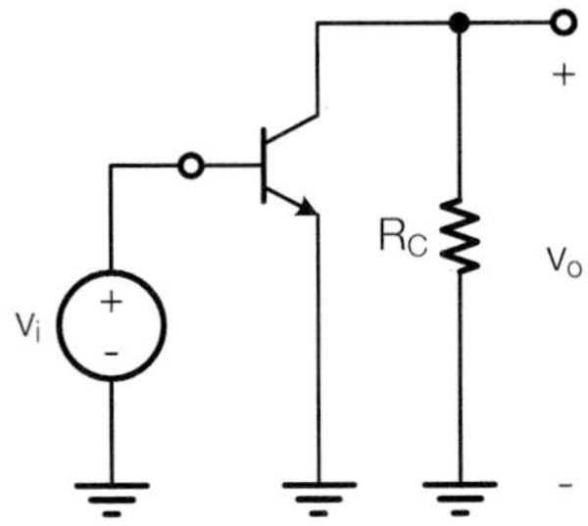

CE 증폭

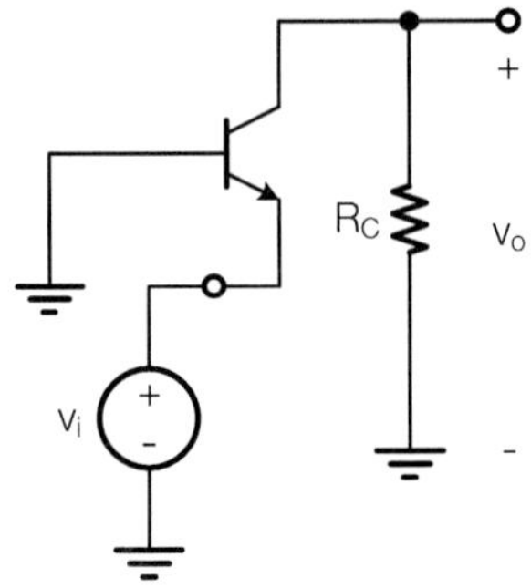

CB 증폭

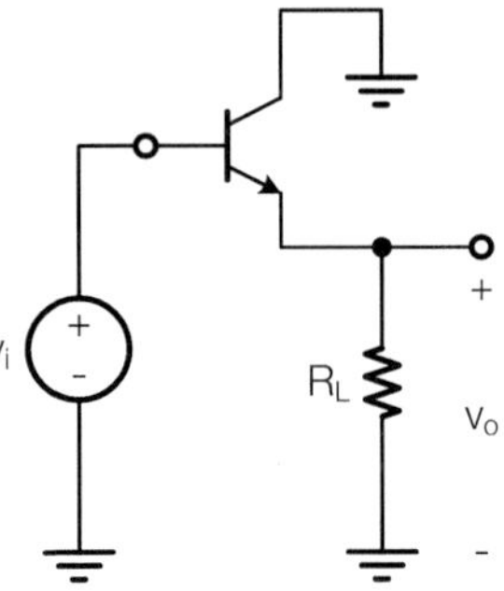

CC 증폭

	CE	CB	CC
Voltage Gain	보통	크다	작다
Current Gain	보통	작다	크다
Power Gain	크다	작다	보통
Input Resistance	보통	작다	크다
Output resistance	보통	크다	작다

CE 증폭기(Common Emitter Amplifier)는 트랜지스터의 에미터 단자가 접지에 연결되어 있어 에미터 공통회로라고 한다. 베이스와 컬랙터의 C_b, C_c 커패시터는 커플링(Coupling) 커패시터라고 하며 신호에 존재하는 DC 옵셋을 제거하는 기능을 하며 이미터의 커패시터 C_e는 바이패스(bypass) 커패시터로써 이미터 저항에 의한 이득 감소를 보완하는 역할을 한다.

설계 및 해석은 직류해석을 통하여 바이어스 전류 및 전압을 구하고 직류해석 결과를 이용하여 $r_e = \dfrac{V_T}{I_E}$와 $r_o = \dfrac{V_A}{I_C}$를 구한다.

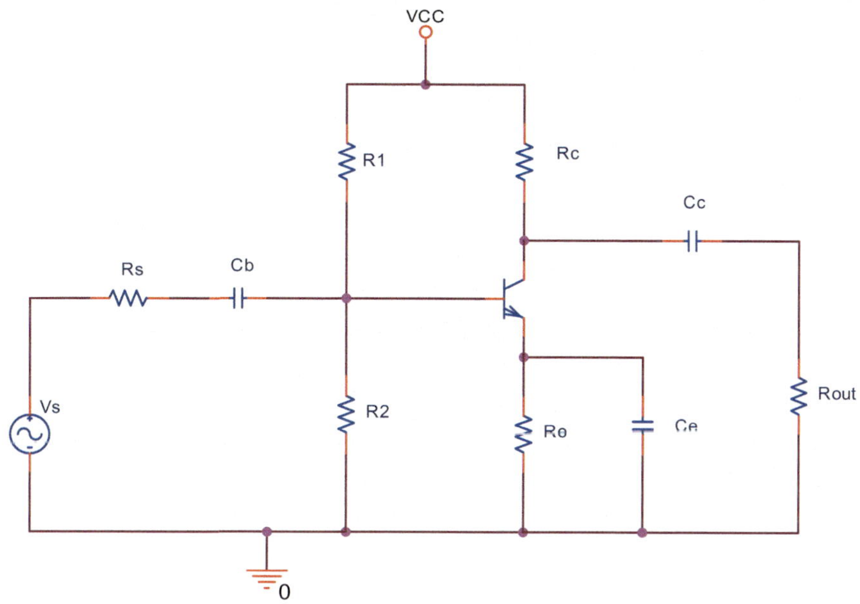

설계 및 해석은 먼저 트랜지스터 DC I-V곡선을 이용하여 동작점을 설정하고 입력신호에 대하여 원하는 이득이 나올 수 있도록 주변 소자의 값을 결정한다.

(1) 직류해석

직류해석일 경우 모든 커패시터를 Open 시키고 I_B, I_C, I_E, V_{CE}를 구하여 적절한 동작점을 구하고 전류증폭률 β를 구한다. 교류신호를 인가하였을 경우 출력되는 신호는 동작점을 기준으로 소신호가 증폭되므로 동작점을 잘 설계하는 것이 매우 중요하다.

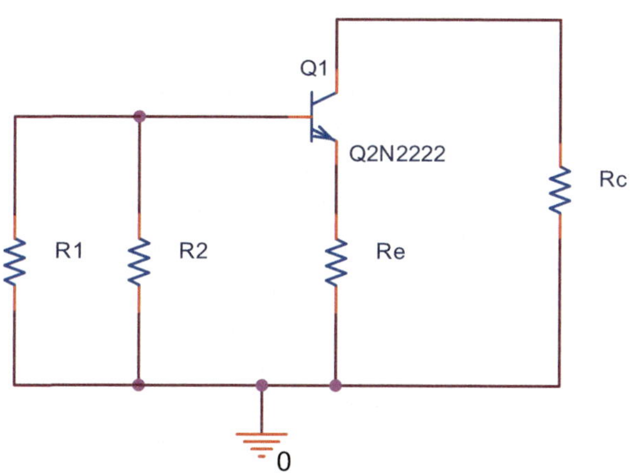

그림은 직류 해석을 위해 커패시터를 오픈시키고 전압원을 제거한 회로이다. 위의 회로에서 베이스에서 바라본 저항 R_{th}는

$$R_{th} = \frac{R_1 R_2}{R_1 + R_2}$$

이고 베이스와 이미터 사이에

$$\begin{aligned} V_B &= R_{th} I_B + R_e I_E + V_{BE} \\ &= R_{th} I_B + R_e (1+\beta) I_B + V_{BE} \end{aligned}$$

따라서 베이스 전류

$$I_B = \frac{V_B - V_{BE}}{R_{th} + R_e (1+\beta)}$$

오른쪽 루프에서 KVL을 적용하면

$$V_{CC} = I_C R_C + V_{CE} + I_E R_E$$

$$V_{CE} = V_{CC} - (R_E + R_C) I_C$$

이므로 Q2N2222의 DC 특성곡선에서 x축과 y축의 절편은 다음과 같다.

$$x축 \text{ 절편 : } I_C = 0 \text{ 일때 } V_{CE} = V_{CC}$$

$$y축 \text{ 절편 : } V_{CE} = 0 \text{ 일때 } I_C = \frac{V_{CC}}{R_E + R_C}$$

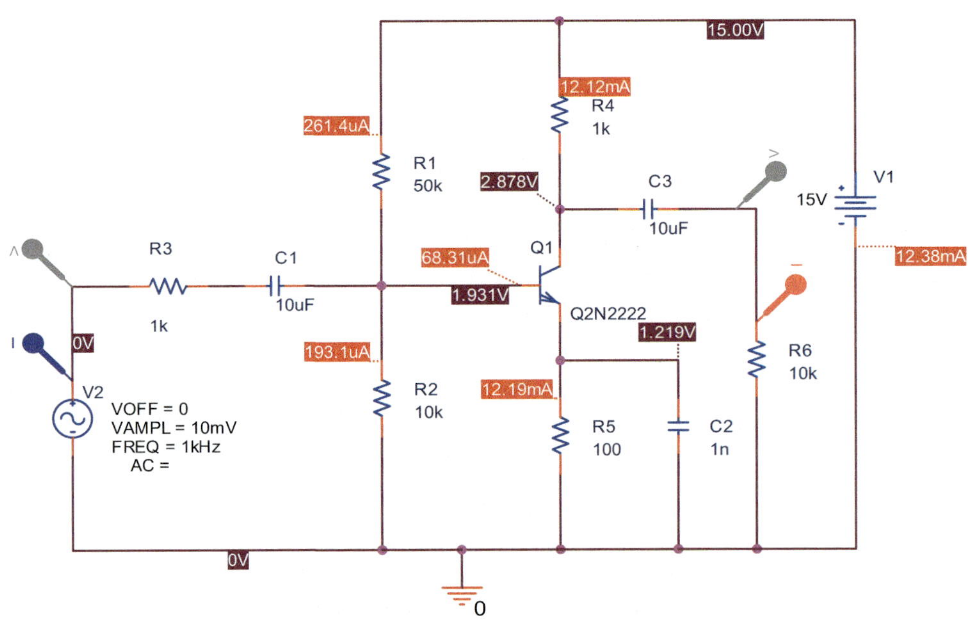

Q2N2222의 I-V 곡선으로부터 $\beta = \dfrac{I_C}{I_B} \approx 170$임을 알 수 있으며 베이스 전류가 30uA일 때 $I_C = 5mA$ 정도가 되도록 하면 설정한 동작점과 동일하다는 것을 알 수 있다.

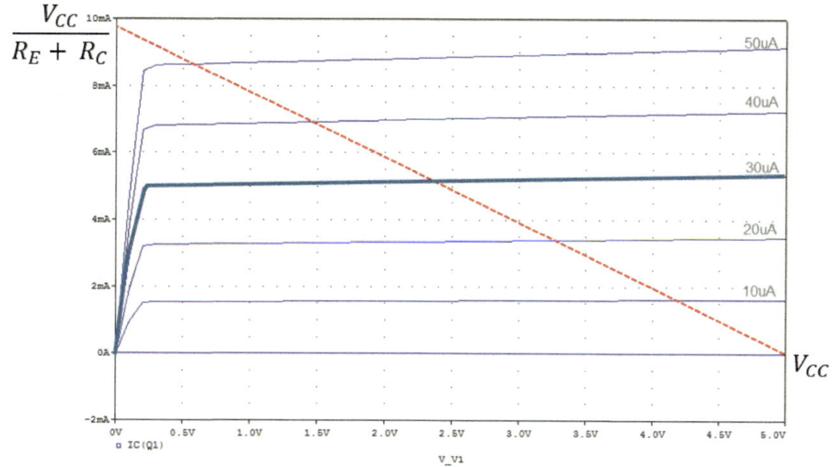

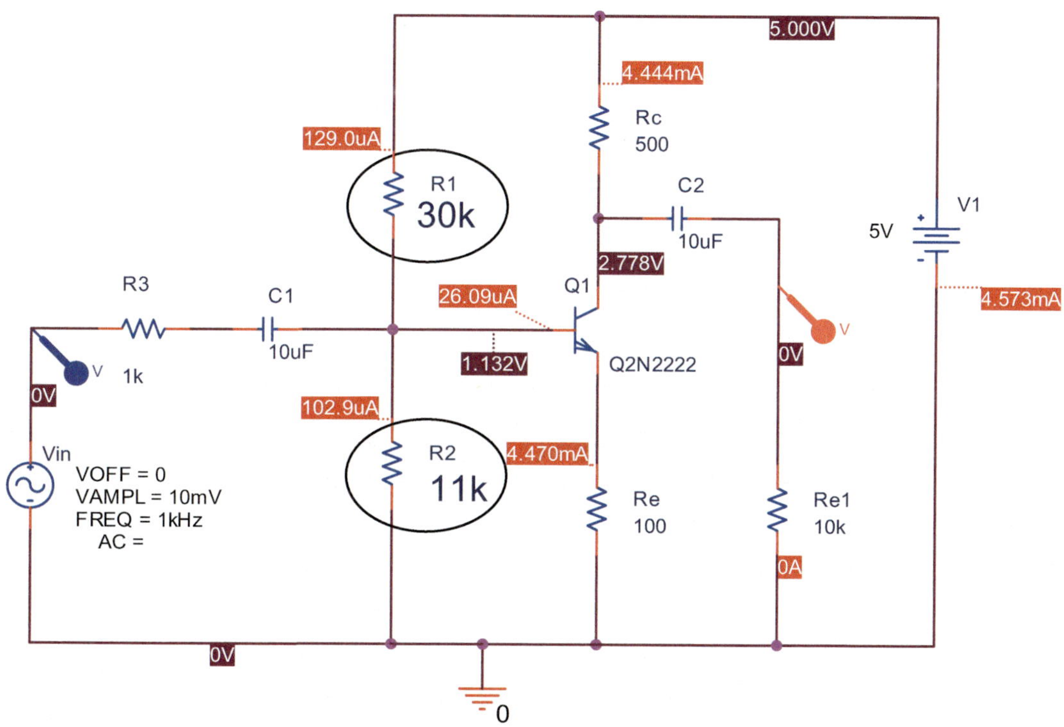

이 회로에서 R_e는 전류증폭률 β의 변동이나 외부 요인들에 의한 베이스와 컬렉터 전류의 변동을 작도록 하여 회로를 안정화시키는 부궤환 역할을 하는 저항으로 이 저항으로 인해 전체 이득이 작아질 수 있다.

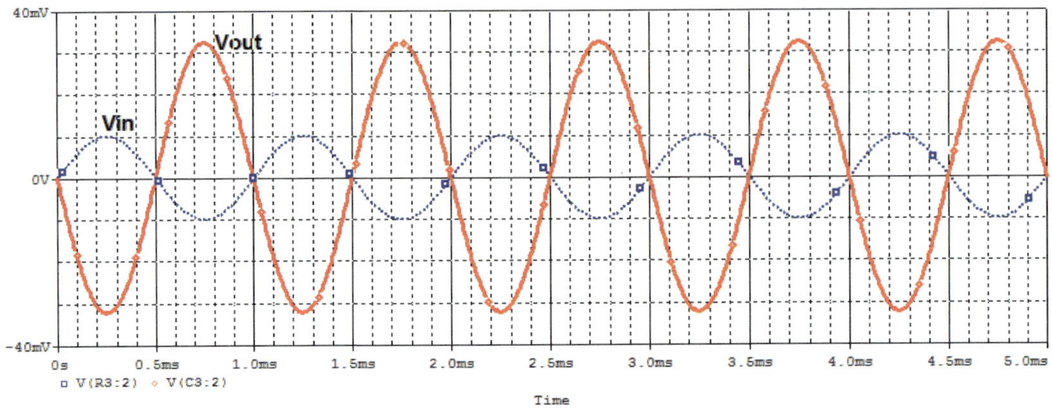

R_e에 의한 이득의 감소는 다음 회로에서와 같이 R_e와 병렬로 커패시터를 달아 줌으로써 전압이득을 키울 수 있다.

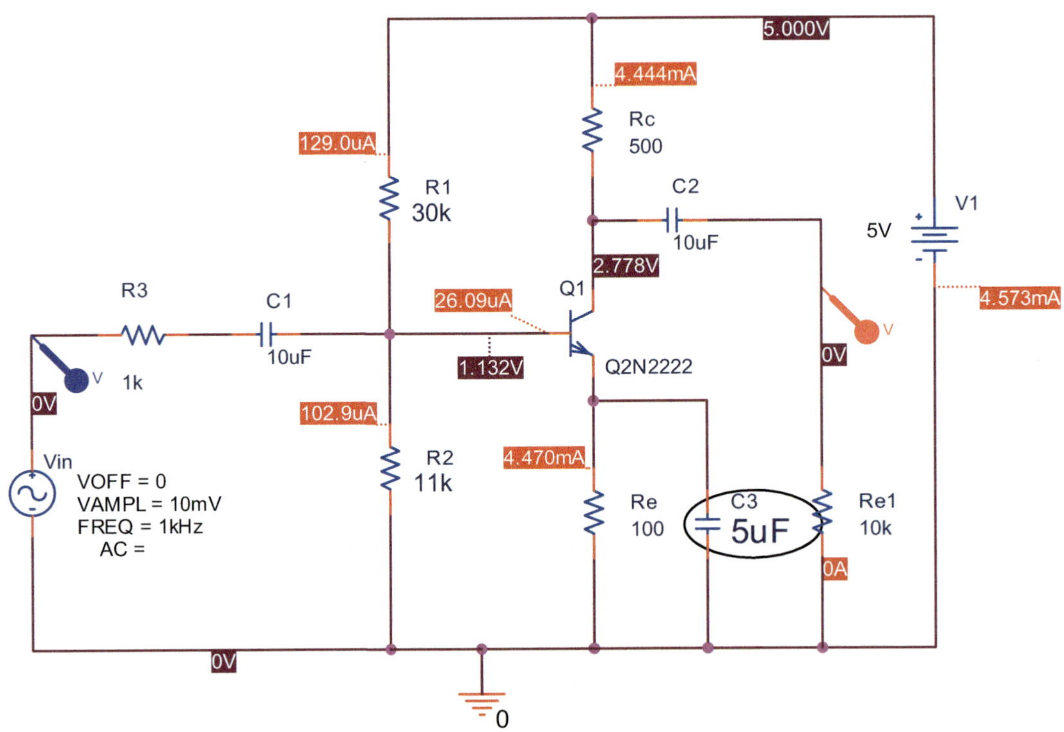

01

연습문제

다음 회로에서 컬렉터 전류 I_C를 구하고 PSpice 결과와 비교하시오.
(단, β=100이고, V_{BE}= 0.7[V]이다.)

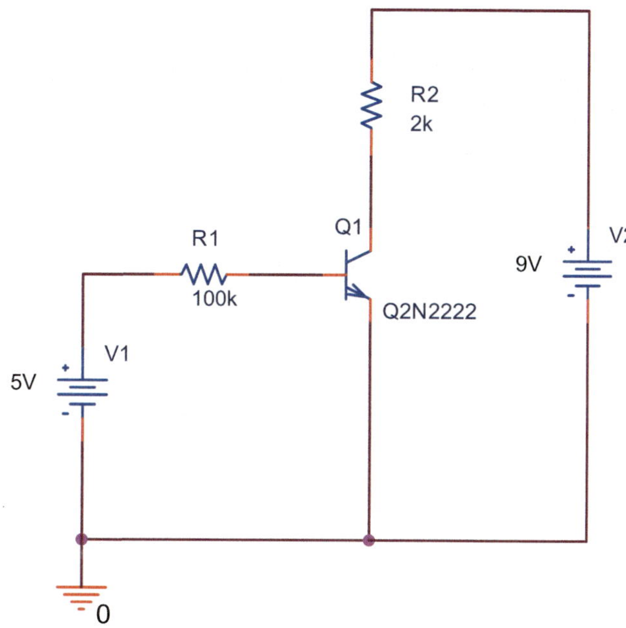

〈해설〉

베이스 전류 $I_B = \dfrac{5-0.7}{R_1} = \dfrac{4.3}{100\times 10^3}[A]$

에미터 접지 전류 증폭률 $h_{fe} = \beta = \dfrac{I_C}{I_B}$ 이므로

따라서 $I_C = \beta I_B = 100 \times \dfrac{4.3}{100\times 10^3} = 4.3mA$

〈PSpice 결과〉

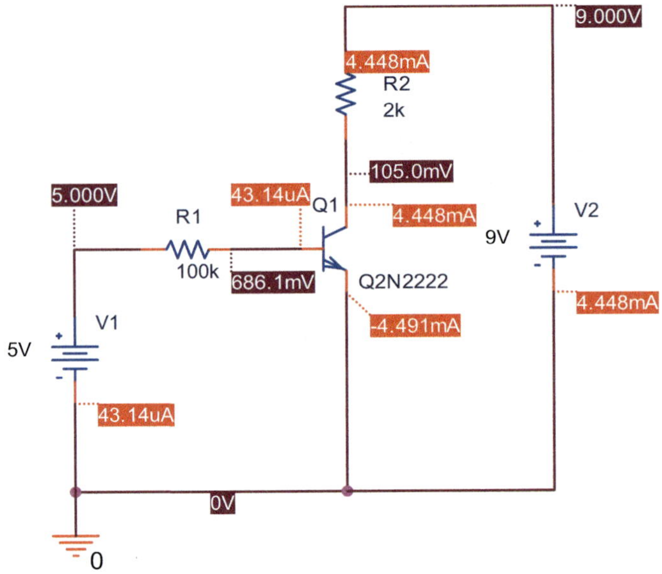

회로를 구성하고 Transient Simulation을 수행하면 컬렉터에 흐르는 전류가 4.448mA이며 계산한 결과와 거의 동일한 결과가 나타남을 확인할 수 있다.

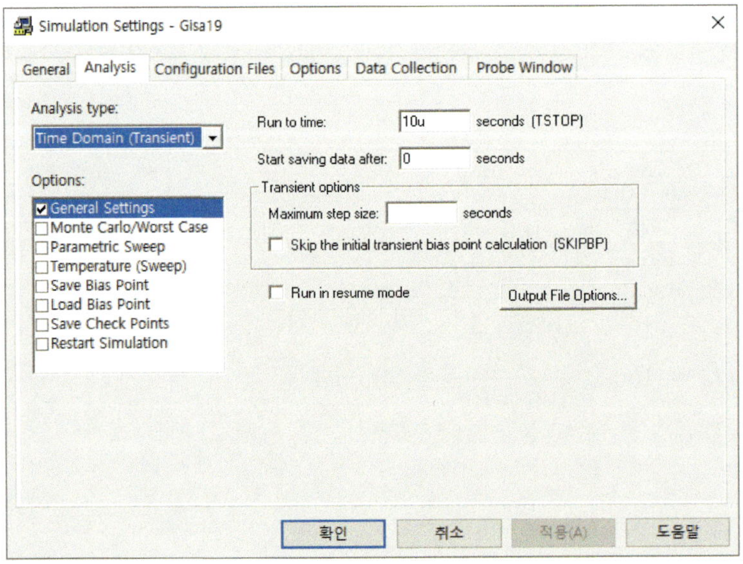

02
연습문제

다음 베이스 바이어스 회로가 25℃에서 $\beta=100$이라면 V_{CE}의 전압은 몇 [V]인지 계산하고 PSpice 결과와 비교하시오. (단, 실리콘 트랜지스터를 사용한 순방향 전압강하는 0.7[V]로 가정한다.)

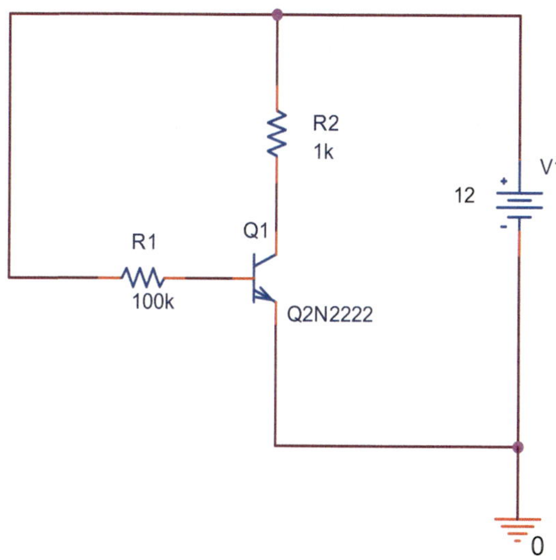

〈해설〉

$$I_B = \frac{V_{CC} - V_{BE}}{R_B} = \frac{12 - 0.7}{200 \times 10^3} = 56.5[uA]$$

$$\beta = \frac{I_C}{I_B}, \quad I_C = \beta I_B = 100 \times 56.5 \times 10^{-6} = 5.65[mA]$$

$$\therefore V_{CC} = I_C R_C + V_{CE}$$

$$V_{CE} = V_{CC} - I_C R_C = 12 - 5.65 \times 10^{-3} \times 2.1 \times 10^3 = 135[mV]$$

〈PSpice 결과〉

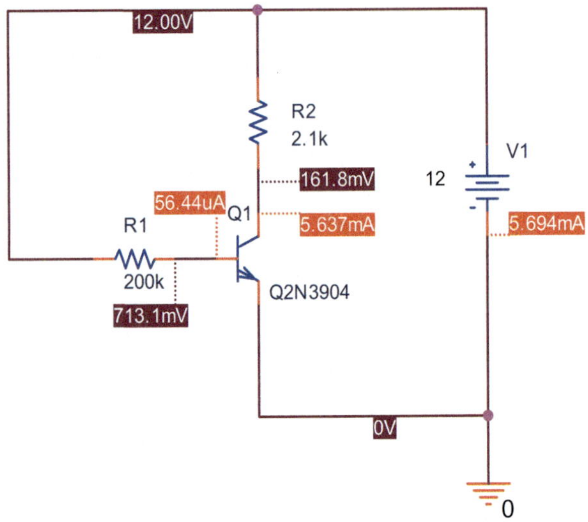

회로를 구성하고 Transient Simulation을 수행하면 계산한 결과와 거의 동일한 결과가 나타남을 확인할 수 있다.

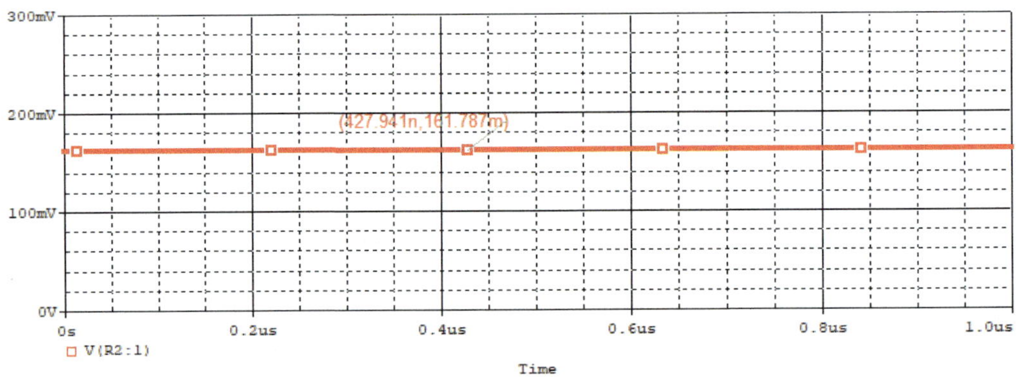

참고 무어(Moore)의 법칙에 의한 반도체 발전

1965년 전기와 전자 분야의 잡지 회사인 일렉트로닉스사는 페어차일드 반도체 회사의 연구 책임자였던 고든 무어에게 미래의 반도체 집적회로 산업을 예측하는 글을 부탁했다. 후에 무어는 인텔을 공동 설립하여 세계적인 기업의 대표이자 갑부가 되었지만, 그 당시에는 반도체 엔지니어 연구 그룹 외부에는 거의 알려지지 않았다.

무어는 1959년에서 1965년까지 개발된 칩에 내장된 트랜지스터 수를 정리해보니 집적회로의 트랜지스터 수가 매년 2배씩 증가한 사실을 발견하였다. 이를 토대로 1965년에 무어는 18개월마다 집적회로에 내장되는 트랜지스터의 수가 2배씩 증가 한다는 결과를 발표하였고, 1975년에는 2년마다 트렌지스터의 수가 2배씩 증가한다고 수정하여 발표하였다.

이러한 사실은 무어가 인텔을 창업하여 마이크로프로세서를 개발하면서 잘 맞아 떨어졌지만 2010년 이후에는 2배씩 집적하기 위해서는 더 많은 시일이 소용되어 더 이상 무어의 법칙이 잘 만족되지 못하였다. 무어의 법칙은 법칙이라기보다는 반도체 기술 발전을 나타내는 지표로서 자주 활용되는 자료이다.

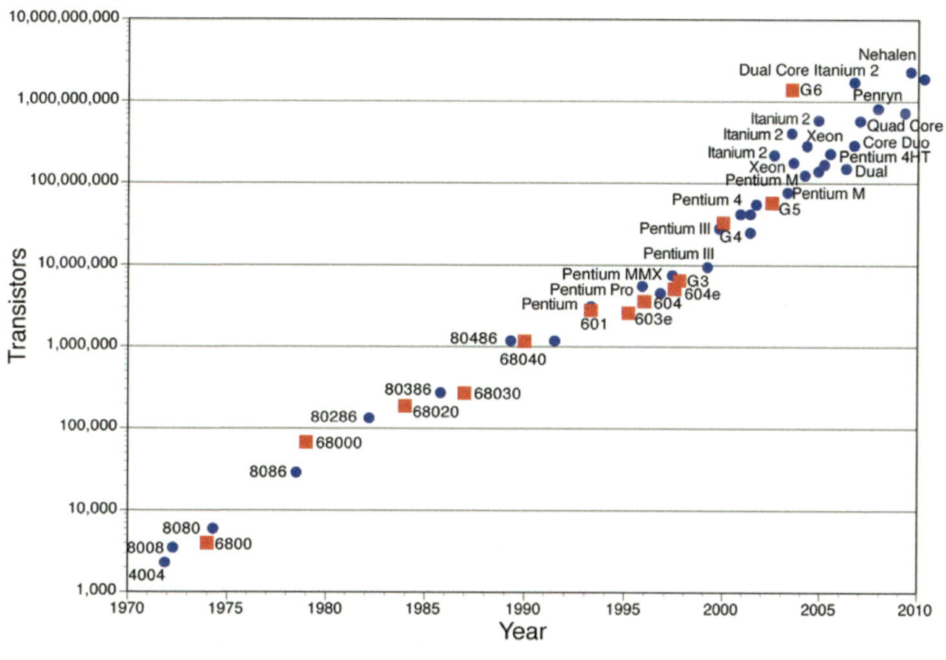

MEMO

CHAPTER 07

MOSFET 회로

MOSFET는 BJT에 비해 아주 작은 면적으로 만들 수 있고 전력 소모도 매우 적어서 고집적 디지털 및 아날로그 반도체 IC(Integrated circuit)에 폭넓게 사용되고 있다. 전자 또는 정공 한 종류의 캐리어에 의해서 전류가 형성되는 단극성(unipolar) 트랜지스터로서 증폭기뿐만 아니라 디지털 논리회로에도 폭넓게 활용된다.

학습목표

▸ MOSFET의 동작원리를 이해하고 PSpice로 MOSFET 회로를 설계하고 해석할 수 있다.

7.1 MOSFET 기본

전자회로에 사용되는 소자는 수동소자와 능동소자로 분류되며 수동소자는 저항, 콘덴서, 코일처럼 공급된 전력을 소비하고 축적하고 방출만 하는 소자이다. 증폭이나 정류 등의 능동적 기능을 하지 않아서 수동소자라고 한다. 수동소자는 외부 전원이 필요 없이 단독으로 동작이 가능하다는 특징이 있다. 한편, 능동소자는 작은 신호를 넣어서 큰 출력 신호로 변화시킬 수 있는 전자 부품으로 능동소자는 입력과 출력의 비율로 이득을 얻는다. 이러한 능동소자에는 진공관, 연산 증폭기, 다이오드, 트랜지스터가 있으며 현재 집적 회로의 90% 이상이 MOSFET가 사용되고 있다.

MOSFET는 Metal Oxide Semiconductor Field Effect Transistor의 약자로서 금속성분의 게이트와 산화막 성분의 절연체, 반도체 구조의 채널로 형성되어 있다. 제작방법과 동작방식에 따라 증가형(enhancement type) MOSFET와 공핍형(depletion type) MOSFET로 구분된다.

증가형 MOSFET 은 일반적으로 주로 사용되는 MOSFET으로 기판과 소스, 드레인의 도핑형태에 따라 N채널, P채널로 구분되어 있으며 바이어스가 가하지 않은 상태에서 off 상태이며 공핍형 MOSFET는 제조과정에서 채널이 미리 만들어져 있기 때문에 평상시에 on 상태로써 공핍형 MOSFET을 off로 만들기 위해서는 적절한 바이어스가 필요하다.

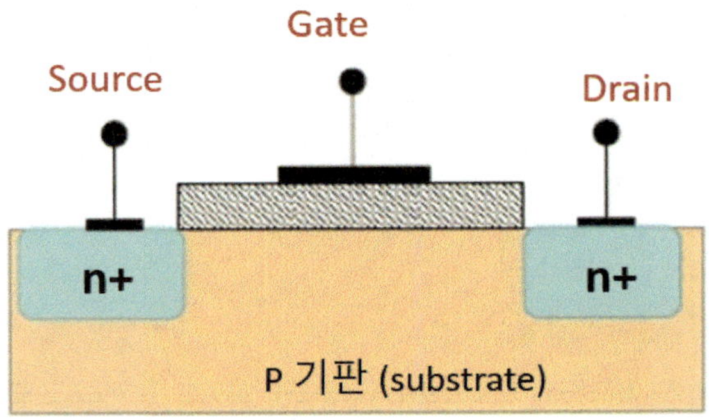

N채널 MOSFET 수직 구조

증가형 및 공핍형 MOSFET는 소스, 드레인 영역의 도핑 형태에 따라 N채널 또는 P채널 MOSFET으로 구분되는데 N채널 MOSFET은 기판이 P형 반도체이고 P채널 MOSFET는 기판이 N형 반도체이다. 회로상에 표시되는 MOSFET의 기호는 다음 그림과 같다.

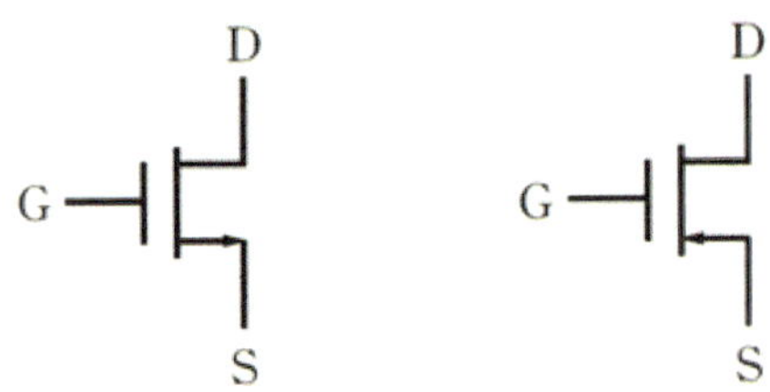

증가형 NMOS 증가형 PMOS 기호

N채널 MOSFET, NMOS는 p형 기판에 5가의 도너 불순물(P, As 등)을 높은 농도로 주입하여 n+ 영역을 형성하고 이곳에 금속을 접촉하여 소스와 드레인 단자를 만든다. 소스와 드레인 사이의 기판 실리콘 영역이 채널영역이 되며, 채널영역 위에는 얇은 SiO_2 산화막(oxide)이 형성되고, 그 위에 게이트 전극이 만들어진다.

SiO_2 산화막은 실리콘을 산소와 결합시킨 우수한 절연체 역할을 하며 게이트 전극과 채널이 절연체로 분리되어 있는 구조로 개발 초기에 게이트 전극을 금속으로 만들었기 때문에 MOS (Metal-Oxide-Semiconductor)라고 부르게 되었다.

MOSFET는 소스, 게이트, 드레인 및 바디의 4종류의 단자를 가진다. 통상 NMOS의 바디(Substrate)는 P형 반도체이므로 V_{SS}에 연결하고, PMOS의 바디는 N형 반도체이므로 V_{DD}에 접속한다. 그림에 표시한대로 P형 반도체는 다이오드의 애노드(anode)에 해당하므로 화살표가 들어가는 방향이고, N형 반도체는 다이오드의 캐소드(cathode)에 해당하므로 화살표가 나오는 방향이다.

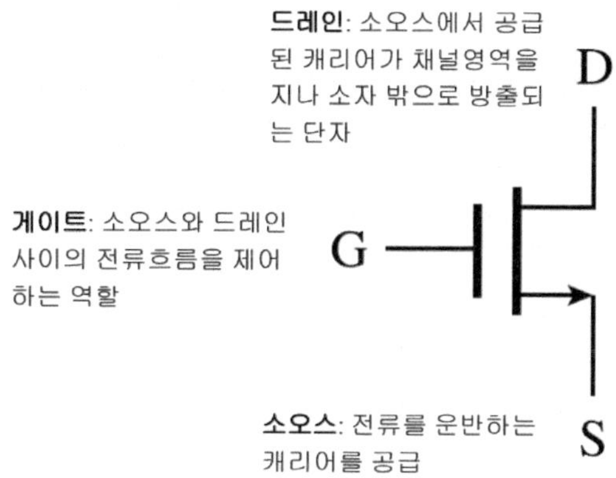

MOSFET 단자별 특징

일반적으로 간단하게 표시하기 위하여 바디 단자를 표시하지 않고 소스, 게이트 및 드레인 3가지 단자로만 표시한다. 이 경우 소스 단자에 화살표를 표시하는데, NMOS FET는 소스가 N형 반도체이기 때문에 소스는 화살표가 나오는 방향으로 표시하고, PMOS FET는 소스가 P형 반도체이기 때문에 소스는 화살표가 들어가는 방향으로 표시한다. MOSFET는 3종류의 단자로 구성되어 있다.

NMOS FET는 P형의 기판 위에 N플러스로 도핑된 소스 및 드레인 영역과 기판과 산화막으로 분리되어 N플러스 폴리 실리콘으로 만들어진 게이트 영역으로 구성되어 있다. 위로부터 전극, 산화막, 반도체 순서로 형성된 FET이어서 영문 첫 글자를 따서 MOS(Metal Oxide Semiconductor) FET라고 부른다.

소스와 드레인 영역이 N형의 다수 캐리어인 전자들의 통로로 연결되기 때문에 NMOS FET라고 부른다.

PMOS FET는 NMOS FET와 반대로 N형 기판 위에 P플러스로 도핑된 소스 및 드레인 영역과 기판과 산화막으로 분리되어 N플러스로 도핑된 폴리 실리콘으로 만들어진 게이트 영역으로 구성되어 있다. 소스와 드레인 영역은 P형의 다수 캐리어인 전공들의 통로로 연결되어 때문에 PMOS FET라고 부른다.

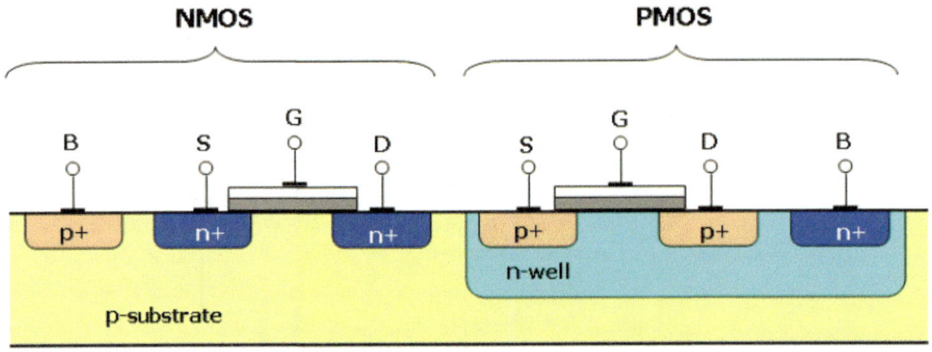

CMOS 공정에 의한 FET

MOSFET는 NMOS FET와 PMOS FET로 구분되고, 이 둘을 합쳐서 CMOS FET라고 부르는데 위의 그림은 CMOS 구조를 나타내며 상보형(Complementary) MOS를 뜻하며 하나의 공정에 NMOS와 PMOS를 모두 만들 수 있고 NMOS, PMOS의 상호 단점을 보완할 수 있기 때문에 최근에 많이 사용된다. PMOS와 NMOS의 회로 심볼은 다음과 같이 다양하게 사용되며 회로에서 함께 사용되므로 잘 익혀 두기 바란다.

MOSFET의 전류 방향은 NMOS FET에서는 드레인에 가장 높은 바이어스가 인가되고 소스에 가장 낮은 바이어스가 인가되므로, 전류는 드레인에서 소스로 흐르고 PMOS FET에서는 소스에 가장 높은 바이어스가 인가되고 드레인에 가장 낮은 바이어스가 인가되기 때문에, 소스에서 드레인으로 전류가 흐른다.

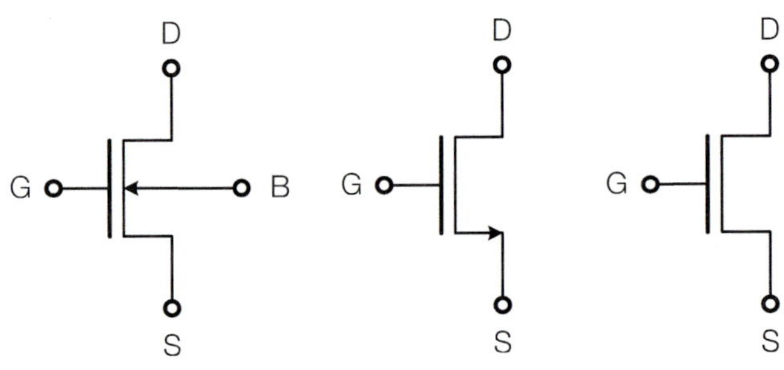

NMOS FET 심볼

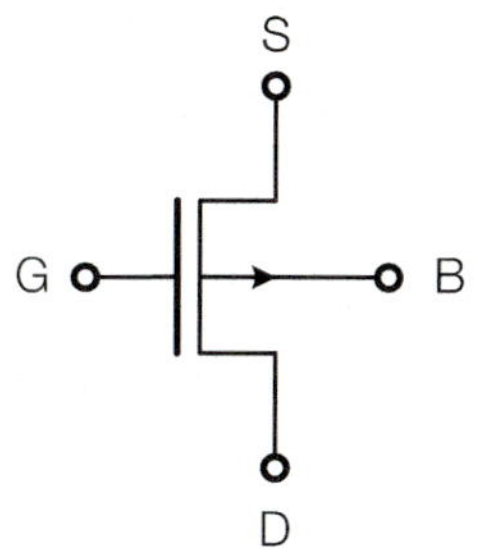

PMOS FET 심볼

n채널 MOSFET와 p채널 MOSFET는 전류와 전압의 극성이 반대되는 것을 제외하면 동일한 해석이 가능하다. MOSFET의 동작에 있어서 중요한 점은 전류가 소스와 드레인 사이의 채널 영역을 통해서만 흐르며, 소스 또는 드레인에서 기판 쪽으로 전류가 흐르지 않아야 한다는 것이다. 따라서 소스, 드레인과 기판의 PN 접합은 항상 역방향 바이어스 상태가 되어야 하며, 이를 위해 n채널 MOSFET의 p형 기판에는 0V 또는 음(-)의 전압이 인가되도록 해야 하며 P채널 MOSFET의 N형 기판에는 +VDD전압이 인가되어야 한다.

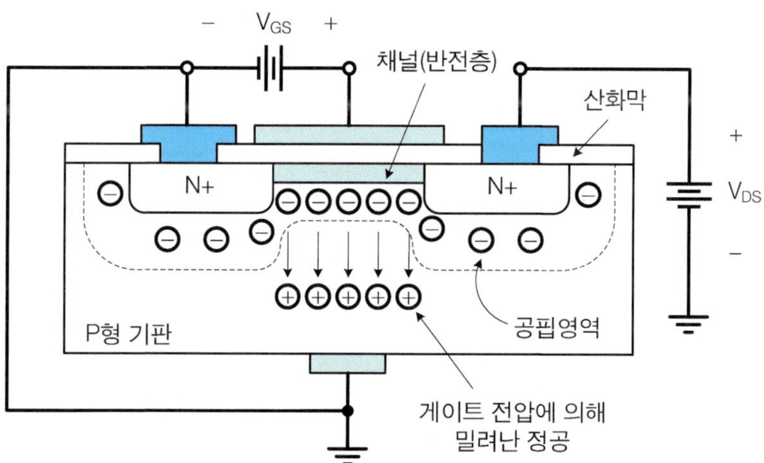

N채널 증가형 MOSFET의 채널 형성($V_{GS} > V_{Tn}$)

게이트 전극에 양(+)의 전압을 인가하면, 게이트 산화막 아래의 채널 영역에 전자들이 모여 n형 반전층(inversion layer) 형성이 상태를 '채널'이 형성되었다고 한다. "반전층"이란 기판의 다수 캐리어(기판의 도핑형태에 의해 결정됨)와 반대형태의 캐리어가 모여 있는 상태를 말하다.

증가형 MOSFET의 동작 원리는 채널이 형성된 상태에서 드레인에 양(+)의 전압이 인가되면 소스와 드레인 사이에 전류가 흐르게 되며 증가형 MOSFET에서 채널을 형성하기 위해 필요한 최소 게이트 전압을 문턱전압(threshold voltage)이라고 하는데 n채널 증가형 MOSFET의 문턱전압은 $V_{Tn} > 0$이며, p채널 증가형 MOSFET의 문턱전압은 $V_{Tp} < 0$이다.

MOSFET의 소스, 게이트, 드레인은 바이폴라 트랜지스터의 이미터 베이스 컬렉터에 해당되지만 바이폴라 트랜지스터는 베이스에 전류를 유입시켜 트랜지스터가 동작하지만 MOSFET는 게이트가 산화막으로 격리되어 있어 전류 유입이 없으며 전계효과에 의해 동작한다. 즉 게이트에 전압을 인가하면 전자가 이동하여 소스 드레인 사이에 채널을 형성하고 채널을 통하여 소스와 드레인 사이에 전류가 흐르게 된다.

증가형 MOSFET는 아래 그림에서와 같이 게이트-소스 전압 V_{GS}와 드레인-소스 전압 V_{DS}에 따라 꺼진 상태인 차단영역(Cut-Off), 저항처럼 동작하여 스위치로 사용되는 선형영역(Linear), 증폭기로 사용되는 포화모드(Saturation) 영역으로 나뉜다.

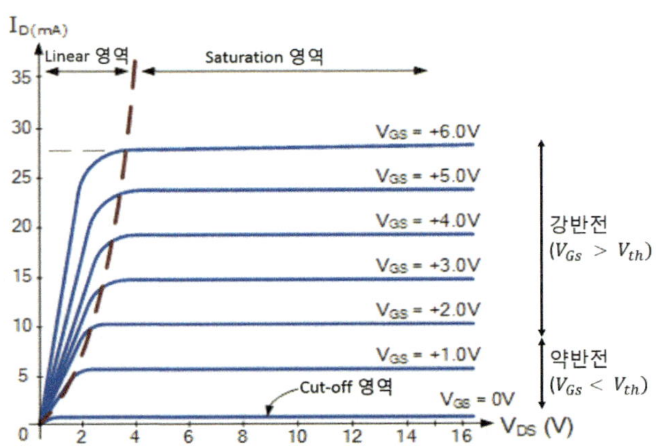

증가형 MOSFET의 I-V 특성곡선

전계효과에 의해 전류가 흐르는 채널이 성립하기 위한 최소한의 전압을 문턱전압이라고 하며 V_{th}로 표현된다. N채널 MOSFET의 $V_{th} > 0$ 이며 P채널 $V_{th} < 0$이다. 차단모드는 $V_{GS} < V_{th}$이며 채널 영역에 공핍층이 형성되어 소스와 드레인 사이에 전류가 흐르지 않는 off 상태이다.

선형모드는 $V_{GS} > V_{th}$, $V_{DS} < V_{GS} - V_{th}$이며 채널이 형성되어 전류가 흐르기 시작하며 스위칭 기능을 한다.

$$I_D = K_n\left[(V_{GS} - V_{th})V_{DS} - \frac{1}{2}V_{DS}^2\right]$$

$$K_n = \mu_n C_{ox}\left(\frac{W}{L}\right)$$

선형 영역 중 공핍 상태에서 게이트에 문턱 전압보다 많이 낮은 전압을 인가하면 기판 바로 위 산화막에는 플러스 이온이 유기되고, 이 플러스 이온이 P형 기판의 정공을 아래로 밀어낸다. 이에 따라, 산화막 바로 밑의 P형 기판 영역은 마이너스 전기를 띤 고정 이온들로 바뀌게 되는데 이 영역은 정공이 공핍되었기 때문에 공핍 영역이라고 부르고 소스와 드레인 사이 채널 영역에는 마이너스 고정 이온들만 존재하기 때문에 전류를 형성하지 못한다. 즉, V_{GS}가 제로이면 FET는 차단 영역에서 동작하여 드레인 전류가 흐르지 않고, V_{GS}가 문턱 전압보다 많이 낮은 전압이면 FET의 채널은 공핍되어 역시 드레인 전류가 흐르지 않는다.

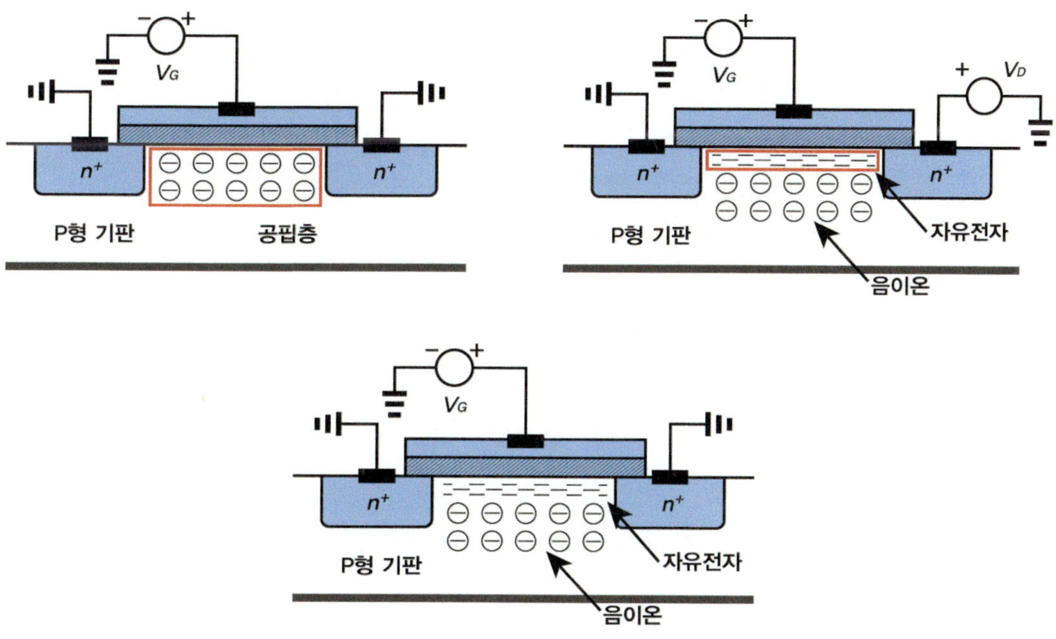

NMOS의 채널 형성 과정

선형 영역 중 약 반전상태에서는 FET의 게이트 전압을 증가시켜 문턱 전압 이하인 상태에서는, 기판 바로 위 산화막에 더 많은 플러스 이온이 유기되어 P형 기판에 존재하는 자유전자를 소스와 드레인 사이의 채널 영역으로 끌어당기는데 산화막 밑에는 정공과 극성이 반대인 자유 전자가 유기되고 자유 전자는 P형 기판의 다수 캐리어인 정공과 극성이 반대이기 때문에, 반전 영역이라고 부른다. 이 경우 게이트 전압이 문턱 전압보다 작아서 약한 반전층이 형성되는데, 이러한 형상을 약 반전이라고 부르고 이때 드레인에 전압을 가하면, 미약한 드레인 전류가 흐른다.

약 반전된 이후 게이트 전압을 문턱 전압 이상으로 증가시키면, 더 많은 반전층이 유기되기 때문에 이를 강 반전이라고 부른다. 강 반전 상태에서 V_{DS}가 0볼트이면, V_{GD}는 V_{GS}와 동일하게 되고 소스와 드레인 영역의 반전 채널의 두께는 게이트와 드레인 사이의 전압, 게이트와 소스 사이의 전압과 비례하므로 소스와 드레인 영역의 채널 두께가 동일하게 되는데 이때 소스와 드레인 사이에 채널이 형성되지만, V_{DS}가 제로이기 때문에 전자를 흘려주는 에너지가 없으므로 드레인 전류가 흐르지 못한다.

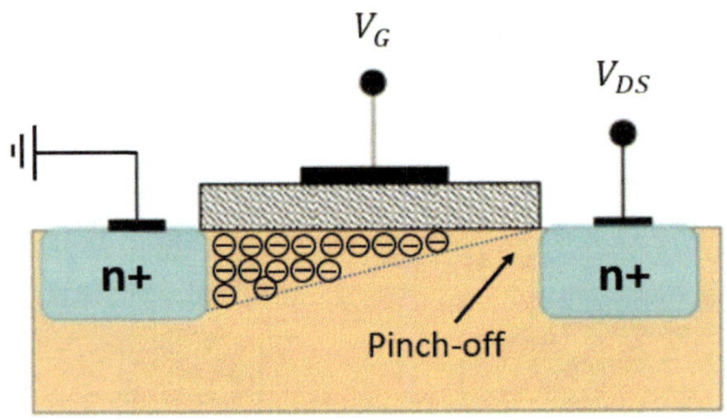

핀치 오프(pinch–off)

드레인 전압을 더욱 증가시켜 V_{DS}가 $V_{GS}-V_{TH}$의 값과 같은 전압이 되면, V_{GD}는 더욱 작아져서 V_{TH}와 동일하게 되고 드레인 영역의 채널이 사라지기 시작하는 시점이 되는데 이처럼 드레인 영역에 채널이 사라지는 현상을 Pinch-Off라고 부른다.

포화모드는 $V_{GS}>V_{th}$, $V_{DS}>V_{GS}-V_{th}$이며 핀치-오프(pinch-off) 가 발생하여 드레인 전류가 일정하게 유지되는 상태로 MOSFET 의 증폭은 포화모드에서 사용되는데 드레인 전류는 V_{GS} 에 의해서만 영향 받으며 트랜지스터의 사이즈 조절로 전류 조절이 가능하므로 최근 바이폴라보다 많이 사용되고 있다. 즉 드레인 전압을 더욱 증가시켜 $V_{DS}=V_{GS}-V_{th}$ 이면 $V_{GD}=V_{th}$가 된다.

V_{DS}를 더 증가시키면 V_{GD}가 V_{th}보다 작아지기 때문에 드레인 영역의 채널이 사라진다. 따라서 $V_{GS}-V_{th}$와 동일한 V_{DS} 는 드레인 영역의 채널이 사라지기 시작하는 전압이 된다. 이와 같이 드레인 영역에 채널이 사라지는 현상을 핀치 오프라고 부른다.

$$I_D = \frac{1}{2}K_n(V_{GS}-V_{th})^2 \quad \text{단,} \quad V_{DS} \geq V_{GS}-V_{th}$$

V_{DS} 가 더욱 증가하여 $V_{GS}-V_{th}$전압보다 커지게 되면 V_{GD}는 V_{th}보다 작아져서 드레인 영역의 채널이 점점 사라지게 된다. 드레인 영역의 채널이 사라지면 점점 더 소스 영역 쪽으로 채널이 밀려오게 된다. 드레인 영역의 전압이 증가하더라도 드레인과 핀치 오프 지점의 거리가 증가하므로 드레인 영역의 전계는 일정하게 형성된다. 따라서 드레인 전류는 더 이상 증가하지 않고 포화 상태가 된다. 드레인 전류가 포화된다고 하여 이 영역을 포화 영역이라 부른다. 지금까지 설명한 NMOS FET의 동작 영역은 게이트 전압에 따라 차단 영역, 약반전 영역, 강반전 영역으로 구분하고, 드레인 전압에 따라 선형 영역과 포화 영역으로 구분한다.

MOSFET를 이용하여 집적회로를 설계할 때 가장 중요한 것이 트랜지스터의 W/L ratio (비율) 와 전달 컨덕턴스(g_m)이다. 전달 컨덕턴스는 게이트 소스간 전압(V_{GS})와 이에 따른 드레인 전류(I_D)의 비로 표현되며 전압이득을 증가하기 위해서는 전달 컨덕턴스를 크게 하는 것이 중요하다.

PSpice에서 FET를 사용하는 경우 다음 그림과 같은 소자들을 사용할 수 있다.

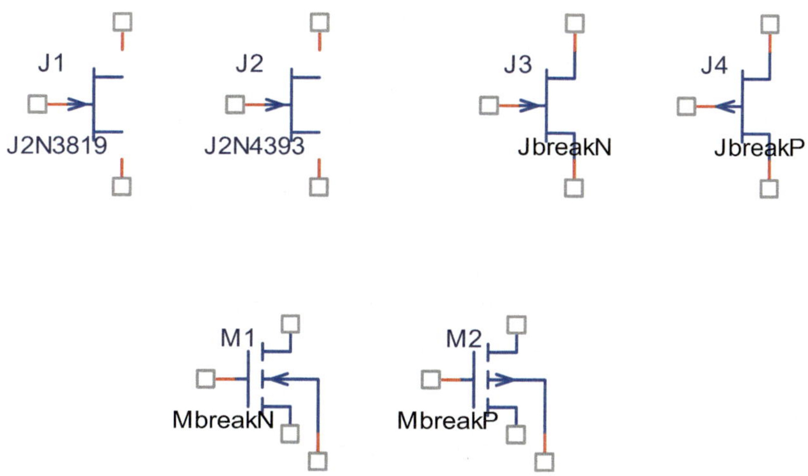

PSpice에서 사용 가능한 FET 소자

이중에서 MbreakN는 NMOS FET를 의미하며 만약 다이오드의 경우 'Dbreak'를 입력하면 나온다. PMOS는 'MbreakP3' 또는 MbreakP를 입력한다. J2N3819나 J2N4393처럼 시중에서 판매되는 FET 중 일부는 Pspice에서 사용이 가능하지만 I-V 곡선이나 소자 특성이 설계자가 원하는 특성과 다른 경우 다음 그림처럼 소자 오른쪽 버튼을 클릭하여 메뉴 중에 Edit PSpice Model을 클릭하여 원하는 특성으로 변경이 가능하다.

FET가 동작하기 위해서는 Model Level 및 FET 의 공정 파라미터들을 설정하여야 한다. 하지만 이 작업은 FET에 대한 많은 지식이 필요하므로 아래 사이트 또는 내가 선택한 소자를 판매하는 회사의 홈페이지에서 사용하고자 하는 소자의 모델 파라미터를 제공하는 경우가 있으므로 이를 참고하여 해당 소자의 모델값을 복사하여 Model Editor 창에 붙여 넣고 저장하면 FET 특성이 원하는 특성으로 바뀐다.

FET 소자 모델 참고 사이트 :

http://ltwiki.org/files/LTspiceIV/Vendor%20List/Spice-Models-collection/pwrmos.lib

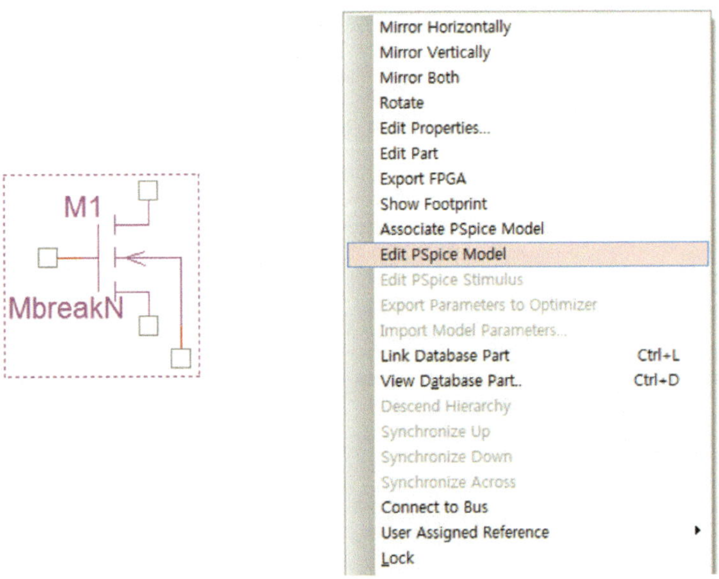

MbreakN의 모델 편집 방법

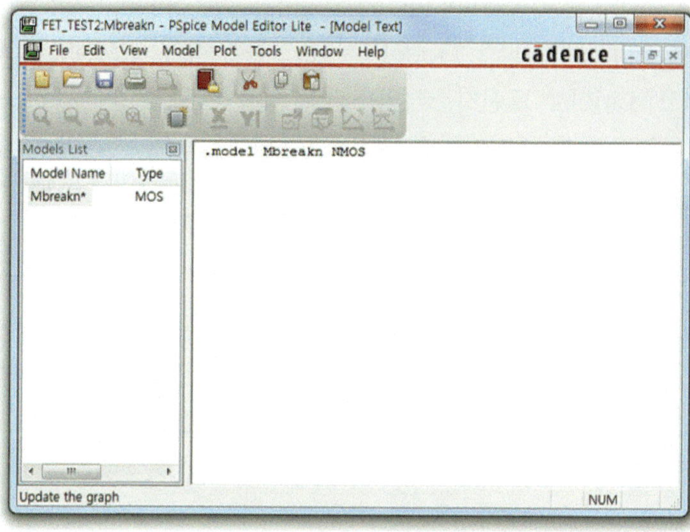

PSpice Model Editor

Spice Model이란 Spice를 수행하기 위한 파라미터를 의미한다. 즉 트랜지스터, 저항, 커패시터 및 인덕턴스 등 회로에 사용되는 소자들의 특성을 수학적으로 표시하는 식과 그 식에 사용되는 파라미터들의 집합이다.

```
.model M2N6767  NMOS(Level=3 Gamma=0 Delta=0 Eta=0 Theta=0 Kappa=0.2 Vmax=0 Xj=0
+               Tox=100n Uo=600 Phi=.6 Rs=13.98m Kp=20.77u W=.82 L=2u Vto=2.885
+               Rd=.2691 Rds=3.5MEG Cbd=3.018n Pb=.8 Mj=.5 Fc=.5 Cgso=9.503n
+               Cgdo=204.5p Rg=3.164 Is=902.5p N=1 Tt=865n)
*               Int'l Rectifier pid=IRFC350     case=T03
*               88-08-26 bam    creation
*$
.model M2N6768  NMOS(Level=3 Gamma=0 Delta=0 Eta=0 Theta=0 Kappa=0.2 Vmax=0 Xj=0
+               Tox=100n Uo=600 Phi=.6 Rs=13.98m Kp=20.77u W=.82 L=2u Vto=2.885
+               Rd=.219 Rds=4MEG Cbd=3.018n Pb=.8 Mj=.5 Fc=.5 Cgso=9.529n
+               Cgdo=178.5p Rg=3.581 Is=146.3p N=1 Tt=1490n)
*               Int'l Rectifier pid=IRFC350     case=T03
*               88-08-29 bam    creation
*$
.model M2N6769  NMOS(Level=3 Gamma=0 Delta=0 Eta=0 Theta=0 Kappa=0.2 Vmax=0 Xj=0
+               Tox=100n Uo=600 Phi=.6 Rs=28.45m Kp=20.65u W=2 L=2u Vto=3.31
+               Rd=.3639 Rds=3.6MEG Cbd=2.941n Pb=.8 Mj=.5 Fc=.5 Cgso=1.812n
+               Cgdo=192.2p Rg=1.145 Is=1.354n N=1 Tt=275n)
*               Int'l Rectifier pid=IRFC450     case=T03
*               88-08-26 bam    creation
*$
```

사이트에서 제공하는 여러 가지 FET모델

따라서 소자들의 특성을 정확히 표현하는 수식과 파라미터의 개발이 Spice의 성능을 향상시키는 주요 요소가 된다. 그리고 소자의 모델 파라미터를 정확하게 추출하는 것도 모델의 성능을 향상시키는 요인이 된다. MOSFET의 Spice 모델은 버클리 대학에서 개발한 BSIM (Berkeley Short-channel IGFET Model) 시리즈이다. 현재의 MOSFET의 Spice 모델은 BSIM3 ver3.3이고, Bipolar 트랜지스터의 Spice 모델은 군멜 푼(Gummel-Poon)모델이다. Spice 모델은 정확도가 증가되면서 계속 발전되어왔으며 처음에는 Level1, Level2, Level3로 발전시켰다가 이름을 BSIM으로 변경하여 개선하여 오늘날에는 BSIM3로 발전하여 Spice 모델로 사용하고 있다.

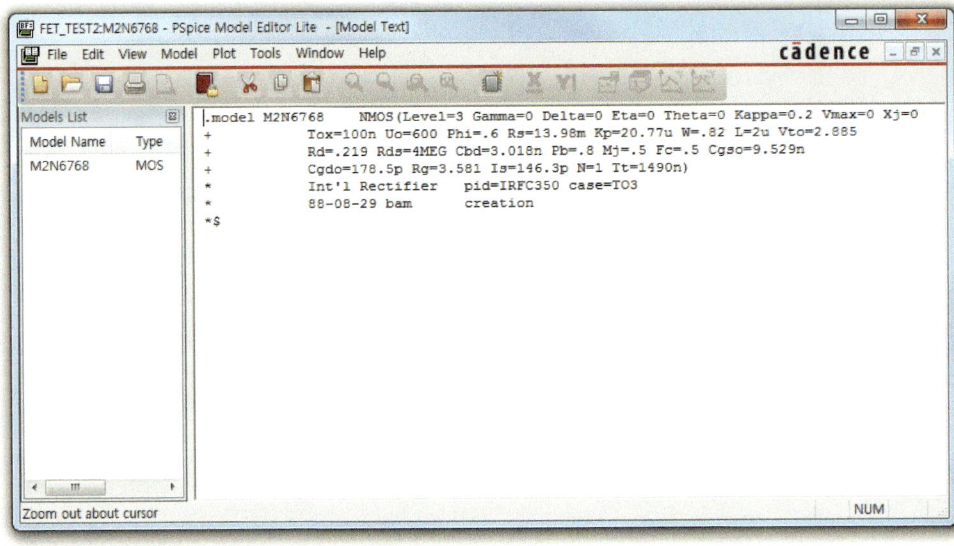

PSpice Model Editor를 이용한 모델 특성 반영

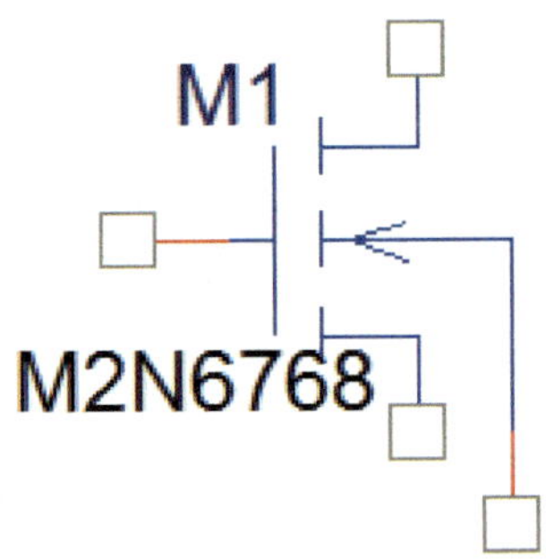

MbreeakN에서 모델 적용에 의한 소자 변경

7.2 MOSFET의 2차 효과

7.2.1 채널 길이 변조(Channel Length Modulation)

MOS는 구조적으로 회로 동작에 있어서 비이상적인 특성이 나타나는데 이를 2차 효과라고 한다. NMOS FET에서 V_{DS}를 V_{DS}가 $V_{GS}-V_{TH}$와 동일하게 인가하면, 앞장에서 설명한 바와 같이 드레인 영역이 공핍되는 핀치 오프 현상이 발생한다. V_{DS}를 더욱 증가시키면 핀치 오프 지점이 소스 쪽으로 이동하고, 드레인 전류가 더 이상 증가하지 않는 포화 영역이 된다. 포화 영역에서 유효 채널 길이는 전체 채널 길이(L)에서 공핍 층의 폭(L')의 차이인 ΔL을 빼 주어야 한다. 만일 전체 채널 길이가 ΔL에 비하여 훨씬 길면 ΔL의 영향을 무시할 수 있다.

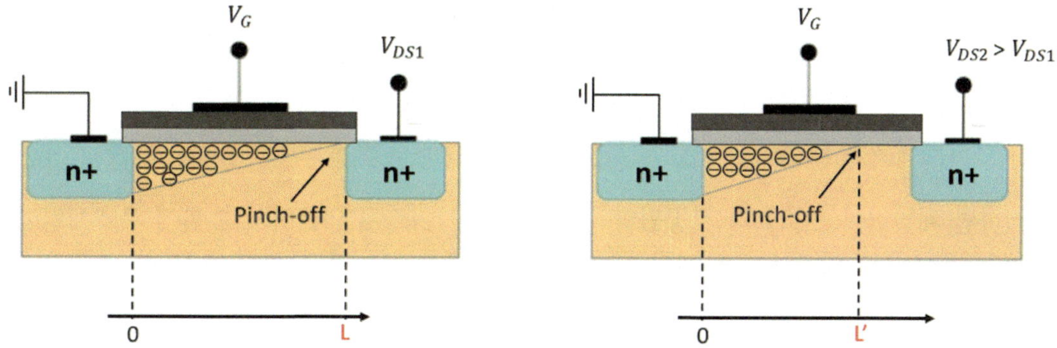

채널길이 변조 효과

즉 그림에서와 같이 핀치 오프 지점의 전위(V_p)는 항상 $V_{GS}-V_{TH}$가 되고, 채널이 길어지면 채널의 전계는 V_{DS}의 영향을 받지 않게 되어, 드레인 전류는 V_{DS}와 무관하게 되지만 채널이 짧아지면 ΔL의 영향을 무시할 수 없게 되고, V_{DS}가 증가하면 공핍층이 증가하기 때문에 ΔL이 증가한다. 따라서 V_{DS}가 변하면 ΔL이 바뀌어 유효 채널 길이도 변하게 된다. 이러한 현상을 채널 길이 변조(channel length modulation)라고 부른다.

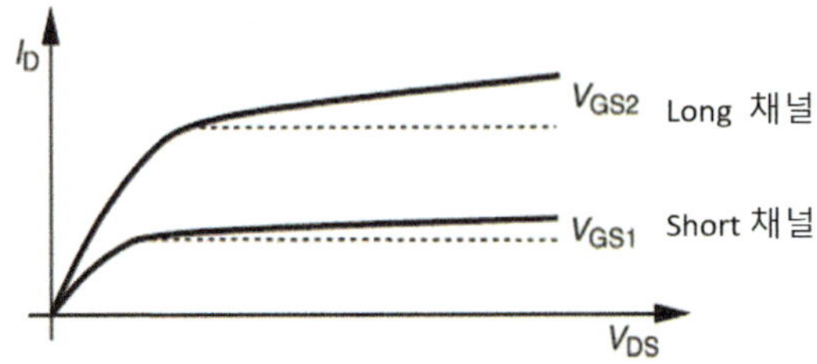

채널길이 변조 효과에 의한 비이상 전류 특성

FET의 I-V 특성곡선에서 포화영역에서 0이 아닌 기울기를 가지게 되는 것이 바로 채널길이 변조효과 때문이며 포화 영역에서 드레인과 소스 사이에 비이상적인 전류원 특성을 나타낸다. 채널길이 변조 효과에 의한 포화영역에서 전류 특성은 다음 수식과 같이 표현할 수 있다.

$$\Delta L = L - L'$$
$$\frac{1}{L'} = \frac{1}{L}\left(1 + \frac{\Delta L}{L}\right)$$
$$\frac{1}{L'} = \frac{1}{L}(1 + \lambda V_{DS}), \qquad \lambda V_{DS} = \frac{\Delta L}{L}$$
$$I_D = \frac{\mu_n C_{ox}}{2}\frac{W}{L}(V_{GS} - V_{TH})^2(1 + \lambda V_{DS})$$

정리하면 채널길이 변조효과는 공핍영역의 폭이 바이어스에 의존하기 때문에 유효채널길이 또한 바이어스에 의존하고 드레인-소스 전압에 의해 변조되는 특성이다.

7.2.2 얼리 전압(Early Voltge)

얼리 전압(early voltge)을 V_A로 표시한다. 이는 바이폴라 트랜지스터로부터 형성된 개념으로, MOS FET 출력 특성 곡선에서 드레인 전류를 연장하여 드레인 전류가 0[mA]가 될 때의 드레인 전압을 의미한다. 드레인 전류가 0[mA]가 되려면 식(4-12)의 드레인 전류식에서 $1 + \lambda V_{DS} = 0$이어야 한다. 전류가 0[mA]가 되는 $-V_{DS}$가 V_A이므로 $V_A = 1/\lambda$가 된다. 파라미터 λ는 주어진 V_{DS}의 증가분에 대해 채널 길이의 상대적인 변화를 나타내며 장채널에서는 λ가 작다. 즉, 얼리 전압이 커지면 채널 변조가 감소한다.

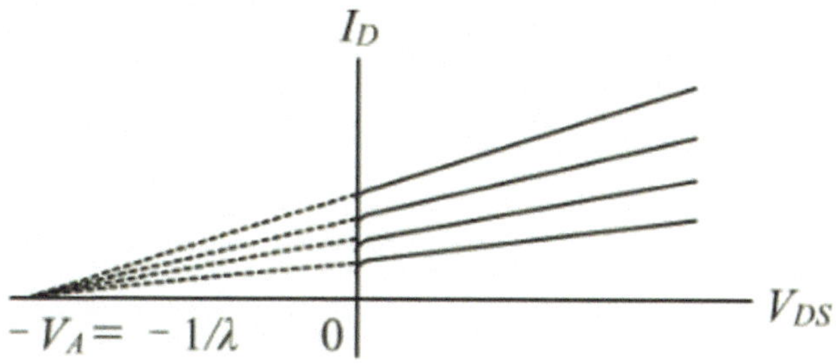

채널길이 변화와 Early 전압의 관계

7.2.3 기판 효과(Body Effect)

기판 효과는 기판에 전압을 인가하면 문턱 전압이 바뀌는 현상을 의미하며 기판에 바이어스를 인가하지 않는 경우 소스와 기판은 그라운드로 동일 전위이기 때문에 P형인 기판과 N형인 소스 접합에 바이어스가 인가되지 않고 게이트 전압에 의하여 반전층과 공핍층이 생기게 된다.

하지만, 기판에 마이너스 전압을 인가하고 소스에 플러스 전압을 인가하면 채널에는 공핍층과 반전층이 형성되고 역방향 바이어스가 현성되어 공핍층이 증가하면서 반전층이 줄어들어 전류가 작아지는데 전류를 동일하게 유지하기 위해서는 게이트 전압을 증가시켜 반전층을 두껍게 해주어야 하며 동일한 전류를 유지하기 위하여 게이트 전압을 증가시키는 것은 문턱 전압이 증가하는 것과 동일한데 이처럼 P형 기판에 역방향 바이어스를 인가하면 공핍층이 증가하고 반전층이 감소되어 전류가 감소되어 결과적으로 문턱전압이 증가하는 현상을 기판 효과(Body effect)라고 하며 입출력 특성 비이상적특성의 원인이 된다.

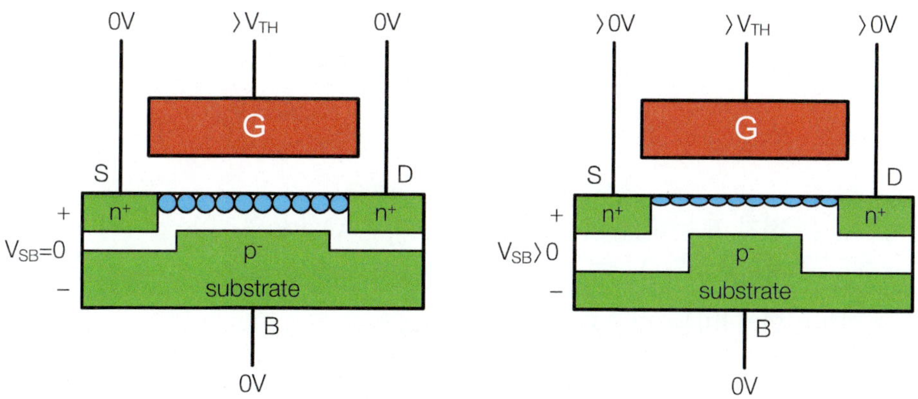

Body Effect에 의한 공핍층 증가

즉, 기판에 마이너스 전압을 인가하고 소스에 플러스 전압을 인가한 경우 채널에는 공핍층과 반전층이 존재하고 이 층들은 마이너스 전하를 띤 고정 이온과 캐리어이다. 소스와 기판 사이에 역방향 바이어스가 인가되었기 때문에 공핍층이 넓어지고 마이너스 전하가 증가했지만, 플러스인 게이트 전압은 이전과 동일하고 게이트 전하와 균형을 맞추기 위하여 마이너스 반전층이 얇아져야 한다. 반전층이 얇아지면 전류가 작게 흐르고 전류를 이전과 동일하게 유지해 주기 위해서는 게이트 전압을 증가시켜 반전층을 두껍게 해주어야 하므로 문턱 전압이 증가하는 효과를 가져 온다. 정리하면 P형 기판에 역방향 바이어스를 인가하면 공핍층이 커지고 반전층이 작아져서 전류가 감소하여 문턱 전압이 증가하게 된다.

7.3 MOSFET를 이용한 시뮬레이션

설계관점에서 MOSFET는 아래 식에서와 같이 채널길이(L)와 채널폭(W)의 비율인 Aspect Ratio(W/L)에 의해서 전류제어가 용이한 것이 가장 큰 장점이다. 따라서 바이폴라 트랜지스터에 비해 설계가 용이하여 최근에 사용되는 IC는 MOSFET를 이용하여 회로를 설계하고 있다.

$$I_D = \frac{1}{2} K_n (V_{GS} - V_{th})^2 \quad \text{단,} \quad V_{DS} \geq V_{GS} - V_{th}$$

$$K_n = \mu_n C_{ox} \left(\frac{W}{L} \right)$$

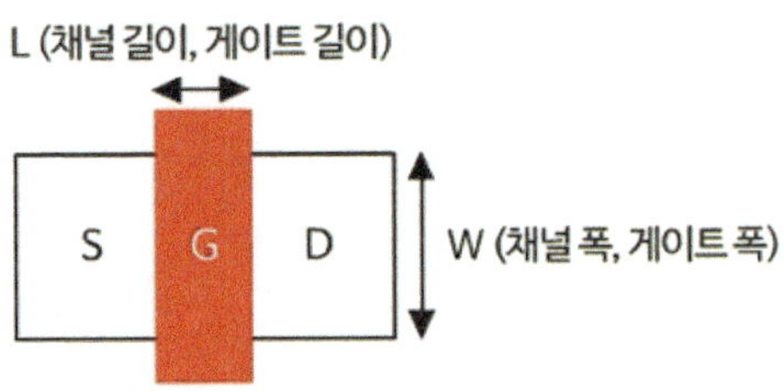

여기서 μ_n, μ_p은 전자 또는 정공의 이동도이며 C_{ox}은 Oxide의 유전율이며 L은 채널길이, W는 채널폭을 의미하며 Edit PSpice Model을 이용하여 변경이 가능하다.
입력한 파라미터의 의미는 다음과 같다.

K_P : μ Cox (단위 : mA/V^2)
W : Channel Width

L : Channel Length

V_{TO} : Gate Threshold Voltage(VTH)

lambda : Channel length Modulation Coefficient (λ)

특히, 전자의 이동도는 정공의 이동도보다 2.5배 정도 크므로 PMOS와 NMOS를 상보적으로 사용하는 CMOS 공정(Complementary MOS)에서는 PMOS의 채널 길이를 NMOS보다 2.5배 정도 크게 설계한다.

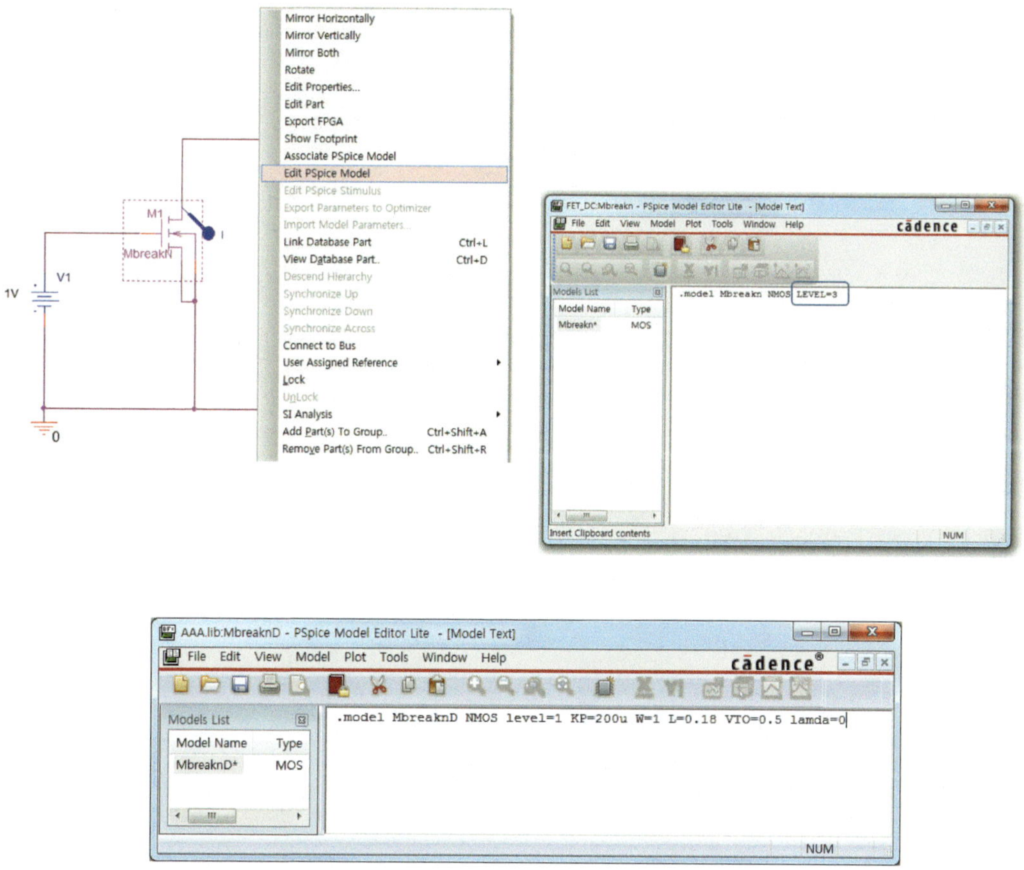

모델편집기를 이용한 파라미터 변경

MOSFET을 사용하기 위해 우선 DC 특성곡선을 파악하는 것이 중요하다.

실험회로 7-1

다음 회로를 구성하여 MOSFET 트랜지스터 I-V 특성곡선을 DC 해석방법으로 확인하는 방법을 익힌다.

◻ 회로구성

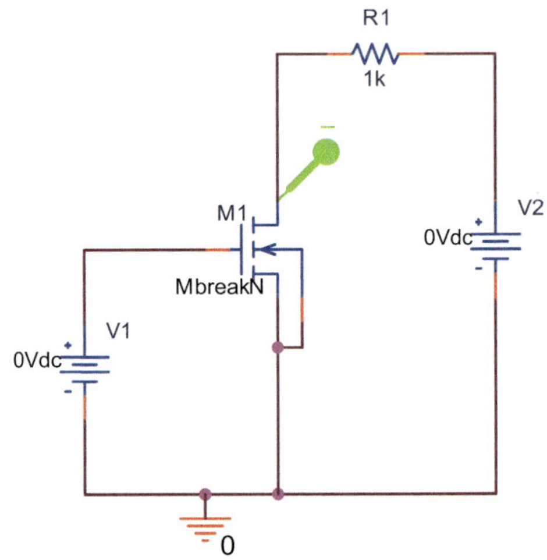

MOSFET 특성곡선에서 x축이 V_{DS}이고 V_{GS} 변화에 따라 I_D가 바뀌는 것에 유의하여 V_{DS}에 해당하는 V2를 Primary Sweep으로 하고 V_{GS}에 해당하는 V1을 Secondary Sweep으로 설정한다.

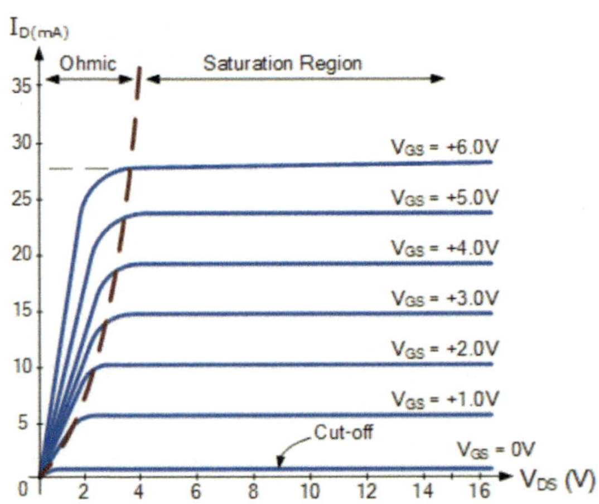

Simulation Settings에서 Analysis type을 DC Sweep으로 선택하고 V2 전압소스를 Primary Sweep으로 V1전압 소스를 Secondary Sweep으로 설정한다.

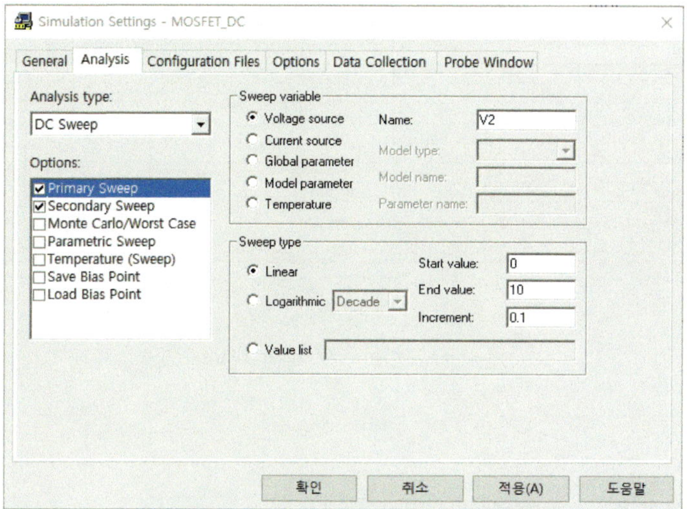

V_{DS}에 해당하는 전압소스를 설정한다.

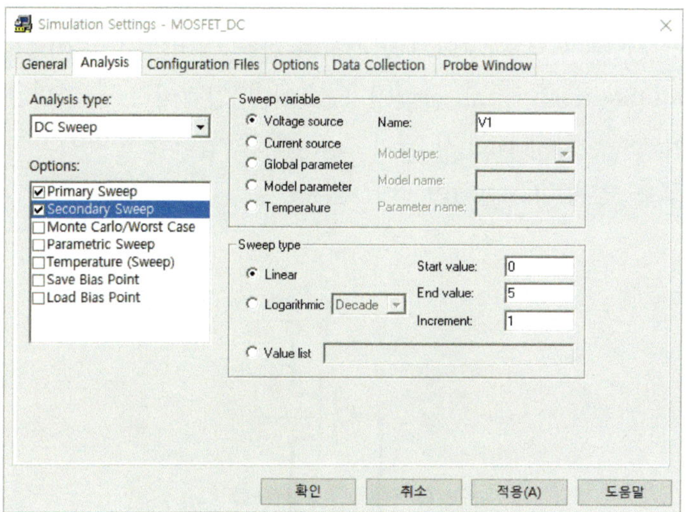

V_{GS}에 해당하는 전압소스를 설정한다.

■ 시뮬레이션

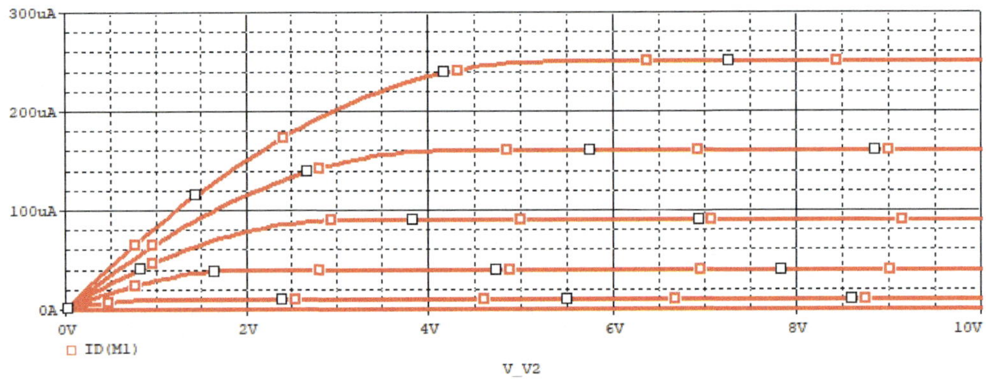

NMOS의 I-V 특성곡선

7.4 CMOS Inverter

CMOS 방식에 의한 회로 구성은 저항을 사용하지 않고 전력소모를 최소화시키기 위한 방법으로 PMOS와 NMOS를 서로 대칭되게 연결하여 만든 것이다. 입력이 High인 경우 PMOS는 OFF이고 NMOS는 ON이므로 출력이 Low이며 입력이 Low이면 PMOS는 ON이고 NMOS 는 OFF이므로 출력이 High가 되어 결과적으로 입력과 출력이 반대가 되므로 이러한 회로를 반전기 또는 인버터(Inverter)라고 한다.

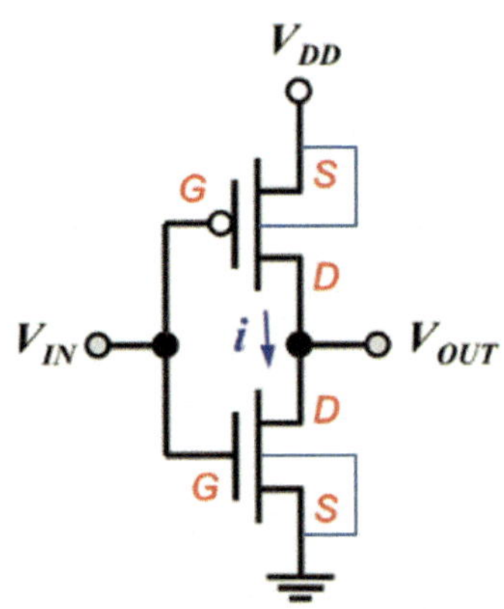

인버터 회로

MbreakP와 MbreakN을 배치하고 PMOS의 가운데 단자인 바디는 V_{DD}에 연결하고 NMOS의 가운데 단자인 바디는 접지에 연결한다. 이유는 아래 CMOS 단면도에서 PMOS는 Nwell 위에 형성되고 NMOS는 Pwell 또는 P기판(P-substrate) 위에 만들어지는데 의도하지 않은 스위칭 동작을 방지하기 위해 강제로 초기상태를 역방향으로 만들어 오동작을 막기 위해서이다.

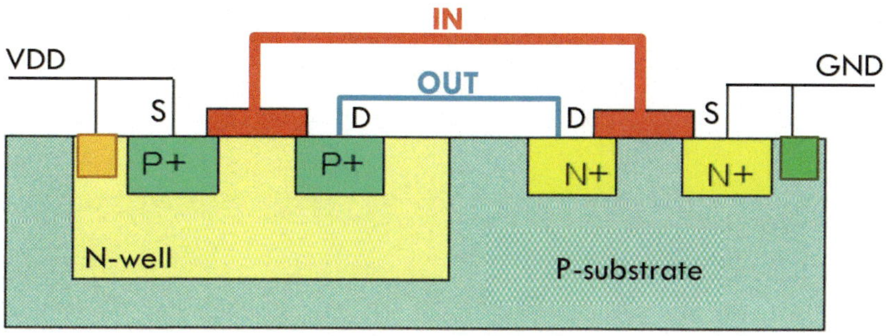

인버터 회로스위치 오동작을 막기 위한 회로 구성

실험회로 7-2

다음 CMOS 인버터 회로를 구성하여 DC 특성곡선을 확인하시오.

☐ 회로구성

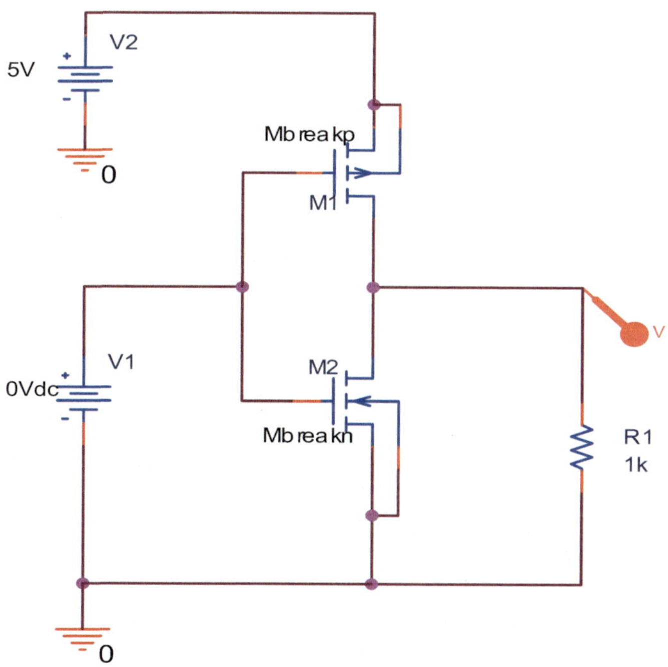

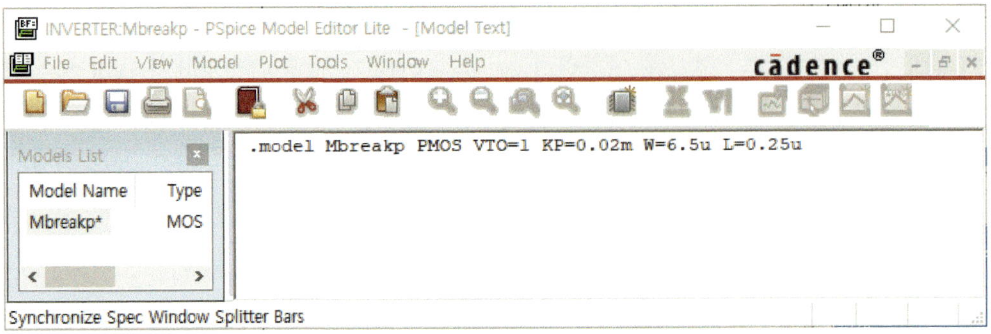

PMOS 소자의 파라미터를 지정한다.

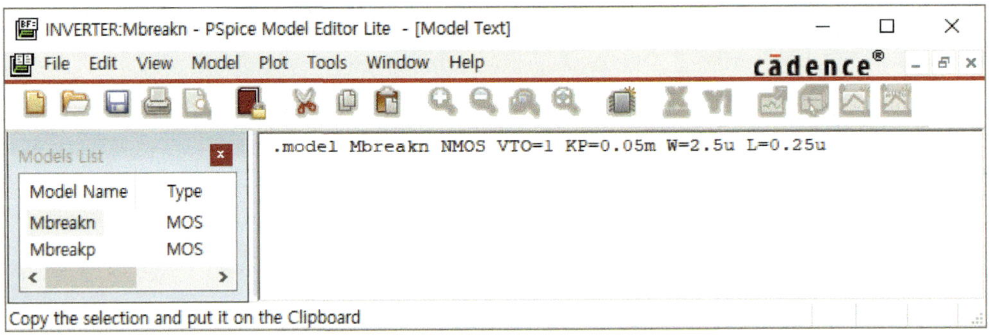

NMOS 소자의 파라미터를 지정한다.

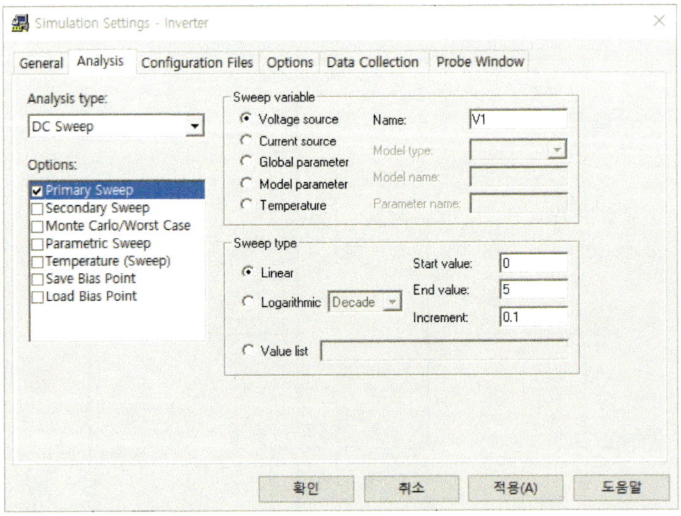

새로운 시뮬레이션을 구성한다.

◘ 시뮬레이션

DC시뮬레이션 결과 입력이 Low 상태이면 출력이 High이고 입력이 High이면 출력이 Low 상태가 출력되어 입력과 출력이 반전됨을 확인할 수 있다.

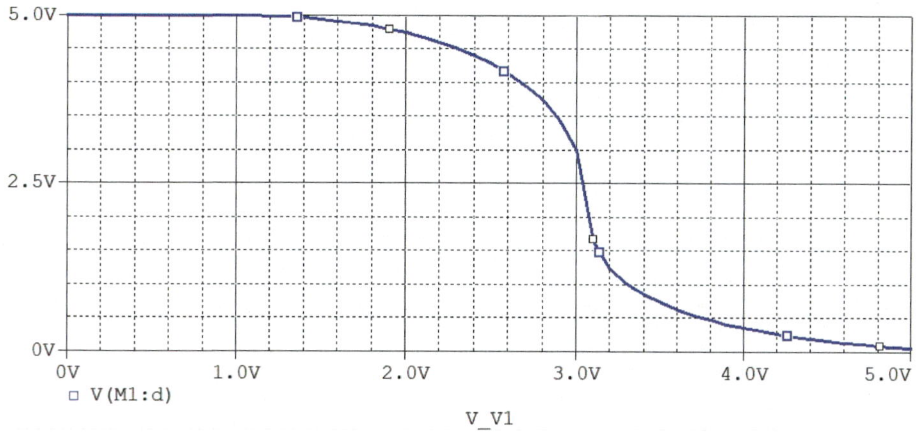

실험회로 7-3

다음 CMOS 인버터 회로를 구성하여 Transient 시뮬레이션을 수행하시오.

□ 회로구성

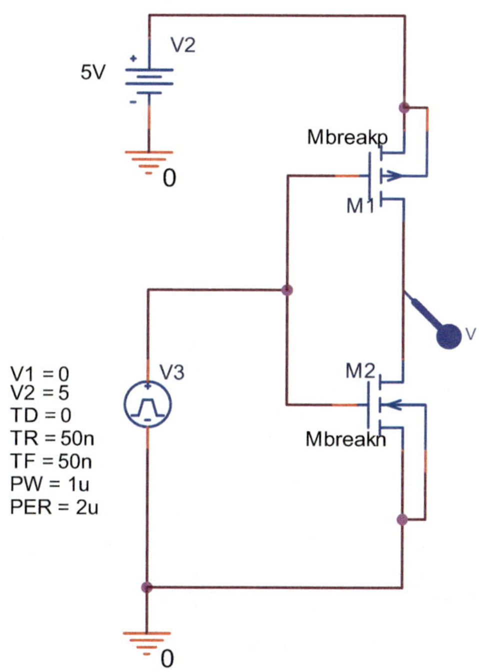

입력소스로 VPULSE를 사용한다.

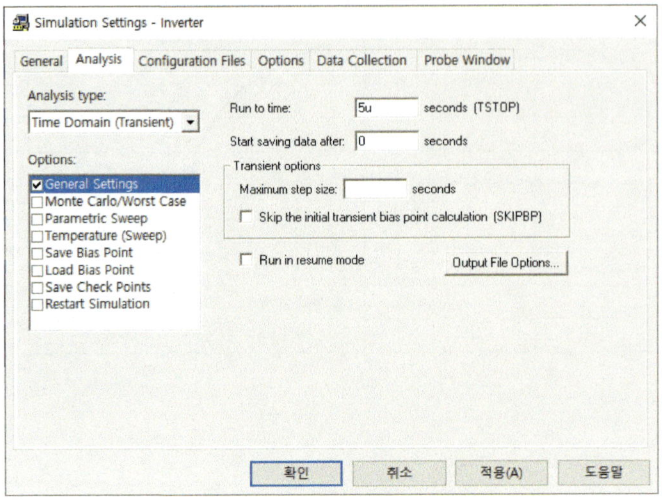

Transient 시뮬레이션을 구성한다.

■ 시뮬레이션

주기 2us인 펄스를 입력하면 인버터 출력이 반전되어 출력된다.

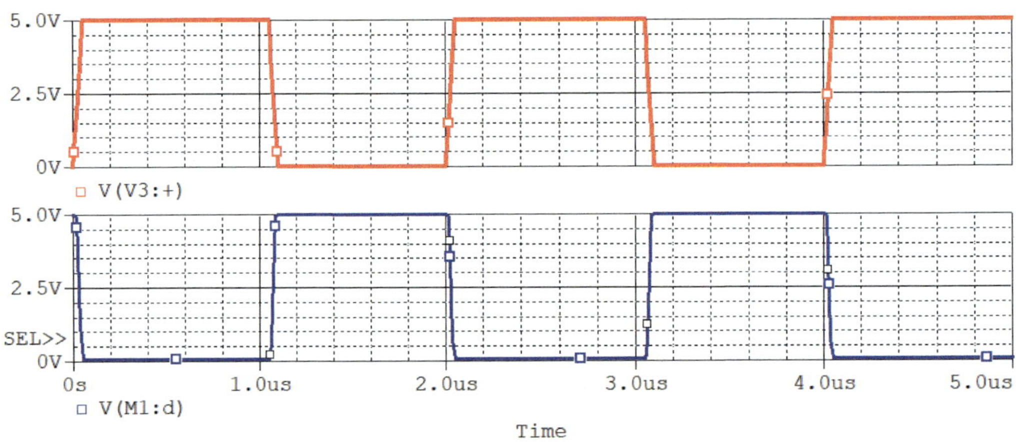

7.5 CMOS 증폭회로

증폭회로는 입력 신호의 전압, 전류, 전력을 확대해 출력 신호를 내는 회로이며 진공관이나 트랜지스터와 같은 능동 디바이스를 이용해 전기 신호에 직류 전원 등으로부터 에너지를 부여한다. 이때, 증폭이란 미약한 입력 신호의 주파수는 변화시키지 않고, 진폭만을 확대시키는 것을 말하며 예를 들어 야외에서 사람의 음성을 녹음해서 전기 신호로 바꾸어 주더라도,

신호가 너무 약해서 스피커나 이어폰으로는 들을 수 없으며 이럴 경우 미약한 신호를 큰 출력으로 변환해 주는 것이 바로 증폭회로이다. 증폭회로는 고급 오디오나 방송 장비 등 일상에서 유용하게 활용되며 바이폴라 트랜지스터뿐만 아니라 MOS FET을 이용하여 설계할 수 있다. 증폭회로의 접지 형태는 소스 접지, 게이트접지, 드레인접지의 세 가지가 있다.

7.5.1 CS(Common Source) 소스 접지 증폭회로

소스 접지 증폭회로는 트랜지스터의 소스 단자가 접지된 형태이다. 게이트 단자로 입력 신호가 들어가고 드레인 단자로 증폭된 신호가 출력된다.

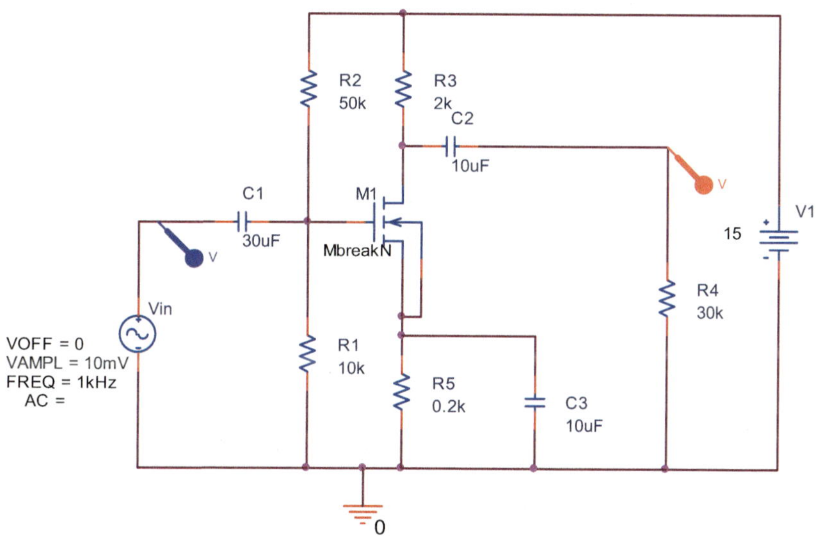

CMOS를 이용한 CS 증폭회로

전원과 드레인 사이의 저항은 부하 역할을 하며 부하저항은 수동소자나 능동소자로 구현할 수 있다. 트랜지스터를 증폭회로로 사용하기 위해서는 트랜지스터를 포화영역에서 동작시켜야 하는데 트랜지스터를 포화영역에서 동작시키기 위하여 드레인과 소스 사이의 전압이 게이트와 소스 사이의 전압에서 문턱 전압을 뺀 값보다 커야 한다.

CS 증폭회로에서 R_1과 R_2의 비율에 의하여 입력 바이어스인 게이트전압이 결정된다. R_3는 부하 저항이고, R_5는 V_{GS}를 안정화시키는 역할을 한다. C_3는 R_5에 의하여 전압 이득이 감소하지 않도록 소스 단자를 교류적으로 접지와 단락시키는 역할을 한다. V_{GS}는 R_1과 R_2의 비율, 전달 컨덕턴스와 전원 전압에 의하여 결정된다. V_{GS}와 전달 컨덕턴스에 의하여 드레인전류가 결정되고, 드레인전압인 출력 바이어스는 전원 전압에서 드레인전류와 부하

저항의 곱을 뺀 값으로 나타난다. 전압 이득은 전달 컨덕턴스와 부하 저항의 곱으로 나타나는데 전압 이득을 키우기 위해서는 부하 저항을 키우고, 전달 컨덕턴스를 증가시킨다.

전달 컨덕턴스를 증가시키려면 드레인전류를 증가시키고, 트랜지스터의 채널 폭과 길이의 비를 줄인다. 입력 임피던스는 게이트에서 소스 쪽으로 바라본 저항이며 게이트 산화막의 저항이 거의 무한대이므로 입력 임피던스는 무한대에 가깝고 출력 임피던스는 M_1의 출력저항과 R_2를 병렬 연결한 값과 같다.

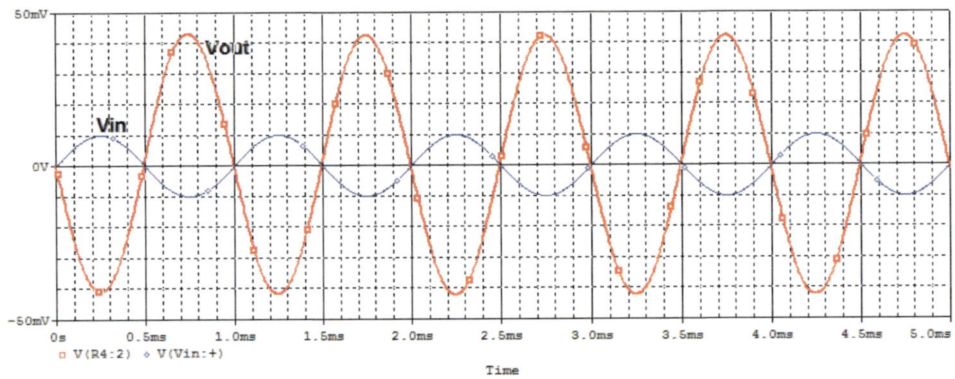

CS 증폭회로 시뮬레이션 결과

시간 축으로 Transient 시뮬레이션을 수행한 결과는 10[mV]인 신호를 입력하면 43[mV]인 신호가 출력되고 전압 이득이 약 4.3인 것을 알 수 있고 출력 신호의 위상은 입력 신호의 위상과 180° 차이가 나는 것을 확인할 수 있다.

7.5.2 CG(Common Gate) 게이트 접지 증폭회로

게이트 접지 증폭회로는 트랜지스터의 게이트 단자가 접지된 형태이다. 드레인트 단자로 입력 신호가 들어가고 소스 단자에서 신호가 출력된다. 입력 신호가 증가하면 게이트와 드레인 사이의 전압이 감소하여 드레인 전류가 작아지게 되고 드레인 전류가 감소하면 출력 전압이 증가한다. 즉, 입력이 증가하면 출력도 증가하기 때문에 입력 신호의 위상과 출력 신호의 위상이 동일하며 소스 단자에서 게이트 단자 쪽으로 들여다본 입력 저항은 g_m의 역수이고 소스 단자에 저항이 있으므로, 입력 신호는 R_1과 소스 저항의 비에 의하여 소스 단자에서 감소되므로 전압 이득은 소스 증폭회로의 전압 이득에 비하여 작다. 바이어스를 가진 게이트접지 증폭회로는, 소스 접지 증폭회로의 바이어스와 마찬가지로 R_2와 R_3에 의해서 입력 바이어스가 결정된다. R_1는 소스 접지 증폭회로와 마찬가지로 게이트와 소스 사이의 전압을 안정시키는 역할을 한다.

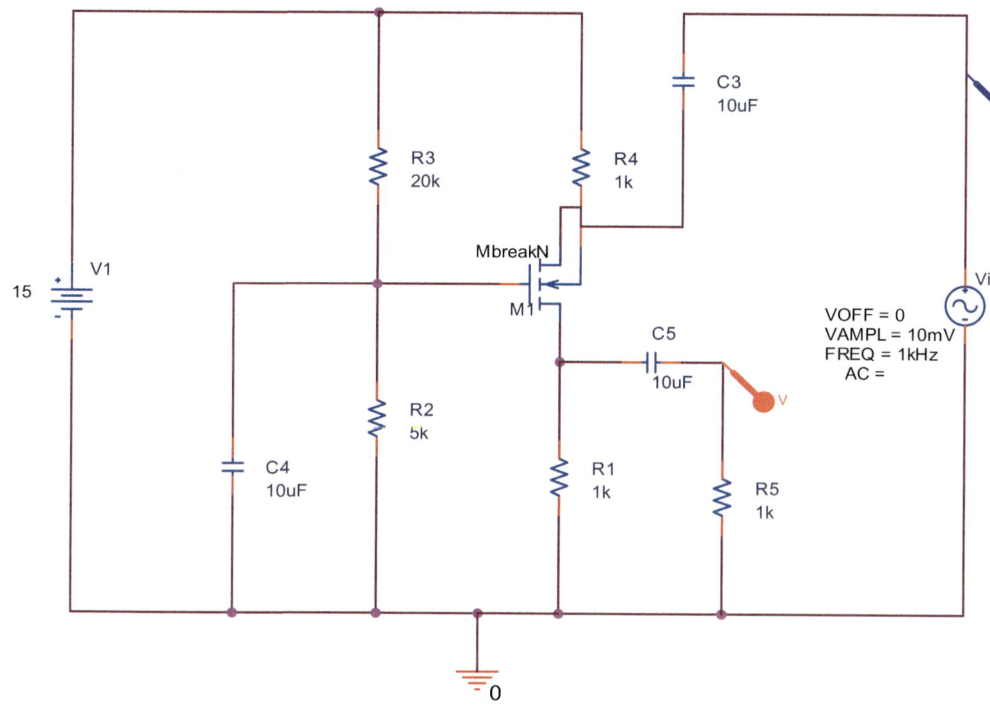

CMOS CG 증폭회로

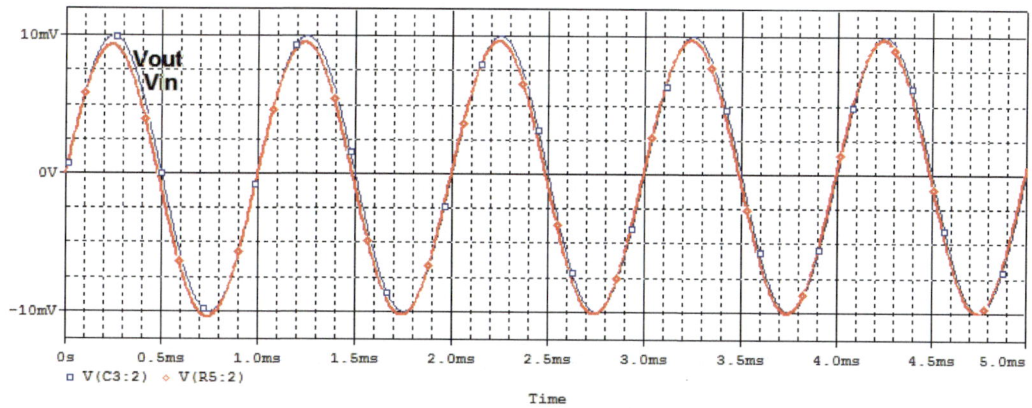

CG 증폭회로 시뮬레이션 결과

7.5.3 CD(Common Drain) 게이트 접지 증폭회로

드레인 접지 증폭회로는 트랜지스터의 드레인 단자가 접지된 형태이다. 게이트 단자로 입력 신호가 들어가고 소스 단자에서 신호가 출력된다. 입력이 증가하면 드레인 전류가 증가하기 때문에 출력 전압이 증가한다. 따라서 출력 신호의 위상은 입력 신호의 위상과 동일하고 출력이 소스 단자로 나오기 때문에 '**소스 팔로워**'라고도 부른다. 드레인 단자에 연결되는 모든 저항은 트랜지스터의 드레인 저항 r_o와 부하 저항을 R_L이 드레인 단자에서 보이는 저항 즉, R_L 곱하기 g_m 곱하기 r_o를 병렬 접속한 값으로 나타나며 소스 단자에 연결되는 모든 저항은 부하 저항 R_L과 드레인 저항 r_o를 병렬 접속한 값에 $1/g_m$을 더한 값으로 표현되고 $1/g_m$이 r_o와 R_L의 병렬 접속 값보다 훨씬 작으므로 전압 이득은 1보다 약간 작다.

입력 저항은 게이트 산화막으로 인하여 거의 무한대이고, 출력 저항은 소스 단자에서 게이트 단자로 들여다보는 저항인 $1/g_m$과 드레인 저항 r_o와 부하 저항 R_L을 병렬 접속한 값으로 나타낼 수 있다. $1/g_m$이 가장 작으므로 출력 저항은 $1/g_m$로 표현할 수 있다. 드레인 접지 증폭회로는 입력 저항이 거의 무한대이고 출력 저항이 매우 작고, 전압 이득이 일에 가까우므로 버퍼 증폭기로 널리 사용된다.

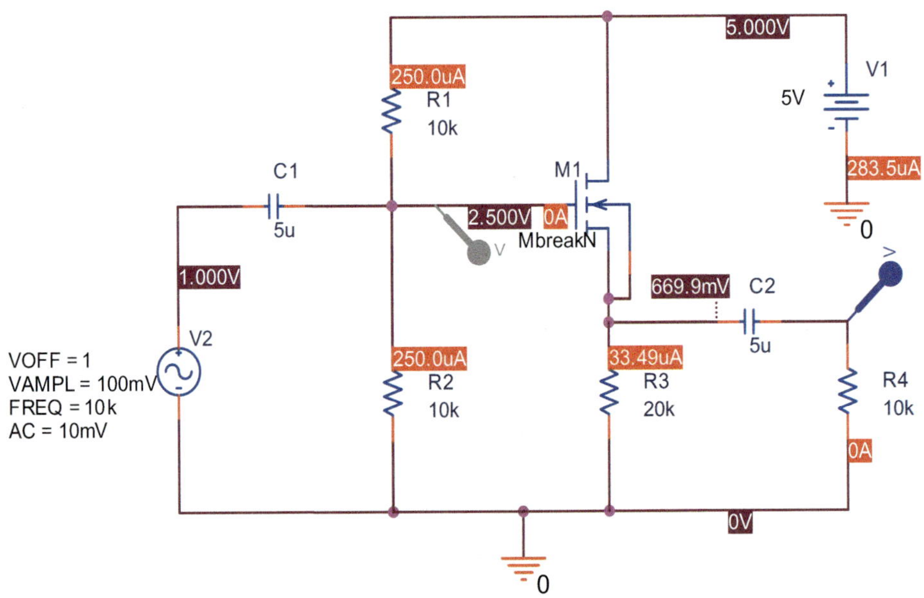

CMOS CD 증폭회로

다음은 시뮬레이션 결과이다. 드레인접지 증폭회로의 전압 이득은 1보다 작게 나타나며 R_4를 증가시키면 전압 이득은 1에 가깝게 된다. 출력 신호의 위상은 입력 신호의 위상과 동일한 것을 확인할 수 있다.

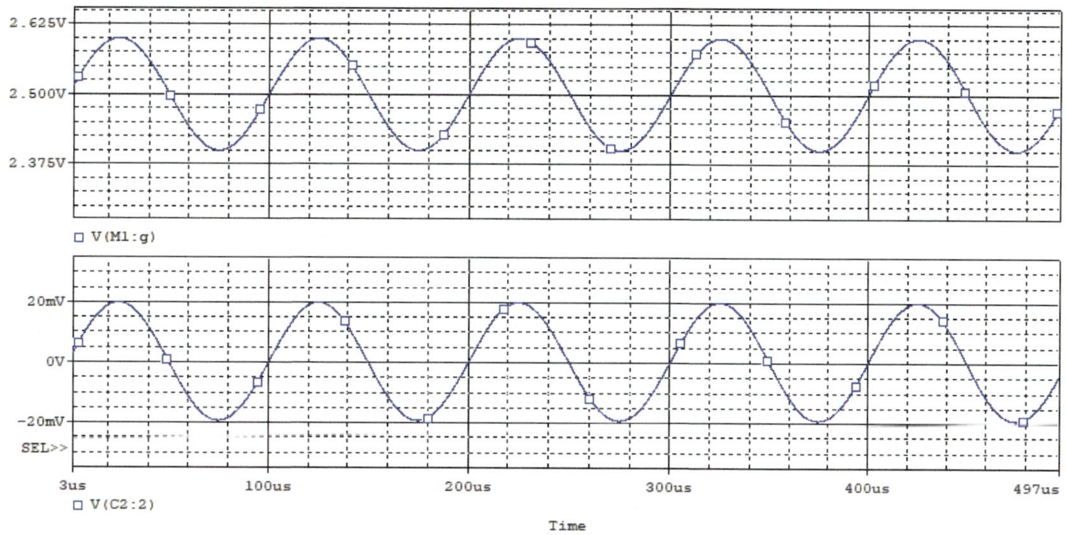

CD 증폭회로 시뮬레이션 결과

7.5.4 차동증폭기

차동증폭기는 2개의 입력 단자로 구성되어 있으며, 노이즈와 같은 입력 신호의 공통모드는 증폭을 억제하고, 차동모드 입력신호를 크게 증폭시키므로 2개 입력신호 단자로 동시에 유입되는 회로의 잡음을 효과적으로 제거할 수 있기 때문에 거의 대부분의 아날로그 집적회로의 증폭기는 차동증폭기로 설계한다.

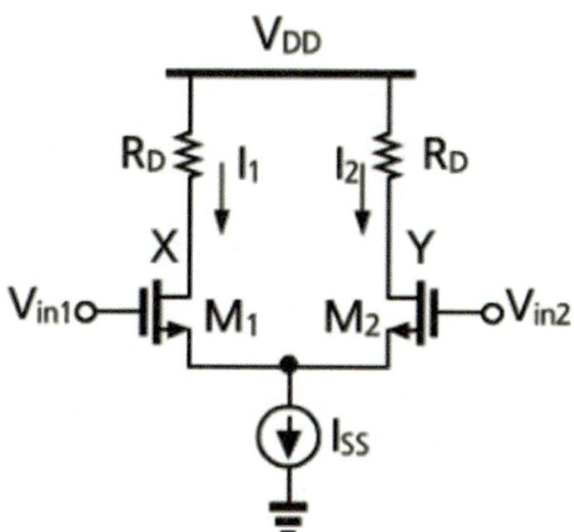

차동증폭기 구조

회로 구조에서 2개 트랜지스터의 소스 단자를 연결하여 특정한 값을 가지는 전류원과 연결시키는데 연결된 전류원에 흐르는 전류를 테일 전류(Tail Current)라고 부르며 각각의 트랜지스터에 흐르는 전류의 합은 테일 전류의 값으로 결정된다. 부하로는 수동소자 대신 능동부하가 많이 사용되며 NMOS 능동부하 차동회로는 능동부하로 PMOS FET로 구성된 전류거울을 사용한다. 따라서 차동 입력이 인가되는 M_1과 M_2가 매칭 되어야 하고, 전류거울을 구성하는 PMOS도 매칭되어야 한다.

실험회로 7-4

다음 회로와 같이 차동증폭기 회로를 설계하여 시뮬레이션 하시오.

□ 회로구성

① M_1, M_2는 차동신호 입력단이며 V_3는 V_2를 반전시켜 입력한다.
② M_5, M_6는 능동소자를 이용하여 부하를 구성하였다.
③ M_3, M_4는 Tail Current를 형성하며 전류 미러 방식을 이용하여 R_1에 흐르는 전류를 복사하여 Tail Current를 형성한다.

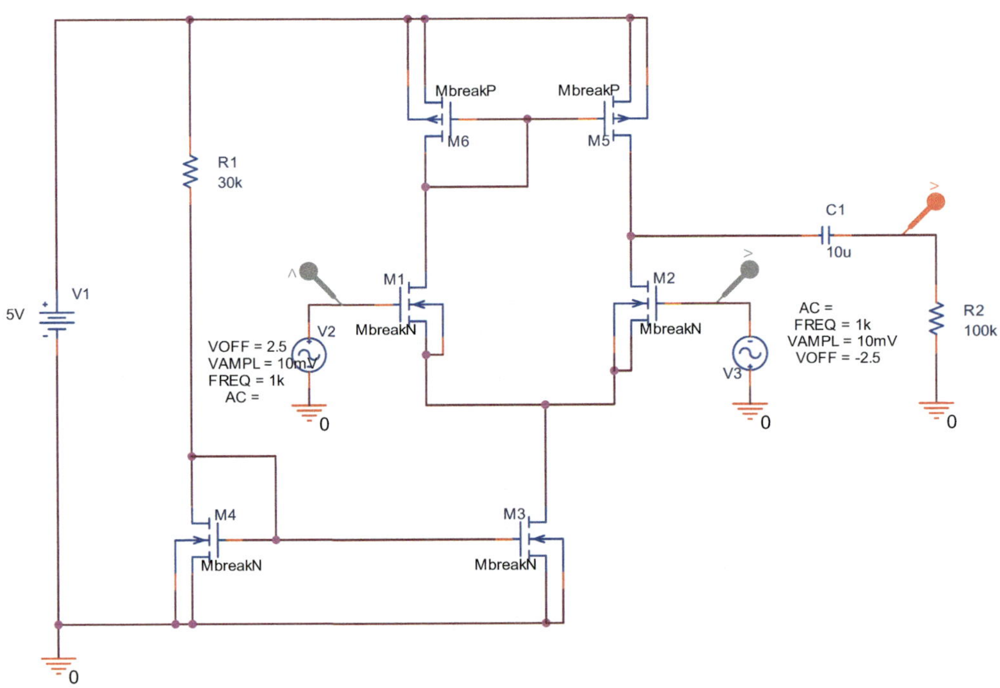

차동증폭기 회로

☐ 시뮬레이션

V_2, V_3 차동입력이 증폭기에 입력되고 동상모드는 제거되고 두신호의 차이가 증폭되어 출력됨을 확인할 수 있다.

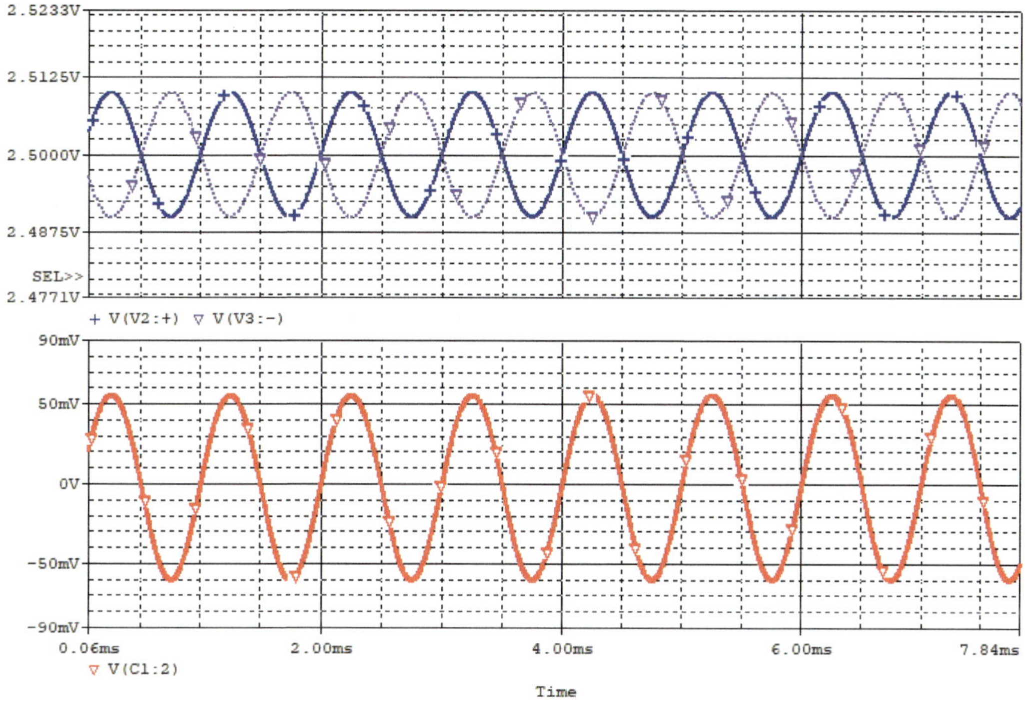

차동증폭기 시뮬레이션 결과

7.6 전류거울

전류거울은 트랜지스터의 전류를 다른 트랜지스터로 복사하는 회로로서 정전류원을 구현하여 집적회로에 전류 바이어스를 공급하고, 저항값이 큰 능동부하를 작은 면적으로 구현할 수 있는 회로이다. 포화영역에서 MOS FET의 드레인 전류는 주로 V_{GS}에 의존하고 V_{DS}에는 미약하게 의존한다. M_1과 M_2의 V_{GS}가 동일하므로 M_1의 드레인 전류인 I_{REF}와 M_2의 드레인 전류인 I_{OUT}의 비는 아래 식에서와 같이 두 트랜지스터의 채널길이가 같다면 채널폭의 비와 V_{DS}의 비로 결정된다.

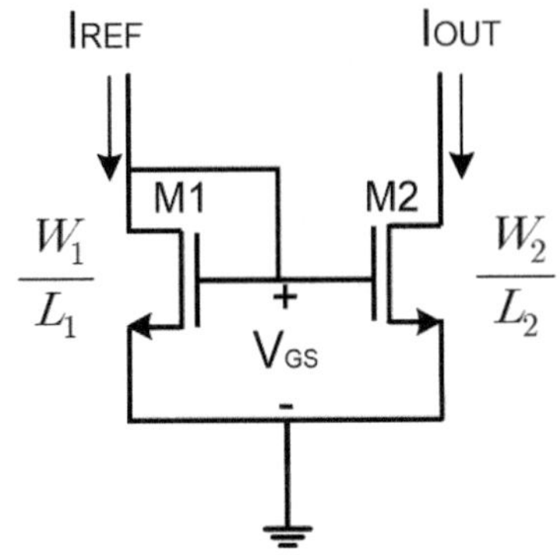

전류거울 회로

$$I_{REF} = \frac{1}{2}k_n\frac{W_1}{L_1}(V_{GS} - V_{TH})^2(1+\lambda V_{DS1})$$
$$I_{OUT} = \frac{1}{2}k_n\frac{W_2}{L_2}(V_{GS2} - V_{TH})^2(1+\lambda V_{DS2})$$

$$\frac{I_{OUT}}{I_{REF}} = \frac{\frac{1}{2}k_n\frac{W_2}{L_2}(V_{GS} - V_{TH})^2(1+\lambda V_{DS2})}{\frac{1}{2}k_n\frac{W_1}{L_1}(V_{GS} - V_{TH})^2(1+\lambda V_{DS1})} = \frac{W_2}{W_1}\frac{1+\lambda V_{DS2}}{1+\lambda V_{DS1}} \quad (L_1 = L_2)$$

일반적으로 λ가 작기 때문에 V_{DS}의 영향을 무시할 수 있다. λ의 영향을 무시하면 위의 식은 다음과 같이 표현된다.

$$\frac{I_{OUT}}{I_{REF}} = \frac{\frac{W_2}{L_2}}{\frac{W_1}{L_1}} = \frac{W_2}{W_1} \quad (L_1 = L_2)$$

두 트랜지스터 전류의 비는 M_1의 채널 폭과 M_2의 채널 폭의 비에 의하여 결정되며 이 회로를 전류거울이라 부르는데 결국 채널길이를 조절하여 복사되는 전류를 미세하게 조절할 수 있다.

실험회로 7-5

다음 전류미러 회로를 구성하고 채널길이에 따른 전류를 측정하여 비교하시오.

■ 회로구성

M_1에서 생성된 전류는 M_7, M_8, M_9로 전류가 복사되며 M_7과 M_8의 채널 길이는 M_1과 동일하므로 M_1에 흐르는 전류와 같은 전류가 흐르고 M_9의 채널폭은 M_1보다 2배이므로 2배의 전류가 흐른다.

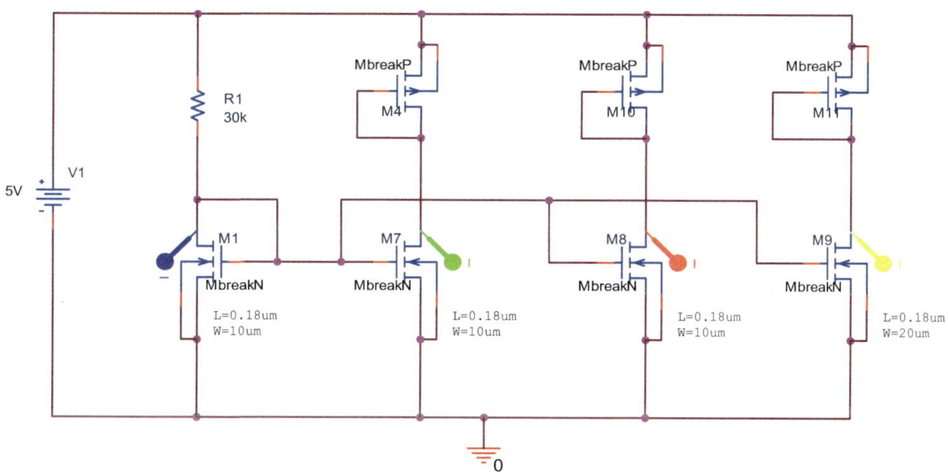

전류거울 회로

■ 시뮬레이션

M_1, M_2, M_8에는 149uA의 전류가 흐르고 M_9에는 채널 폭이 2배이므로 2배 전류인 298uA 전류가 흐르는 것을 확인할 수 있다.

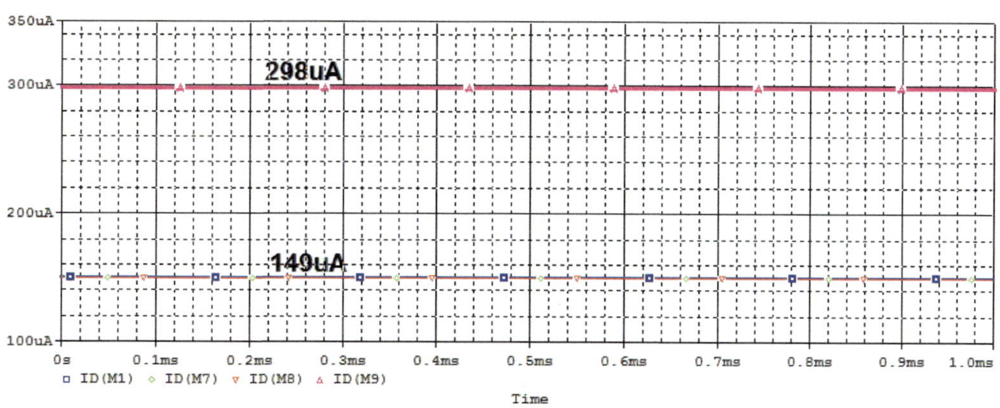

전류거울 회로 시뮬레이션

MEMO

CHAPTER 08

디지털 회로

참고

Fin FET기술

반도체 소자의 속도를 높이고 소비전력을 감소하며 생산성을 높이기 위해 2차원 평면 구조의 MOS FET 기술은 지속적으로 발전하여 크기가 감소하고 집적도가 향상되고 있지만 기존 평면 구조의 반도체 설계로는 그 크기를 줄이는 데 물리적 한계가 있다. 일반적으로 20nm가 평면구조로 비메모리 반도체를 설계 가능한 최소 크기로 알려져 있다.

3차원 구조의 Fin Fet은 정보처리 속도와 소비전력 효율을 높이기 위해 반도체 소자를 3차원 입체구조로 만든 반도체 최신 기술이다. 기존 반도체 칩 구조는 평면(2D)으로 이뤄져 있는데 이를 입체적(3D) 구조로 설계하면서 위로 돌출된 부분이 물고기 등지느러미(Fin) 모양과 유사하여 '핀펫' 이라고 불리게 되었다.

MOS FET 의 평면구조에서는 한 곳으로만 전류를 흘려보낼 수 있다. 반면에 FinFET에서는 돌출된 상층부를 활용해 3개면으로 전류를 흘려보낼 수 있다. 크기는 작아지면서도 3개의 면에서 전류제어가 가능하여 뛰어난 전류구동능력을 확보하고 전원이 꺼진 상태에서의 전류 누수도 현저히 줄어든다. 핀펫 기술 활용으로 비메모리 반도체는 현재 상용화가 진행 중인 14나노를 시작으로 현재 7nm까지 공정과 소자 개발이 이뤄지고 있다

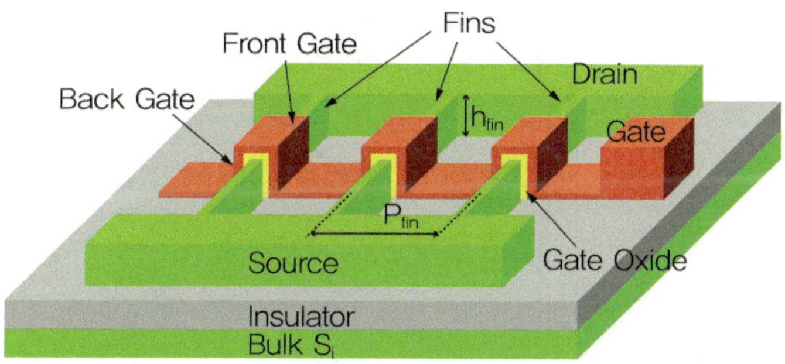

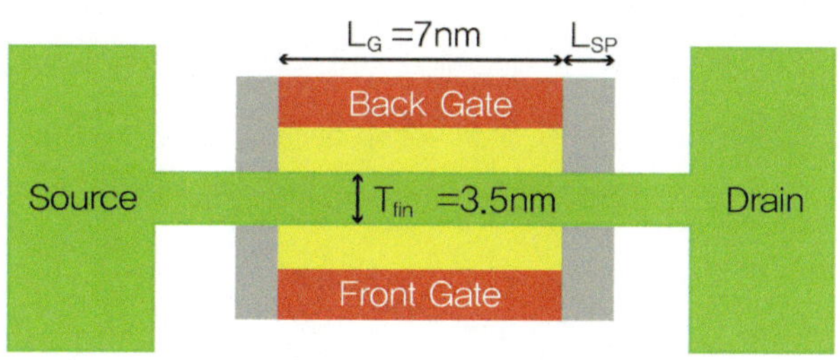

Fin FET 구조와 7nm 레이아웃

이번 장에서는 PSpice의 Digital Stimulus 기능을 이용한 디지털 회로 설계 및 시뮬레이션을 학습한다.

8.1 아날로그와 디지털 신호

아날로그 신호(Analog Signal)는 시간에 따라 연속적인 값을 나타내는 신호이며 디지털 신호(Digital Signal)는 시간에 따라 불연속적으로 변하는 신호이다. 아날로그 신호는 대부분 파형이 일정하지 않으므로 원래 파형을 복원하기 어렵지만 디지털 신호는 'High' 또는 'Low' 신호로만 표현되므로 원래 신호를 복원할 수 있는 점이 가장 큰 장점이다.

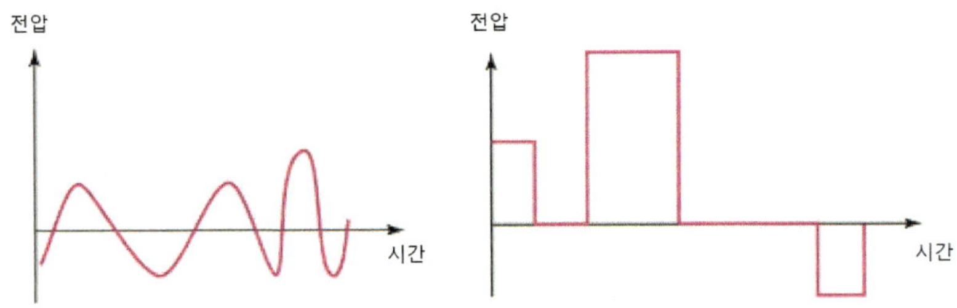

아날로그 신호와 디지털 신호

디지털회로는 2개의 불연속적인 전압 범위를 정보의 표현에 이용하는 회로이며, 논리회로를 구현하는 방법이기 때문에 디지털은 일반적으로 2개 상태를 취하여, 각각 'Low'와 'High' 또는 'L' 와 'H'라고 표현하며 디지털 회로에서 심장 역할을 하는 클럭은 일정주기로 반복되는 신호이며 일정주기를 clock period 또는 클럭 주기라고 하며 High 상태의 구간을 Clock width, 상승 구간을 Rising edge 하강구간을 Falling edge라고 칭한다.

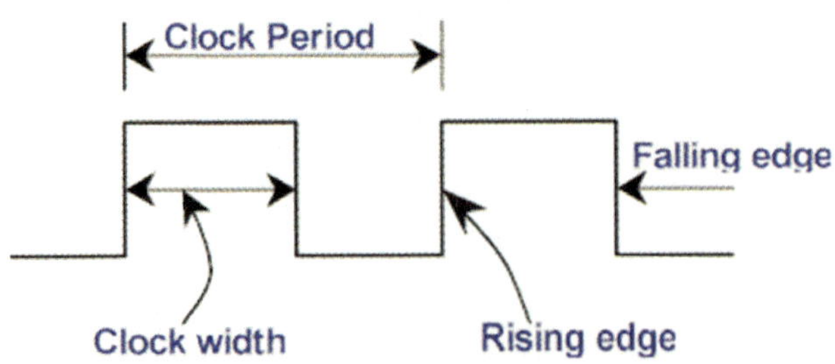

클럭의 상태 정의

디지털 회로에는 AND, OR, NOT의 기본 Gate와 Flip-Flop을 이용한 순차 회로, 조합회로를 말한다. 디지털 회로는 0 또는 1의 두 가지 상태를 이용하거나 0에서 1로 변하는 Rising edge 또는 1에서 0으로 변하는 Falling edge를 이용하여 회로를 구현할 수 있다.

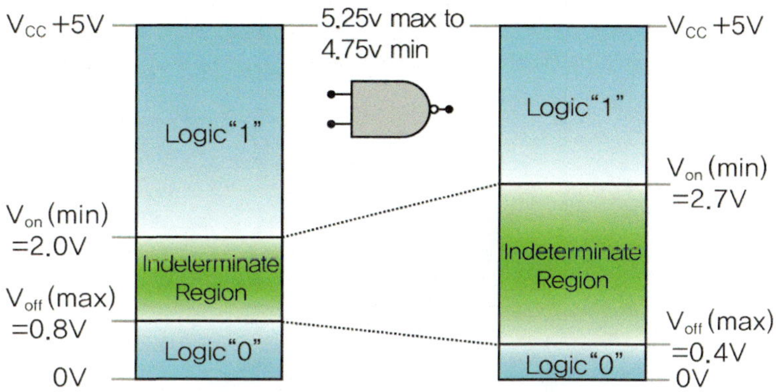

TTL 입력전압 및 출력전압 레벨

디지털 IC에 공급되는 전압이 5V인 경우 High 레벨은 5V이고 Low Level은 0V이지만 정확하게 5V 또는 0V만 사용하면 디지털 회로가 정확하게 동작하기 어렵기 때문에 High와 Low 레벨을 어느 정도 전압 범위를 설정하여 인식하도록 한다. 예를 들어 74시리즈의 TTL 논리게이트는 입력신호의 경우 2~5V를 High 레벨로 인식하고 0~0.8V를 Low 레벨로 인식한다. 출력 신호의 경우에는 High 레벨을 2.7~5V로 출력하며 0~0.4V를 Low 레벨로 출력한다.

8.2 디지털 IC

논리게이트는 AND, OR, NOT처럼 논리 동작을 수행하는 것이며 이를 하나의 IC에 설계한 것을 디지털 IC라고 한다.

논리게이트는 여러 가지 아날로그 부품을 조합하여 설계하며 설계 방식에 따라 TTL (Transistor Transistor Logic), CMOS(Complementary Metal Oxide Semiconductor) Logic으로 구분되며 고집적도를 얻기 위하여 메모리나 마이컴 관련 IC에 사용되는 N 채널 MOS를 시초로 한 초고속 응답용과 컴퓨터나 카운터에 사용되고 있는 ECL(Emitter Coupled Logic) 등 여러 가지가 있으나 특수한 용도나 목적에 사용되고 일반적인 디지털 로직은 TTL이나 CMOS 로직이 사용된다.

TTL은 1964년 미국의 TI(Texas Instruments)사에 의해서 발표된 이래, 우수한 성능과 적정한 가격, 500종류 이상이나 되는 풍부한 품종, 다수의 메이커가 생산함으로써 쉽게 구입할 수 있고, 시대에 따른 고속성, 저전력 개발에 의해서 오늘날에도 디지털 제어용의 IC의 주류를 이루고 있다. 이에 비해서 CMOS 로직은 1996년에 미국의 RCA사와 모토로라사에 의해 발표된 것으로서 저소비 전력과 사용전압 범위가 넓어 급속도로 발전하였고 요즘에는 고집적도의 LSI화와 TTL에 뒤떨어지지 않는 고속 응답형의 개발 등에 의해서 TTL을 능가하는 보급률을 보이고 있다.

여러 가지 종류의 TTL IC 모양

이 두 가지 로직의 특징을 간단히 비교하면 다음과 같다.

TTL IC와 CMOS IC의 비교

	TTL	CMOS
Supply Voltage	4.75V~5.25V	일반형 : 3~18V 고속형 : 2~6V
Threshold Level	1.2V~1.4V	Supply Voltage 1/2
In/out propagation delay	LS type : 10ns AS, AL type : 3~3.5ns	일반형 : 100ns 고속형 : 8ns
Max frequency	LS type : 45MHz ALS type : 100MHz	일반형 : 2MHz 고속형 : 45MHz
Power Consumption	LS type : 3.2mA	0.0005~0.0003uA
Temperature	0~70℃	-40~85℃
장점	전달 지연 시간이 짧다	구조가 간단, 집적도가 높다.
단점	노이즈 마진이 작다 임피던스 영향이 쉽다 소비전력이 크다	정전파괴가 쉽다. 고온에 약하다.

TTL은 NPN형 트랜지스터를 위주로 만들어졌고, CMOS는 FET(전계효과 트랜지스터)를 사용하여 만들어졌다는 점이 가장 큰 차이점으로써 74시리즈는 원래 TTL만 있었지만 그 후 CMOS형의 HC 패밀리가 개발되었는데 이것은 CMOS의 단점인 동작속도를 TTL이상의 수준으로 고속화한 것이며 또한 HC패밀리는 지금까지의 TTL과 같은 핀 배치를 사용하고 있기 때문에 호환성이 매우 우수하여 근래에는 기존의 TTL을 대체하고 있다.

TTL, ECL, CMOS 로직 비교

종류	소비전력	특징	구별
TTL 로직	큼	가격이 저렴 범용적 속도가 빠름	74시리즈 74S : schottky 사용 고속 74LS : schottky 사용 저전력 (54시리즈 : 군용)
ECL 로직	가장 큼	잡음에 약함 속도가 빠름	10시리즈
CMOS 로직	가장 적음	범용적 정전기에 약함	40시리즈 74HC시리즈(고속)

논리게이트는 표면에 다음과 같은 규칙으로 제조사, 설계 방식 등을 표시하므로 특징을 쉽게 파악할 수 있다.

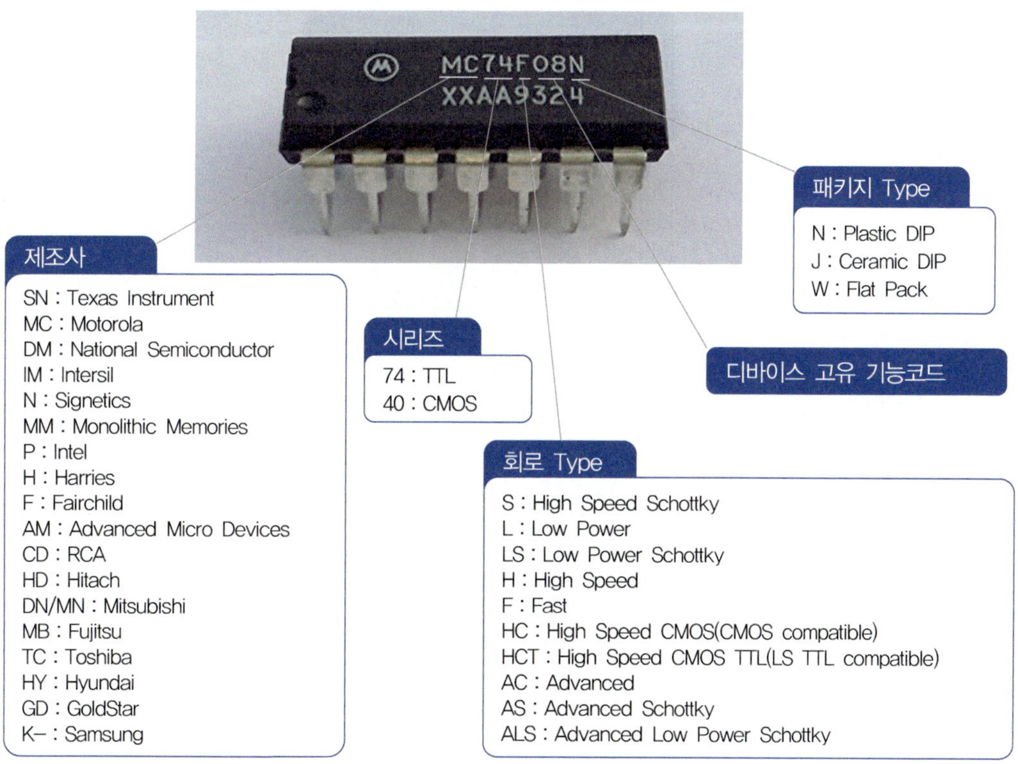

디지털 IC 분류방법

IC는 Notch Point를 1번 핀으로 하며 반시계방향으로 핀번호가 할당된다. 또한 IC의 좌측 하단은 접지에 연결하고 우측 상단은 전원에 연결하는 것을 회로도 상에서는 생략할 경우도 있으므로 잊지 말아야 한다.

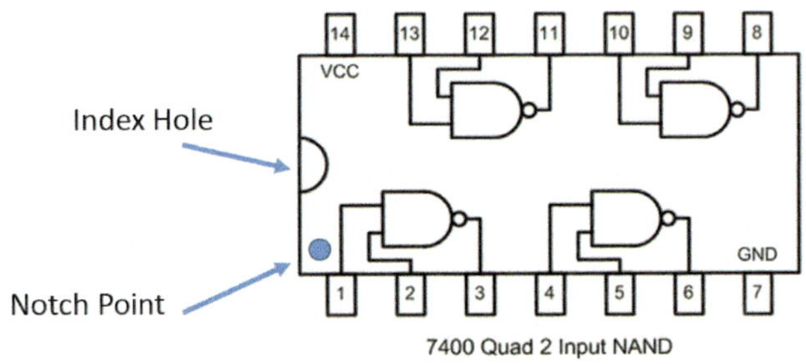

7400 IC의 핀배치도

PSpice는 디지털 논리회로 시뮬레이션을 위한 다양한 라이브러리를 제공하며 주로 아래와 같은 소자들을 사용한다.

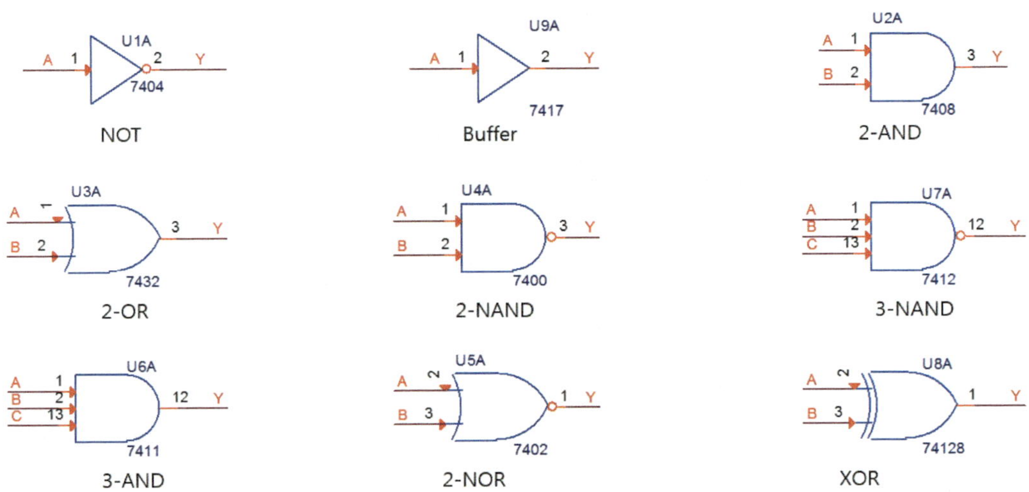

PSpice에서 사용되는 주요 디지털 논리회로 소자

NOT 게이트는 부정의 논리를 만든 것이며 인버터(Inverter)라고도 한다. 입력과 반대의 출력을 나타내는 논리이다. NOT 게이트의 논리식은 $Y=\overline{A}$로 표시한다.

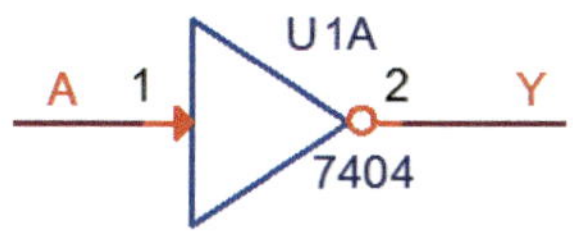

NOT

A	$Y=\overline{A}$
0	1
1	0

AND 게이트는 모든 입력이 1일 때만 1을 출력하며 $Y=A\cdot B$로 표시한다.

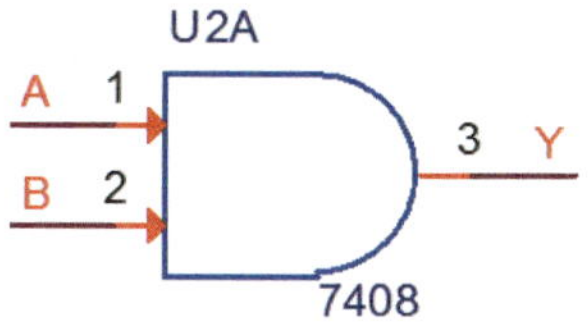

2-AND

A	B	$Y=A\cdot B$
0	0	0
0	1	0
1	0	0
1	1	1

OR 게이트는 입력 중 하나라도 1이 있으면 1을 출력하며 $Y=A+B$ 로 표시한다.

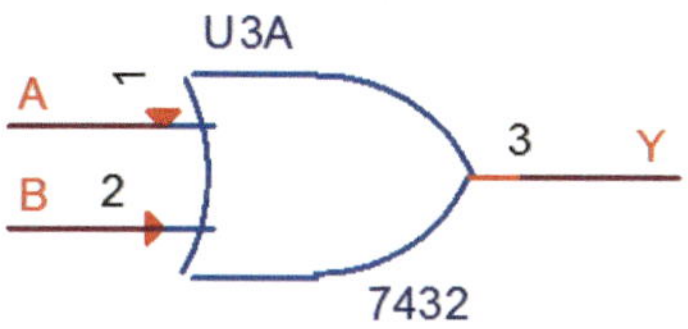

2-OR

A	B	$Y=A\cdot B$
0	0	0
0	1	1
1	0	1
1	1	1

XOR 게이트(Exclusive OR)는 배타적 논리이며 서로 다른 입력일 경우에만 1을 출력한다. 논리식은 $Y=\overline{A}B+A\overline{B}$이며 간단하게 $Y=A\oplus B$ 로 표시한다.

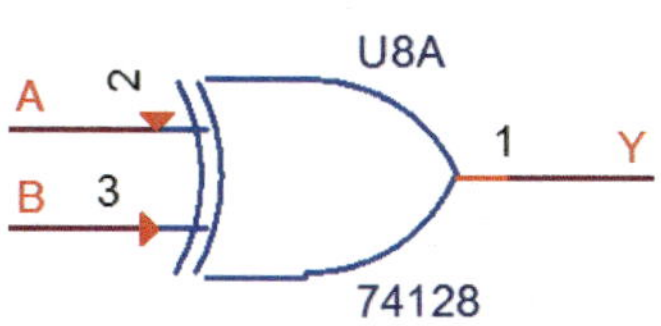

XOR

A	B	$Y=A\oplus B$
0	0	0
0	1	1
1	0	1
1	1	0

8.3 NAND Gate 설계 실습

NAND 회로는 AND 회로에 반전기호를 붙인 것이며 동작은 AND 회로와 반대로 입력에 0이 있을 때는 1을 출력하고 모든 입력이 1이면 0을 출력한다. 따라서 NAND 회로는 0을 검출하는 회로에 사용될 수 있다. 디지털 회로를 구성하고 입력신호를 Digital Stimulus (DSTM)을 이용하여 입력 신호를 인가한다.

A	B	OUT
0	0	1
0	1	1
1	0	1
1	1	0

실험회로 8-1

다음 회로를 구성하여 위의 진리표에 따라 디지털 신호를 입력하고 출력을 확인하시오.

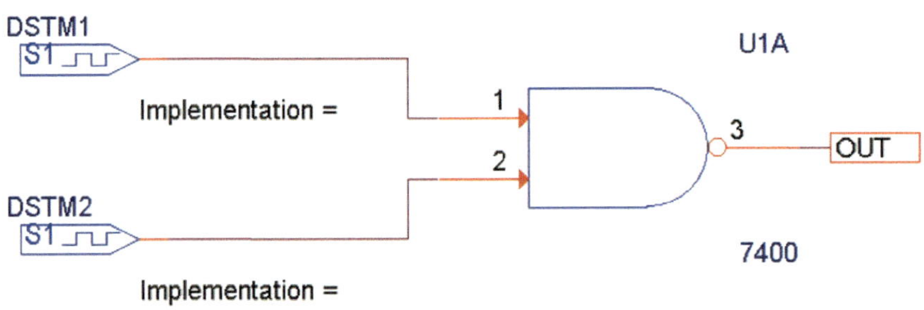

실험회로 구성

◻ 회로구성

① Tool Bar에서 를 클릭하거나 메뉴의 Place 〉 Part를 선택한다.

② 대화상자에 7400을 입력하고 검색된 여러 가지 소자 중에서 시뮬레이션이 가능한 7400/7400 또는 7400/EVAL을 선택하고 스키메틱 창에 배치한다. Packaging의 4는 7400 패키지에 4개의 NAND 게이트가 들어 있음을 나타내고 있으며 A는 A~D의 게이트 중에 A가 선택되었음을 나타낸다.

③ 디지털 입력신호 생성을 위해 1비트 입력이 가능한 Digstim1을 검색하여 7400 입력단자에 배치하고 wire를 연결한다. PSpice가 제공하는 디지털 입력의 이름은 'Stim'이며 Stim에는 1, 2, 4, 8, 18의 숫자가 붙이며 이는 비트 수를 의미한다.

④ 7400 소자에 출력포트 연결을 위해 툴바의 Place Port를 선택하고 PORTNO-L/CAPSYM 을 선택하여 7400 소자의 출력 단자에 배치한다.

⑤ Tool Bar나 Place/Wire를 선택하거나 단축키인 W를 사용하여 부품과 포트 사이를 연결한다. 연결이 완료되면 ESC키를 눌러서 부품연결 상태를 해제한다.

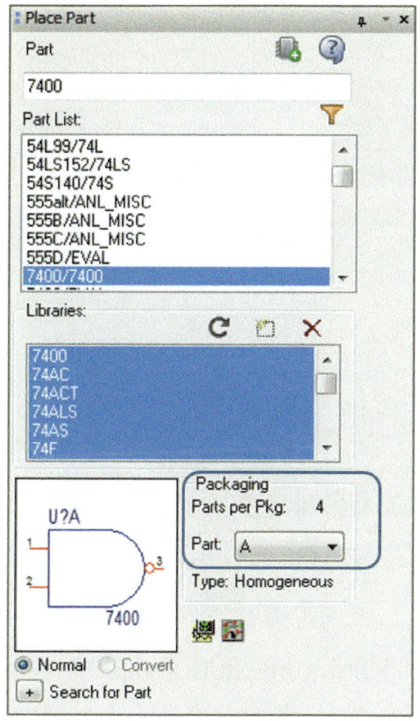

논리소자 심벌 검색

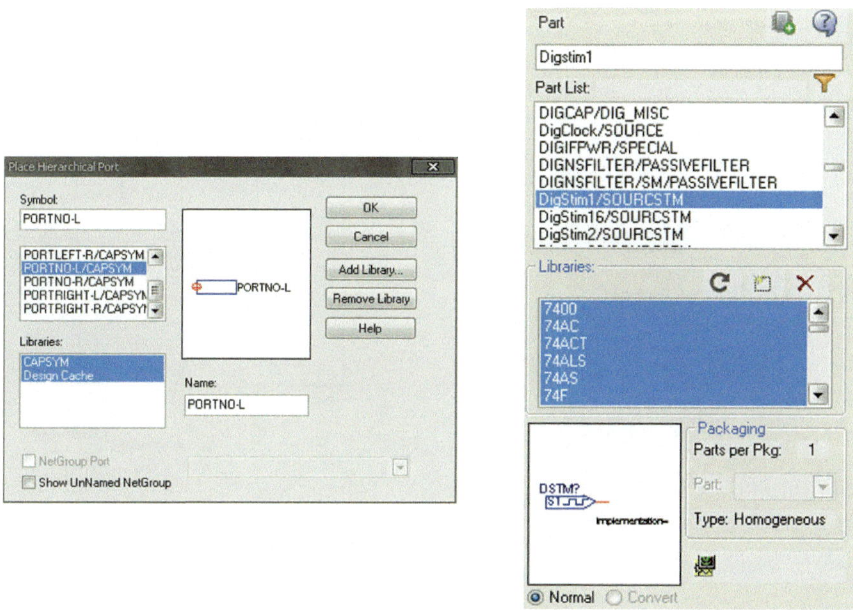

논리소자의 입출력 포트 설정

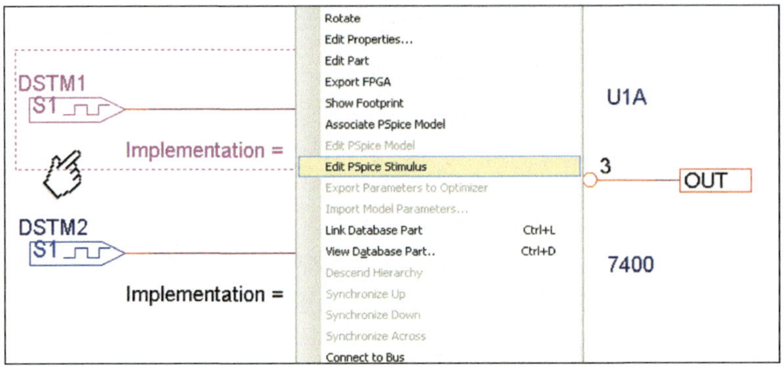

Stimulus Editor 실행

◘ 시뮬레이션

① DSTM1을 클릭하여 선택한 후 마우스 오른쪽 버튼을 클릭하여 Edit PSpice Stimulus를 선택하면 와 같은 Stimulus Editor가 실행된다.

② Stimulus Editor 윈도우에서 Stimulus/New를 선택한다.

③ Digital 항목의 clock을 클릭한 후 Name에 A를 입력하고 OK를 클릭한다.

④ Clock Attribute 창에서 Period and on time을 선택하고 Period는 10ms, On time은 5ms 를 입력한다.

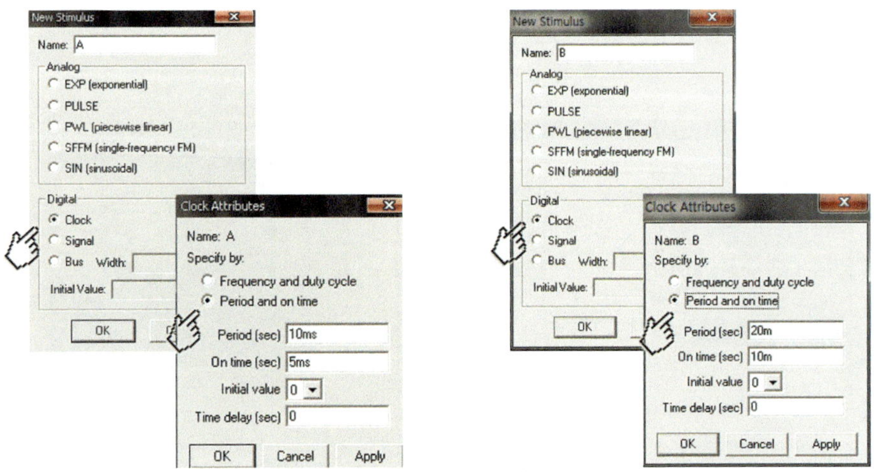

진리표 입력구성을 위한 클럭 설정

⑤ 하나의 프로젝트에서 한 개의 Stimulus Editor만 사용할 수 있으므로 두 번째 입력 B에 대한 디지털 신호 입력을 위해 Stimulus Editor 윈도우의 Stimulus/New를 클릭하여 동일한 방법으로 입력 포트 이름을 B로 입력하고 clock Attribute 창의 Period는 20ms, On time은 10ms로 설정한다.

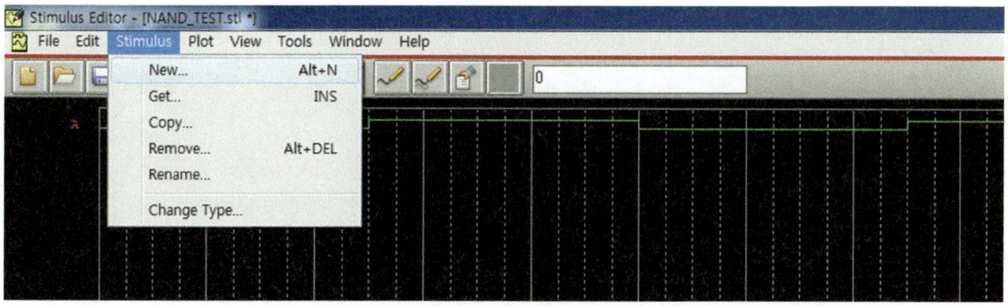

두 번째 Stimulus 입력설정

⑥ 시간 설정이 완료되면 반드시 Stimulus Editor 윈도우 메뉴의 File/Save를 클릭한다.

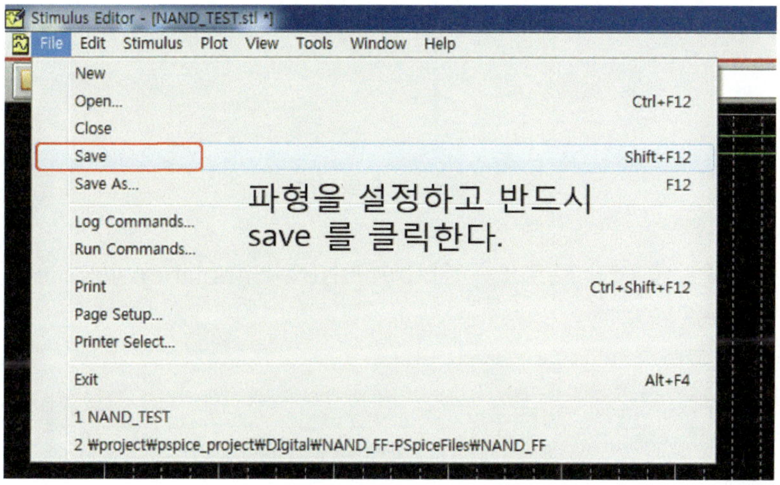

Stimulus 설정 후 반드시 저장

⑦ Schematic 창에서 DSTIM1 부품의 Implementation=을 클릭하여 파형이름에 A를 입력하고 DSTIM2에는 B를 입력한다.

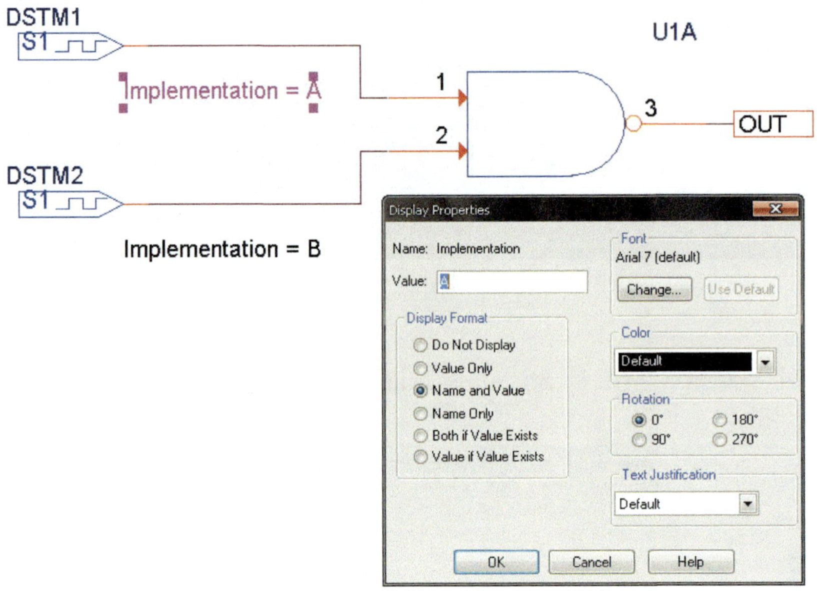

Stimulus 입력설정

⑧ 입력과 출력 포트에 전압 프로브를 위치하고 New Simulation Profile을 다음과 같이 설정한다.

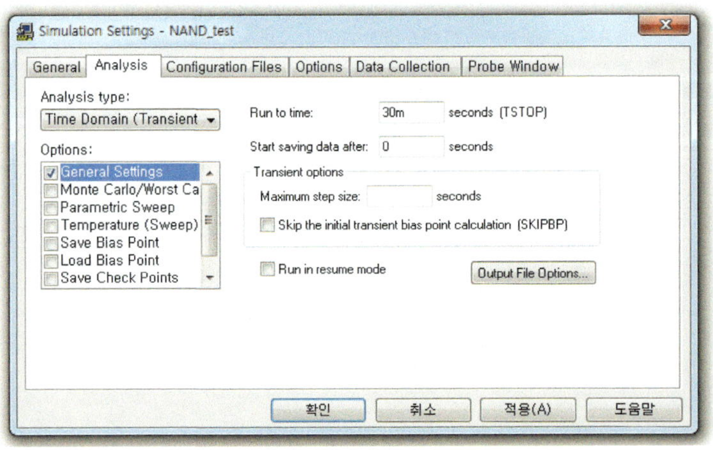

시뮬레이션 설정

⑨  를 클릭하여 시뮬레이션을 수행한다. 시뮬레이션을 수행하였는데 다음 그림과 같이 파형에 변화가 없는 경우는 Stimulus를 저장하지 않은 경우이므로 반드시 Stimulus Editor의 설정 파형을 저장한다.

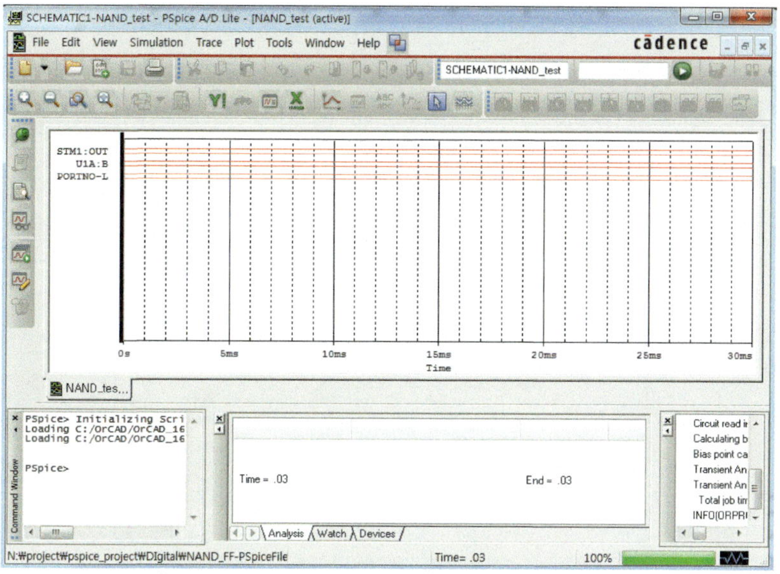

Stimulus 저장이 안된 경우 비정상 파형

정상적인 회로와 Stimulus가 완성되면 다음과 같이 NAND 회로의 입출력 특성을 시간 구간별 High 또는 Low 입력에 대해 확인할 수 있다.

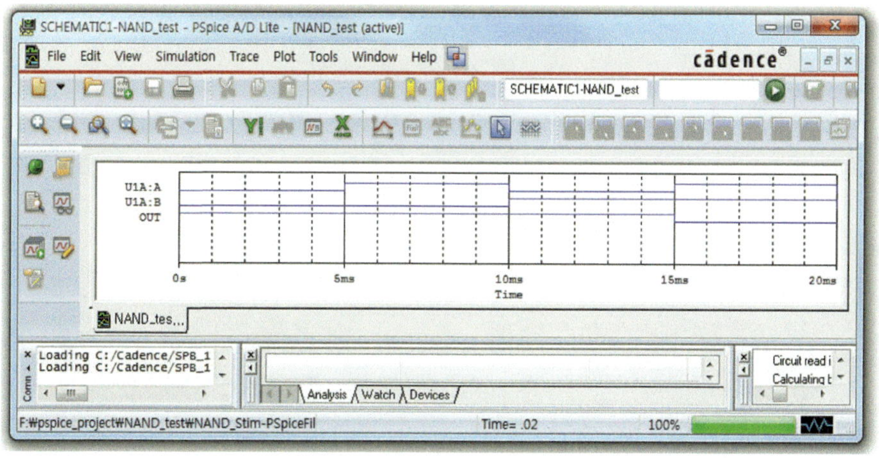

Stimulus 저장 후 정상 파형

시간 구간	A	B	OUT
0ms~5ms	0	0	1
5ms~10ms	0	1	1
10ms~15ms	1	0	1
15ms~20ms	1	1	0

구간별 입력레벨과 출력레벨을 이용한 결과 확인

경우에 따라서 아래와 같은 메시지가 발생할 수도 있는데 이런 경우에는 직접 Stimulus Editor를 실행하여 프로파일 이름과 동일하게 저장하고 시뮬레이션 프로파일에서 해당 파일을 첨부시킨다.

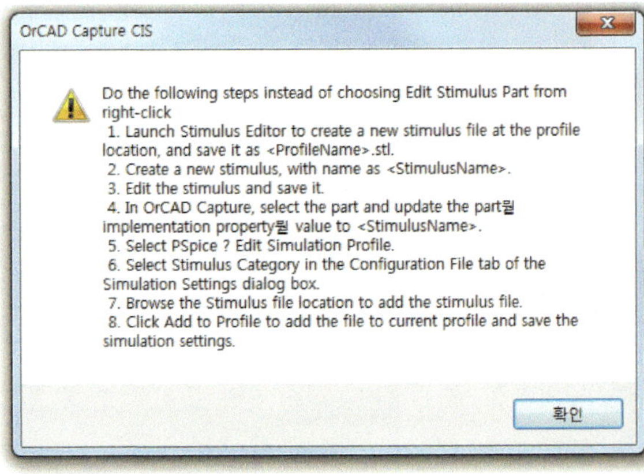

Stimulus Editor는 PSpice Utilities에 포함되어 있으므로 윈도우즈 시작 메뉴의 Cadence 설치 폴더에서 Stimulus Editor를 실행시킨다.

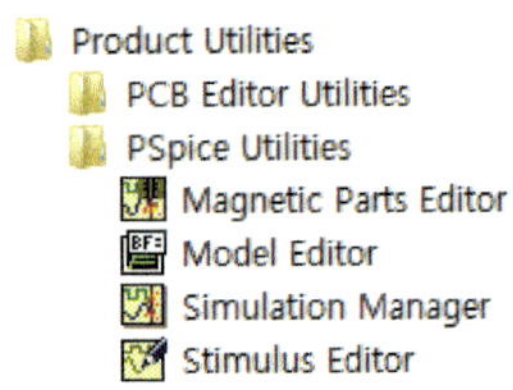

PSpice Utilities의 Stimulus Editor 선택

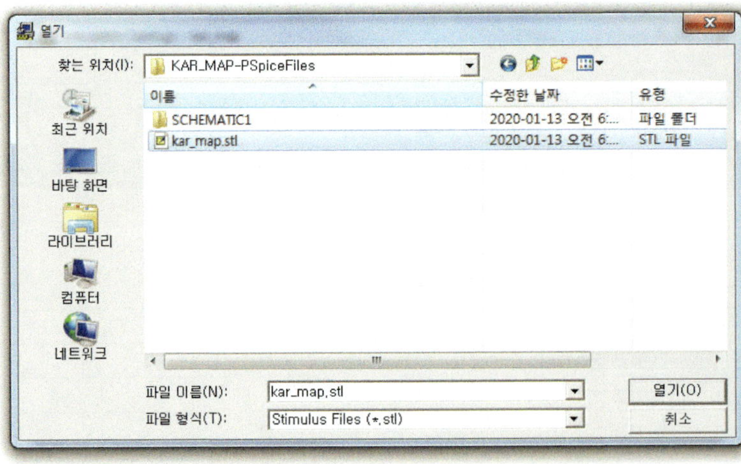

Stimulus 파일이름을 Simulation Profile 이름과 동일하게 저장한다.

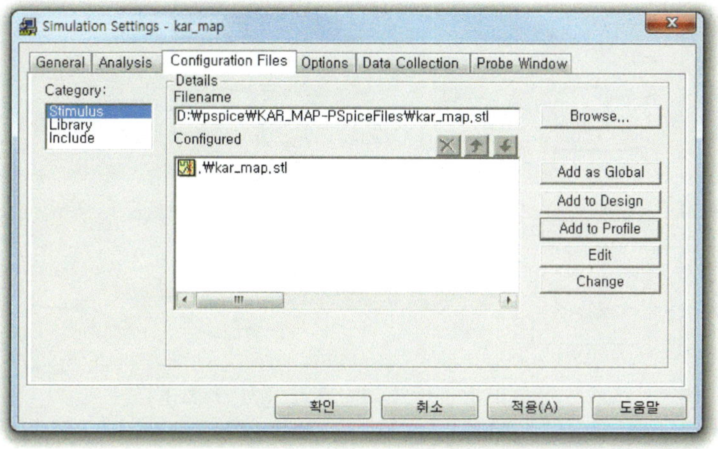

Simulation Profile의 Configuration File을 추가한다.

8.4 부울 대수

부울 대수(Boolean algebra)는 George Boole이 1847년에 개발한 법칙으로 1 또는 0의 값에 대해 논리 동작을 다루는 대수다. 디지털 컴퓨터의 기본 구성 요소는 논리회로(logic circuit)로, 적절한 2진 정보를 입력받아 논리연산을 하여 출력 정보를 생성한다. Claude Shannon이 1939년에 부울 대수를 이용하여 스위칭 회로를 설계한 것을 시작으로 현대 디지털 기술이 발달하는데 큰 기여를 한 법칙이다. 부울 대수에서 사용되는 진리표(Truth Table)는 부울식으로 표현되는 가능한 모든 조합에 대한 값을 나타내는 표이며 부울식에 의한 명제의 참과 거짓을 시각화하여 나타내며 다음 4가지의 법칙이 있다.

교환법칙(commutative law)

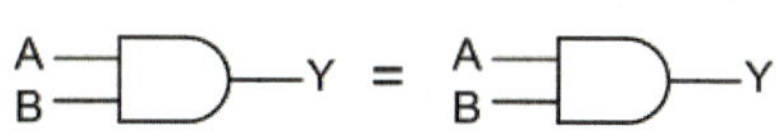

$$A \cdot B = B \cdot A$$

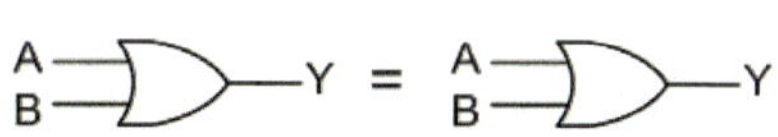

$$A + B = B + A$$

결합법칙(associate law)

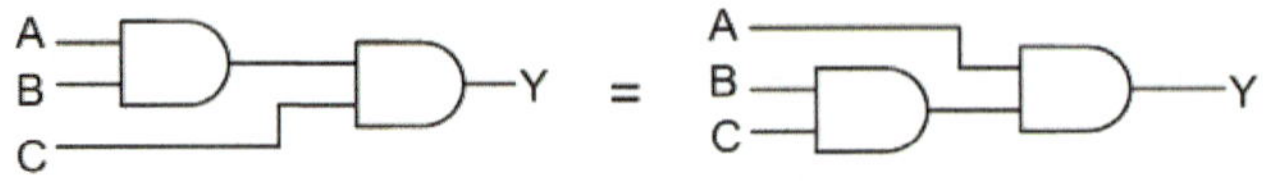

$$(A \cdot B) \cdot C = A \cdot (B \cdot C)$$

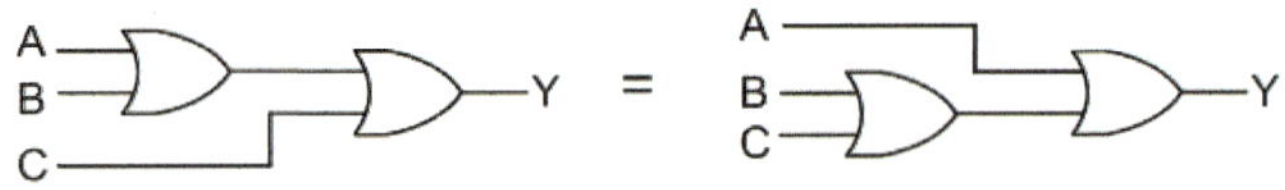

$$(A + B) + C = A + (B + C)$$

분배법칙(distributive law)

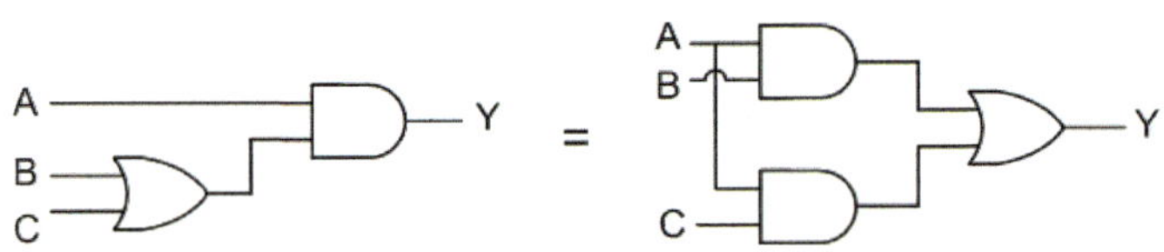

$$A \cdot (B + C) = (A \cdot B) + (A \cdot C)$$

드모르간의 정리(De Morgan's theorem)

$$\overline{A \cdot B} = \bar{A} + \bar{B}$$

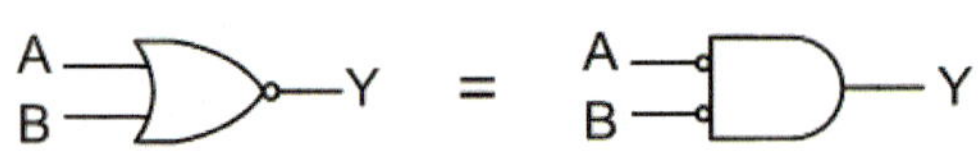

$$\overline{A + B} = \bar{A} \cdot \bar{B}$$

드 모르강의 정리(De Morgan's Theorem)는 논리 연산에 사용되는 중요한 정리이며 이를 활용하면 AND와 OR의 논리식을 NOR와 NAND의 논리식으로 표현할 수 있다. 즉, NAND 게이트와 NOR 게이트는 디지털 시스템에서 사용되는 모든 논리게이트를 부울대수와 카르노 맵을 응용하여 구현이 가능하므로 범용게이트(Universal Gate)라고 한다.

(1) NAND와 NOR를 이용한 NOT 게이트 구성

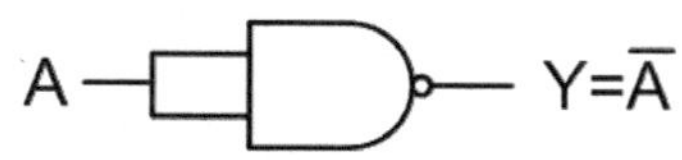

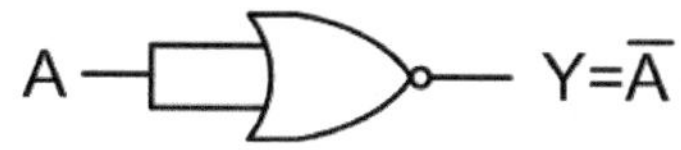

(2) NAND와 NOR를 이용한 AND 게이트 구성

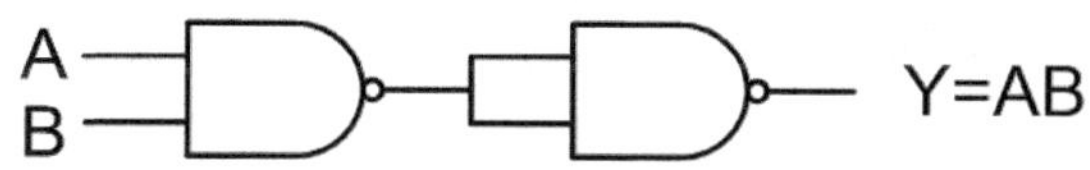

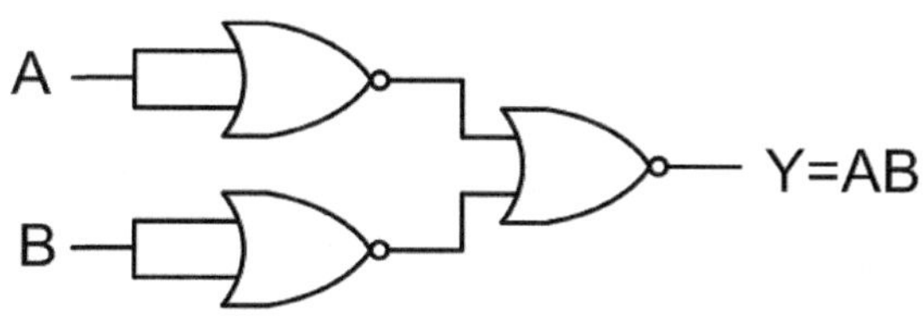

(3) NAND와 NOR를 이용한 OR 게이트 구성

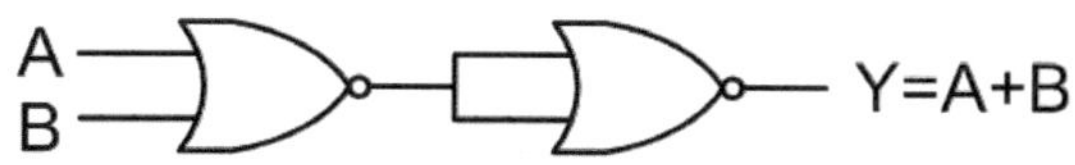

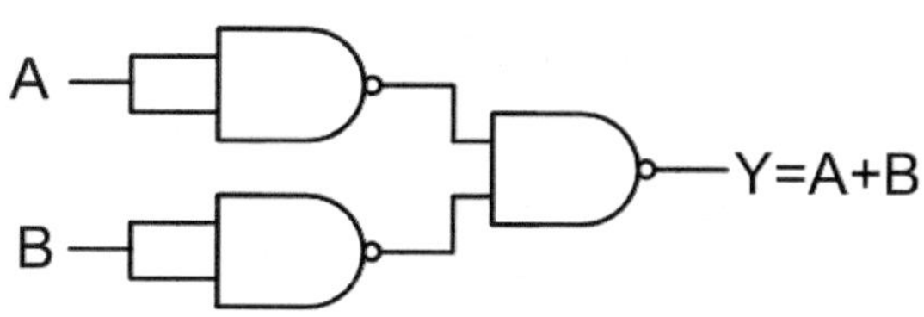

8.5 카르노맵

부울 대수를 이용하여 논리식을 간소화하는 방법은 적용이 어려운 경우도 많고, 방법도 체계적이지 않다. 따라서 카르노맵(Karnaugh Map)을 활용하면 아무리 복잡한 논리식도 체계적으로 단순화할 수 있는 장점이 있다.

카르노맵을 구성하는 과정은 다음과 같다.

(1) 논리식의 각항에 해당되는 칸에 1을 기록한다.
(2) 1이 기록된 칸을 직사각형 또는 정사각형 형태로 묶는다.
(3) 묶인 부분에서 논리 레벨이 변하는 변수를 삭제한다.
(4) 남겨진 변수에 따른 논리식을 'OR'로 처리하여 간소화 시킨다.

예를 들어 $Y=\overline{AB}+A\overline{B}$의 논리식을 카르노맵을 이용하여 간소화하는 경우 두 변수 A, B에 대하여 각각 0과 1의 상태를 가질 수 있으므로 아래와 같은 테이블을 만들고 논리항에 해당되는 곳에 1을 표시한다.

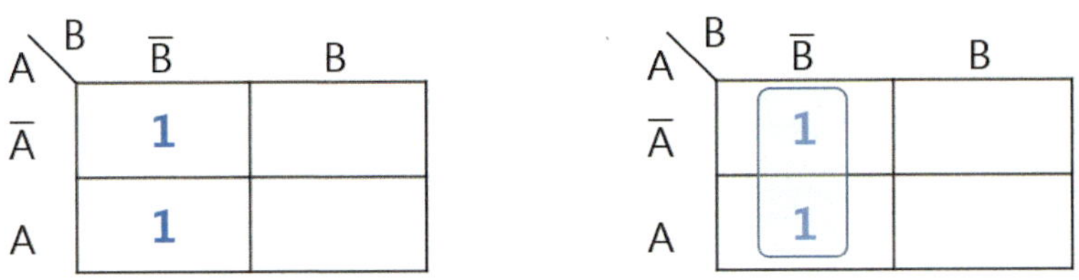

그림에서와 같이 1로 묶인 상태에서 논리레벨이 바뀌는 변수를 삭제한다. 즉 변수 A는 $\overline{A}\rightarrow A$로 변하였으므로 삭제한다. 결국 변수 $\overline{B}$만 남게 되므로 논리식은 $Y=\overline{B}$가 된다.

변수가 3개인 경우는 가로방향에 2개의 변수를 배치하고 세로 방향에 나머지 1개의 변수를 배치한다. 이때 2개인 변수는 00 → 01 → 11 → 10처럼 인접 변수의 변화가 1개씩 일어나도록 $\overline{AB}\rightarrow\overline{A}B\rightarrow AB\rightarrow A\overline{B}$의 순서로 배치한다.

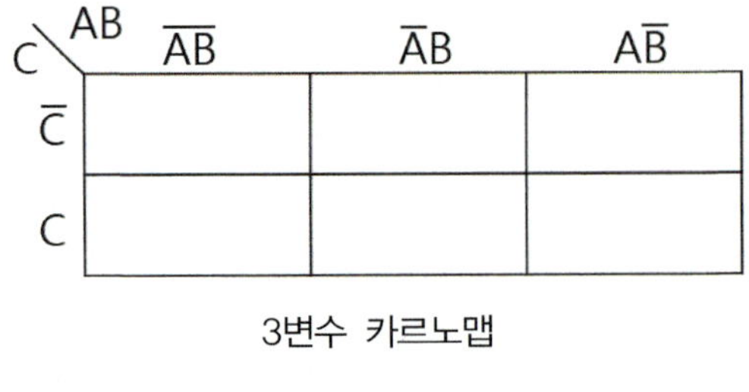

3변수 카르노맵

카르노맵을 이용하여 다음 식을 간소화 하여 보자.

$$Y = \overline{ABC} + \overline{AB}C + \overline{A}BC + A\overline{B}C + ABC$$

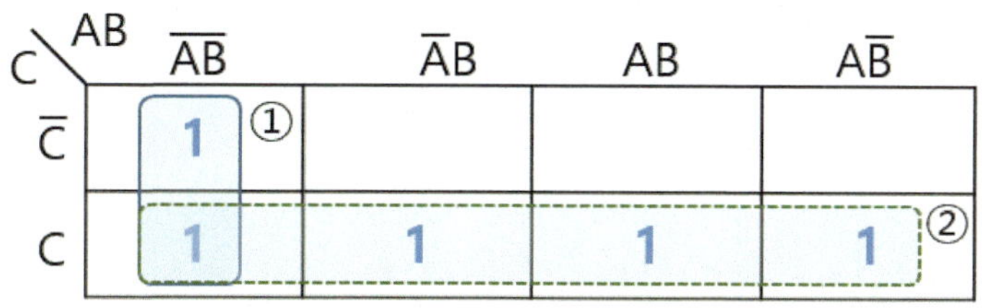

가로 4칸, 세로 2칸의 카르노맵을 만들고 위에 설명한 규칙에 따라 변수를 배열한다. 수식에 표현된 각항에 해당되는 칸에 1을 표시한다. 묶음 ①에서 공통인 변수는 $\overline{AB}$이고 묶음 ②에서의 공통인 변수는 C이므로 최종 간소화된 논리식은 $Y = \overline{AB} + C$이다.

카르노맵은 논리식으로 표현하지만 다음과 같은 형식으로도 표현된다.

$$F(A, B, C, D) = \sum(7, 13, 14, 15)$$

위의 4는 4개의 변수를 갖고 카르노맵의 7, 13, 14, 15에 해당하는 항이 1이라는 의미와 같다.

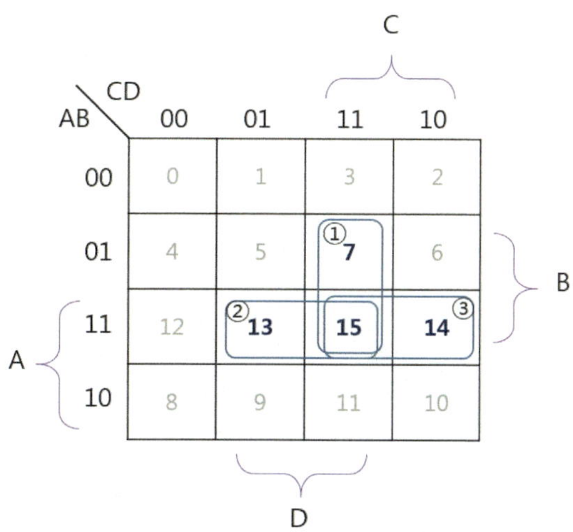

4변수 카르노맵

4변수 카르노맵에서 ①=BCD, ②=ABD, ③=ABC이므로 위의 식은 다음과 같이 표현할 수 있다.

$$F(A, B, C, D) = BCD + ABD + ABC$$

카르노맵은 동일 하지만 묶는 형태에 따라 간소화된 논리식이 다를 수 있지만 출력 결과는 동일하다.

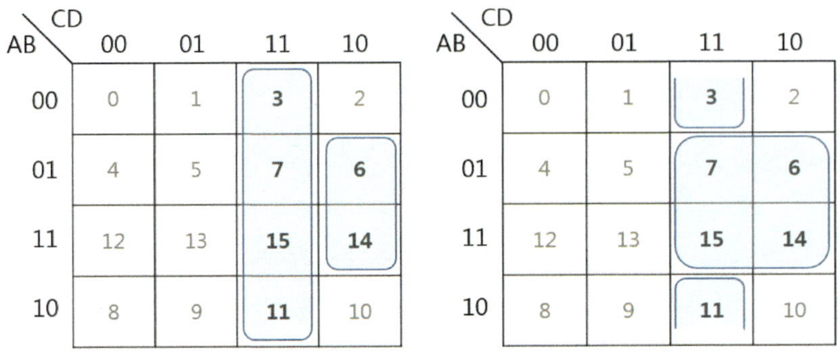

위의 두 논리식은 $F(A, B, C, D) = \Sigma(3, 6, 7, 11, 14, 15)$로 동일하지만 묶는 방법에 따라 좌측 카르노맵은 $Y = BC\overline{D} + CD$이고 우측 카르노맵은 $Y = BC + \overline{B}CD$이다.

실험회로 8-2

두 논리식 $Y = BC\overline{D} + CD$와 $Y = BC + \overline{B}CD$에 대하여 PSpice 회로를 구성하고 결과를 확인하여 보자.

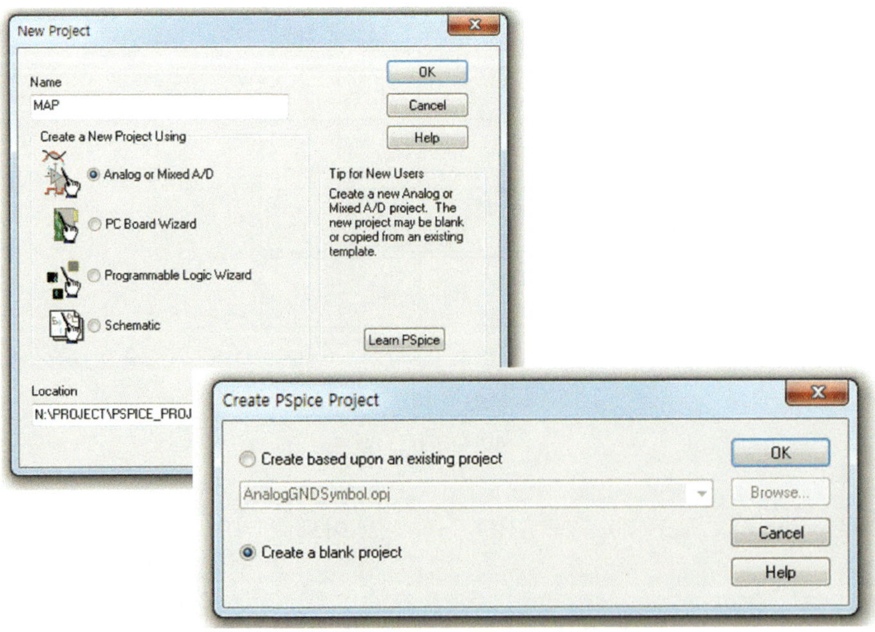

새로운 프로젝트를 구성하고 $Y = BC\overline{D} + CD$와 $Y = BC + \overline{B}CD$에 대한 회로를 작성하여 동일한 입력을 인가하였을 때 결과 파형을 비교한다.

◻ 회로구성

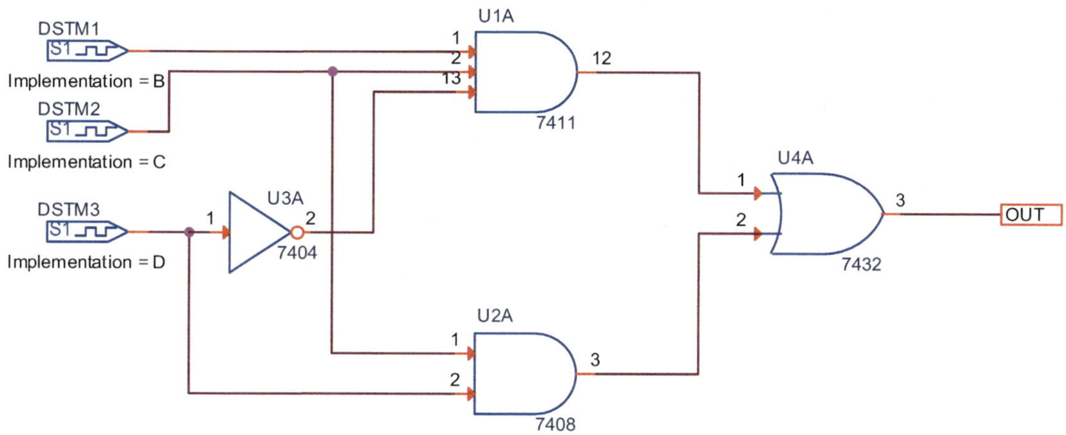

$Y = BC\overline{D} + CD$에 대한 회로도

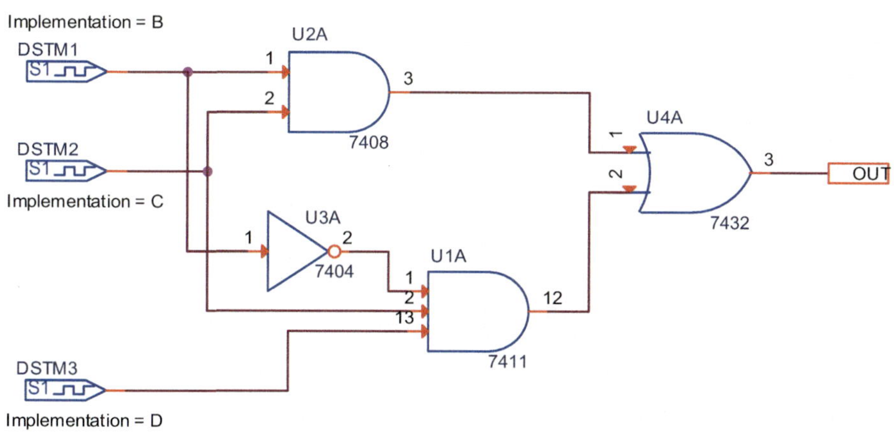

$Y = BC + \overline{B}CD$에 대한 회로도

□ 시뮬레이션

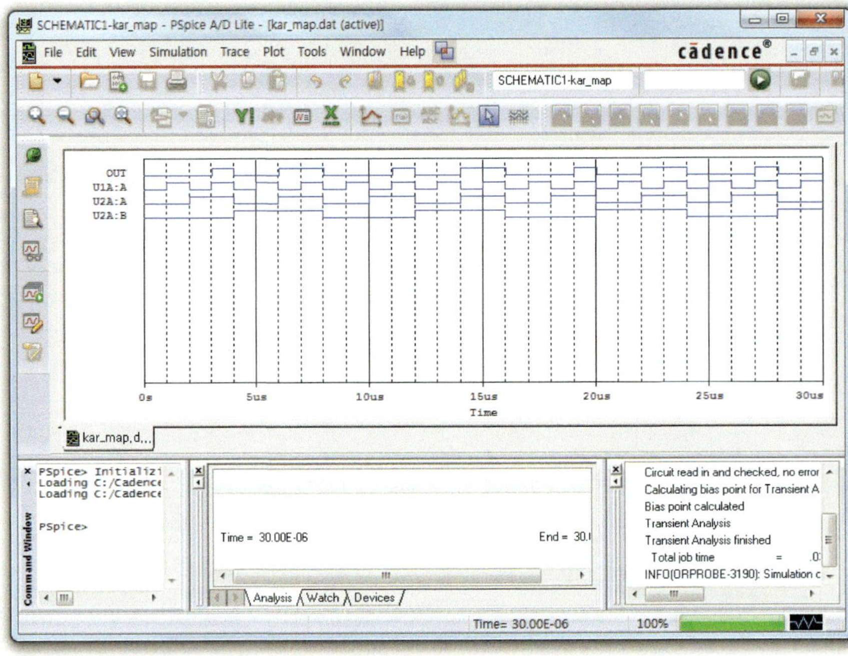

위 파형의 결과로부터 카르노맵의 구성 형태에 따라 간소화된 회로는 차이가 있을 수 있지만 결과는 동일함을 알 수 있다.

8.6 디코더 설계

디지털 시스템은 2진수를 사용하고 일상생활에서는 10진수를 사용하므로 서로 변환해 주는 장치가 필요하며 2진 코드로 되어 있는 것을 10진수로 나타내거나 여러 개의 출력 중에서 입력 코드에 대응하여 1개만 출력하는 회로를 디코더(Decoder)라고 한다.

2×4 디코더 진리표

B	A	D3	D2	D1	D0
0	0	0	0	0	**1**
0	1	0	0	**1**	0
1	0	0	**1**	0	0
1	1	**1**	0	0	0

실험회로 8-3

PSpice를 이용하여 2입력 디코더를 구성하시오.

□ 회로구성

74LS04 인버터와 74LS08 AND 게이트를 이용하여 다음 회로와 같이 2×4 디코더를 구성한다.

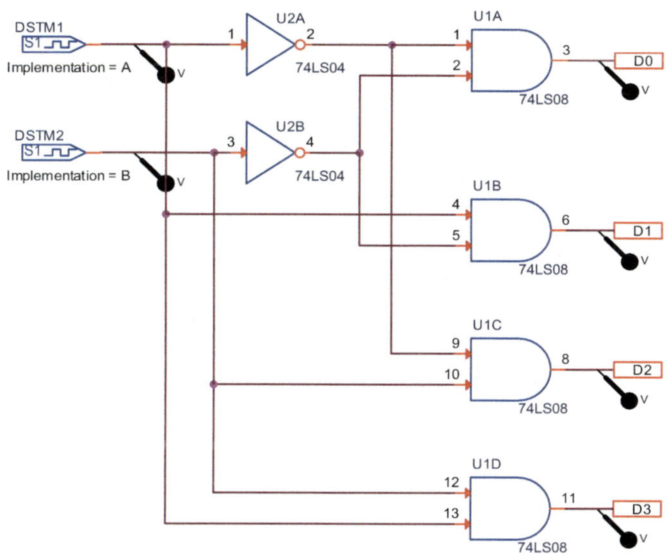

□ 시뮬레이션

DSTIM을 이용하여 주기 0.4ms, On Time 0.2ms와 주기 0.8ms, On Time 0.4ms의 두 신호를 생성한다.

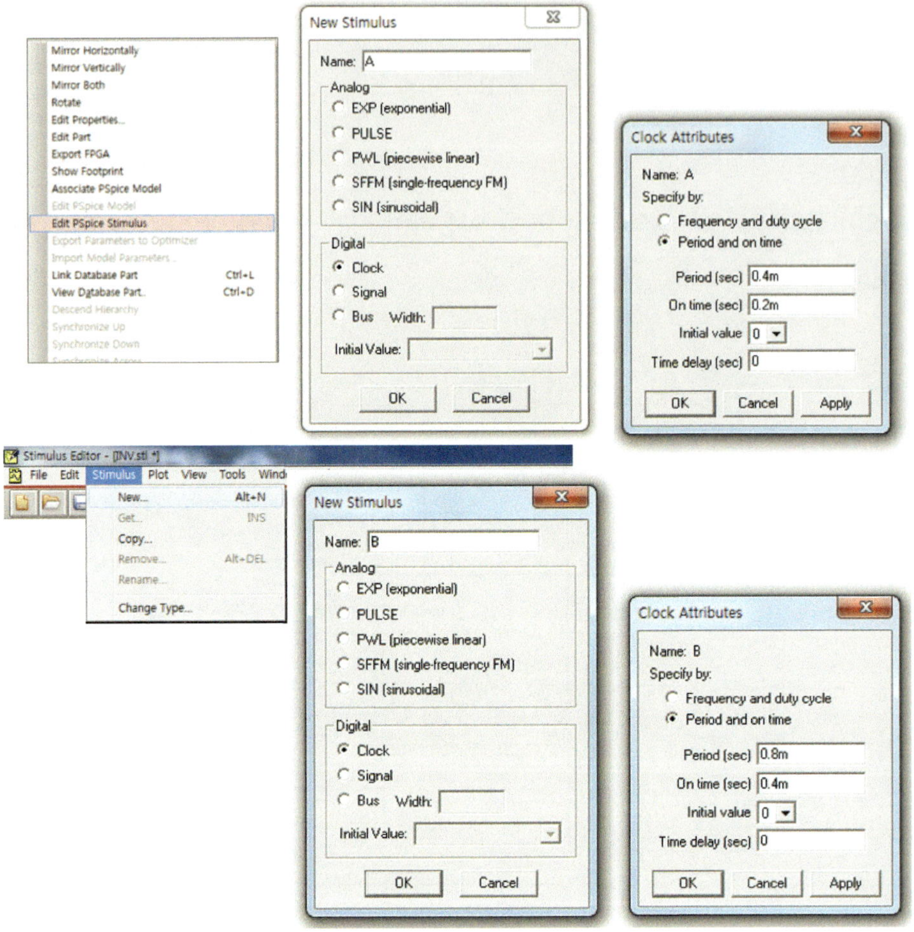

Stimulus 생성

생성된 Stimulus를 확인하고 반드시 메뉴의 저장버튼을 클릭하여야 설정된 입력파형이 회로도에 반영된다. 새로운 Simulation Profile을 생성하고 Transient 해석으로 파형을 확인한다. 디코더의 진리표처럼 2진수 입력 조합에 따라 출력이 하나씩 변화되면서 선택되어 출력되는 것을 확인할 수 있다.

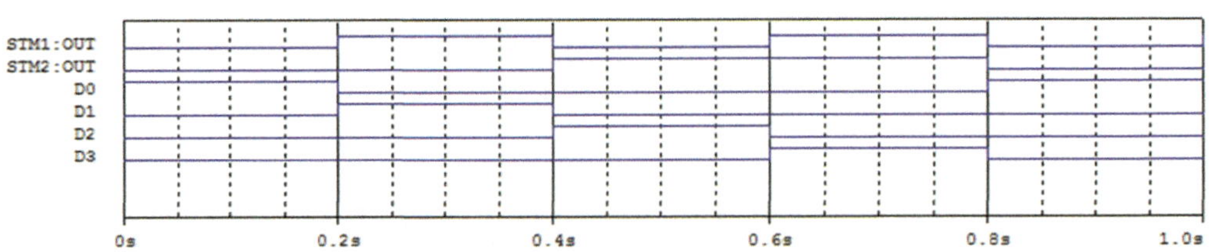

디코더 기능을 하는 IC로는 2×4 디코더가 내장된 74LS139와 3×8 디코더 두 개가 내장된 74LS138 TTL 계열 IC가 있으며 CMOS 계열 IC로는 455와 4556 IC가 있으며 PSpice에서 활용이 가능하다.

실험회로 8-4

74LS139 IC를 이용하여 2×4 디코더를 구성하여 위의 결과와 비교하시오.

□ 회로구성

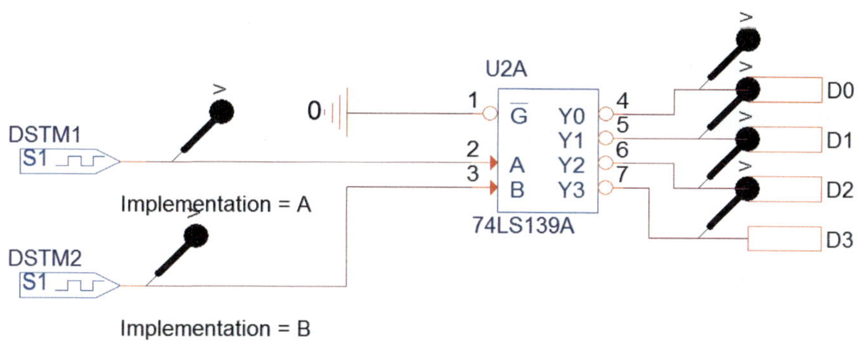

74LS139 IC는 내부에 인버터와 NAND 회로로 구성되어 있으며 진리표는 다음과 같다. 위의 회로와 다른 점은 출력이 반전되어 있다는 것이 다르며 결과는 동일함을 확인할 수 있다.

Inputs			Outputs			
Enable	Select					
G	B	A	Y0	Y1	Y2	Y3
H	X	X	H	H	H	H
L	L	L	L	H	H	H
L	L	H	H	L	H	H
L	H	L	H	H	L	H
L	H	H	H	H	H	L

회로를 구성하고 다음과 같이 DigStim1을 이용하여 입력 파형을 설정한다.

◘ 시뮬레이션

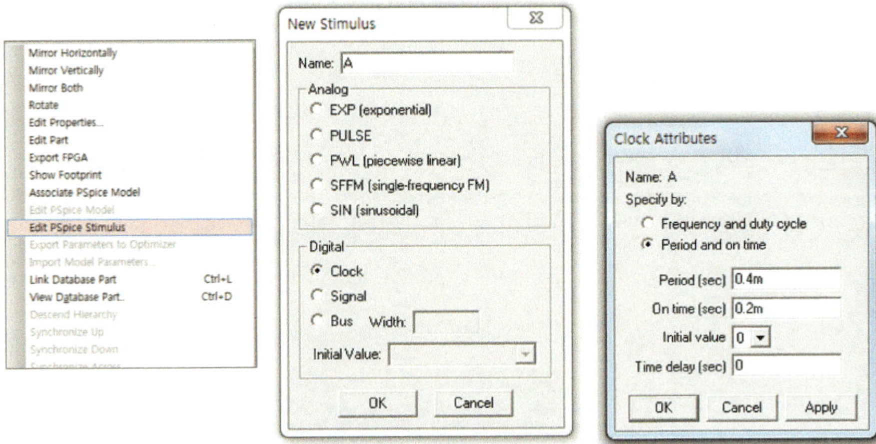

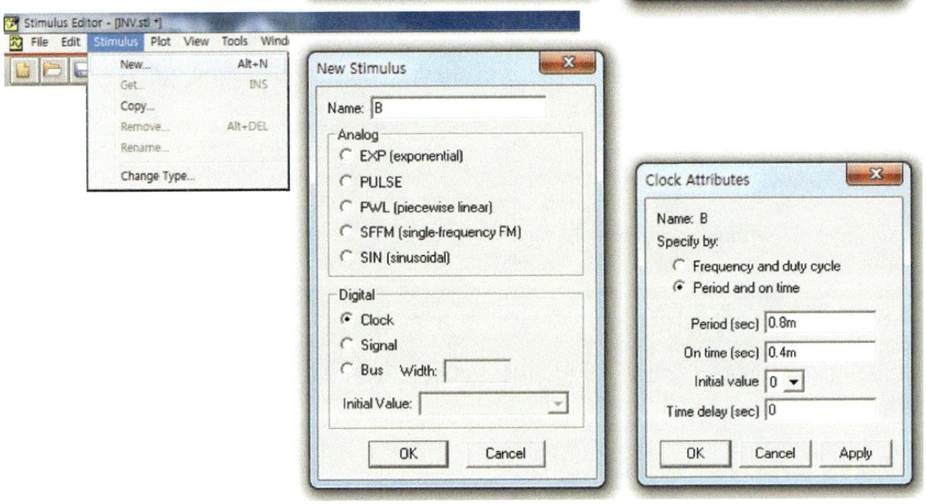

Stimulus Editor로 파형설정이 완료되면 반드시 저장하여 회로도에 반영한다.

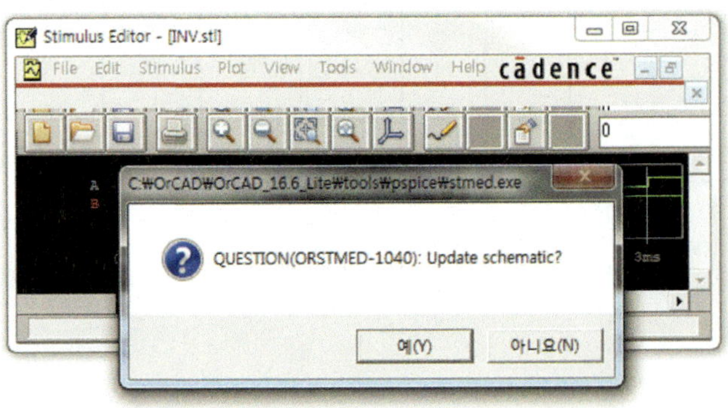

회로도상에 Implementation 이름이 설정되지 않은 경우 Stimulus Editor와 동일하게 Implementation 이름을 설정한다.

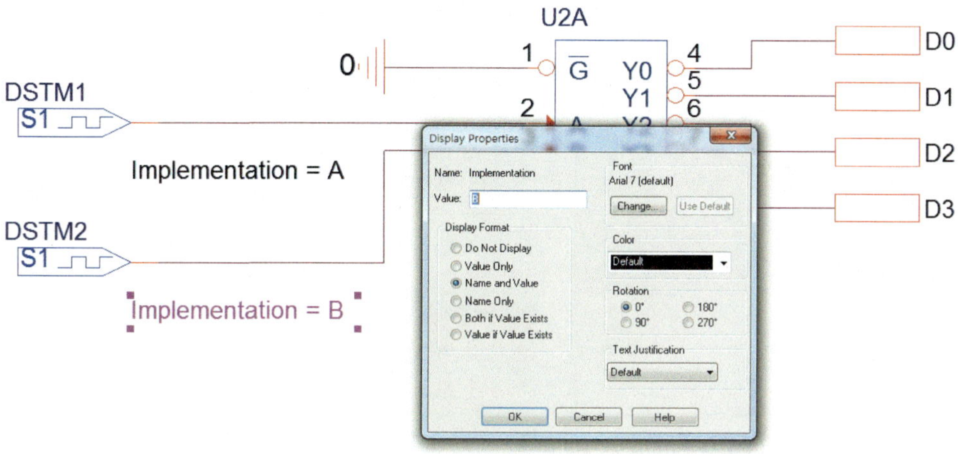

디지털회로의 시뮬레이션은 대부분 과도특성을 수행하므로 새로운 시뮬레이션 프로파일을 만들어 Transient로 시뮬레이션을 설정한다.

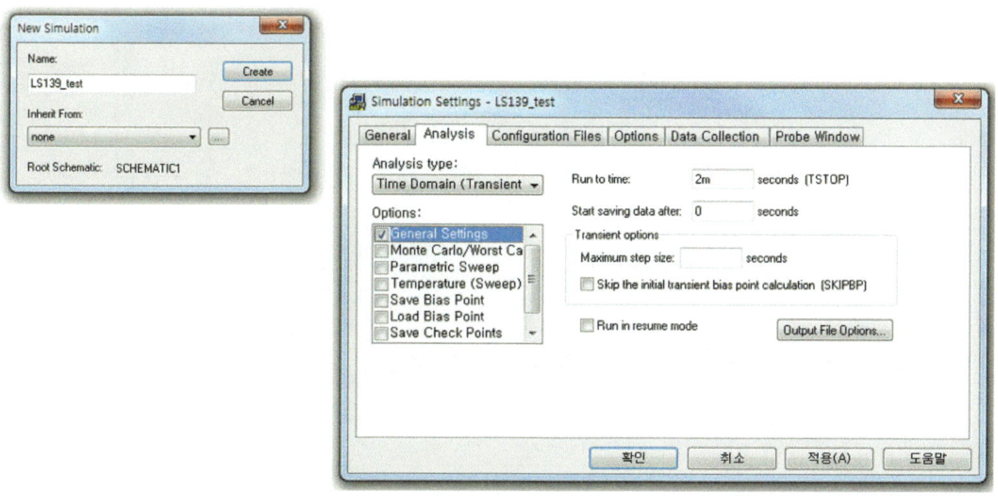

Simulation을 수행하여 결과를 확인한다. 파형색깔은 Simulation 결과 창의 Tools 〉 Options 〉 Probe Settings 〉 Color Settings에서 Trace colors의 우선순위를 조정하고 Simulation 창을 닫은 후 다시 Simulation을 수행하면 변경한 Trace color가 반영된다.

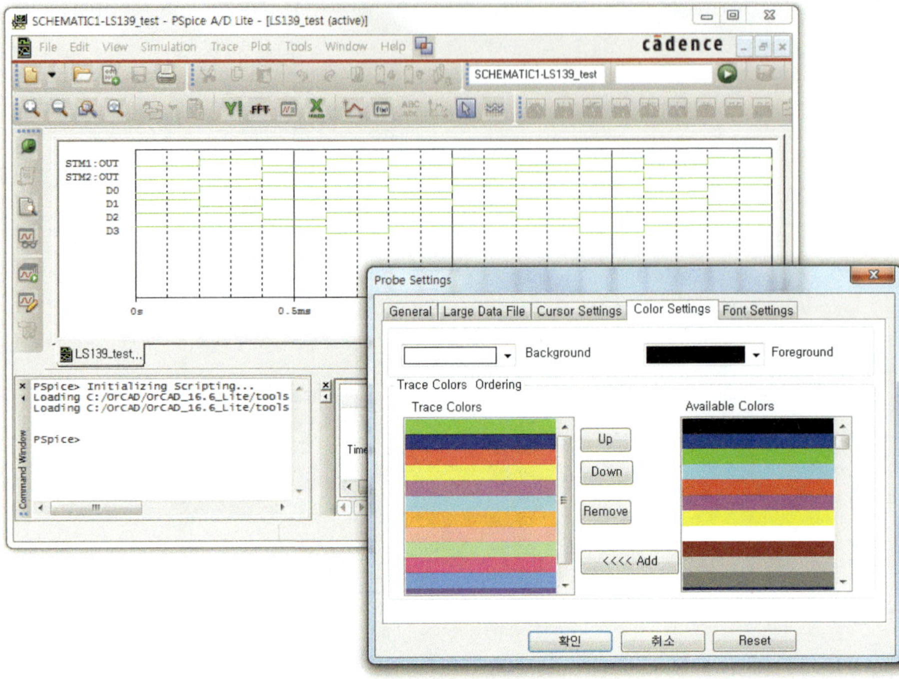
SCHEMATIC1-LS139_test - PSpice A/D Lite - [LS139_test (active)]
File Edit View Simulation Trace Plot Tools Window Help
cādence
SCHEMATIC1-LS139_test
STM1:OUT
STM2:OUT
D0
D1
D2
D3
0s
0.5ms
LS139_test...
PSpice> Initializing Scripting...
Loading C:/OrCAD/OrCAD_16.6_Lite/tools
Loading C:/OrCAD/OrCAD_16.6_Lite/tools
PSpice>
Command Window
Probe Settings
General
Large Data File
Cursor Settings
Color Settings
Font Settings
Background
Foreground
Trace Colors Ordering
Trace Colors
Available Colors
Up
Down
Remove
<<<< Add
확인
취소
Reset

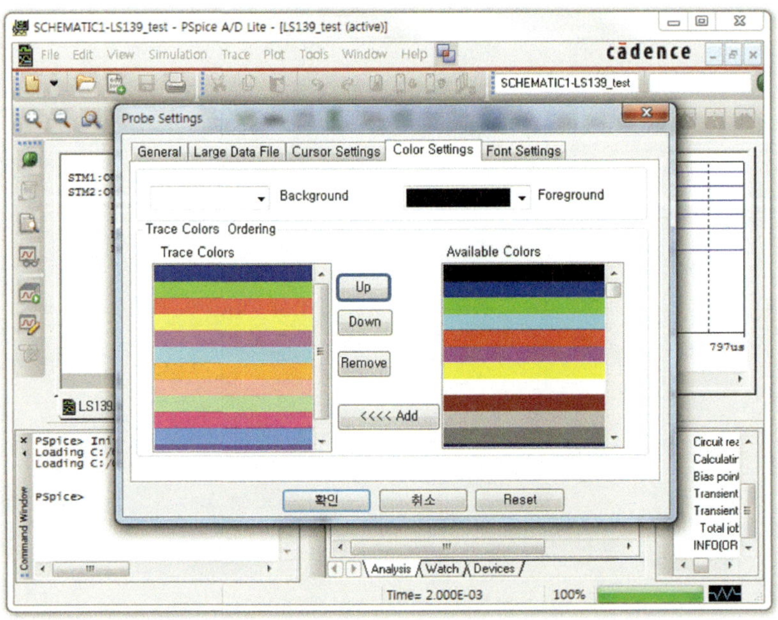
SCHEMATIC1-LS139_test - PSpice A/D Lite - [LS139_test (active)]
File Edit View Simulation Trace Plot Tools Window Help
cādence
SCHEMATIC1-LS139_test
Probe Settings
General
Large Data File
Cursor Settings
Color Settings
Font Settings
Background
Foreground
Trace Colors Ordering
Trace Colors
Available Colors
Up
Down
Remove
<<<< Add
확인
취소
Reset
797us
Analysis
Watch
Devices
Time= 2.000E-03
100%

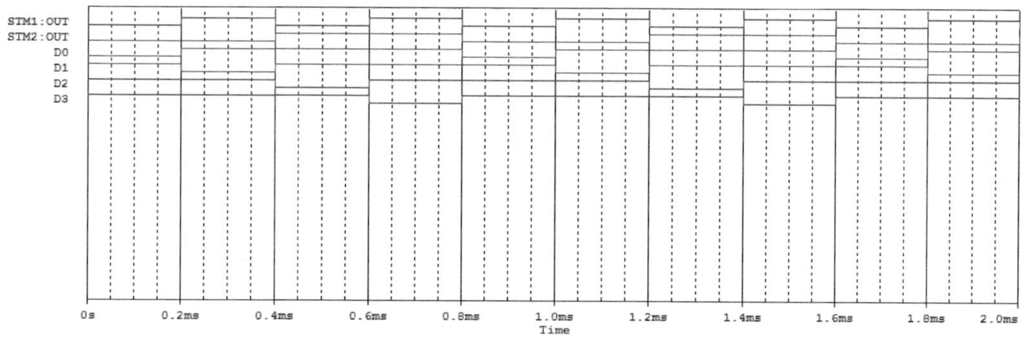

☐ 응용연습

인버터와 AND 게이트를 이용하여 3×8 디코더를 설계하고 74LS139를 이용한 3×8 디코더와 시뮬레이션 결과를 비교하시오.

8.7 반가산기

조합논리회로는 입력변수의 값에 따라 일정한 출력을 나타내는 논리회로로써 n개의 입력변수들은 2^n개의 2진 조합이 가능하며 하나의 입력 조합에 대하여는 단 1개의 출력 조합이 출력된다. 여러 개의 입력을 받아 더하는 회로는 반가산기(half Adder)와 전가산기(full Adder)가 있으며 더할 때 발생하는 결과는 합(Sum)과 자리올림수(Carry)가 발생한다. 일반적인 반가산기는 다음 그림과 같다.

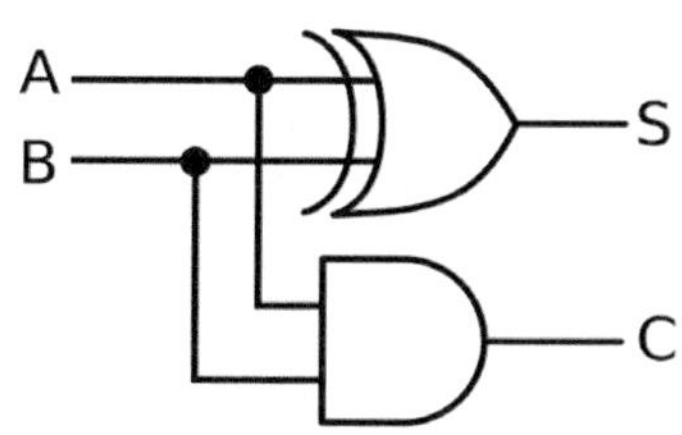

반가산기 회로도

반가산기의 합과 자리 올림수를 얻기 위한 진리표와 수식은 다음과 같으며 부울 대수 공식을 이용하면 다양한 형태로 만들 수 있다.

반가산기 진리표

입력		출력	
A	B	S	C
0	0	0	0
0	1	1	0
1	0	1	0
1	1	0	1

A \ B	0	1
0		
1		1

$$C = A \cdot B$$

A \ B	0	1
0		1
1	1	

$$S = \bar{A}B + \bar{A}B = A \oplus B$$

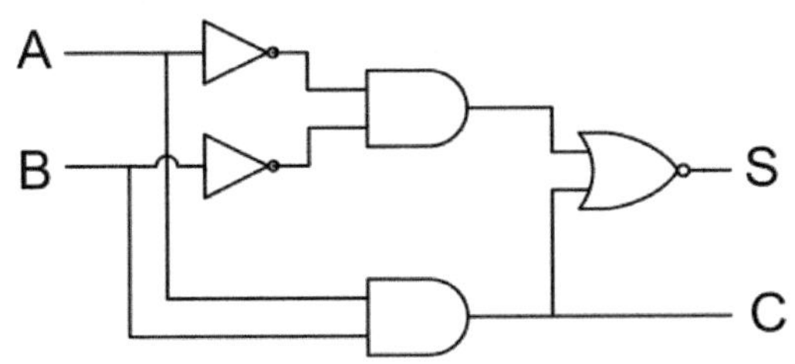

$$S = \overline{\overline{A}\cdot\overline{B} + AB} = A \oplus B, \qquad C = AB$$

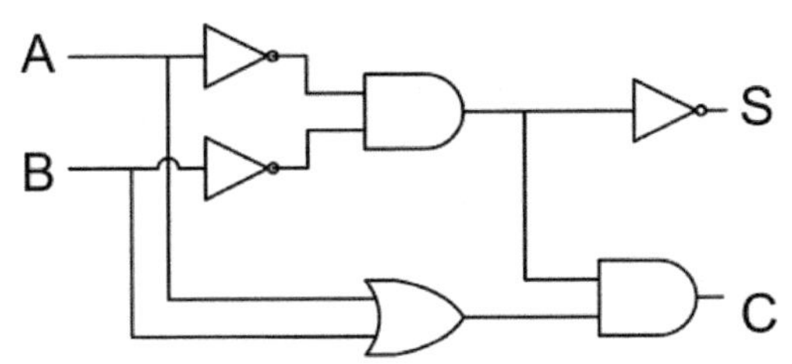

$$S = \left(\overline{A} + \overline{B}\right)\cdot(A + B) = A \oplus B, \qquad C = AB$$

실험회로 8-5

반가산기를 PSpice로 구성하여 결과를 확인하시오

■ 회로구성

74LS86와 74LS08을 이용하여 다음 그림과 같이 반가산기를 구성하고 Stimulus Editor를 이용하여 2개의 입력을 설정한다.

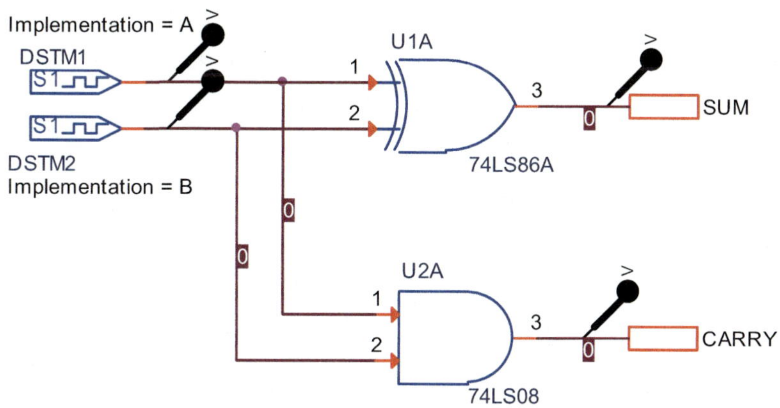

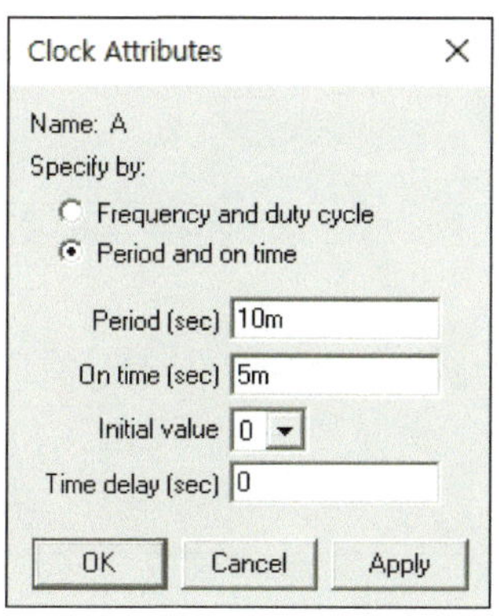

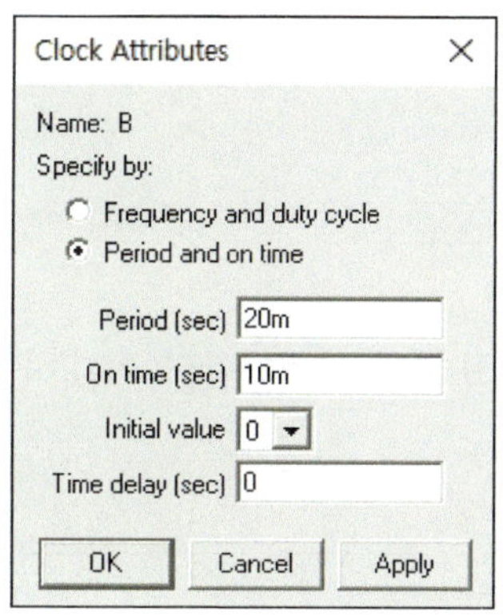

Stimulus 편집기로 A입력의 주기는 10ms On Time은 5ms로 설정하고 B 입력의 주기는 20ms On Time은 10ms로 설정하고 저장한 뒤 회로도에 A, B를 입력한다.

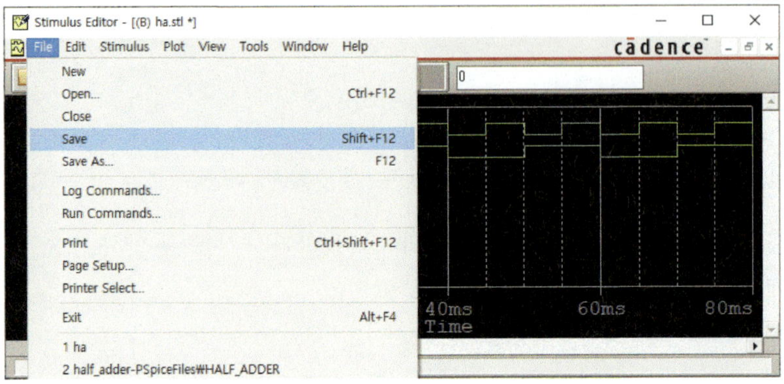

◻ 시뮬레이션

시뮬레이션 시간을 50ms로 설정하고 Configuration Files에서 Stimulus 파일을 찾아서 Add to Design 버튼으로 추가한다.

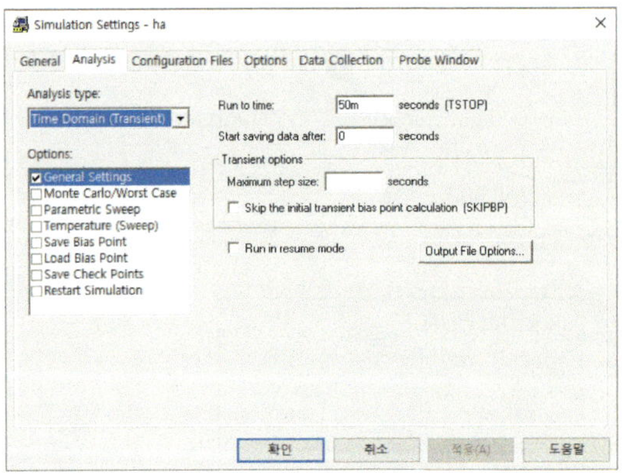

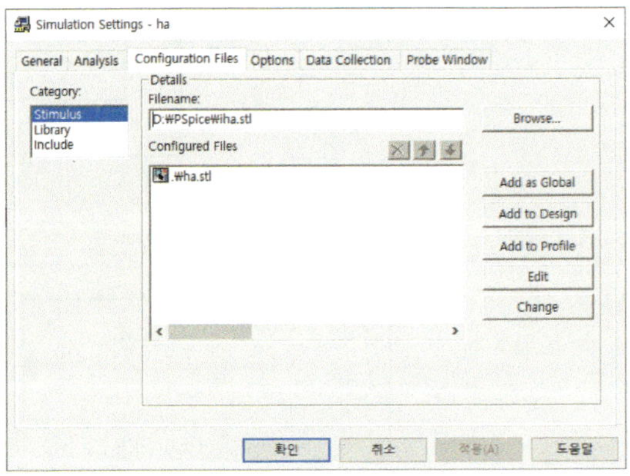

반가산기의 진리표처럼 A, B 입력에 대하여 SUM과 CARRY가 정상적으로 출력됨을 확인할 수 있다.

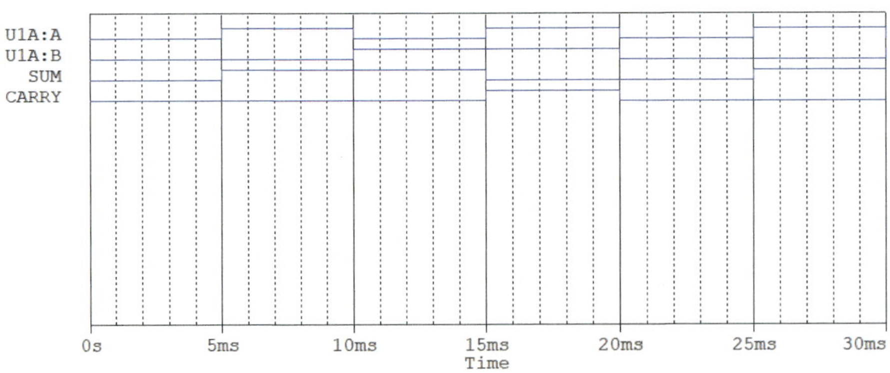

반가산기 Simulation 결과

■ **응용연습**

다음 회로도와 같이 반가산기를 NAND 게이트만을 이용하여 구성하여 Simulation을 수행하시오.

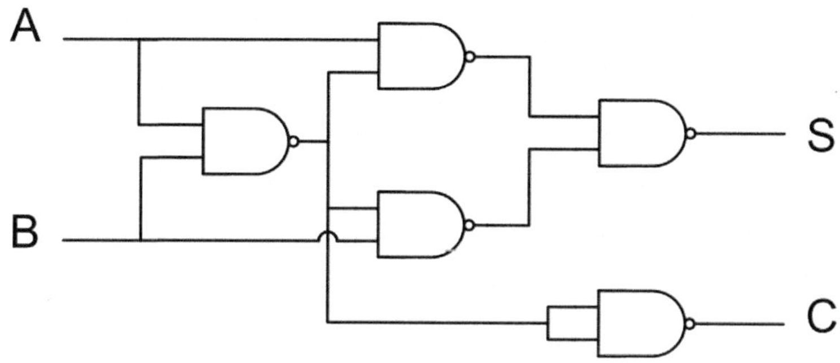

8.8 전가산기

한자리수 A와 B 그리고 자리 올림수를 더할 때에 사용되는 것으로 결과는 A와 B의 합과 자리 올림수가 된다. 즉 전가산기는 3개의 디지털 입력을 받고 2개의 디지털 출력을 생성하는데 전가산기는 2개의 반가산기와 OR 게이트를 이용하여 구성할 수 있다.

전가산기 진리표

입력			출력	
X	Y	Z	S	C
0	0	0	0	0
0	0	1	1	0
0	1	0	1	0
0	1	1	0	1
1	0	0	1	0
1	0	1	0	1
1	1	0	0	1
1	1	1	1	1

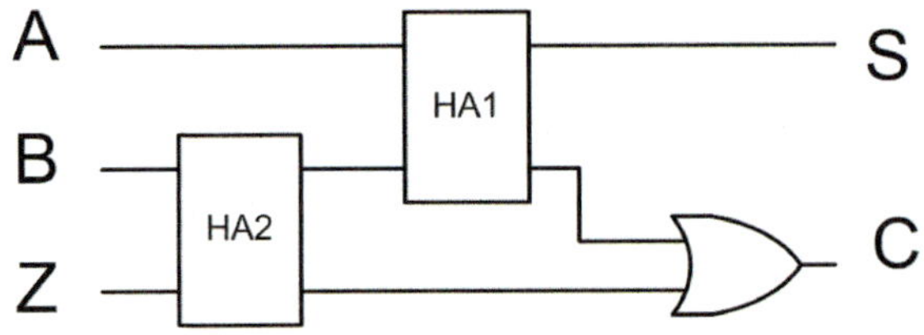

전가산기 회로도

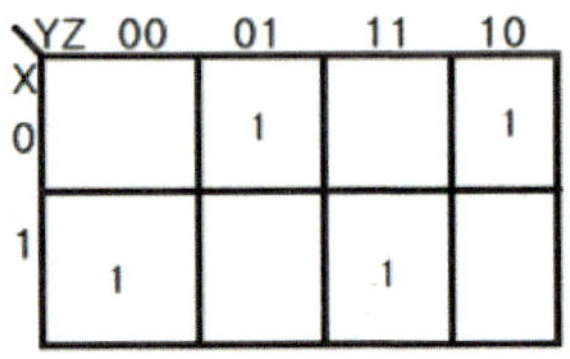

$$S = (X \oplus Y) \oplus Z$$

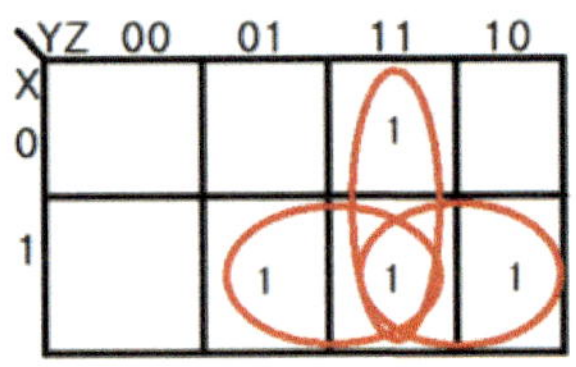

$$\mathrm{C} = \mathrm{XY} + \mathrm{XZ} + \mathrm{YZ}$$

전가산기 논리식

전가산기에 대한 카르노맵과 부울식을 나타내며 두 개의 반가산기를 이용한 전가산기 구성회로는 다음과 같다.

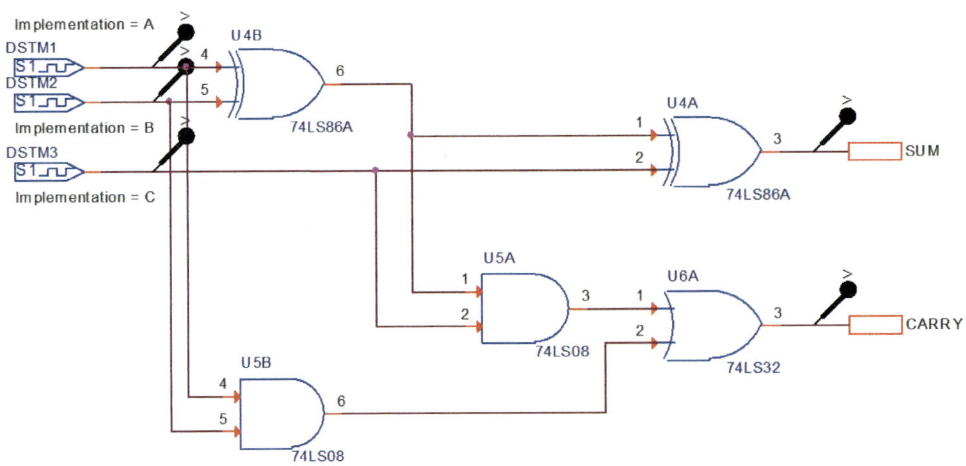

전가산기 회로에 대한 시뮬레이션 결과는 다음과 같다.

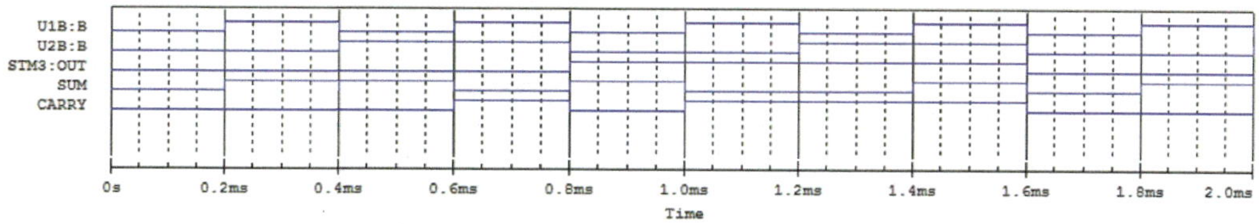

8.9 순서논리회로

래치(latch)와 플립플롭(flip-flop)은 1비트의 정보를 보관 또는 유지할 수 있는 회로이다. 조합논리회로(Computational logic)는 입력만으로 출력이 결정되지만 순서논리회로(Sequential logic)는 입력과 입력의 상태에 따라 출력이 결정되며 상태를 기억하는 기능이 있다.

즉 조합논리회로는 현재시간의 입력에 의해 출력이 결정되지만 순서논리회로는 조합논리회로에 저장할 수 있는 기능을 추가한 회로라고 말할 수 있으며 각종 카운터 회로, 레지스터, RAM 등을 구성하는 기본요소이며, 더 나아가 CPU를 구성하는 밑바탕이 된다.

순서논리회로에서 래치(latch)와 플립플롭(flip-flop)의 차이는 클럭이 변화할 때 출력 상태가 변하는 것을 플립플롭(Flip-Flop)이라고 하며 클럭펄스를 이용하지 않고 입력의 레벨이 변화할 때 출력이 변하는 회로를 래치(Latch) 회로라고 한다.

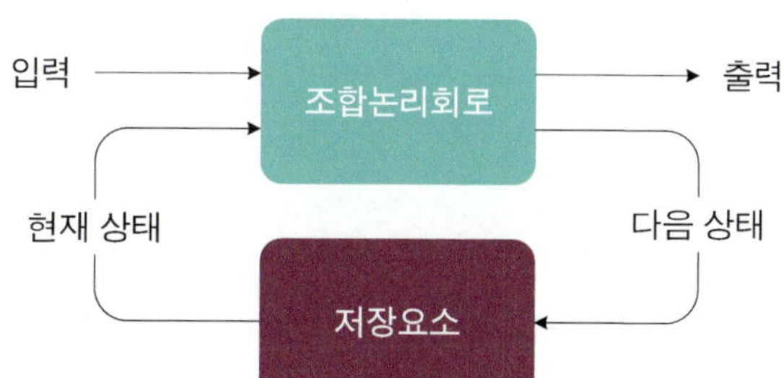

순서논리회로 구성 및 동작

위 그림에서 순서논리회로는 외부로부터 2진 정보를 전달받게 되고, 이 외부로부터의 입력은 저장 요소에 저장된 현재 상태와 함께 출력의 2진 값을 결정한다. 대표적인 순서논리회로는

SR 래치이며 Q와 $\overline{Q}$는 항상 반대의 값을 가지도록 설계되어 있으며 2개의 NAND 게이트 또는 2개의 NOR 게이트로 구성할 수 있다.

8.9.1 SR 래치

SR NOR 래치는 가장 단순한 순차회로이다. 여기서 S는 set을 의미하고 R은 reset을 의미한다. SR NOR 래치의 회로도와 진리표는 다음과 같다.

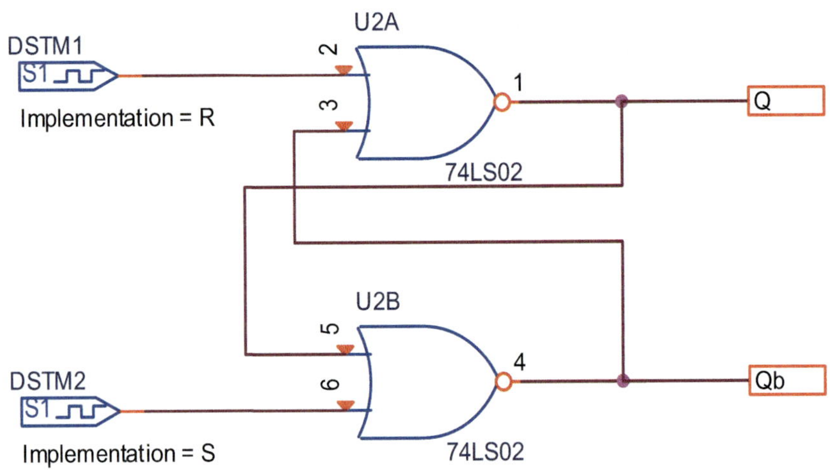

NOR를 이용한 SR 래치회로도

S	R	Q	
0	0	Q	상태유지
0	1	0	RESET
1	0	1	SET
1	1	×	사용불가

NOR를 이용한 SR 래치 진리표

여기서 S=1, R=0 또는 S=0, R=1일 때 출력값이 변화하며 S=0, R=0이면 이전 상태를 그대로 유지하고 있다. S=0, R=0이면 출력(Q) 상태가 피드백 입력이 되고, 이전 상태를 유지할 수 있다. 또한, S=1, R=1의 입력은 출력이 모두 0이 되기 때문에 사용하지 않는다. SR 래치회로는 스위치를 사용했을 때 발생하는 채터링 현상을 제거하는 회로에 사용하며 채터링이란 스위치를 ON 하는 동안 접점에서 기계적으로 ON/OFF를 반복하는 진동현상으로 회로에서 오작동을 발생하는 원인이 된다.

실험회로 8-6

다음 회로를 구성하여 출력을 확인하고 74LS02 대신 7400 을 사용하여 결과를 비교하시오.

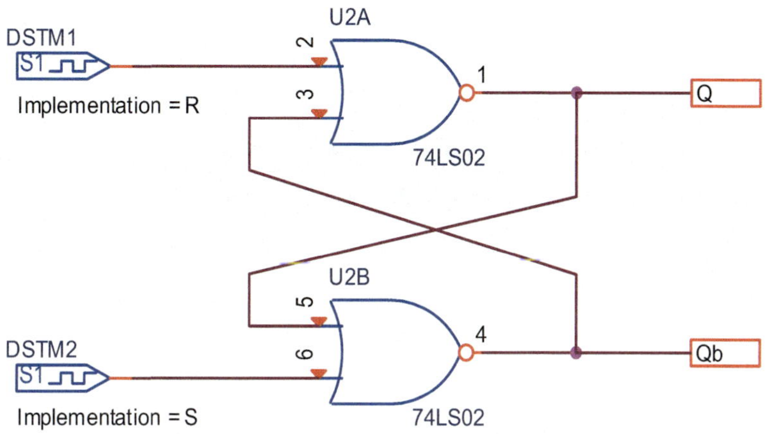

NOR를 이용한 SR 래치

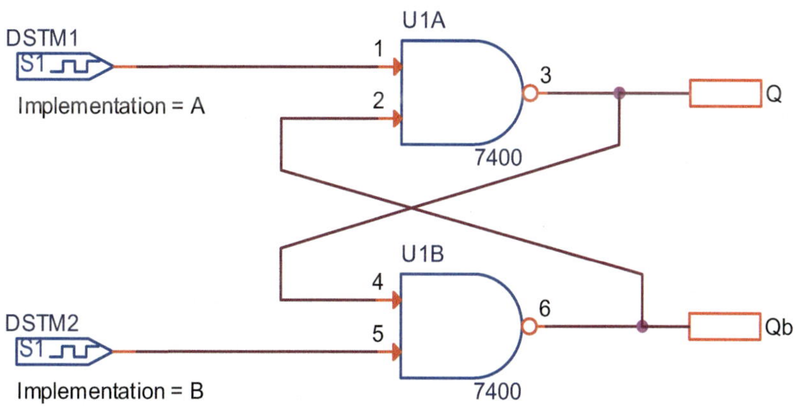

NAND를 이용한 SR 래치

대각선 배선을 이용한 회로 구성

◘ 회로구성

배선은 기본적으로 수직 및 수평 방향으로 그려지며, 마우스 왼쪽 버튼을 클릭하면 배선의 방향을 바꿀 수 있다. 또한 'Shift' 키와 함께 왼쪽 버튼을 클릭하면 배선을 임의의 각도로 그릴 수 있다.

□ 시뮬레이션

진리표대로 클럭 신호를 이용하여 입력을 구성하고 Stimulus 파일을 저장한 후 Simulation Settings의 Configuration Files에 Stimulus 파일을 Add to Profile을 클릭하여 추가한다.

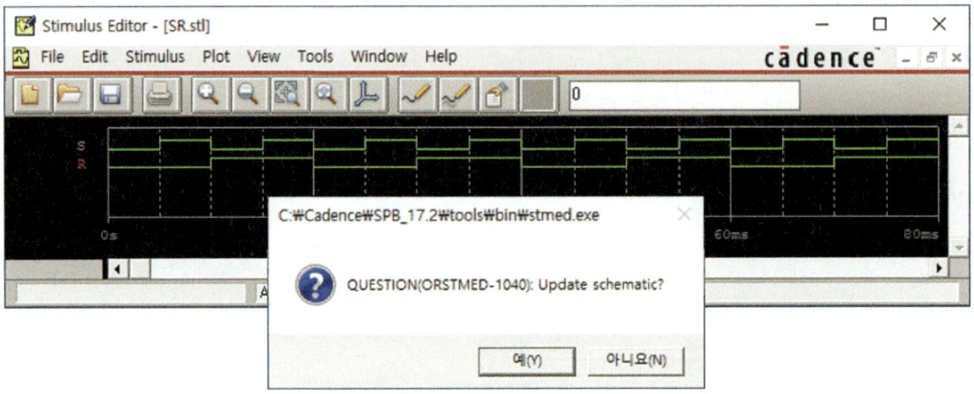

입력 Stimulus를 생성하고 저장한다.

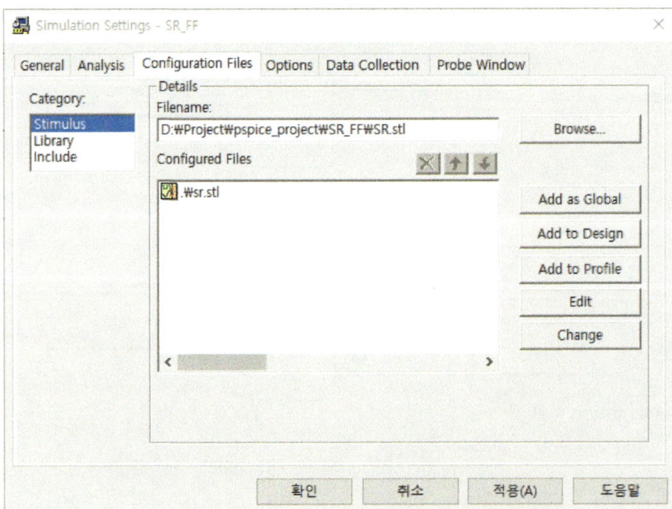

Configuration Files에 Stimulus Profile을 추가한다.

Schematic에서 전압 프로브를 입력 및 출력에 배치하고 Run Spice를 수행한다.

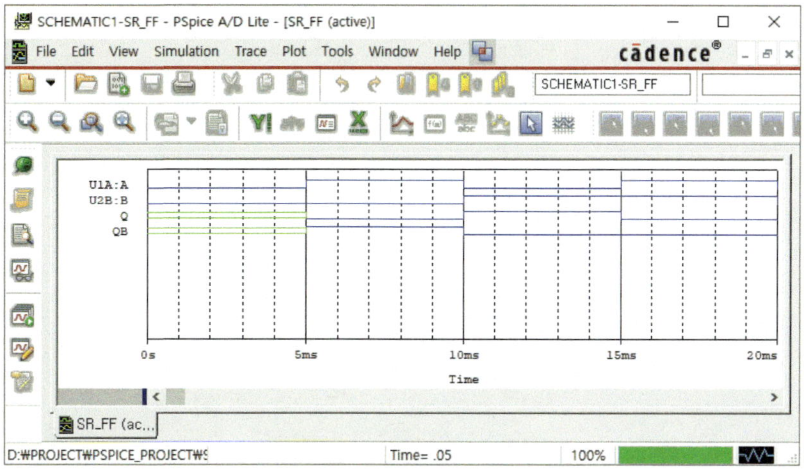

SR 래치 시뮬레이션 결과

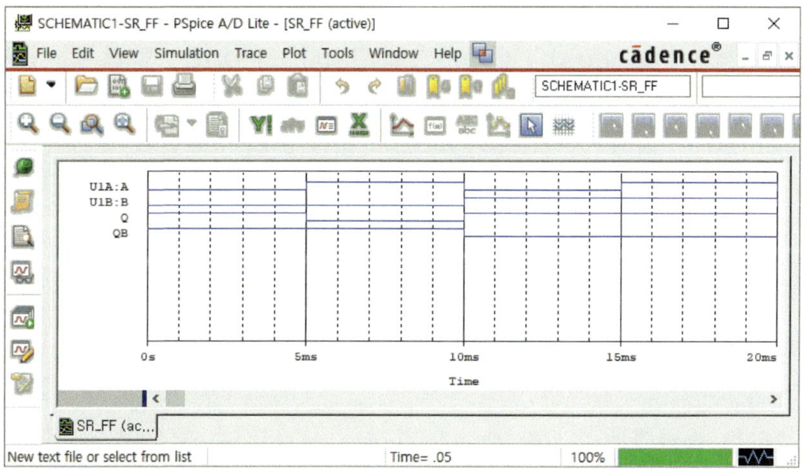

SR NAND 래치는 SR NOR 래치와 원리는 같지만 입력이 inverting 되어 있는 회로이다. S=0, R=1 또는 S=1, R=0일 때 출력값이 변화하며 S=1, R=1이면 이전 상태를 그대로 유지한다. 반면, S=0, R=0의 입력은 사용할 수 없다.

S	R	Q	
0	0	×	사용불가
0	1	0	SET
1	0	1	RESET
1	1	Q	상태유지

NAND를 이용한 SR 래치의 진리표

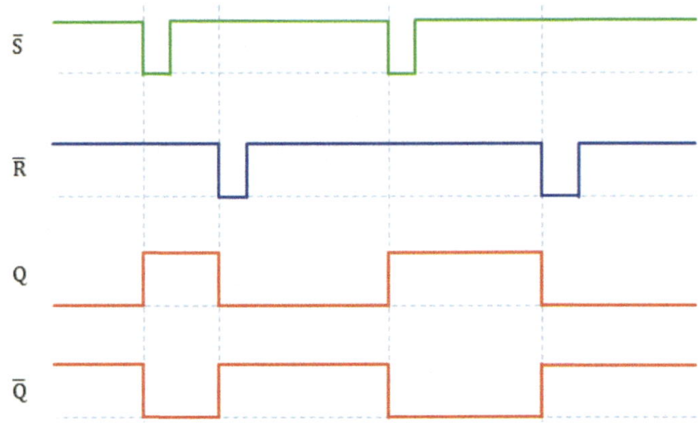

SR NAND latch의 Timing도

플립플롭은 입력신호에 의해 상태를 바꾸도록 지시가 있을 때까지 현재의 2진 상태를 유지하는 논리소자로써 한 비트의 2진 정보를 저장할 수 있는 장치인데 클럭 신호에 의해 출력상태를 바꾼다. 플립플롭(Flip-flop)의 Flip은 "홱 뒤집다", Flop은 "털썩 주저앉다"의 뜻으로 클럭 입력을 갖는 2진 기억소자이며 쌍안정회로로써 동기식 순서논리회로의 기본 소자이다. 구성은 '클럭' 입력 및 '래치' 소자로 만들어 지며 비트 기억 용도로 사용되는 순서논리회로에서 가장 기본적으로 사용되는 기억 요소이다.

Flip-Flop회로는 입력신호 상태에 따라 현재 출력 상태를 변환시키며, 전원이 동작 중에는 계속 상태를 유지하게 되는 순차 회로이다. 쌍안정 상태의 소자로서 기억소자라고도 하며, 1비트의 기억용량을 가진다. 1과 0을 식별해서 기억할 수 있기 때문에 2진값 소자라고도 한다. 기억용량은 플립플롭 4개는 $2^4 = 16$가지를 식별할 수 있으며, 4비트의 기억용량이 있다. 플립플롭은 클럭 입력에 의해서만 반응하며 주로, 외부 클럭의 천이 시에만 상태가 바뀌는데 이를 에지 트리거(Edge Trigger)라고도 한다. 현재 상태 및 입력 뿐만 아니라, 클럭에 의해서도 출력이 결정되며 펄스가 활성 단계에 있는 동안, 데이터 입력의 변화는 래치의 상태를 바꾸어 준다.

플립플롭의 동작은 상태 여기표(Excitation Table)로 표현되며 플립플롭의 입력과 상태 변화와의 관계를 나타낸 표이다. 플립플롭의 적절한 동작을 보장하기 위하여 클럭이 '1'인 상태가 길어질 때, 예측치 못한 여러 차례의 동작 수행을 방지하는 방법으로 마스터 슬레이브 플립플롭이나 에지 트리거드 플립플롭 구조를 사용하기도 한다. 클럭을 사용하는 순서논리회로인 플립플롭의 종류에는 SR 플립플롭, D 플립플롭, JK 플립플롭, T 플립플롭이 있다.

8.9.2 SR 플립플롭

SR 플립플롭은 클럭 입력을 사용한다는 점 이외에는 SR 래치와 동일한 특성을 갖고 있으며 클럭의 Rising edge에서 동작한다. 두 개의 SR 래치를 이용하여 구성할 수 있으며 이러한 구조를 마스터 슬레이브 플립플롭이라고 한다. 클럭을 이용한 SR 플립플롭은 다음과 같이 NAND 소자를 이용하여 설계할 수 있으며 진리표에서 클럭의 Rising edge에서 동작하는 것이 특징이다.

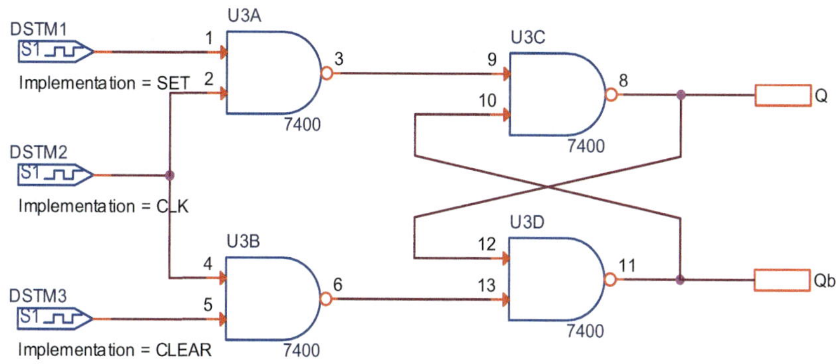

SR-FF의 회로도

클럭을 이용한 SR-FF의 진리표

S	R	CLK	Q
0	0	↑	상태유지
0	1	↑	RESET
1	0	↑	SET
1	1	↑	×

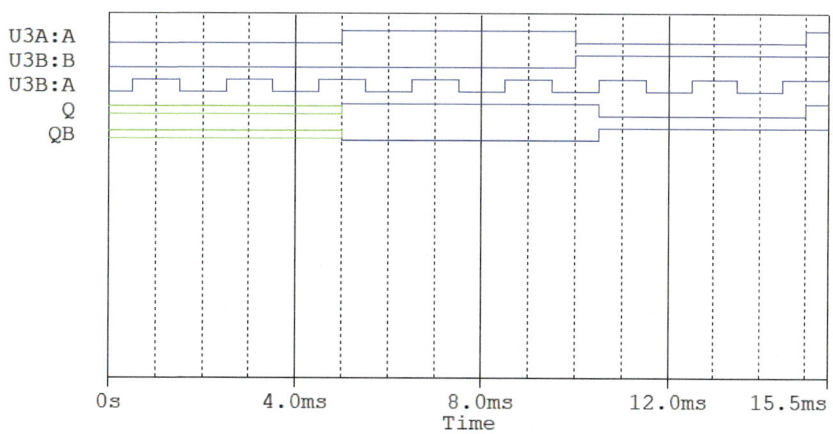

SR-FF의 시뮬레이션 결과

8.9.3 JK 플립플롭

J-K 플립플롭은 SR 플립플롭의 단점인 입력이 모두 HIGH(1)인 경우에 부정(x)으로 사용 불가능한 점을 보완하는 소자로써 J=K=1인 경우 플립플롭의 상태를 강제로 토글시킨다. 구성은 SR 플립플롭과 T 플립플롭의 조합으로 구성할 수 있다. 대표적인 IC 로는 7476 IC가 사용이 가능하다.

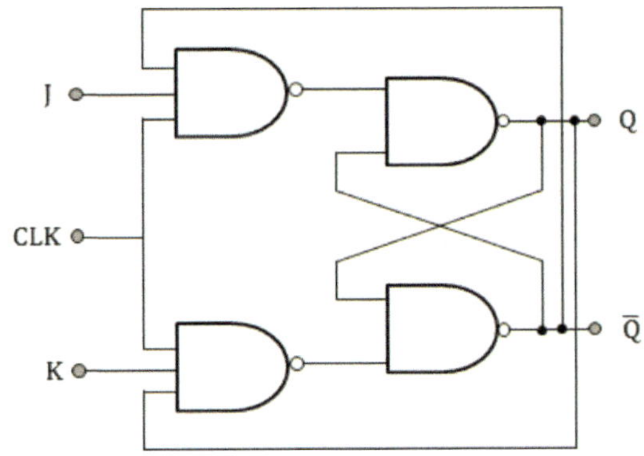

JK-FF의 회로도

JK 플립플롭은 이전 상태를 유지시켜주는 기능을 가지는 D 플립플롭과, 이전 상태를 반전시켜주는 T 플립플롭의 기능을 모두 가진 회로이다. 다양한 JK flipflop이 있지만 positive triggered JK flipflop인 74LS109가 대표적이다.

PRESET과 CLEAR 기능이 있지만 모두 비활성화 상태라고 가정하고 진리표를 살펴보면 우선 CLK이 rising이 아닌 경우는 이전 상태를 유지하며 CLK이 rising일 때 J, K의 상태에 따라 출력을 제어하며 74LS109는 J=1, K=0일 때 Toggle이 되는 특징을 가지고 있으며, J=0, K=1일 때 이전 값을 유지한다.

JK-FF의 진리표

J	K	CLK	Q
0	0	↑	0
0	1	↑	Q
1	0	↑	Toggle
1	1	↑	1

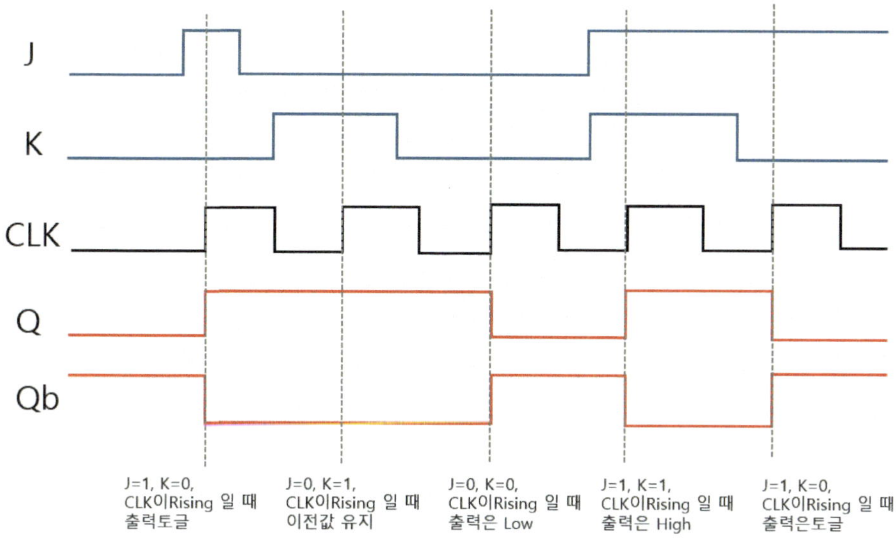

JK-FF의 타이밍도

실험회로 8-7

다음 JK-FF 회로를 구성하고 결과를 확인하시오.

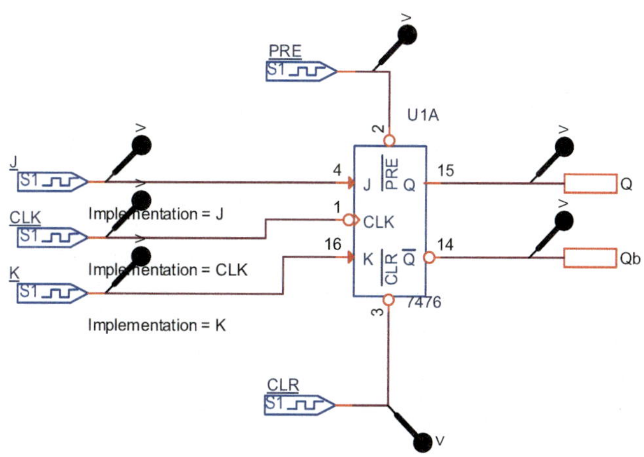

◘ 회로구성

Stimulus를 구성할 때 DigStim으로 입력을 구성할 수 있고 STIM이라는 소자를 이용할 수 있다. 차이는 STIM 소자를 이용하면 다음 그림에서와 같이 COMMAND 기능을 이용하여 직접 시간의 변화에 따른 High 또는 LOW 상태를 0과 1을 이용하여 지정할 수 있다.

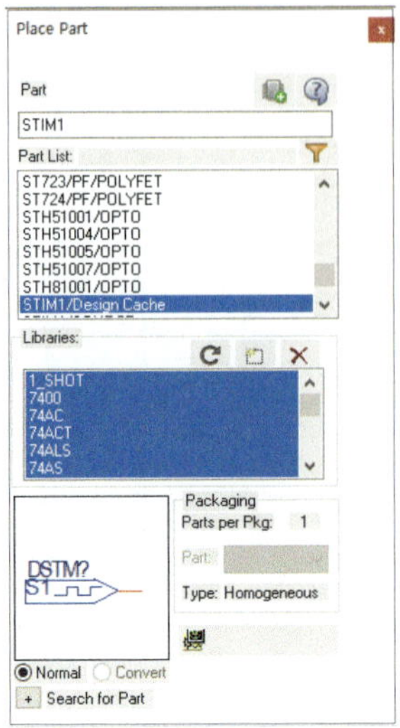

J입력

	A
	SCHEMATIC1 : PAGE1
Color	Default
COMMAND1	0ms 0
COMMAND2	2ms 1
COMMAND3	
COMMAND4	

K입력

	A
	SCHEMATIC1 : PAGE1
Color	Default
COMMAND1	0s 0
COMMAND2	1ms 1
COMMAND3	2ms 0
COMMAND4	3ms 1
COMMAND5	

CLK입력

	A
	SCHEMATIC1 : PAGE1
Color	Default
COMMAND1	0s 0
COMMAND2	0.3ms 1
COMMAND3	0.5ms 0
COMMAND4	0.7ms 1
COMMAND5	0.9ms 0
COMMAND6	1.1ms 1
COMMAND7	1.3ms 0
COMMAND8	1.5ms 1
COMMAND9	1.7ms 0
COMMAND10	1.9ms 1
COMMAND11	2.1ms 0
COMMAND12	2.3ms 1
COMMAND13	2.5ms 0
COMMAND14	2.7ms 1
COMMAND15	2.9ms 0
COMMAND16	3.1ms 1

JK 플립플롭으로 많이 사용되는 7476 IC는 클럭의 하강 에지에서 동작하며 J와 K의 신호가 Low일 경우 이전데이터를 출력하고, J와 K의 신호가 High일 때에는 이전 신호의 반전을 출력하게 된다. 7476 플립플롭에서 PRE와 CLR이 High가 아닐 경우 출력이 알 수 없는 상태가 될 수 있는데 이러한 현상을 방지하기 위해 플립플롭의 초기값을 설정할 수 있다. Simulation Settings의 Options 항목에서 Category를 Gate-level Simulation을 선택하고 Initialize all flip-flops to에서 0을 선택한다.

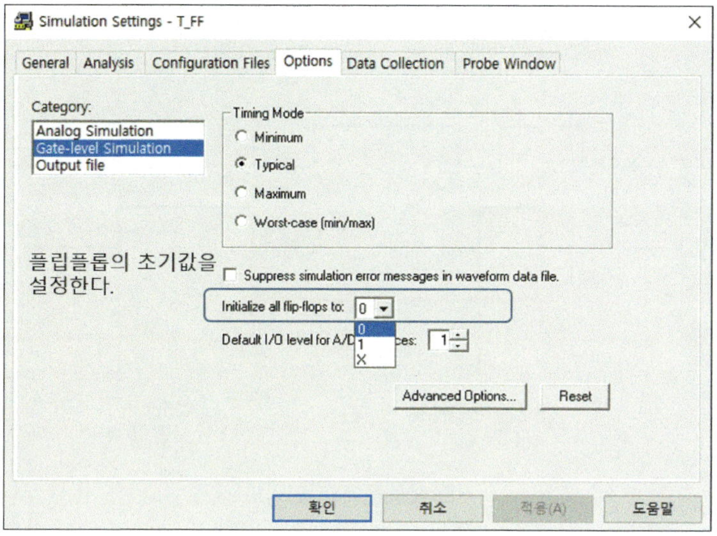

◻ 시뮬레이션

시뮬레이션 결과 J=K=1인 경우 PRE와 CLR가 High인 구간에서 플립플롭의 상태를 강제로 토글 시키는 것을 확인할 수 있다.

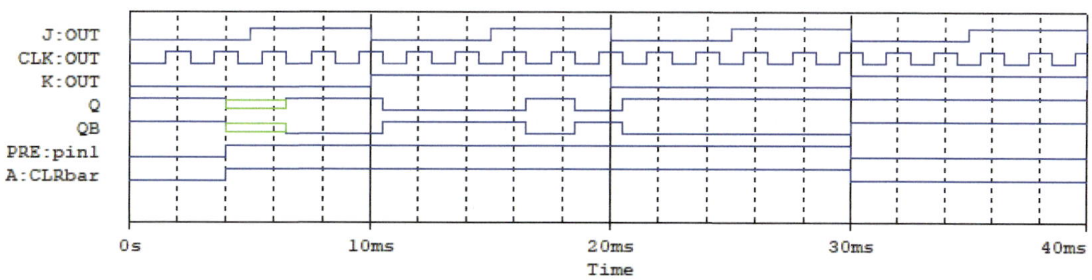

8.9.4 D 플립플롭

D플립플롭은 Data 플립플롭 또는 Delay 플립플롭의 줄임말로 CLK(클럭)의 엣지를 감지하여 출력에 반영하는 회로이다. 그리고 해당 CLK 외에는 이전 상태를 유지한다. 대표적인 IC로는 74LS74IC가 있다.

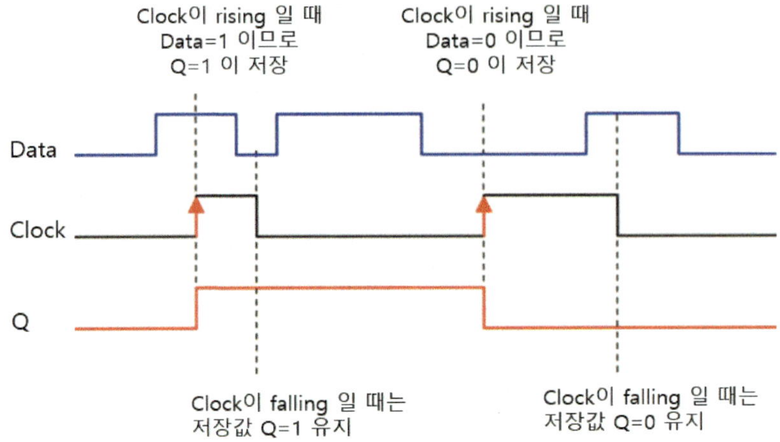

D 플립플롭 타이밍도

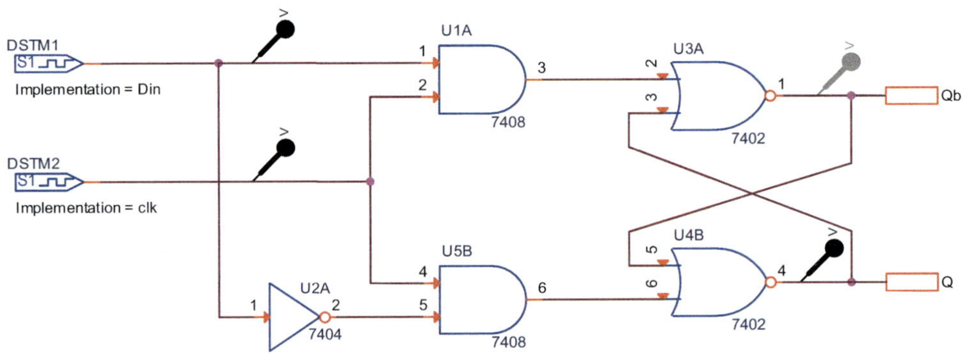

D 플립플롭 회로도

실험회로 8-8

다음 회로를 구성하여 D플립플롭의 동작을 확인하시오.

■ 회로구성

74LS74 IC를 배치하고 DigStim을 이용하여 입력파형을 생성한다.

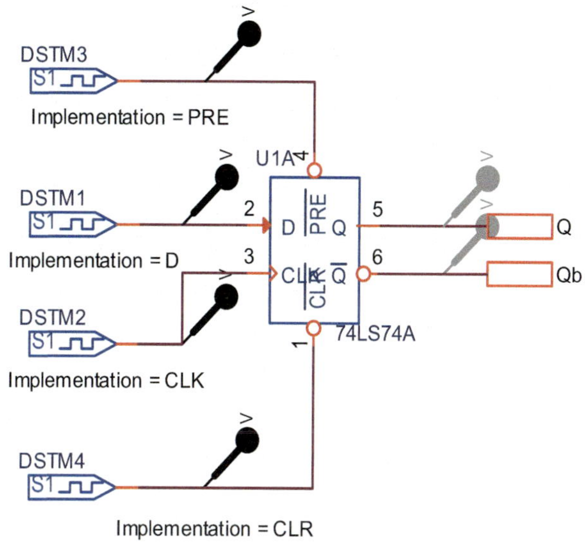

74LS74는 입력에 Data, CLK 외에 Preset과 Clear 핀이 있는데 두 핀의 기능은 다음과 같다.

- Preset이 HIGH이면 Output은 LOW
- CLR이 HIGH이면 Output은 HIGH
- Preset과 CLR이 모두 HIGH일 때 CLK에 의해 동작

Inputs				Outputs	
PR	CLR	CLK	D	Q	$\overline{Q}$
L	H	X	X	H	L
H	L	X	X	L	H
L	L	X	X	H	H
H	H	↑	H	H	L
H	H	↑	L	L	H
H	H	L	X	Q_0	$\overline{Q_0}$

Preset과 CLR이 모두 LOW일 때는 사용하지 않는다. Preset과 CLR이 모두 HIGH라면 이때는 CLK의 rising edge 부분을 검출하여 Data의 값을 그대로 출력한다. 만약 CLK이 rising edge 외에 HIGH, LOW, falling edge인 경우에는 현재 D값에 상관없이 이전 D 값을 유지한다.

□ 시뮬레이션

아래 결과에서와 같이 입력 Data 신호가 CLK에 동기화 되어 지연됨을 확인할 수 있다.

클럭에 동기화 되어 신호가 지연된다.

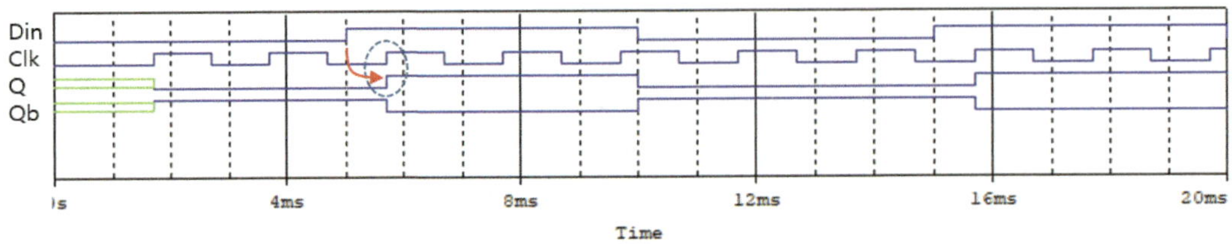

8.9.5 T플립플롭

T플립플롭은 다음 그림과 같이 D 플립플롭을 이용해 만들 수 있으며, 입력단에 신호가 입력될 때마다 출력이 반전(toggle) 되는 회로이다.

D 플립플롭의 반전 출력단을 입력에 연결하면 항상 반대 상태의 입력이 들어가게 되어 CLK에 의해 활성화될 때마다 반대 상태가 출력된다. T 플립플롭의 타이밍도에서 CLK이 rising edge일 때마다 출력이 반전되는 것을 볼 수 있다. T플립플롭은 7474 D플립플롭의 Qbar 출력을 입력으로 피드백하거나 7476 JK플립플롭의 두 입력을 묶어서 구성이 가능하다.

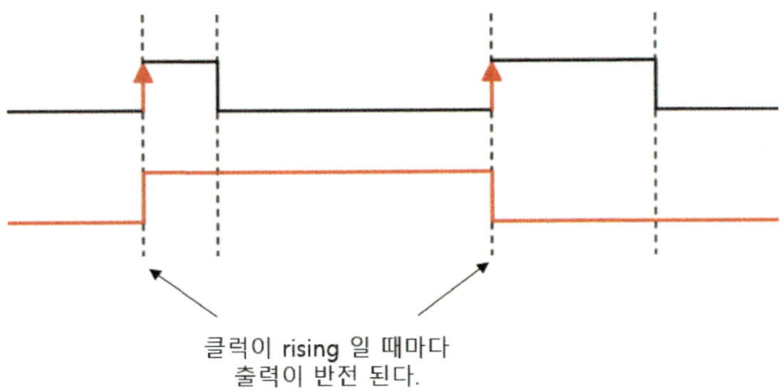

T플립플롭 타이밍도

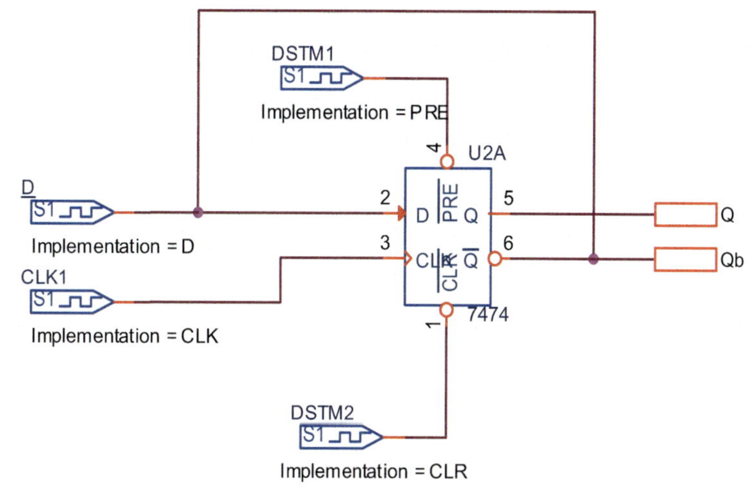

7474 D플립플롭을 이용한 T-FF 구성

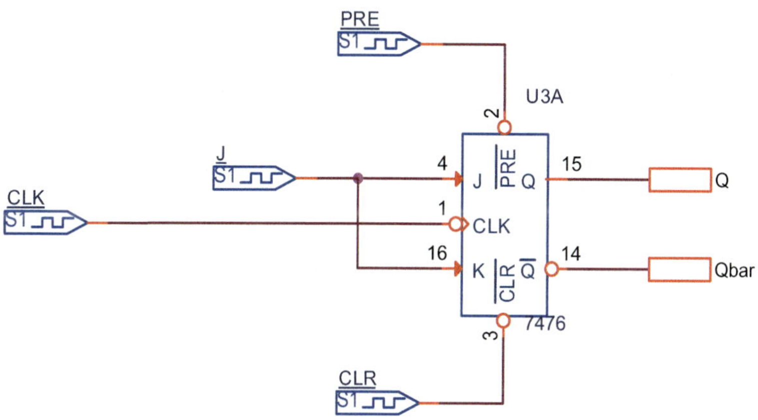

7476JK 플립플롭을 이용한 T-FF 구성

MEMO

APPENDIX

A.1 PSpice 에러 메시지

Code	Message / Description
201	File extension is no valid.
	The file extension must be a valid extension (for Windows, this means a maximum length of 3 characters).
202	Invalid value specified for dialog field.
	You have specified an invalid value for current dialog field.
203	File name is not valid.
	The file name must be a valid file name (for Windows, this mean a maximum of 8 characters).
204	Please specify a valid file name.
	The file name must be a valid file extension(for Windows, this means a maximum length of 3 characters).
205	Text size must be a percentage which is greater then 0.
	Text size cannot be a negative percentage or 0.
206	Drive is not valid.
	You may be specifying an invalid drive.
207	Can't fine file.
	The program can't find the file you specified. Check the path and filename.
208	Can't open file with given permissions.
	The file or directory may be read or write-protected.
210	Path is not valid.
	You are specifying an invalid path.
211	Command file has gotten out of sync on:
	Commands in the ".cmd" file are out of order, or a command failed or is invalid. The command before the one indicated in the error message is most likely where the problem is.
410	Can't find printer driver file.(printer not installed?)
	You are specifying a printer for which you have no driver.
411	Can't start MicroSim Design Manager program.
	Make sure your PSpice directory has a file called pdesign.exe.
412	Can't find printer.
	Check to see the printer is connected and on-line. If it is a network printer make sure the network connections are valid.
413	Can't start printing.
	Check to see the printer is connected and on-line. If it is a network printer make sure the network connections are valid.

414	Can't fine file:
	The program can't find the file you specified. Check the path and filename.
415	Path not found.
	You are specifying an invalid path.
416	CreatePalette: Unable to find color [%s] in database. Using current foreground color.
	One of the colors specified in your "msim. ini" file is not recognized.
801	Unable to write to disk: check if disk is full.
	Check to see that you have available hard disk space.
805	Can't open file:
	The file or directory may be write-protected.
806	Can't open directory for backup:
	Check to see that the backup directory specified in msim.ini is a valid directory and is not write-protected.
812	Backup failed: Permission denied to file
	Check to see that the backup directory specified in msim.ini is not write-protected.
814	Backup failed: Can't write to file
	Check to see that the backup directory specified in msim.ini is not write-protected.
815	Extension can only have up to three characters:
	The file extension can have a maximum length of 3 characters.
816	File names can have only up to eight characters:
	The file name can be a maximum of 8 characters.
817	File name contains an invalid character:
	The file name must be a valid file name, e.g. it can't contain a '/' or '₩' character.
818	Blanks are not allowed in file names:
	You have specified a filename with a space in it. Remove the space.
822	Can' t open temporary file
	Check the files and buffers settings in your config.sys file and make sure they are set to at least 40.
1003	Invalid entry in index subsection in library file:
	Your symbol library file(".slb") may be corrupt. Refer to Appendix A of the Schematic Capture User's Guide for information on using the Library Expansion and Compression utilities.
1004	Invalid pin name.
	Pin names can't contain invalid characters such as spaces or commas.
1011	This entry is already in the list.

	The name you are trying to enter is already in the list and can't be duplicated.
1012	Warning: duplicate pin number.
	You have two pins with the same number, and one needs to be changed.
1013	Package type is already in the list.
	You are trying to add a package type that has already been added.
1016	Library exceeds the evaluation limit of 20 user symbols.
	You are allowed a maximum of 20 symbols in a user-created symbol library in the Evaluation version.
1018	File initialization error reading package.
	Your package library file (".plb") may be corrupt. Refer to Appendix A of the Schematic Capture User's Guide for information on u sing the Library Expansion Compression utilities.
1025	This is an AKO attribute and can be overridden, but not deleted.
	You need to edit the base part to change this attribute.
1026	Error loading library. Check if configured twice.
	Select Options/Editor Configuration/Library Settings to see if the specified library is listed twice.
1027	Library not found:
	Make sure the specified library resides in a directory specified in Libpath in the Options/Editor Configuration menu.
1028	Unable to open library.
	Check the files and buffers settings in your config.sys file and make sure they are set to at least 40.
1029	Nested dialog must be closed before you can do this.
	You have a Window open behind the visible window that needs to be closed first. Move the top window, and close what is behind it.
1033	Can't open file:
	Check the files and buffers settings in your config.sys file and make sure they are set to at least 40, or the file may be write-protected.
1034	Can't open file for writing.
	The file may be write-protected.
1041	No package AKO definition found:
	The package definition is referencing an AKO that doesn't exist.
1042	Missing package type.
	You have not specified a package type. Select Packaging/Edit and enter a package type.
1044	No such pin.
	The pin name in the package definition doesn't match the pin name on the symbol.

1046	Commas are not allowed in pin numbers
	Remove the comma from your pin number
1047	Error during package readin
	Your package library file(".plb")may be corrupt. Refer to Appendix A of the Schematic Capture User's Guide for information on using the Library Expansion and Compression utilities.
1048	Missing gate type in pin out section
	You have not specified a gate type in your package definition. Select Packaging/Edit and specify a gate type
1050	Error during symbol readin. See Current Errors.
	Select F10 or Files/Current Errors.
1051	Cannot read index subsection in library file:
	Your symbol library file(".slb") may be corrupt. Refer to Appendix A of the Schematics Capture
1054	Cannot read version in library
	Your symbol library file(".slb") may be corrupt. Refer to Appendix A of the Schematic Capture User's Guide for information on using th Library Expansion and Compression utilities.
1058	The AKO name cannot be the same as the package name.
	Rename the package so it does not have the same as the AKO.
1059	Please specify a package name
	You have not specified a package name.
1061	At least two pin name must be selected for pin swap.
	You have only specified one pin name for a pin swap. Two must be selected.
1208	Blanks are not allowed.
	Net names And reference designators are not allowed to contain blanks
1209	Mismatched brace.
	you have a mismatched brace.
1210	Mismatched overbar character.
	To indicate a net name is inverted, it must start and end with the ₩ character.
1211	[ ] are not allowed in PSpice names.
	A bracket is not allowed in a PSpice net name.
1212	Spaces are not allowed in symbol or package names.
	A space is not a valid character in a symbol or package name.
2001	Unsupported Back Annotation function.
	This function is not supported by automatic back annotation. It must be performed manually.
2007	Back annotation not done. See Current Errors.

	Press 〈F10〉 or select File/Current Errors.
2202	Can't find printer.
	Check to see that the printer is connected and on line. If it is a network printer, make sure the network connections are valid.
2203	Can't find printing.
	Check to see that the printer is connected and on line. If it is a network printer, make sure the network connections are valid.
2204	Out of disk space for printing.
	Check your available hard disk space if you are printing to a file.
2205	Out of memory for printing.
	Close some applications then try again.
2410	Multiple names for net.
	You cannot have two nets with the same name.
2412	Duplicate part name.
	you are not allowed to have two parts with the same reference designator.
2415	Duplicate gate.
	You cannot have duplicate gates per reference designator; I.e., you are only allowed to have on U1A
2416	Duplicate reference designator.
	You cannot have more than one part with the same reference designator.
2419	No REF or REFDES attribute on the symbol definition.
	Each symbol must have a REFDES attribute. This attribute can be added in the Symbol Editor.
2420	Improper reference designator.
	A reference designator is not allowed to contain spaces.
2421	No package definition found for part.
	Select Options/Editor Configuration/Library Settings, and make sure that the ".plb"file and the ".slb" file which contain the package and symbol definition for the part that is giving the error are configured.
2425	Shared pins cannot be bus pins!
	You are not allowed to connect a bus to a shared pin. To change a pin from a shared to a non-shared pin, edit the package definition in the Editor.
2428	No PART or COMPONENT attribute.
	Add a PART attribute in the Symbol Editor.
2436	DSL procedure not found.
	You have referenced an invalid DSL procedure. Check to make sure the procedure exists.
2438	Interfaces in DSL procedure do not match pins.

	The signals listed as input and output in your DSL procedure must have the same names as the pins on the DSL block
2438	**DSL file not found.**
	You have referenced an invalid DSL. Make sure the file exists in the directory specified.
2441	**PLSyn part(s) connected to analog ground. Use LO instead.**
	A part that has its IMPL attribute set to PLSyn cannot be connected to analog ground(AGND, EGND or ANALOG_GND). Use LO instead.
2442	**DSL files cannot have the name as the schematic in which they are used.**
	you must name the DSL file something different than the schematic in which it is used.
2448	**Multiple symbols ignored.**
	You cannot have two symbols with the same reference designator.
2457	**In Polaris external mode, there must be a layout database specified.**
	Select Tools/Polaris and specify a layout database.
2458	**In Polaris external mode, schematic and layout file names cannot be the same.**
	Your layout file name cannot be the same name as your schematic
2459	**Net has more than one global port: 〈label1〉 and 〈label2〉.**
	You are only allowed to have one global port on a net.
2460	**Net 〈net〉 has multiple labels assigned to it.**
	You are only allowed to have one label name per net.
2461	**Global port name 〈portname〉 and label name 〈labelname〉 differ.**
	The global port name must be the same as the label name for a given net.
2462	**Self-referencing attribute.**
	An attribute on a symbol cannot be set to itself; I.e., ATTR=ATTR is illegal.
2463	**self-referencing schematics.**
	A block cannot be named the same as the schematic in which the block is located.
2603	**Unable to start simulation.**
	Select Options/Editor Configuration/App Settings and give PSpise a complete path on the PSPICECMD line. If this doesn't work, you must not have enough RAM available to start the application.
2604	**Unable to start Probe.**
	Select Options/Editor Configuration/App Settings and give PSpise a complete path on the PSPICECMD line. If this doesn't work, you must not have enough RAM available to start the application.
2607	**Please define an editor in your configuration file.**
	The "msim.ini" file located, by default, in your Windows directory, contains a line that specifies which editor will be used. The default is EDITOR=NOTEPDAD %f.

2608	The evaluation version only allows A size pages.
	Only A size pages are available in the evaluation version.
2609	The evaluation version limits schematics to one page.
	Schematics are only allowed to be one page in the evaluation version.
2610	The schematic is being used by anther application.
	Exit Schematic and restart.
2615	PSpice is already running.
	You already have a copy of PSpice started. Press 〈Ctrl Esc〉 to bring up a task list, then switch to PSpice.
2616	Probe is already running.
	You already have a copy of PSpice started. Select 〈Ctrl Esc〉 to bring up a task list, then switch to Probe
2618	The list of libraries ha changed. The current schematic will be reloaded.
	You have modified the list of symbol and/or Package Library files. The schematic will be automatically reloaded.
2622	No layout editor has been configured.
	You have selected Tool/Layout Editor without configuring a layout editor. selected Tool/Configure Layout Editor, and enter the command to invoke the editor in the layout Editor Command Line box.
2624	Must save schematic(to name it) before editing a model.
	You have must save your schematic before editing a model since Edit/Model creates a library file of the same name as your schematic.
2627	Current markers must be placed on a 2, 3 or 4 terminal PSpice device.
	You have placed a current marker on an illegal device; e.g., a subcircuit such as an opamp, or an ABM part.
2628	This type of marker must be placed on a device pin.
	You must place the marker on a pin, not a wire.
2631	placement not done. items were about to be placed off the page.
	You are not allowed to place components outside the page boundary.
2632	Warning: marker libraries should not be in configured list. Ignoring.
	The "marker.slb" file should not be listed in the list of symbol Library files(Options/Editor Configuration/Library Settings).
2636	Schematic not loaded. OPT_PARAM symbol will be updated when schematic is loaded.
	This is just a warning. You have selected Update Schematic from the PSpice Optimizer without having the corresponding schematic loaded.
2641	Unable to start application.
	Your files and buffers may not be set to at least 40 in your "config.sys" file, or you may not have enough RAM available to start this application. this error

	can also occur if you use symbols from "dig_prim.slb" and do not have PLSyn. The "dig_prim.slb" symbols have an attribute called IMPL and it is set by default to PLSyn. If you want to use there symbols and do not have PLSyn, you must set this attribute to blank(IMPL=).
2642	**Unable to start PLogic.**
	Either your files and buffers are not set to ay least 40 in your "config.sys" file, or you do not have enough RAM available to start this application.
2643	**Could no find an OPT_PARAM symbol. Please place one on the top schematic.**
	You do not have an OPT_PARAM symbol on your top level schematic, and one is required.
2808	**cannot open file.**
	The file or directory may be write-protected.
2809	**Warning: invalid connection(s) occurred during readin.**
	A symbol changed from the last time this schematic was saved. The new symbol will automatically reconnect. After saving the schematic, this warning will not occur again. You should check your symbol to make sure your connection are correct.
2823	**Unable to find symbol for unknown symbols.**
	Select Options/Editor Configuration/Library Settings and make sure "special.slb" is configured.
2824	**This label is already in use on the page.**
	You are not allowed to use a label more than more than once per schematic.
2826	**This reference designator is being used.**
	You are not allowed to use a reference designator more than is not part of the bus.
2834	**Wire not in bus's list of signals.**
	You labeled a subnet of a bus with a name that is not part of the bus.
2835	**Acceptable bus label must be A[0–5] or CLK, CLKA, CLKD.**
	You have used an incorrect bus label format.
2836	**Bus label is different width than connected pin or port.**
	The bus label must be of the same width as the pin or port to which it is connected.
2839	**One or more symbols could not be found. See Current Errors.**
	You have a symbol on your schematic that is not it any of the configured symbol library files. To add a symbol Library file, choose Option/Editor Configured/Library Settings.
2842	**The restricted version can only be used on one page schematics.**
	The evaluation version is limited to one page schematics.
2843	**The restricted version can only be used on A size pages.**
	The evaluation version is limited to A size pages.

2844	The 50 parts per page limit for the restricted version has been exceeded.	The evaluation version is restricted to 50 symbols per page.
2845	Marker will be ignored. It must be connected to a wire or a pin.	Marker will be ignored unless they are connected to a wire or pin.
2846	Current will be ignored(not on a 2, 3 or 4 terminal PSpice device)	You have placed a current marker on an illegal device, r.g., a subcircuit such as an opamp, or an ABM part.
2848	The other side of the marker pair is missing.	when using differential Voltage markers, both the + and the - marker must be connected.
2850	Library no found:	Check Options/Editor Configuration/Library Path, and make sure the referenced library file is in that path. Or, select Analysis/Library and Include Files and ecter a full path to the library file.
2851	Cannot open temporary file!	Check you buffers in your “config.sys” file, and make sure they are set to at least 40.
2853	Reconnecting due to possible pin change(s)	A symbol changed from the last time this schematic was saved. The new symbol will automatically reconnect, After saving the schematic, this warning will not occur again. You should check your symbol to make sure your connections are correct.
2888	Can’ t find this model/subcircuit name in any lib or include file.	Make sure the model name for which you are searching is in a library file specified in the Analysis/Library and Include Files dialog. This file must either have a complete path to it, or be in the path specified by Options/Editor Configuration/Library path.
2889	This part does not have a MODEL attribute.	You are using a base part, Base parts do not have model attributes.
2890	Labels should not have spaces.	Labels are not allowed to have spaces in them.
2891	Only pins in the same gate may be swapped.	You cannot swap pins from different gates, e.g., U1A and U2B
2896	Errors occurred during conversion. Conversion not done. See Current Error.	Press 〈F10〉 or select File/Current Errors.
2898	Error loading library. Check if configured twice or is a marker library.	Select Option/Editor Configuration/Library Settings. symbol Library files should not be listed twice, and “marker/slb” should not be configured.
2899	Page has unknown symbols. Replace or delete them prior to saving.	

	symbols were used that are not in any of the configured Symbol Library files. Select Options/Editor Configuration/Library Settings to configure new symbol Library files.
2901	Part not found.
	Part name is no in any of the configured library files. Select Draw/Get New Part/Browse, and select a part from the list. To configure a new library file, select Options/Editor Configuration/Library Settings and add the library file to the list.
2903	Duplicate pin name.
	You are trying to save a symbol that has more than one pin with the same name. Double-click on one of the pins and change the name.
2905	Multiple OPT_PARAM symbols ignored.
	You are only allowed to have one OPT_PARAM symbol.
2906	OPT_PARAM symbol ignored. It must be in top schematic.
	You do not have an OPT_PARAM symbol on your top-level schematic, and one is required.
3003	this function is disabled for the evaluation version.
	Certain functions, like Import and Export in the Symbol Editor, are disabled for the evaluation version.
3005	cannot modify pins or graphics - current symbol is A kind of (AKO):
	You must modify the base part, not the part that AKOs it.
3006	This library is at that the evaluation limit of 20 user entries.
	You are allowed a maximum of 20 symbols in a user-created Symbol Library file.
3007	Stimulus not found in configured list of stimulus libraries.
	You have specified a stimulus that doesn't exist in any of the configured library files. Select Analysis/Library and Include Files to configure a stimulus file.
3008	Unable to open symbol library.
	Check to see that files and buffers are set to at least 40 in your "config.sys" file.
3208	cannot read index subsection in library file.
	Your Symbol Library file(".slb") amy be corrupt. Refer to the appendix in the schematic Capture User Guide for in formation on using the Library Expansion and Compression utilities.
3212	cannot open file.
	Check the file and buffers settings in your "config.sys" file and make sure they are set to at least 40, or the file may be write-protected.
3255	AKO definition not found.
	When copying a symbol from one Symbol Library file to another, and if the part AKOs a base part, you must also copy that base part.

3226	**Library exceeds the evaluation limit of 20 user symbols.**
	You are allowed a maximum of 20 symbols in a user-created Symbol Library file.
3228	**Error during symbol readin. See Current Error.**
	Press 〈F10〉 or select File/Current errors.
3264	**DSL Procedure not found.**
	You have referenced an invalid DSL procedure. Check to make sure the procedure exists.
3265	**ERC attribute cannot be don't care or power for DSL pins.**
	Change the attribute on the pin to Input, Output, or bidirectional.
3266	**Pin ERC and DSL header do not do not agree pin.**
	The ERC on the pin must match the ERC set for that pin in the DSL editor.
3267	**DSL procedure does not include pin**
	You have included a pin in your DSL procedure that is not on your block.
3270	**DSL procedure exceeds Schematic limit. Use a text editor.**
	Your DSL file is too long for the DSL Model Editor. Use another text editor.
3271	**Missing END statement on DSL procedure.**
	Your DSL procedure must have an END statement.
3272	**Missing statement on DSL procedure header.**
	You are missing a closing parenthesis on your DSL procedure header.
13004	**This symbol also appears in a previous library.**
	Schematic will use the first symbol it finds.
13010	**specified page dimension(s) exceeds limit of 75inches or 1905mm.**
	When doing a user-defined page size, do not exceed the specified limits.
13012	**You must specify at least one value to sweep.**
	You must specify at least one value to sweep when doing an AC, DC, or parametric analysis.
13021	**Enter a library name before choosing ADD or CHANGE.**
	You must specify a library file name before trying to Add or Change it.
13022	**Library appears more than once.**
	Select Options/Editor Configuration/Library Settings and make sure the specified library file only appears once.
13024	**This is and AKO attribute and can be overridden, bet not deleted.**
	You must edit the base part to delete this attribute.
13025	**Monte Carlo runs must be between 2 and 1000.**
	Specify a number between 2 and 1000 for Monte Carlo runs
13028	**Minimum pin to pin spacing is 10 units.**
	Minimum pin spacing cannot be less than 10 units or a negative number.

<table>
<tr><td rowspan="2">13033</td><td>This attribute is not changeable from the schematic editor.</td></tr>
<tr><td>Use the symbol Editor or Edit/Model to change the selected attribute.</td></tr>
<tr><td rowspan="2">13035</td><td>Warning: title block symbol does not exist.</td></tr>
<tr><td>You have specified an invalid title block in Editor/Configuration.</td></tr>
<tr><td rowspan="2">13037</td><td>Please enter a grid size greater than 0.</td></tr>
<tr><td>Grid sizes cannot be negative or 0.</td></tr>
<tr><td rowspan="2">13042</td><td>Can not change base model definition, use symbol editor instead.</td></tr>
<tr><td>Use the Symbol Editor to change this model definition by selecting Edit/Model from within the Symbol Editor.</td></tr>
<tr><td rowspan="2">13044</td><td>Package type is already in the list.</td></tr>
<tr><td>This package type has been previously configured.</td></tr>
<tr><td rowspan="2">13050</td><td>Warning: duplicate number.</td></tr>
<tr><td>This can be ignored if you are not going to create a layout netlist, otherwise select Part/Pin List and change one of the pin numbers.</td></tr>
<tr><td rowspan="2">13051</td><td>Nestes dialog must be closed before you can do this.</td></tr>
<tr><td>You have a window open behind the visible window that needs to be closed first. Move the top window, and close what is behind it.</td></tr>
<tr><td rowspan="2">13058</td><td>Library Search path must be less than 255 characters.</td></tr>
<tr><td>Your library search path is too long and must be shortened.</td></tr>
<tr><td rowspan="2">13060</td><td>Please specify one or more signals for which to extract parasitics.</td></tr>
<tr><td>Select Tool/Run Polaris/Select Signals to select a signal for which to extract parasitics.</td></tr>
<tr><td rowspan="2">13062</td><td>Warning: this is a system attribute and display of system attribute is disabled.</td></tr>
<tr><td>Double-click on the symbol, and enable include System Defined Attributes.</td></tr>
<tr><td rowspan="2">13064</td><td>Fractions of a minute are not allowed.</td></tr>
<tr><td>Only integers are allowed for autosave interval.</td></tr>
</table>

A.2 전자산업기사 전자회로 출제기준(필기)

<table>
<tr><td>직무분야</td><td>전기 · 전자</td><td>중직무분야</td><td>전자</td><td>자격종목</td><td colspan="3">전자산업기사</td></tr>
<tr><td colspan="8">○직무내용 : 전자에 관한 기초이론지식 또는 숙련기능을 바탕으로 전자기기 회로의 설계, 제작, 측정, 유지보수 등의 작업 관리에 대한 직무 수행</td></tr>
<tr><td colspan="2">필기검정방법</td><td colspan="2">객관식</td><td colspan="2">문제수</td><td colspan="2">20</td></tr>
</table>

과목명	주요항목	세부항목	세세항목
전자회로	1. 전원회로	1. 전원회로	1. 반파, 전파 및 배전압 정류회로의 기본 구성 및 특징
			2. 평활회로
			3. 특수반도체(사이리스터 등)
	2. 증폭회로	1. 증폭회로의 기초	1. 반도체의 구조 및 특성 2. h 정수모델 3. 소신호 증폭 및 안정도
		2. BJT & FET 회로	1. BJT & FET 회로의 구성과 특징 2. BJT & FET의 소신호 등가회로 3. BJT & FET의 응용회로
		3. 궤환증폭회로	1. 부궤환의 장·단점 2. 증폭기의 분류, 입·출력 임피던스 및 이득특성
		4. 연산증폭회로	1. 연산증폭기의 개념과 특징 2. 기본 증폭기(반전, 비반전 등), 비교기, 미분기, 적분기 및 가산기의 응용 3. A/D변환회로, D/A변환회로
		5. 전력증폭회로	1. 증폭회로의 동작점, 부하선, 효율 및 출력 계산 2. push-pull 증폭회로의 특징, 종류 및 출력 계산
	3. 발진 및 변조회로	1. 발진회로	1. 발진조건과 주파수 안정 2. 각종 발진회로와 특성
		2. 변조 및 복조회로	1. 변조회로 2. 복조회로
		3. 펄스회로	1. 각종 펄스회로

A.3 전자산업기사 핵심예상문제

01 펄스부호변조(PCM)에 대한 설명 중 틀린 것은?

① 점유 주파수 대역이 넓다.
② PCM 고유의 잡음이 발생한다.
③ 전송 방해가 많은 통신로에서도 전송 품질이 좋은 통신이 가능하다.
④ 원신호 펄스 재생은 진폭 변동이나 파형 찌그러짐에 영향을 받는다.

정답 ④

변조(Modulation)는 원래신호를 전송하기에 적합한 신호로 보내는 것으로 PCM(Pulse Code Modulation) 방식은 아날로그 정보를 디지털 펄스 코드로 바꾸어 전송하고 다시 아날로그 정보로 되돌리는 디지털 펄스 변조 방식이다.

02 교차 일그러짐(crossover distortion) 현상은 어느 증폭기에서 발생하는가?

① A급 증폭기
② AB급 증폭기
③ B급 증폭기
④ C급 증폭기

정답 ③

B급 증폭기는 직류베이스 전압이 0일 때 트랜지스터 도통을 위해서 입력전압이 장벽전압이 생기기 때문이다.

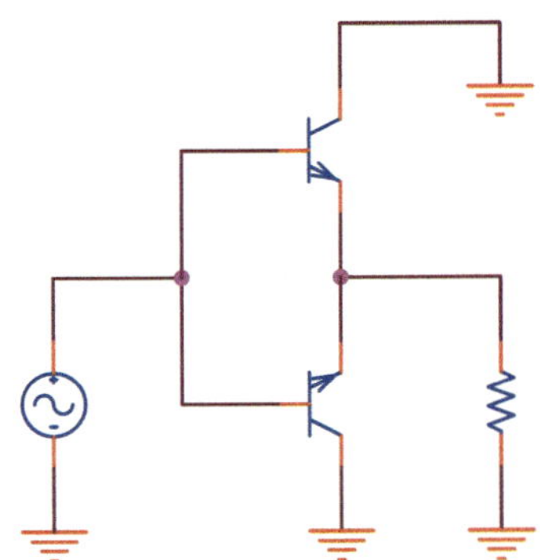

B급 증폭기

03 펄스회로의 출력이 $V_0 = 1 - e^{-0.1t}$일 때 시정수 몇 초인가?

① 20초
② 10초
③ 1초
④ 0.1초

정답 ②

시정수는 시간에 대해 지수적으로 변화하여 정상치에 달하는 경우 정상치의 63.2%에 달할 때까지의 시간을 말하며 출력전압 $V_0 = 1 - e^{-\tau t}$에서 τ에 해당된다.

04 부귀환 증폭기에서 Aβ ≫1의 경우 증폭기 이득의 안정성이 향상되는 이유는?

① 증폭기 이득 A가 크기 때문이다.
② 귀환계수 β가 작기 때문이다.
③ 증폭기의 부하 저항이 $\dfrac{1}{1 - A\beta}$만큼 감소되기 때문이다.
④ 증폭기의 이득이 귀환회로의 β에 의해서 결정되기 때문이다.

정답 ④

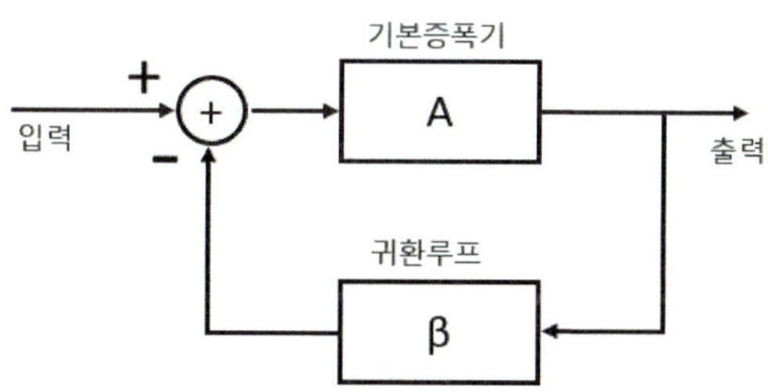

$$A_f = \frac{A}{1 + A\beta}$$

A_f : 폐쇠루프이득(closed-loop gain)
A : 개방루프이득(open-loop gain)
β : 귀환율(feedback factor)
$A\beta$: 루프이득(loop gain)
$1 + A\beta$: 귀환량(amount of feedback)

루프이득 $A\beta \gg 1$이면 $A_f \simeq 1/\beta$ 이 되므로 전체이득은 오로지 귀환율(β)에만 의존하게 된다.

05 맥동률 (γ)에 관한 설명으로 올바른 것은?

① 교류를 직류로 바꾸는 과정이다.

② 맥동률(γ)은 $\gamma = \dfrac{I_s}{I_{AC}}$로 구할 수 있다.

③ 정류된 직류 출력에 교류성분이 얼마나 포함되어 있는지의 정도를 나타낸다.

④ 교류를 직류로 만들 때 직류가 되지 않고 남아 있는 교류 성분으로 모양이 파도모양처럼 나타난다.

정답 ③
맥동률(ripple factor)은 정류된 직류전압에 포함된 교류성분을 평가하며 커패시터를 출력저항과 병렬로 연결하거나 코일을 저항과 직렬로 연결하여 줄일 수 있다.

06 PCM 회로에서 빈칸 A의 회로는?

① 부호화 회로　　② 비교기 회로

③ 증폭 회로　　④ 필터 회로

정답 ①
PCM 방식은 지금까지도 많은 디지털 시스템에 사용되고 있으며 특히 우리가 사용하고 있는 일반전화에서 바로 이 방식이 이용되고 있음. 표본화, 양자화, 부호화 단계로 아날로그 신호가 코드화 된다.

07 회로의 전달 특성은? (단, Q_1과 Q_2 트랜지스터는 스위치용이다.)

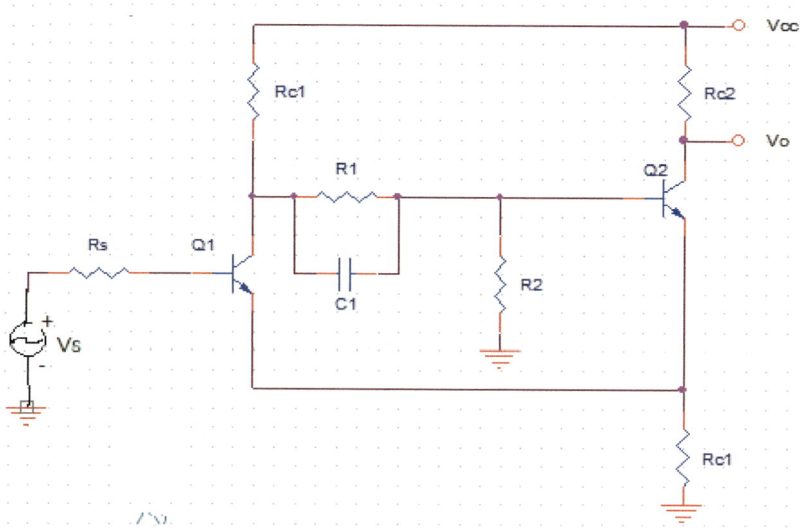

①

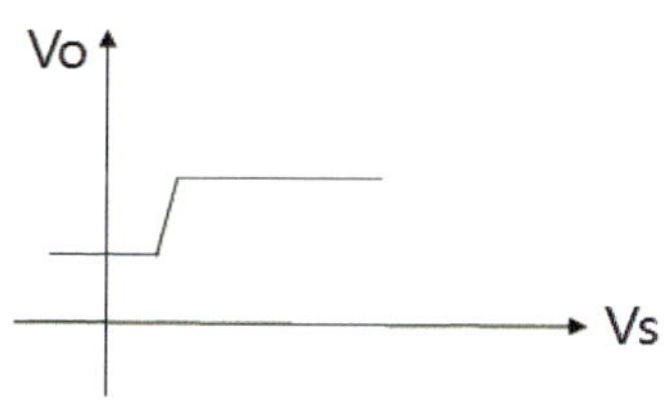

②

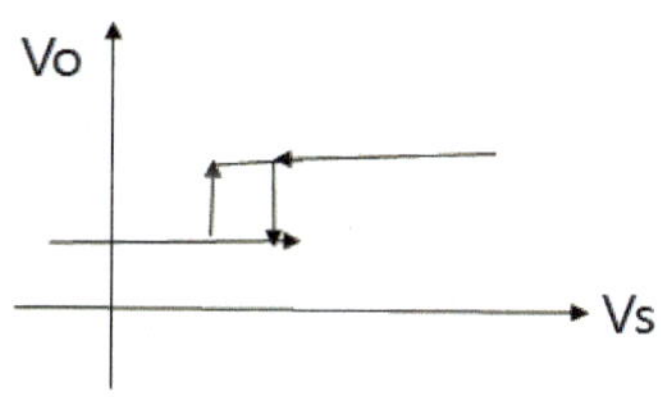

③

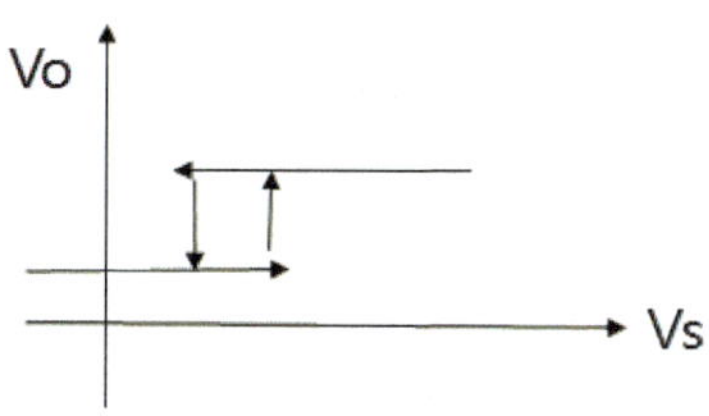

④

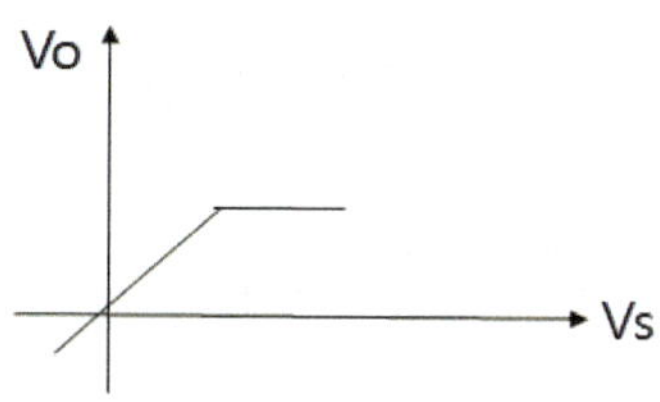

정답 ③

C1 충전으로 준안정 상태가 된다. 이후 C2 방전으로 Q1=on, Q2=off인 안정상태로 출력전압 Vo가 발생된다.

08 그림의 입출력 특성을 가지는 회로는?

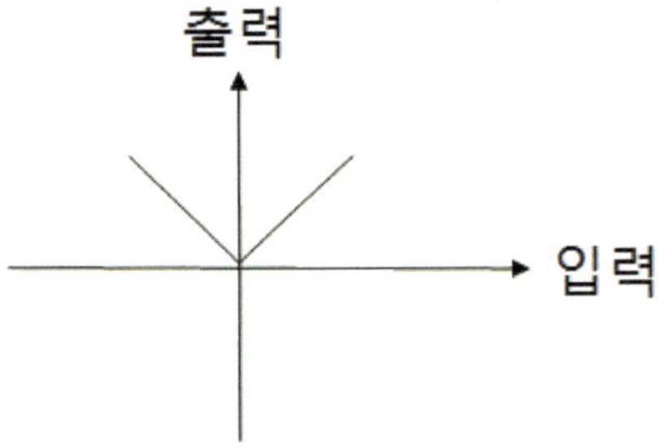

① 반파정류회로　　② 전파정류회로
③ 연산증폭기　　④ 클리핑 회로

정답 ②
전파정류회로에서 x축이 시간일 때와 인가전압일 때 전파정류 출력과의 관계를 파악하는 문제

09 소신호 증폭기의 설명으로 옳은 것은?

① 부하선의 작은 부분만을 사용한다.
② 항상 mV 범위의 출력신호를 갖는다.
③ 각 입력 주기에 포화가 일어난다.
④ 항상 공통 이미터 증폭기이다.

정답 ①
트랜지스터 등을 사용한 증폭 회로는 근본적으로 비선형 이어서 대신호 입력에 대한 해석은 곤란하기 때문에 어느 동작점을 중심으로 입력한 신호에 대한 회로 출력을 해석한다.

10 다이오드의 전하축적 효과가 없을 때 옳은 것은?

① 순방향 전류값이 적다.　　② 순방향 전류값이 크다.
③ 역방향 회복시간이 무한대이다.　　④ 역방향 회복시간이 "0"이다.

정답 ④
pn접합 다이오드에서 순방향으로 전류를 흘려 두고, 갑자기 전압을 역방향으로 전환해도 소수 캐리어의 축적 전하 때문에 전류는 즉시 0으로 되지 않고 역방향으로 전류가 흐른 다음 점차 0에 접근한다. 이 지연 시간을 역회복 시간이라 한다.

11 트랜지스터의 컬렉터 누설전류가 주위 온도 변화로 40uA에서 200uA로 증가할 때 컬렉터 전류가 1mA에서 1.8mA로 되었다면 안정도(S)는 약 얼마안가?

① 3
② 5
③ 12
④ 18

정답 ②

안정도는 주위 온도변화에도 컬렉터 전류의 변화를 최소로 하는 계수를 말한다

$$S = \frac{\partial I_C}{\delta I_\infty} = \frac{(1.8-1)\times 10^{-3}}{(200-40)\times 10^{-6}} = \frac{800}{160} = 5$$

12 전압 증폭도가 100인 증폭기의 전압이득은 몇 dB인가?

① 10
② 20
③ 30
④ 40

정답 ④

전압이득 $dB = 20\log \frac{V_{출력}}{V_{입력}}$

전류이득 $dB = 20\log \frac{I_{출력}}{I_{입력}}$

전력이득 $dB = 10\log \frac{P_{출력}}{P_{입력}}$

이득공식은 $10\log$(출력/입력)이고 전압은 V^2/R 전류는 I^2R 이므로 20이 되고 전력은 제곱이 없기 때문이다.

13 다음 원소 중 도너원자로 틀린 것은?

① In
② P
③ As
④ Sb

정답 ①

5족(doner) N-type: P(인), As(비소), Sb(안티몬)
3족(accepter) P-type:B(붕소), Al(알루미늄), In(인듐), Ga(갈륨)

14 이상적인 연산증폭기(OP-AMP)의 특징으로 틀린 것은?

① 입력 임피던스는 무한대(∞)이다.
② 입력은 반전과 비반전 단자로 구분할 수 있다.
③ 전압이득은 무한대(∞)이다.
④ 출력 임피던스는 무한대(∞)이다.

정답 ④
이상적인 연산증폭기의 출력 임피던스는 0이다.

15 컬렉터 접기 증폭회로에 대한 설명으로 틀린 것은?

① 이미터 플로어라고도 한다.
② 전압 이득은 1보다 약간 작다.
③ 입력전압과 출력전압의 위상은 역상이다.
④ 입력 임피던스는 높고, 출력 임피던스는 매우 낮다.

정답 ③
그림과 같이 컬렉터를 접지하여 공통 단자로 하는 회로. 이미터 폴로어 회로라고도 한다. 이 회로는 입력 임피던스가 매우 높고, 출력 임피던스가 반대로 매우 낮으므로 임피던스 변환 회로로서 사용되지만 전압 이득은 1보다 작다. 그러나 동작이 안정하고 일그러짐이 적으며, 입력과 출력은 동상이다.

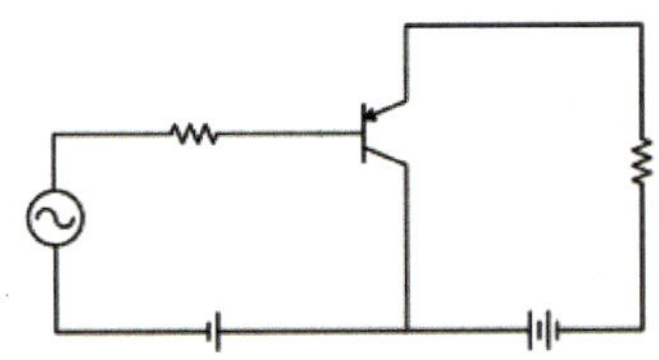

16 회로에서 $E_i = 1[\mathrm{V}]$일 때 전류 I_L은 몇 mA인가?

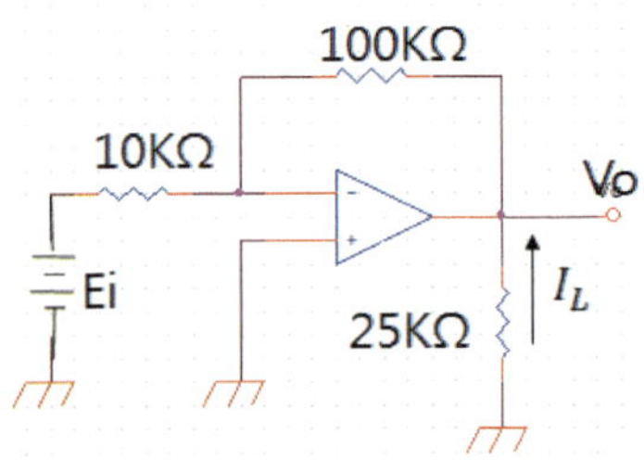

① 0.1
② 0.4
③ -0.5
④ -0.6

정답 ②
$V_o = 1(R_f/R_{in}) = 10[\mathrm{V}]$이고 $I = V_o/R_L = 0.4[\mathrm{mA}]$

17 연산증폭기의 스위칭 특성에 가장 크게 영향을 주는 것은?

① 입출력 임피던스
② 슬루 레이트
③ 출력 오프셋 전압
④ 동위상제거비(CMRR)

정답 ②

슬루레이트가 느려지면 스위칭 속도가 느려진다.

18 FET 증폭기의 고주파 응답을 결정하는 것은?

① 바이패스커패시터
② 트랜지스터의 내부 커패시터
③ 전압이득
④ 전류이득

정답 ②

FET의 주파수 응답특성시 등가 모델은 아래와 같고 단자간 내부 커패시터의 영향을 많이 받는다.

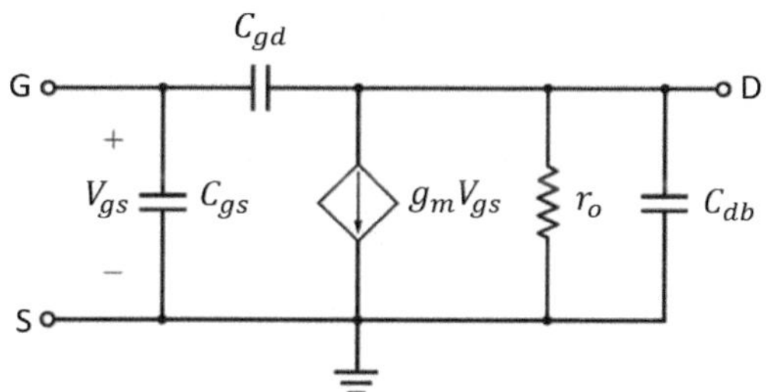

19 회로에서 컬렉터 전류 I_c를 구하면? (단, $\beta = 100$이고, $V_{BE} = 0.7$이다.)

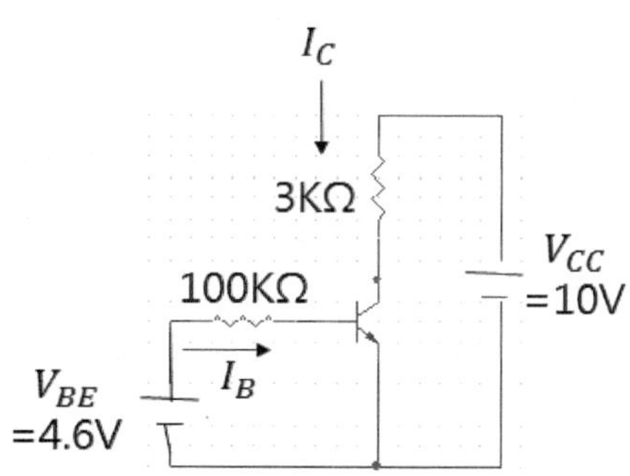

① 39mA
② 25mA
③ 46mA
④ 32mA

정답 ①

$$I_B = \frac{4.6V - 0.7V}{100k\Omega} = 39uA, \qquad I_c = \beta I_B = 39mA$$

20 연산증폭기 회로에 그림(a)를 입력할 때 그림(b)와 같은 출력이 나타나는 현상은?

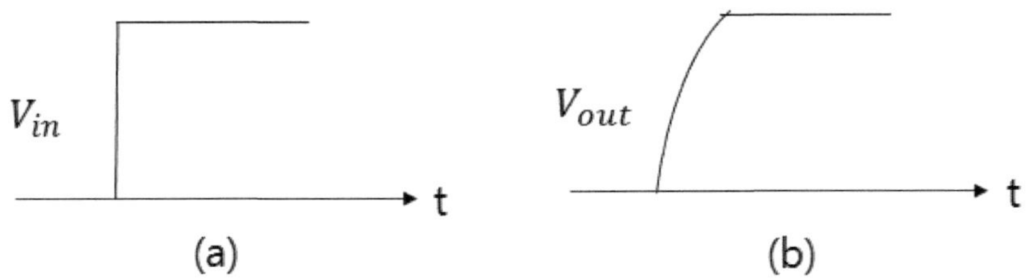

① 슬루 레이트(slew rate)
② 입력 바이어스 전류
③ DC 오프세트(offset) 전압
④ 유한한 전압이득

정답 ①

이론적으로는 입력 전압의 펄스와 출력 전압의 펄스가 일치하는 것이 이상적이지만, 실제 오디오의 증폭기에서는 응답 특성에 따라 최대 전압에 도달되기까지 시간이 지연된다. 이때 리니어 구간에서의 출력되는 전압의 변위와 도달하는 시간의 변위 비율을 수치적으로 나타낸 것이 슬루레이트이다.

21 교류를 직류전원으로 변환할 때 사용되지 않는 부품은?

① 변압기
② 정류다이오드
③ 제너다이오드
④ 트라이액

정답 ④

변압기 : AC220V를 원하는 전압레벨의 진폭으로 변환
정류다이오드 : 교류를 한쪽방향으로만 흐르게 한다.
제너다이오드 : 출력단에 전압제한으로 회로를 보호한다.
트라이액 : 가전제품에서 평균전류를 제한하는 용도로 사용한다.

22 1mH의 인덕터에 전압 1V, 주파수 1kHz의 신호를 인가할 경우 리액턴스 값은?

① 1[Ω]
② 1[H]
③ 2π[Ω]
④ 2π[H]

정답 ③

리액턴스란 교류를 가했을 때 전류를 방해하는 성분으로 코일과 커패시터만 존재

코일 : 유도성리액턴스 $XI = \omega L = 2\pi f L\,[\Omega]$

커패시터 : 용량성리액턴스 $XC = 1/\omega C = 1/2\pi f C\,[\Omega]$

참고 : 임피던스란? 교류전류가 흐름이 얼마나 어려운가를 나타내며
결국 임피던스 = 저항 + 리액턴스
$= Z = \sqrt{R^2 + (XI - XC)^2}$

23 증폭도 A가 매우 큰 증폭기에 귀환율 β 의 부귀환을 가한 경우 전압이득은?

① $A\beta$
② $\dfrac{1}{\beta}$
③ $\dfrac{1}{\beta A}$
④ $\dfrac{A}{1+A}$

정답 ②

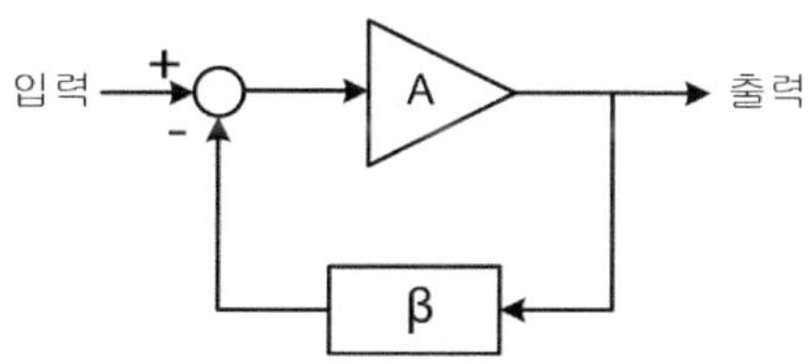

$$V_{출력} = A \cdot V_{입력}'$$
$$V_{입력}' = V_{입력} - \beta V_{출력}$$
$$V_{출력} = A(V_{입력} - \beta V_{출력})$$
$$V_{출력}(1 + \beta \cdot A) = V_{입력} \cdot A$$
$$\therefore \frac{V_{출력}}{V_{입력}} = \frac{A}{1 + \beta \cdot A}$$

만약 $A \gg 1$ 이라면 $\dfrac{V_{출력}}{V_{입력}} \simeq \dfrac{1}{\beta}$ 이 된다.

24 5V 직류전압원에 저항(R) 30Ω과 LED가 직렬로 연결된 회로에서 LED에서 소모되는 전력은? (단, LED의 전압강하는 1.4V이다.)

① 124mW
② 168mW
③ 432mW
④ 600mW

정답 ②

$I = \frac{5-1.4}{30} = 0.12A$이고 $P = VI = 0.12 \times 1.4 \approx 168mA$

25 부귀환 증폭기의 일반적인 특징에 대한 설명으로 틀린 것은?

① 왜곡의 감소 ② 잡음의 감소
③ 대역폭의 증가 ④ 안정도의 감소

정답 ④

부귀환으로 안정도는 증가한다.

26 LED 세그먼트의 활용법으로 옳은 것은?

① 공통 애노드(Common Anode) 끝단에 전원을 연결한다.
② 공통 애노드(Common Anode) 끝단에 접지를 연결한다.
③ 공통 애노드(Common Anode) 세그먼트의 캐소드 단자를 각각 전원을 연결한다.
④ 공통 애노드(Common Anode) 세그먼트의 캐소드 단자를 각각 접지에 연결한다.

정답 ①

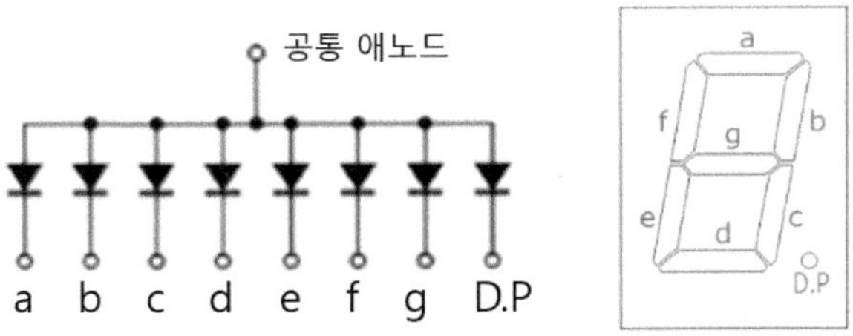

27 그림과 같이 1kΩ저항과 다이오드 직렬회로에서 전압(V_O)의 크기는 약 몇 V인가?

① 0
② 0.1
③ 0.7
④ 5

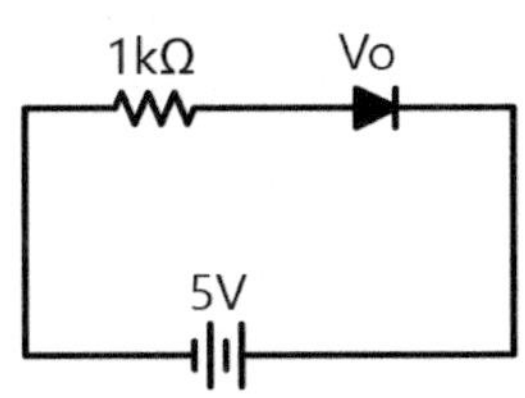

정답 ④

역방향에서 다이오드 저항은 무한대이므로 대부분의 전압이 걸린다.

28 이상적인 펄스파형에서 펄스폭이 20us이고, 펄스의 반복 주파수가 1000Hz일 때, 이 펄스파의 점유율 D는 얼마인가?

① 0.005
② 0.002
③ 0.05
④ 0.02

정답 ④

펄스의 점유율 = 펄스폭/반복주기

29 AM 변조에서 반송파의 전력이 500mW, 변조도가 60%일 때, 피변조파의 전력은 몇 mW인가?

① 180
② 300
③ 590
④ 900

정답 ③

피변조파전력 $P = P_C\left(1 + \frac{m^2}{2}\right)$

30 다음 회로에서 전압 이득이 -100이 되기 위한 R2값은 얼마인가?

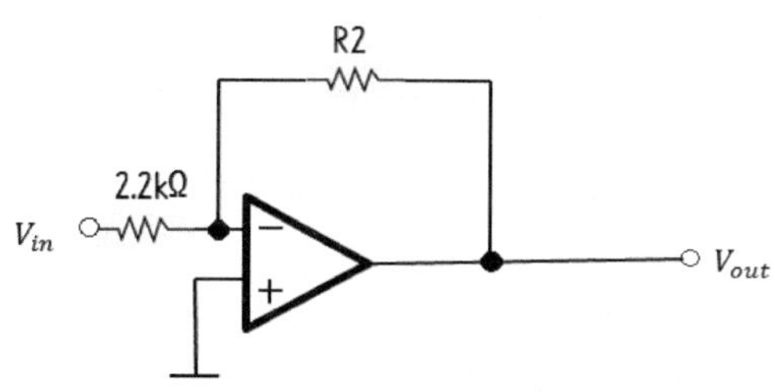

① 2.2kΩ
② 110kΩ
③ 220kΩ
④ 440kΩ

정답 ③

반전증폭기 이득 = −R2/R1

31 다이오드에 관한 설명으로 옳지 않은 것은?

① 다이오드는 역바이어스와 순바이어스로 동작한다.
② 다이오드는 이상적인 스위치로 볼 수 있다.
③ 다이오드는 역 항복에서 동작해서는 안된다.
④ 항복전압은 장벽전위보다 낮다.

정답 ④

제너다이오드 : 역항복 특성을 이용
항복전압 : −10V ~ 100V 장벽전위 = 문턱전압 = 0.7V

32 다음 회로에 $V_i = V_m \sin\omega t$의 파형을 인가하였을 때 출력 파형에 해당되는 회로는? (단, V_m은 3V보다 크다.)

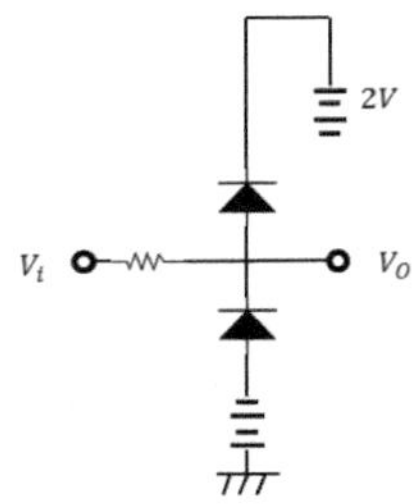

① 양단 클리퍼 회로
② 톱니파 발생 회로
③ 정현파 발생 회로
④ AND 게이트 회로

정답 ①

교류신호의 극성에 따라 통과되는 반주기마다 특정 전압레벨보다 높아지면 신호가 잘리는 클리퍼 회로이다.

33 n형 반도체를 만들기 위하여 사용하는 불순물은?

① 인(P) ② 알루미늄(Al)
③ 인듐(In) ④ 갈륨(Ga)

정답 ①

n형 : 인, 비소, 안티몬 p형 : 붕소, 알루미늄, 인듐, 갈륨

34 다음 같은 회로에서 R_L에 100mA의 전류가 흐를 때 R_L의 값은? (단, V_i=5V, R_1=47k, R_2=470kΩ이다.)

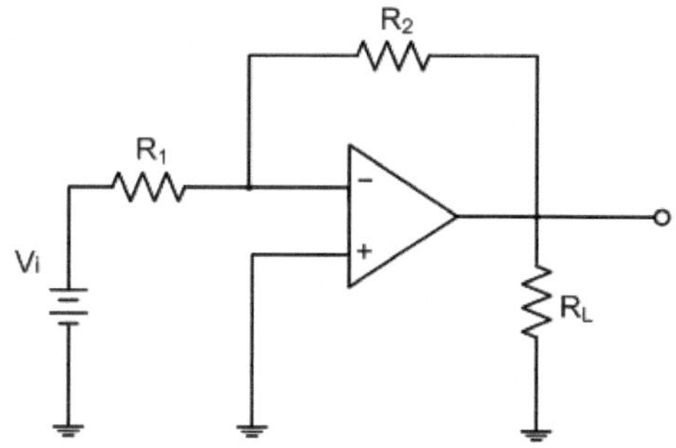

① 5Ω
② 50Ω
③ 500Ω
④ 5kΩ

> **정답 ③**
> 반전증폭기이므로 Vo=50V이고 오옴의 법칙에 의하여 R=V/I=500Ω

35 트랜지스터에서 β는 다음 중 어느 조건에서 결정할 수 있겠는가?

① I_E가 일정할 때 V_{CB}와 I_B의 변화
② I_E가 일정할 때 I_C와 I_B의 변화
③ V_{CE}가 일정할 때 V_{CB}와 I_B의 변화
④ V_{CE}가 일정할 때 I_C와 I_B의 변화

> **정답 ④**
> 공통 이미터 구조에서 "전류 증폭률" : $\beta = I_C / I_B$
> – 베이스 전류에 대해 컬렉터 전류가 늘어나는(증폭되는) 비율

36 다음 중 FET의 특징으로 옳은 것은?

① Ai(전류이득)$=\infty$
② 입력 저항이 10~100 Ω 정도로 작다.
③ 전압 제어 방식이다.
④ 이득×대역폭이 바이폴라(Bipolar)보다 크다.

> **정답 ③**
> BJT는 전류제어 방식이다.

37 연산증폭기에 대한 설명 중 옳은 것은?

① 정귀환 회로를 추가한 고이득 직결증폭기를 말하며, 병렬 증폭기를 이용한다.

② IC화된 연산증폭기는 신뢰도, 안정도가 떨어지지만 저가, 회로 소형화등의 장점을 가진다.

③ 이상적 연산증폭기인 경우 대역폭은 ∞를 갖는다.

④ 가상 접지는 실제 물리적 접지와 전기적 특성이 동일하다.

정답 ③

- 입력 저항 Rin(임피던스 Zin) : 무한대 (∞)
- 출력 저항 Rout(임피던스 Zout) : 영 (0)
- 개방루프 전압 이득 Av : 무한대 (∞)
- 주파수 대역폭 BW : 무한대 (∞)
- 오프셋 전압 : 입력이 없으면 출력도 없음
  - 차동 입력 전압이 영(vd = v+ − v− = 0)일 때,
  - 출력 전압 vo도 영(0)
- 공통모드제거비 CMRR : 무한대 (∞)

37 그림과 같은 회로를 여파기로 사용하면 주파수 특성은?

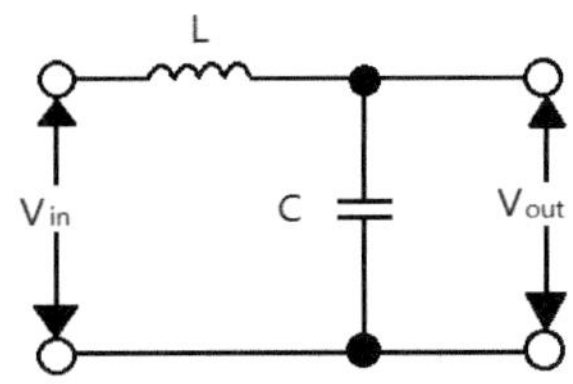

① 고역통과특성 ② 저역통과특성

③ 대역통과특성 ④ 대역저지특성

정답 ②

$$\frac{V_{out}}{V_{in}} = \frac{-j\frac{1}{\omega C}}{j\omega L - j\frac{1}{\omega C}} = \frac{1}{1-\omega^2 LC}$$

39 BJT와 비교한 FET의 특징에 대한 설명으로 틀린 것은?

① 잡음이 적다 ② 열적으로 안정하다

③ 입력 임피던스가 크다 ④ 이득 대역폭이 비교적 크다.

정답 ④

이득대역폭은 BJT가 FET보다 크다.

40 다음 회로의 이름으로 옳은 것은?

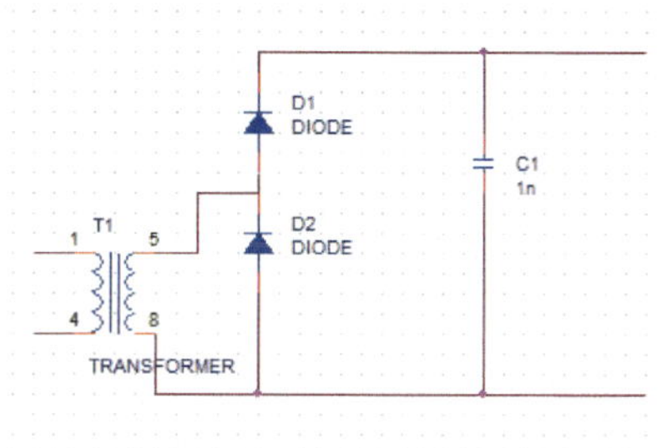

① 전파 정류회로
② 배전압 정류회로
③ 진폭제한회로
④ 위상반전회로

정답 ②

반주기 때마다 다이오드를 통하여 커패시터에 전압이 충전되면서 전압이 두 배가 된다.

41 다음 회로에서 출력 Vo의 전압은? (단, OPAMP는 이상적이다.)

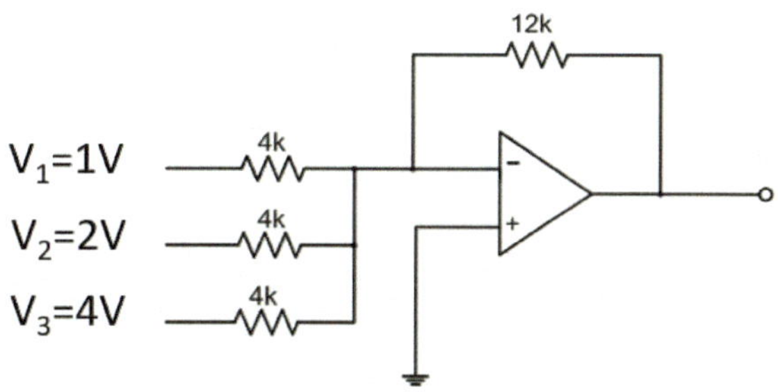

① -7
② -21
③ 7
④ 21

정답 ②

$$V_O = -\left(V_1 \times \frac{R_f}{R_1} + V_2 \times \frac{R_f}{R_2} + V_3 \times \frac{R_f}{R_3} \right)$$

42 어떤 차동 증폭기의 차동모드 전압이득이 5000, 동상모드 전압이득이 0.25일 때, CMRR은 약 몇 dB인가?

① 46
② 62
③ 78
④ 86

정답 ④

동상모드제거비(CMRR)은 원하지 않는 신호, 즉 노이즈가 OP-AMP +/-입력에 입력되었을 때 얼마나 잘 제거하는지를 나타내며 증폭 후 신호특성에 영향을 준다.

$$CMRR[dB] = 20\log\frac{A_{차동이득}}{A_{공통이득}}$$

43 다음 정류회로에서 다이오드에 걸리는 피크 역전압(PIV)은 몇 V인가? (단, 다이오드는 이상적인 소자이다.)

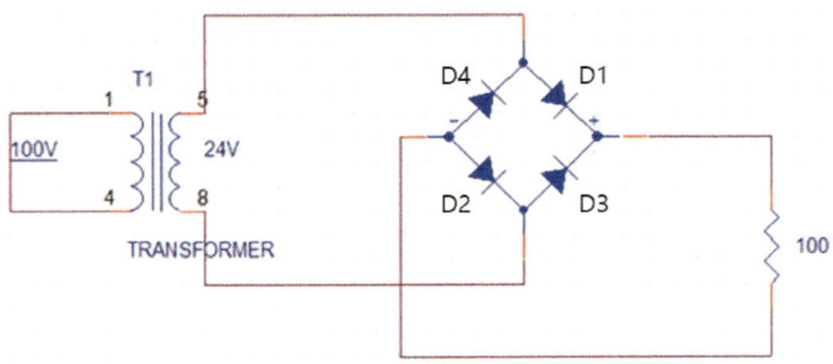

① 12
② 24
③ 48
④100

정답 ②

브리지 정류회로에서 순방향일 때는 D4에 24V가 걸리고 역방향일 때는 D2에 24V가 걸린다.

44 다음 트랜지스터(BJT)의 동작점 중 증폭기로 동작하기 위한 영역은?

① cutoff region
② saturation region
③ active region
④ breakdown region

정답 ③

영역	바이어스		응용
	E–B	C–B	
Active	순방향	역방향	증폭기
Saturation	순방향	순방향	스위칭
Cut–off	역방향	역방향	

45 다음 연산증폭기의 특성 중 슬루레이트(slew rate)에 가장 영향을 많이 받는 특성은?

① 잡음 특성
② 이득 특성
③ 스위칭 특성
④ 동상 제거 특성

정답 ③

슬루레이트에 의해서 스위칭 속도가 결정된다.

46 어떤 증폭기가 전압 이득(Av)이 50이고, 차단주파수(fc)가 20Hz일 때, 궤환 시 전압 이득이 40이 되었다면, 변경된 차단주파수는 몇 Hz인가?

① 8
② 16
③ 20
④ 25

정답 ④

이득 * 대역폭 = 항상 일정

47 다음 중 정현파를 입력하면 구형파가 출력되는 회로는?

① 적분 회로
② 미분 회로
③ 부트스트랩 회로
④ 슈미트 트리거 회로

정답 ④

구형파 발생기라고도 하며 교류 파형으로부터 일정 전압 레벨 이상 또는 이하일 때, 갑자기 논리레벨 '0' 또는 '1'으로 변하게 하여, 그 레벨 크기에 대응하는 시간 주기를 갖는 펄스폭을 갖는 구형파를 만들어주는 회로이며 정현파로부터 구형파를 발생하거나 전압이 주어진 기준 수준을 넘었는지 넘지 않았는지 판별하는 데 사용된다.

48 다음 중 트랜지스터 회로를 증폭기로 사용하기 위해 바이어스를 설계 시 가장 적절한 것은?

① 베이스-이미터 사이는 역방향, 컬렉터-베이스 사이도 역방향
② 베이스-이미터 사이는 역방향, 컬렉터-베이스 사이는 순방향
③ 베이스-이미터 사이는 순방향, 컬렉터-베이스 사이도 순방향
④ 베이스-이미터 사이는 순방향, 컬렉터-베이스 사이는 역방향

정답 ④

BJT 트랜지스터 동작영역 및 응용 구분

영역	바이어스		응용
	E–B	C–B	
Active	순방향	역방향	증폭기
Saturation	순방향	순방향	스위칭
Cut–off	역방향	역방향	

49 다음 중 트랜지스터(BJT) 증폭기 구성에서 C급 증폭기의 가장 큰 장점은?

① 잡음의 감소
② 효율의 증대
③ 회로 구성이 간단
④ 출력 파형의 왜율 감소

정답 ②

출력파형의 왜곡이 가장 심하고 출력 파형이 심하게 일그러지므로 '고주파 동조 증폭기'에서 한정적으로 응용되며 증폭기 전력효율이 가장 큼 (90% 이상 100%에 근접함)

50 다단(3단) 증폭기의 전체 전압 이득은 약 몇 dB인가?
(단, 각단의 전압이득 $Av_1 = 10$, $Av_2 = 15$, $Av_3 = 20$이다.)

① 45
② 70
③ 90
④ 100

정답 ②

$20\log A_1 A_2 A_3 = 20\log 3000$

51 전압 증폭도가 항상 1보다 작은 증폭회로는?

① 컬렉터 접지 증폭회로
② 이미터 접지 증폭회로
③ 베이스 접지 증폭회로
④ 게이트 접지 증폭회로

정답 ①

	CE	CB	CC
Voltage Gain	보통	크다	작다
Current Gain	보통	작다	크다
Power Gain	크다	작다	보통
Input Resistance	보통	작다	크다
Output resistance	보통	크다	작다

52 전류증폭률 α와 β에 대한 관계식으로 옳지 않은 것은?

① $\beta = \dfrac{I_B}{I_C}$
② $\alpha = \dfrac{I_C}{I_E}$
③ $\alpha = \dfrac{\beta}{1+\beta}$
④ $\beta = \dfrac{\alpha}{1-\alpha}$

정답 ①

이미터 접지 전류 증폭률 : $h_{fe} = \beta = \dfrac{I_C}{I_B} = \dfrac{\alpha}{1-\alpha}$

베이스 접지 전류 증폭률 : $h_{fb} = \alpha = \dfrac{I_C}{I_E} = \dfrac{\beta}{1+\beta}$

53 전압이득이 40[dB]인 저주파 증폭기에서 출력신호의 왜율이 10% 일 때, 이를 1% 로 개선하기 위해서는 부궤환율(β)은 얼마로 하여야 하는가?

① 0.01
② 0.03
③ 0.05
④ 0.09

정답 ④

$40[dB] = 20\log_{10}A$, 원래전압이득 $A = 100$,

부궤환시 왜율 $\delta_f = 1\%$, 출력신호의 왜율 $\delta = 10\%$일 때

$$\delta_f = \frac{\delta}{1+\beta A}$$

에 의해서 $\beta = 0.09$이다.

54 전압 직렬귀환 증폭 회로의 입력 및 출력 저항은 귀환이 없을 때와 비교하면 어떻게 변화하는가?

① 입력 임피던스 : 증가, 출력, 임피던스 : 증가
② 입력 임피던스 : 증가, 출력, 임피던스 : 감소
③ 입력 임피던스 : 감소, 출력, 임피던스 : 증가
④ 입력 임피던스 : 감소, 출력, 임피던스 : 감소

정답 ②

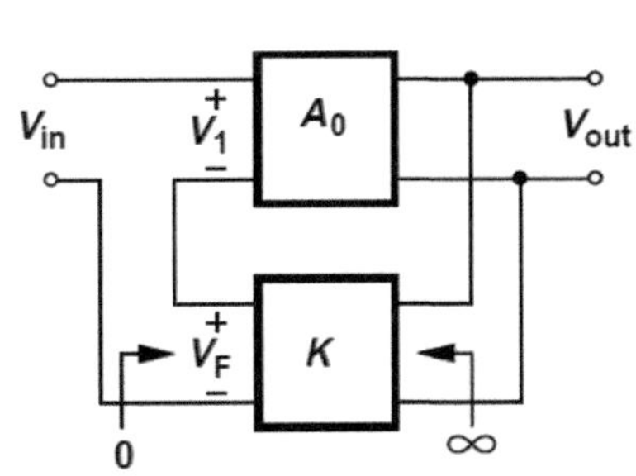

전압직렬궤환: 입력저항 증가 / 출력저항 감소

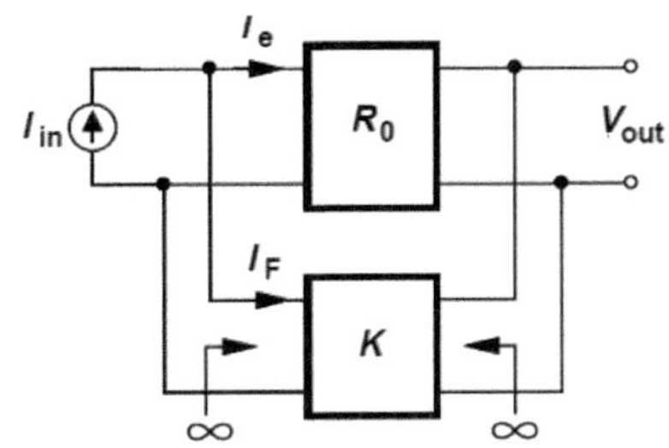

전압병렬궤환: 입력저항 감소 / 출력저항 감소

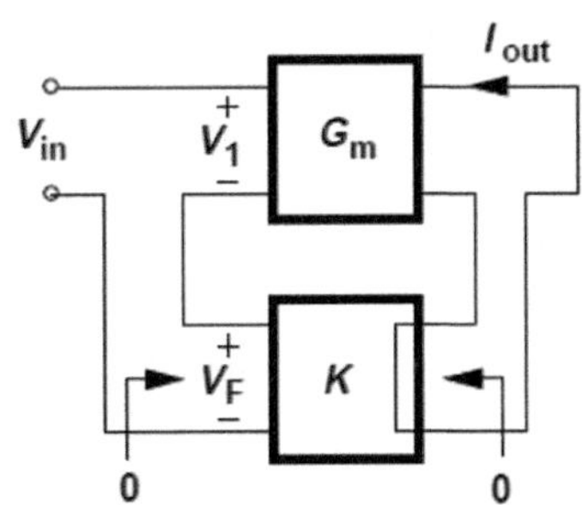

전류직렬궤환: 입력저항 증가 / 출력저항 증가

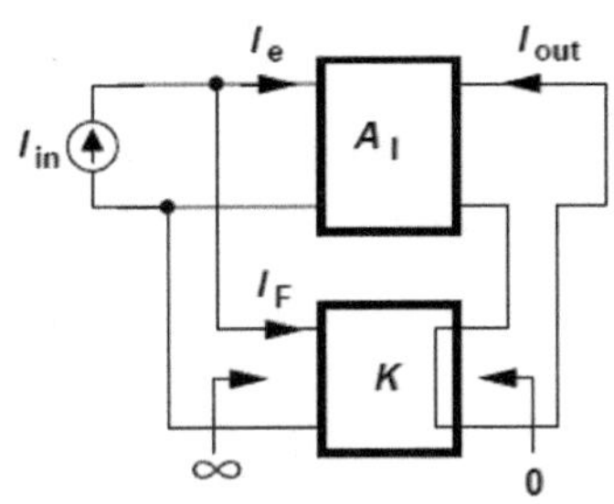

전류병렬궤환: 입력저항 감소 / 출력저항 증가

55 정류기의 직류 출력전압이 전부하일 때 200V, 무부하인 경우 225V이라면 전압변동률은 몇%인가?

① 10
② 12.5
③ 20
④ 25

정답 ②

$$\Delta V = \frac{\text{무부하시 직류전압} - \text{부하시 직류전압}}{\text{부하시 직류전압}} \times 100\%$$
$$= \frac{225-200}{200} \times 100\%$$
$$= 12.5\%$$

56 금속산화물반도체 전계효과 트렌지스터(MOSFET)에 대한 설명으로 틀린 것은?

① 게이트 전압이 임계 전압 이상으로 커지면 채널이 형성되기 시작하여 점차 채널폭이 감소한다.
② 공핍형(depletion, D)과 증가형(enhancement, E) 2가지 형태가 있다.
③ 정(+)의 게이트-소스 간에 전압이 가해지면 MOSFET는 증가형으로 동작한다.
④ 공핍형 MOSFET는 게이트 전압이 0일 때에도 채널이 존재한다.

정답 ①

MOSFET의 소스,게이트, 드레인은 바이폴라 트랜지스터의 이미터 베이스 컬렉터에 해당되지만 바이폴라 트렌지스터는 베이스에 전류를 유입시켜 트렌지스터가 동작하지만 MOSFET는 게이트가 산화막으로 격리되어 있어 전류 유입이 없으며 전계효과에 의해 동작한다. 즉 게이트에 전압을 인가하면 전자가 이동하여 소오스 드레인 사이에 채널을 형성하고 채널을 통하여 소오스와 드레인 사이에 전류가 흐르게 된다.

57 FET에 대한 설명으로 틀린 것은?

① 전압제어형 트랜지스터이다.
② BJT보다 잡음특성이 양호하다.
③ BJT보다 이득 대역폭적(GBW)이 작다.
④ BJT보다 온도변화에 따른 안정성이 낮다.

정답 ④

	BJT	MOSFET
구동방식	전류구동	전압구동
파워소모	−크다	+작다
속도	+빠르다	−느리다
집적도	−작다	+크다
노이즈	+작다	−크다
이득	+크다	−작다
가격	−비싸다	−싸다

58 주파수 대역폭을 넓히기 위한 방법으로 적합하지 않은 것은?

① 부귀환(feedback)을 사용한다.
② 복동조 회로(double tuned circuit)를 사용한다.
③ 동조회로(tuning circuit)의 Q를 높인다.
④ 스태거 증폭(stagger amplification) 방식을 사용한다.

정답 ③

Q를 높이면 대역폭이 줄어든다.

Stagger amplifier : 비디오 중간 주파 증폭기와 같이 광대역의 진폭 · 주파수 응답 특성을 얻기 위해 각기 다른 두 주파수에 동조하여 동작하는 두 동조 회로를 나란히 배치하고, 전체로서의 응답 특성을 넓히는 것. 즉, 단일 동조 직결 증폭기를 복수 개 사용하여 그 중심 주파수를 약간 벗어나게 하여 광대역을 얻고 있다.

59 다음 논리회로와 등가인 논리 게이트는?

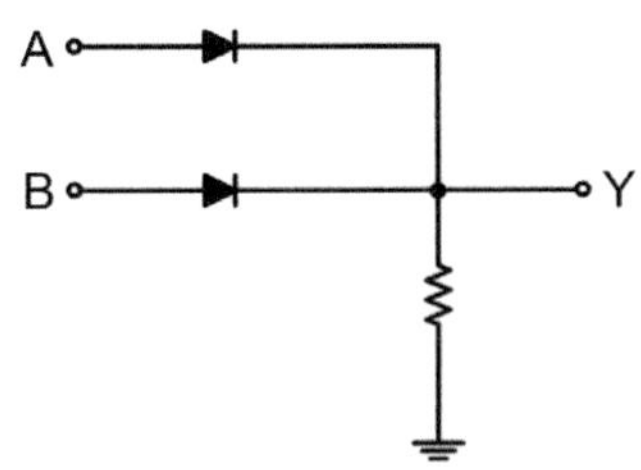

① NOR
② OR
③ NAND
④ AND

정답 ③

Y = A +B 인 OR-gate 회로와 동일한 동작을 한다.

A	B	Y
0	0	0
0	1	1
1	0	1
1	1	1

60 이미터 플로어의 특징에 대한 설명으로 틀린 것은?

① 전류이득이 크다.
② 전압 이득은 1에 가깝다.
③ 완충증폭기로 주로 사용된다.
④ 입력 임피던스는 낮고, 출력 임피던스는 크다.

정답 ④

입력으로부터 최대한 많은 전류를 받아들여야 하므로 입력임피던스가 높고 부하 연결시 손실 없이 전류를 공급하여야 하므로 출력 임피던스는 낮다.

D1N4002

uA741

LM324

Q2N2222

1N4001, 1N4002, 1N4003, 1N4004, 1N4005, 1N4006, 1N4007

1N4004 and 1N4007 are Preferred Devices

Axial Lead Standard Recovery Rectifiers

This data sheet provides information on subminiature size, axial lead mounted rectifiers for general−purpose low−power applications.

Features

- Shipped in plastic bags, 1000 per bag
- Available Tape and Reeled, 5000 per reel, by adding a "RL" suffix to the part number
- Available in Fan−Fold Packaging, 3000 per box, by adding a "FF" suffix to the part number
- Pb−Free Packages are Available

Mechanical Characteristics

- Case: Epoxy, Molded
- Weight: 0.4 gram (approximately)
- Finish: All External Surfaces Corrosion Resistant and Terminal Leads are Readily Solderable
- Lead and Mounting Surface Temperature for Soldering Purposes: 260°C Max. for 10 Seconds, 1/16 in. from case
- Polarity: Cathode Indicated by Polarity Band

LEAD MOUNTED RECTIFIERS
50−1000 VOLTS
DIFFUSED JUNCTION

CASE 59−10
AXIAL LEAD
PLASTIC

MARKING DIAGRAM

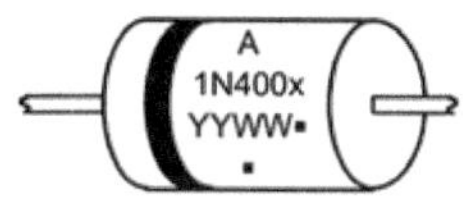

A = Assembly Location
1N400x = Device Number
x = 1, 2, 3, 4, 5, 6 or 7
YY = Year
WW = Work Week
▪ = Pb−Free Package
(Note: Microdot may be in either location)

1N4001, 1N4002, 1N4003, 1N4004, 1N4005, 1N4006, 1N4007

MAXIMUM RATINGS

Rating	Symbol	1N4001	1N4002	1N4003	1N4004	1N4005	1N4006	1N4007	Unit
†Peak Repetitive Reverse Voltage Working Peak Reverse Voltage DC Blocking Voltage	V_{RRM} V_{RWM} V_R	50	100	200	400	600	800	1000	V
†Non−Repetitive Peak Reverse Voltage (halfwave, single phase, 60 Hz)	V_{RSM}	60	120	240	480	720	1000	1200	V
†RMS Reverse Voltage	$V_{R(RMS)}$	35	70	140	280	420	560	700	V
†Average Rectified Forward Current (single phase, resistive load, 60 Hz, T_A = 75°C)	I_O	1.0							A
†Non−Repetitive Peak Surge Current (surge applied at rated load conditions)	I_{FSM}	30 (for 1 cycle)							A
Operating and Storage Junction Temperature Range	T_J T_{stg}	−65 to +175							°C

Maximum ratings are those values beyond which device damage can occur. Maximum ratings applied to the device are individual stress limit values (not normal operating conditions) and are not valid simultaneously. If these limits are exceeded, device functional operation is not implied, damage may occur and reliability may be affected.

ELECTRICAL CHARACTERISTICS†

Rating	Symbol	Typ	Max	Unit
Maximum Instantaneous Forward Voltage Drop, (i_F = 1.0 Amp, T_J = 25°C)	v_F	0.93	1.1	V
Maximum Full−Cycle Average Forward Voltage Drop, (I_O = 1.0 Amp, T_L = 75°C, 1 inch leads)	$V_{F(AV)}$	−	0.8	V
Maximum Reverse Current (rated DC voltage) (T_J = 25°C) (T_J = 100°C)	I_R	 0.05 1.0	 10 50	μA
Maximum Full−Cycle Average Reverse Current, (I_O = 1.0 Amp, T_L = 75°C, 1 inch leads)	$I_{R(AV)}$	−	30	μA

†Indicates JEDEC Registered Data

1N4001, 1N4002, 1N4003, 1N4004, 1N4005, 1N4006, 1N4007

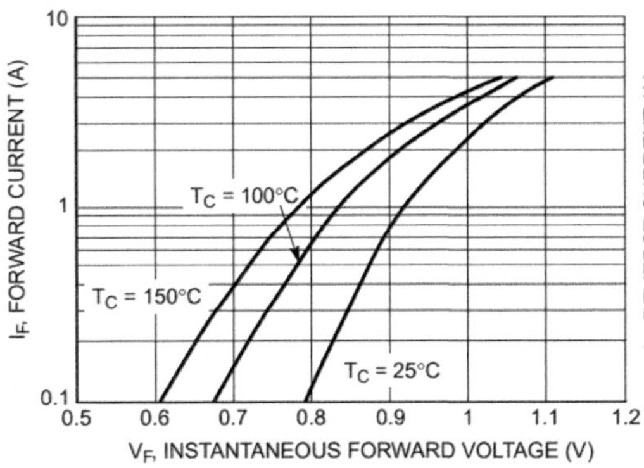

Figure 1. Typical Forward Voltage

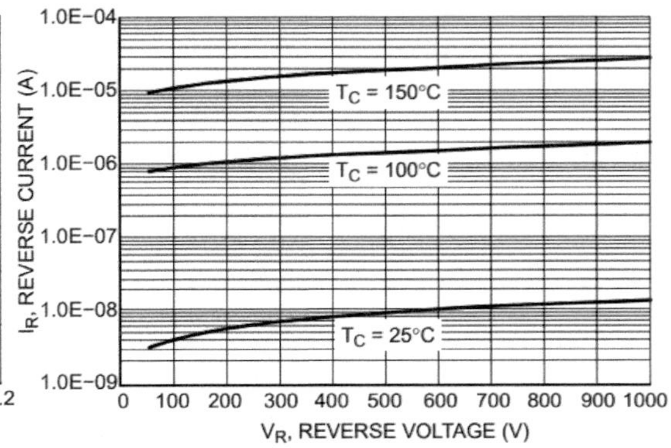

Figure 2. Typical Reverse Current

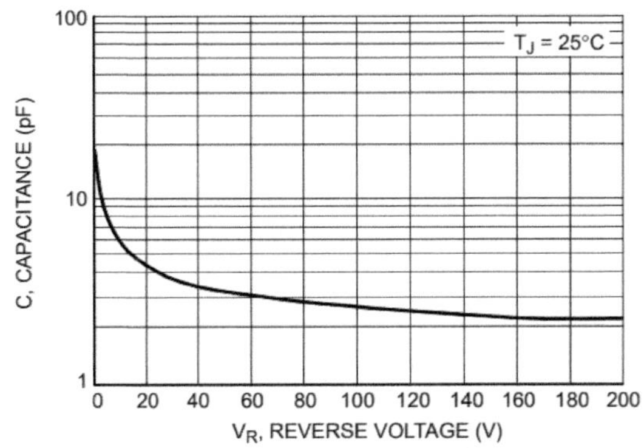

Figure 3. Typical Capacitance

DESCRIPTION

The μA741 is a high performance operational amplifier with high open-loop gain, internal compensation, high common mode range and exceptional temperature stability. The μA741 is short-circuit-protected and allows for nulling of offset voltage.

FEATURES

- Internal frequency compensation
- Short circuit protection
- Excellent temperature stability
- High input voltage range

PIN CONFIGURATION

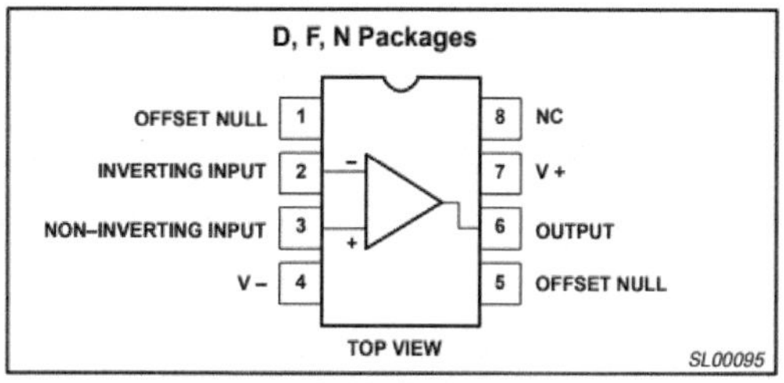

Figure 1. Pin Configuration

ORDERING INFORMATION

DESCRIPTION	TEMPERATURE RANGE	ORDER CODE	DWG #
8-Pin Plastic Dual In-Line Package (DIP)	-55°C to +125°C	μA741N	SOT97-1
8-Pin Plastic Dual In-Line Package (DIP)	0 to +70°C	μA741CN	SOT97-1
8-Pin Plastic Dual In-Line Package (DIP)	-40°C to +85°C	SA741CN	SOT97-1
8-Pin Ceramic Dual In-Line Package (CERDIP)	-55°C to +125°C	μA741F	0580A
8-Pin Ceramic Dual In-Line Package (CERDIP)	0 to +70°C	μA741CF	0580A
8-Pin Small Outline (SO) Package	0 to +70°C	μA741CD	SOT96-1

ABSOLUTE MAXIMUM RATINGS

SYMBOL	PARAMETER	RATING	UNIT
V_S	Supply voltage		
	μA741C	±18	V
	μA741	±22	V
P_D	Internal power dissipation		
	D package	780	mW
	N package	1170	mW
	F package	800	mW
V_{IN}	Differential input voltage	±30	V
V_{IN}	Input voltage[1]	±15	V
I_{SC}	Output short-circuit duration	Continuous	
T_A	Operating temperature range		
	μA741C	0 to +70	°C
	SA741C	-40 to +85	°C
	μA741	-55 to +125	°C
T_{STG}	Storage temperature range	-65 to +150	°C
T_{SOLD}	Lead soldering temperature (10sec max)	300	°C

NOTES:

1. For supply voltages less than ±15V, the absolute maximum input voltage is equal to the supply voltage.

DC ELECTRICAL CHARACTERISTICS

T_A = 25°C, V_S = ±15V, unless otherwise specified.

SYMBOL	PARAMETER	TEST CONDITIONS	μA741			μA741C			UNIT
			Min	Typ	Max	Min	Typ	Max	
V_{OS}	Offset voltage	R_S=10kΩ		1.0	5.0		2.0	6.0	mV
		R_S=10kΩ, over temp.		1.0	6.0			7.5	mV
$\Delta V_{OS}/\Delta T$				10			10		μV/°C
I_{OS}	Offset current			20	200		20	200	nA
		Over temp.						300	nA
		T_A=+125°C		7.0	200				nA
		T_A=-55°C		20	500				nA
$\Delta I_{OS}/\Delta T$				200			200		pA/°C
I_{BIAS}	Input bias current			80	500		80	500	nA
		Over temp.						800	nA
		T_A=+125°C		30	500				nA
		T_A=-55°C		300	1500				nA
$\Delta I_B/\Delta T$				1			1		nA/°C
V_{OUT}	Output voltage swing	R_L=10kΩ	±12	±14		±12	±14		V
		R_L=2kΩ, over temp.	±10	±13		±10	±13		V
A_{VOL}	Large-signal voltage gain	R_L=2kΩ, V_O=±10V	50	200		20	200		V/mV
		R_L=2kΩ, V_O=±10V, over temp.	25			15			V/mV
	Offset voltage adjustment range			±30			±30		mV
PSRR	Supply voltage rejection ratio	R_S≤10kΩ					10	150	μV/V
		R_S≤10kΩ, over temp.		10	150				μV/V
CMRR	Common-mode rejection ratio					70	90		dB
		Over temp.	70	90					dB
I_{CC}	Supply current			1.4	2.8		1.4	2.8	mA
		T_A=+125°C		1.5	2.5				mA
		T_A=-55°C		2.0	3.3				mA
V_{IN}	Input voltage range	(μA741, over temp.)	±12	±13		±12	±13		V
R_{IN}	Input resistance		0.3	2.0		0.3	2.0		MΩ
P_D	Power consumption			50	85		50	85	mW
		T_A=+125°C		45	75				mW
		T_A=-55°C		45	100				mW
R_{OUT}	Output resistance			75			75		Ω
I_{SC}	Output short-circuit current		10	25	60	10	25	60	mA

DC ELECTRICAL CHARACTERISTICS

T_A = 25°C, V_S = ±15V, unless otherwise specified.

SYMBOL	PARAMETER	TEST CONDITIONS	SA741C Min	SA741C Typ	SA741C Max	UNIT
V_{OS}	Offset voltage	R_S=10kΩ		2.0	6.0	mV
		R_S=10kΩ, over temp.			7.5	mV
$\Delta V_{OS}/\Delta T$				10		μV/°C
I_{OS}	Offset current			20	200	nA
		Over temp.			500	nA
$\Delta I_{OS}/\Delta T$				200		pA/°C
I_{BIAS}	Input bias current			80	500	nA
		Over temp.			1500	nA
$\Delta I_B/\Delta T$				1		nA/°C
V_{OUT}	Output voltage swing	R_L=10kΩ	±12	±14		V
		R_L=2kΩ, over temp.	±10	±13		V
A_{VOL}	Large-signal voltage gain	R_L=2kΩ, V_O=±10V	20	200		V/mV
		R_L=2kΩ, V_O=±10V, over temp.	15			V/mV
	Offset voltage adjustment range			±30		mV
PSRR	Supply voltage rejection ratio	R_S≤10kΩ		10	150	μV/V
CMRR	Common mode rejection ration		70	90		dB
V_{IN}	Input voltage range	Over temp.	±12	±13		V
R_{IN}	Input resistance		0.3	2.0		MΩ
P_d	Power consumption			50	85	mW
R_{OUT}	Output resistance			75		Ω
I_{SC}	Output short-circuit current			25		mA

AC ELECTRICAL CHARACTERISTICS

T_A=25°C, V_S = ±15V, unless otherwise specified.

SYMBOL	PARAMETER	TEST CONDITIONS	μA741, μA741C Min	μA741, μA741C Typ	μA741, μA741C Max	UNIT
R_{IN}	Parallel input resistance	Open-loop, f=20Hz	0.3			MΩ
C_{IN}	Parallel input capacitance	Open-loop, f=20Hz		1.4		pF
	Unity gain crossover frequency	Open-loop		1.0		MHz
	Transient response unity gain	V_{IN}=20mV, R_L=2kΩ, C_L≤100pF				
t_R	Rise time			0.3		μs
	Overshoot			5.0		%
SR	Slew rate	C≤100pF, R_L≥2kΩ, V_{IN}=±10V		0.5		V/μs

TYPICAL PERFORMANCE CHARACTERISTICS

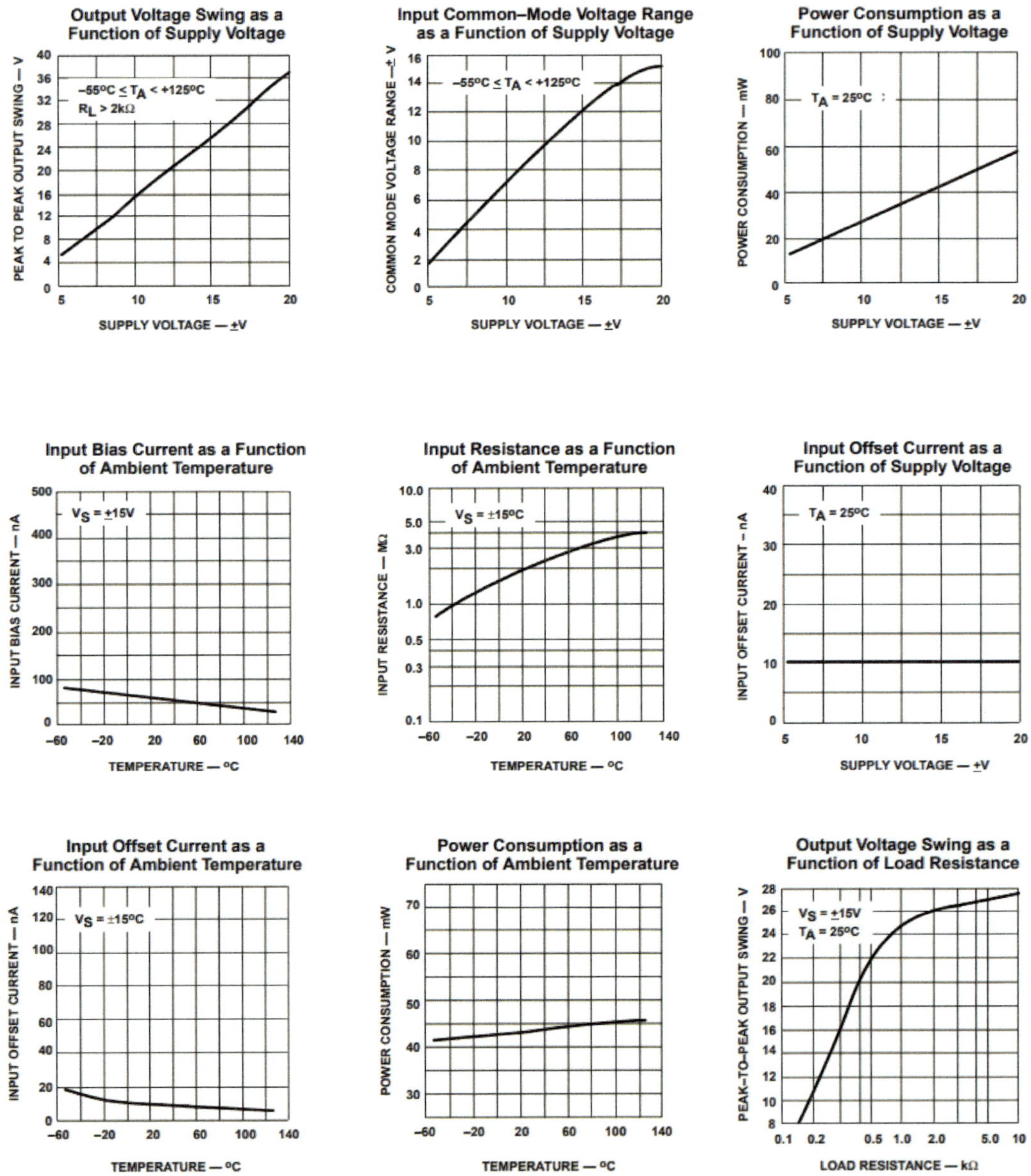

Figure 3. Typical Performance Characteristics

TYPICAL PERFORMANCE CHARACTERISTICS (Continued)

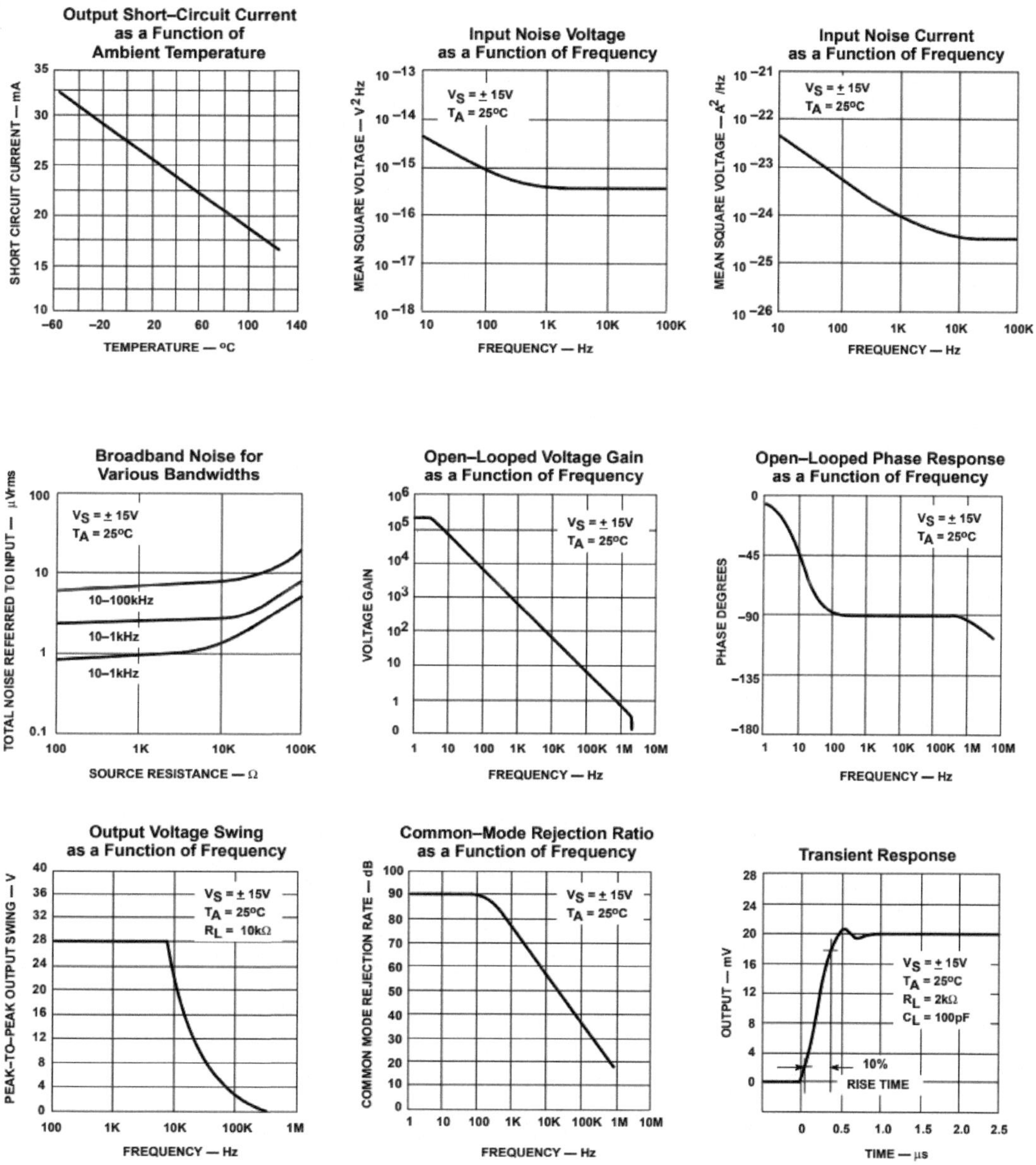

Figure 4. Typical Performance Characteristics (cont.)

QUAD OPERATIONAL AMPLIFIERS LM324

14 SOP/ 14 DIP PIN FUNCTION

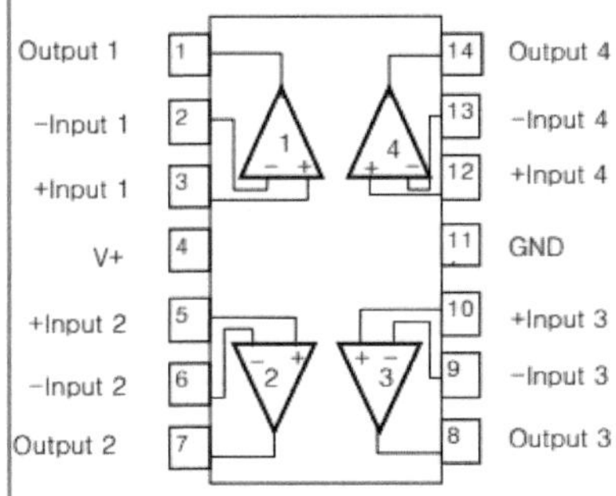

FEATURES

- Internally frequency compensated for unity gain
- Large DC voltage gain : 100dB
- Wide power supply range : 3V~32V(or±1.5V~15V)
- Input common-mode voltage range includes ground
- Large output voltage swing : 0V DC to V_{CC}-1.5V DC
- Power drain suitable for battery operation

ORDERING INFORMATION

Device	Package
LM324D	14 SOP
LM324N	14 DIP

QUAD OPERATION AMPLIFIERS

LM324 is consists of four independent, high gain, internally frequency compensated operational amplifiers which were designed specifically to operate from a single power supply over a wide voltage range. Operation from split power supplies is also possible so long as the difference between the two supplies is 3 volts to 32 volts voltage.
Application areas include transducer amplifier, DC gain blocks and all the conventional OP amp circuits which now can be easily implemented in single power supply systems.

EQUIVALENT CIRCUIT

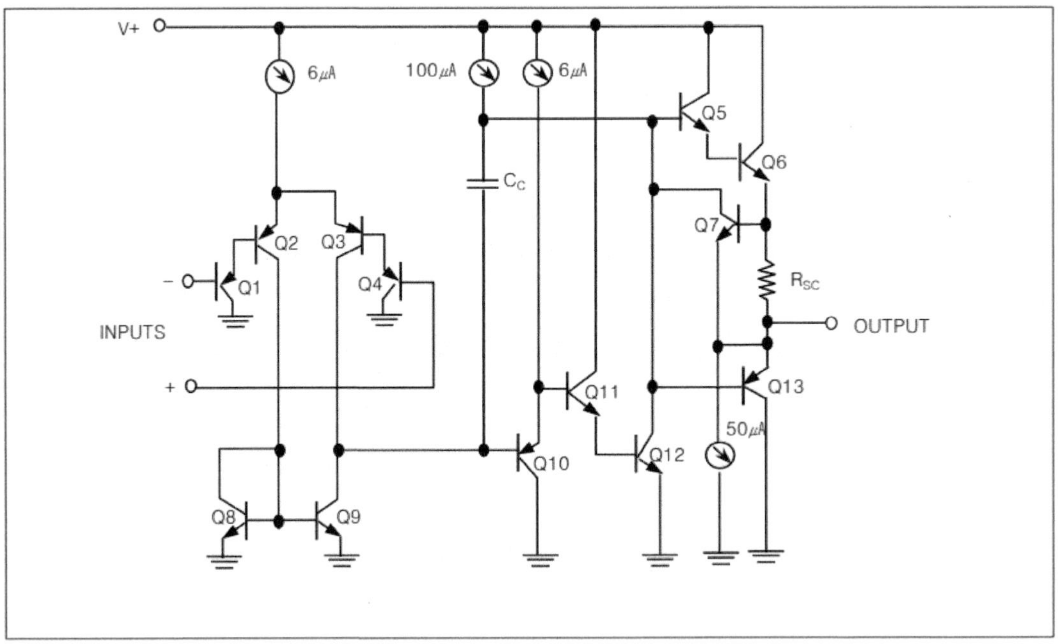

QUAD OPERATIONAL AMPLIFIERS　LM324

ABSOLUTE MAXIMUM RATINGS

CHARACTERISTIC	SYMBOL	VALUE	UNIT
Power Supply Voltage	V_{CC}	±18 or 32	V
Differential Input Voltage	$V_{I(DIFF)}$	32	V
Input Voltage	V_I	-0.3 to +32	V
Output Short Circuit to GND V_{CC}≤15V T_A=25℃ (One Amp)		Continuous	
Power Dissipation	P_D	570	mW
Operating Temperature Range	T_{OPR}	0~+70	℃
Storage Temperature Range	T_{STG}	-65 to +150	℃

Electrical characteristics at specified free-air temperature, V_{CC}=5V(unless otherwise noted)

PARAMETER	*TEST CONDITIONS		LM324D MIN	LM324D TYP	LM324D MAX	UNIT
V_{IO} Input Offset Voltage	V_{CC}=5V to MAX, V_{IC}=V_{ICR}MIN, V_O=1.4V	25℃		3	7	mV
		Full Range			9	
αV_{IO} Average Temperature Coefficient of Input Offset Voltage		Full Range		7		μV/℃
I_{IO} Input Offset Current	V_O=1.4V	25℃		2	50	nA
		Full Range			150	
αIIo Average Temperature Coefficient of Input Offset Current		Full Range		10		pA/℃
I_{IB} Input Bias Current	V_O=1.4V	25℃		-20	-250	nA
		Full Range			-500	
V_{ICR} Common-Mode Input Voltage Range	V_{CC}=5V to MAX	25℃	0toV_{CC}-1.5			V
		Full Range	0toV_{CC}-2			
V_{OH} High-Level Output Voltage	R_L≥2kΩ	25℃	V_{CC}-1.5			V
	V_{CC}=MAX, R_L=2kΩ	Full Range	26			
	V_{CC}=MAX, R_L≥10kΩ	Full Range	27	28		
V_{OL} Low-Level Output Voltage	R_L≥10kΩ	Full Range		5	20	mV
A_{VD} Large-Signal Differential Voltage Amplification	V_{CC}=15V, V_O=1V to 11V, R_L≥2kΩ	25℃	25	100		V/mV
		Full Range	15			
CMRR Common-Mode Rejection Ratio	V_{CC}=5V to MAX, VIC=VICR MIN.	25℃	65	80		dB
K_{SVR} Supply Voltage Rejection Ratio($\Delta V_{CC}/\Delta V_{IO}$)	V_{CC}=5V to MAX	25℃	65	100		dB
V_{01}/V_{02} Crosstalk Attenuation	f=1 kHz to 20kHz	25℃		120		dB
I_O Output Current	V_{CC}=15V, V_{ID}=1V, V_O=0	25℃	-20	-30		mA
		Full Range	-10			
	V_{CC}=15V, V_{ID}=1V, V_O=15V	25℃	10	20		
		Full Range	5			
	V_{ID}=1V, V_O=200mV	25℃	12	30		
I_{OS} Short-Circuit Output Current	V_{CC} at 5V, GND at -5V, V_O=0	25℃		±40	±60	mA
I_{CC} Supply Current (Four Amplifiers)	V_O-2.5V, No Load	Full Range		0.7	1.2	mA
	V_{CC}=MAX, V_O=0.5V_{CC}, No load	Full Range		1.1	3	

* All characteristics are measured under open loop conditions with zero common-mode input voltage unless otherwise specified <<MAX>> V_{CC} for testing purpose is 30V. Full range is 0℃ to 70℃.

TYPICAL PERFORMANCE CHARACTERISTICS

SUPPLY CURRENT

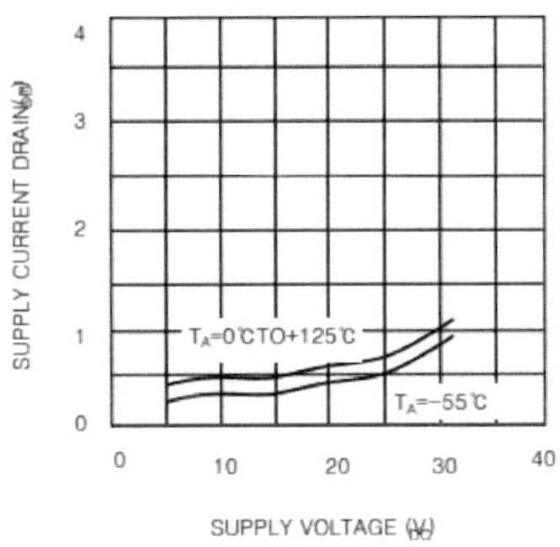

OUTPUT CHARACTERISITICS
CURRENT SOURCING

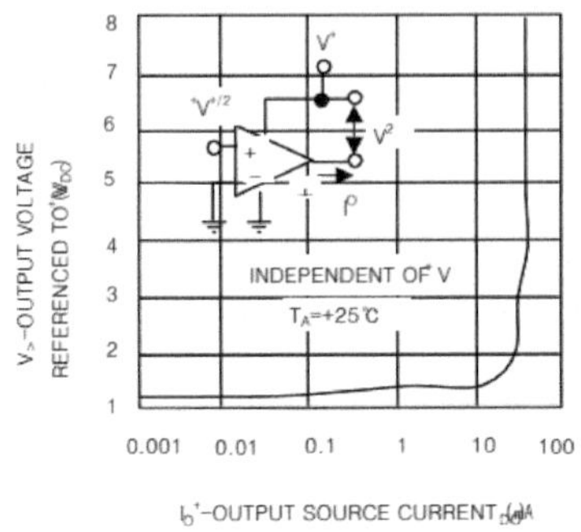

CURRENT LIMITING

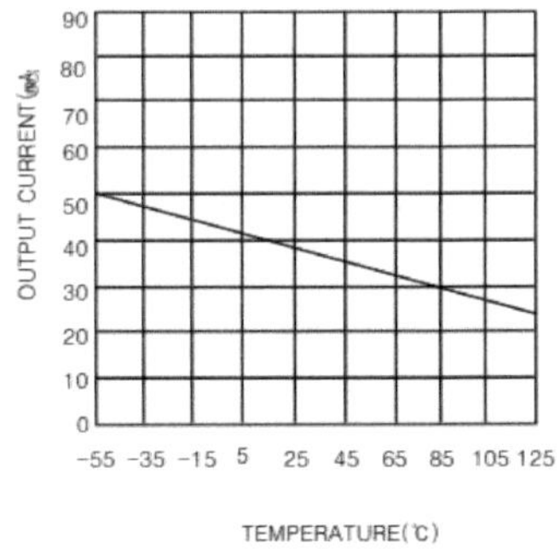

VOLTAGE GAIN

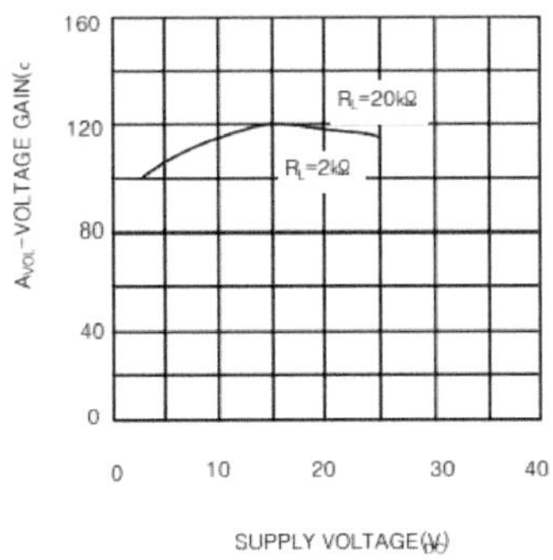

OUTPUT CHARACTERISITICS
CURRENT SINKING

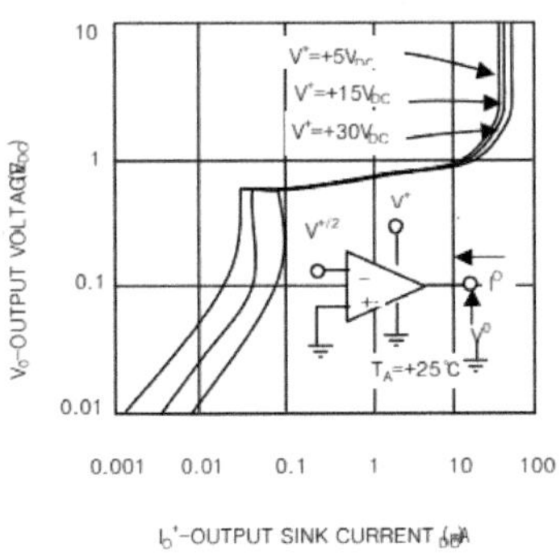

OPEN-LOOP FREQUENCY
RESPONSE

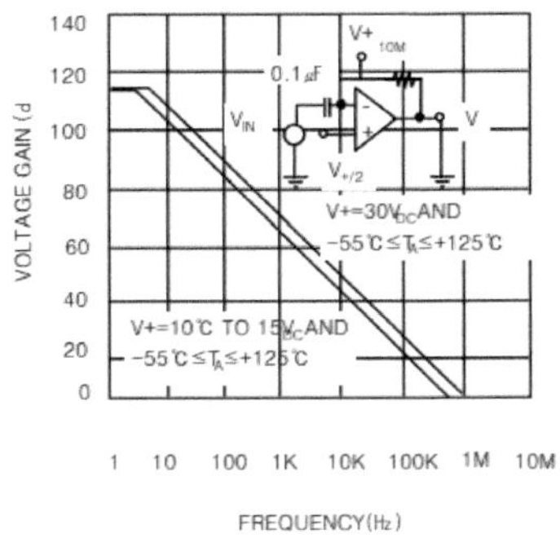

LARGE-SIGNAL FREQUENCY
RESPONSE

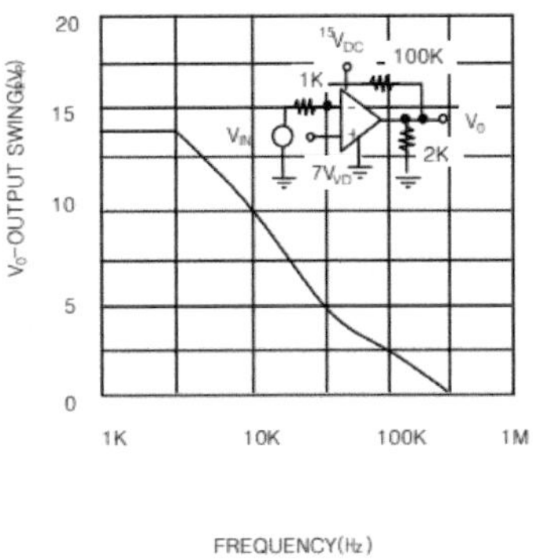

VOLTAGE-FOLLOWER PULSE
RESPONSE

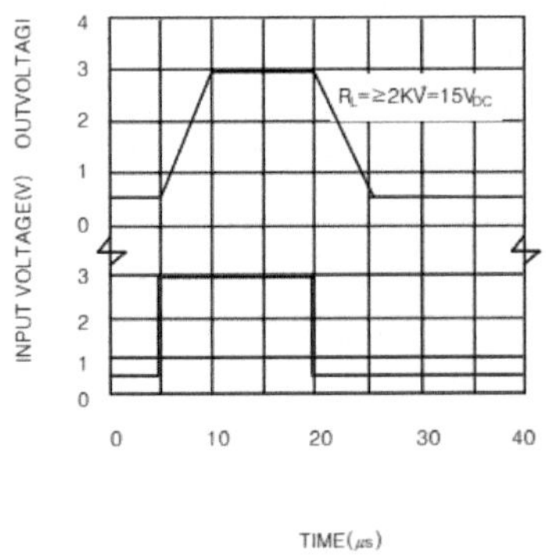

INPUT VOLTAGE RANGE

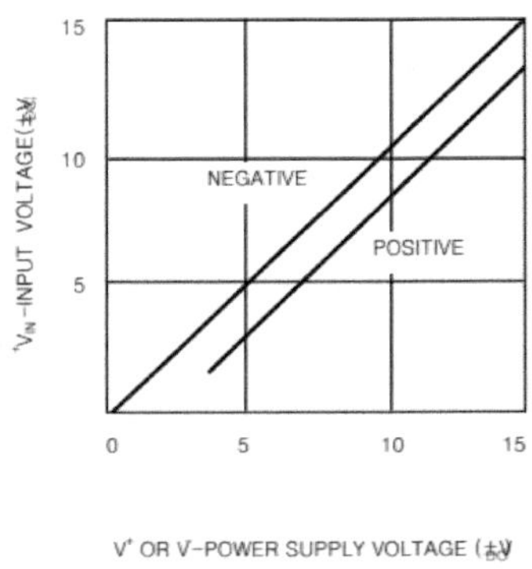

TYPICAL PERFORMANCE CHARACTERISTICS (CONTINUED)

INPUT CURRENT

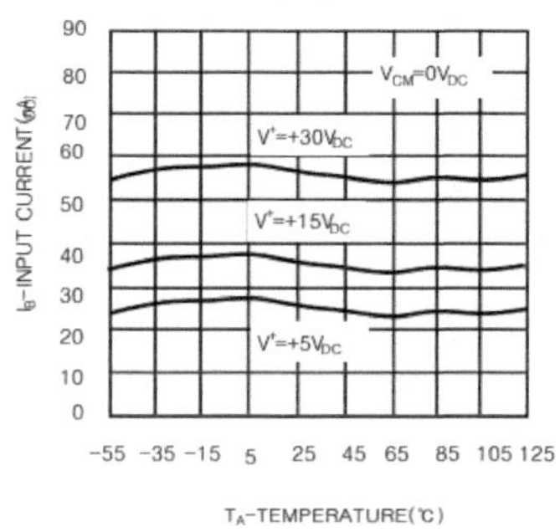

COMMON-MODE REJECTION RATIO

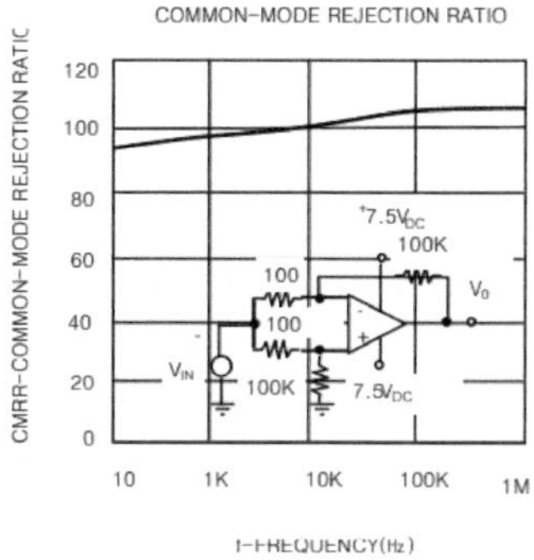

VOLTAGE-FOLLOWER PULSE RESPONSE (SMALL-SIGNAL)

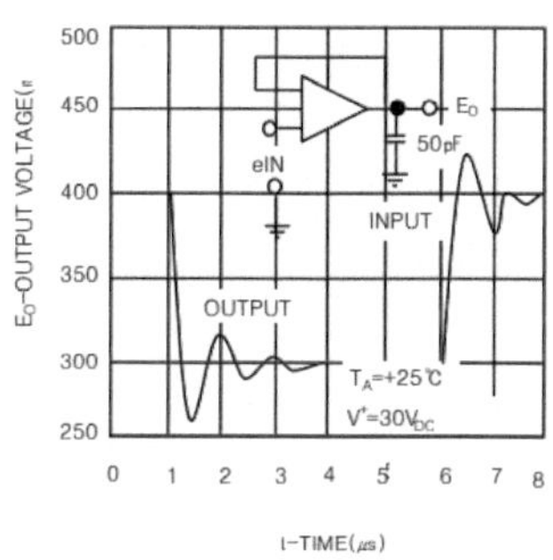

TYPICAL APPLICATIONS

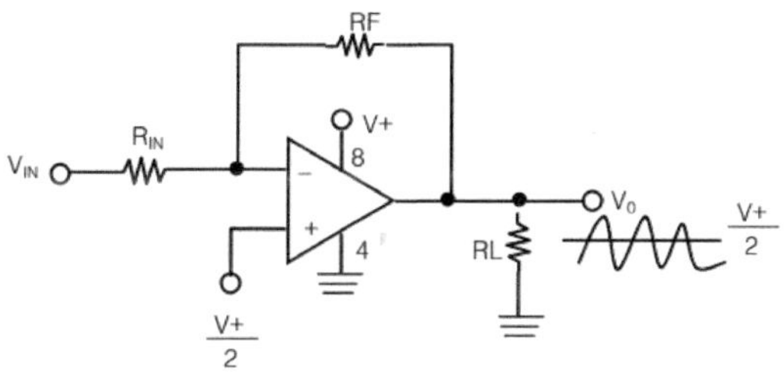

SINGLE SUPPLY INVERTING AMPLIFIER

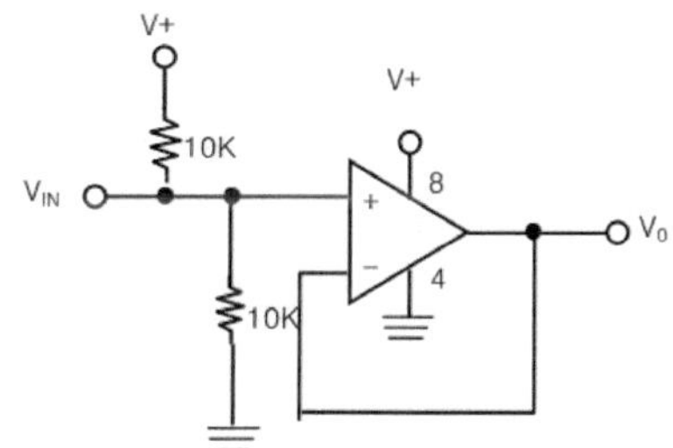

INPUT BIASING VOLTAGE POLLOWER

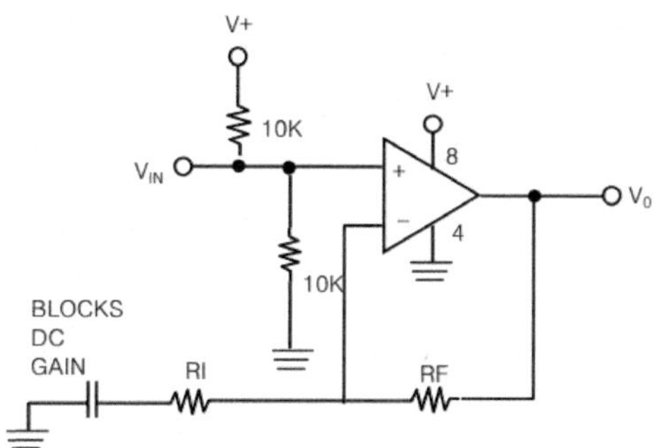

NON-INVERTING AMPLIFIER

Amplifier Transistors
NPN Silicon

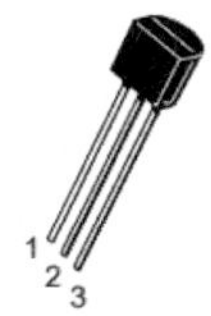

CASE 29–11, STYLE 17
TO–92 (TO–226AA)

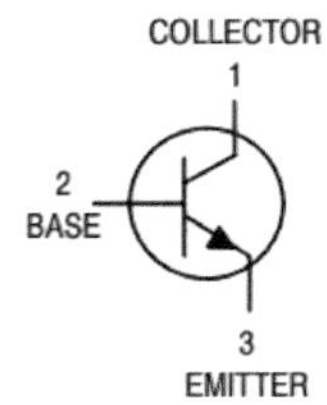

MAXIMUM RATINGS

Rating	Symbol	Value	Unit
Collector–Emitter Voltage	V_{CEO}	40	Vdc
Collector–Base Voltage	V_{CBO}	75	Vdc
Emitter–Base Voltage	V_{EBO}	6.0	Vdc
Collector Current — Continuous	I_C	600	mAdc
Total Device Dissipation @ T_A = 25°C Derate above 25°C	P_D	625 5.0	mW mW/°C
Total Device Dissipation @ T_C = 25°C Derate above 25°C	P_D	1.5 12	Watts mW/°C
Operating and Storage Junction Temperature Range	T_J, T_{stg}	–55 to +150	°C

THERMAL CHARACTERISTICS

Characteristic	Symbol	Max	Unit
Thermal Resistance, Junction to Ambient	$R_{\theta JA}$	200	°C/W
Thermal Resistance, Junction to Case	$R_{\theta JC}$	83.3	°C/W

ELECTRICAL CHARACTERISTICS (T_A = 25°C unless otherwise noted)

Characteristic	Symbol	Min	Max	Unit
OFF CHARACTERISTICS				
Collector–Emitter Breakdown Voltage (I_C = 10 mAdc, I_B = 0)	$V_{(BR)CEO}$	40	—	Vdc
Collector–Base Breakdown Voltage (I_C = 10 μAdc, I_E = 0)	$V_{(BR)CBO}$	75	—	Vdc
Emitter–Base Breakdown Voltage (I_E = 10 μAdc, I_C = 0)	$V_{(BR)EBO}$	6.0	—	Vdc
Collector Cutoff Current (V_{CE} = 60 Vdc, $V_{EB(off)}$ = 3.0 Vdc)	I_{CEX}	—	10	nAdc
Collector Cutoff Current (V_{CB} = 60 Vdc, I_E = 0) (V_{CB} = 60 Vdc, I_E = 0, T_A = 150°C)	I_{CBO}	 — —	 0.01 10	μAdc
Emitter Cutoff Current (V_{EB} = 3.0 Vdc, I_C = 0)	I_{EBO}	—	10	nAdc
Collector Cutoff Current (V_{CE} = 10 V)	I_{CEO}	—	10	nAdc
Base Cutoff Current (V_{CE} = 60 Vdc, $V_{EB(off)}$ = 3.0 Vdc)	I_{BEX}	—	20	nAdc

ELECTRICAL CHARACTERISTICS (T_A = 25°C unless otherwise noted) (Continued)

Characteristic	Symbol	Min	Max	Unit
ON CHARACTERISTICS				
DC Current Gain	h_{FE}			—
(I_C = 0.1 mAdc, V_{CE} = 10 Vdc)		35	—	
(I_C = 1.0 mAdc, V_{CE} = 10 Vdc)		50	—	
(I_C = 10 mAdc, V_{CE} = 10 Vdc)		75	—	
(I_C = 10 mAdc, V_{CE} = 10 Vdc, T_A = −55°C)		35	—	
(I_C = 150 mAdc, V_{CE} = 10 Vdc)(1)		100	300	
(I_C = 150 mAdc, V_{CE} = 1.0 Vdc)(1)		50	—	
(I_C = 500 mAdc, V_{CE} = 10 Vdc)(1)		40	—	
Collector–Emitter Saturation Voltage(1)	$V_{CE(sat)}$			Vdc
(I_C = 150 mAdc, I_B = 15 mAdc)		—	0.3	
(I_C = 500 mAdc, I_B = 50 mAdc)		—	1.0	
Base–Emitter Saturation Voltage(1)	$V_{BE(sat)}$			Vdc
(I_C = 150 mAdc, I_B = 15 mAdc)		0.6	1.2	
(I_C = 500 mAdc, I_B = 50 mAdc)		—	2.0	

SMALL–SIGNAL CHARACTERISTICS

Characteristic	Symbol	Min	Max	Unit
Current–Gain — Bandwidth Product(2) (I_C = 20 mAdc, V_{CE} = 20 Vdc, f = 100 MHz)	f_T	300	—	MHz
Output Capacitance (V_{CB} = 10 Vdc, I_E = 0, f = 1.0 MHz)	C_{obo}	—	8.0	pF
Input Capacitance (V_{EB} = 0.5 Vdc, I_C = 0, f = 1.0 MHz)	C_{ibo}	—	25	pF
Input Impedance	h_{ie}			kΩ
(I_C = 1.0 mAdc, V_{CE} = 10 Vdc, f = 1.0 kHz)		2.0	8.0	
(I_C = 10 mAdc, V_{CE} = 10 Vdc, f = 1.0 kHz)		0.25	1.25	
Voltage Feedback Ratio	h_{re}			X 10^{-4}
(I_C = 1.0 mAdc, V_{CE} = 10 Vdc, f = 1.0 kHz)		—	8.0	
(I_C = 10 mAdc, V_{CE} = 10 Vdc, f = 1.0 kHz)		—	4.0	
Small–Signal Current Gain	h_{fe}			—
(I_C = 1.0 mAdc, V_{CE} = 10 Vdc, f = 1.0 kHz)		50	300	
(I_C = 10 mAdc, V_{CE} = 10 Vdc, f = 1.0 kHz)		75	375	
Output Admittance	h_{oe}			μmhos
(I_C = 1.0 mAdc, V_{CE} = 10 Vdc, f = 1.0 kHz)		5.0	35	
(I_C = 10 mAdc, V_{CE} = 10 Vdc, f = 1.0 kHz)		25	200	
Collector Base Time Constant (I_E = 20 mAdc, V_{CB} = 20 Vdc, f = 31.8 MHz)	$rb'C_c$	—	150	ps
Noise Figure (I_C = 100 μAdc, V_{CE} = 10 Vdc, R_S = 1.0 kΩ, f = 1.0 kHz)	N_F	—	4.0	dB

SWITCHING CHARACTERISTICS

Characteristic	Conditions	Symbol	Min	Max	Unit
Delay Time	(V_{CC} = 30 Vdc, $V_{BE(off)}$ = −2.0 Vdc, I_C = 150 mAdc, I_{B1} = 15 mAdc) (Figure 1)	t_d	—	10	ns
Rise Time		t_r	—	25	ns
Storage Time	(V_{CC} = 30 Vdc, I_C = 150 mAdc, I_{B1} = I_{B2} = 15 mAdc) (Figure 2)	t_s	—	225	ns
Fall Time		t_f	—	60	ns

1. Pulse Test: Pulse Width ≤ 300 μs, Duty Cycle ≤ 2.0%.
2. f_T is defined as the frequency at which $|h_{fe}|$ extrapolates to unity.

SWITCHING TIME EQUIVALENT TEST CIRCUITS

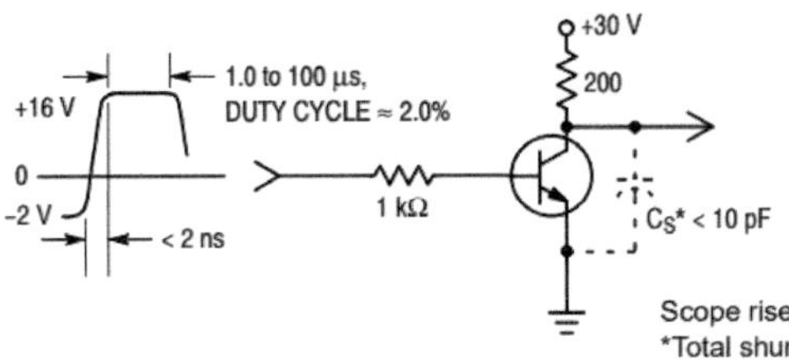

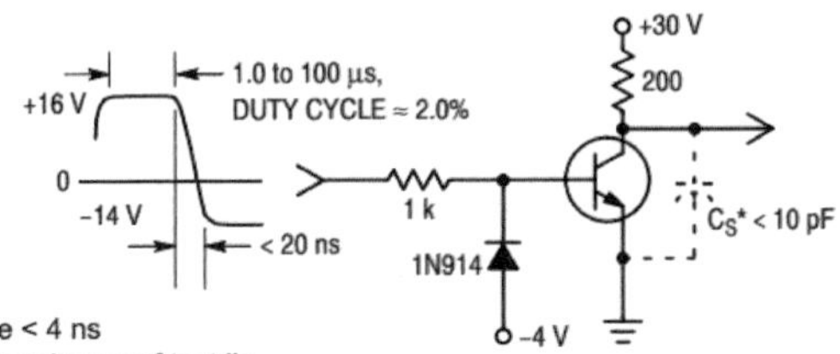

Scope rise time < 4 ns
*Total shunt capacitance of test jig, connectors, and oscilloscope.

Figure 1. Turn–On Time **Figure 2. Turn–Off Time**

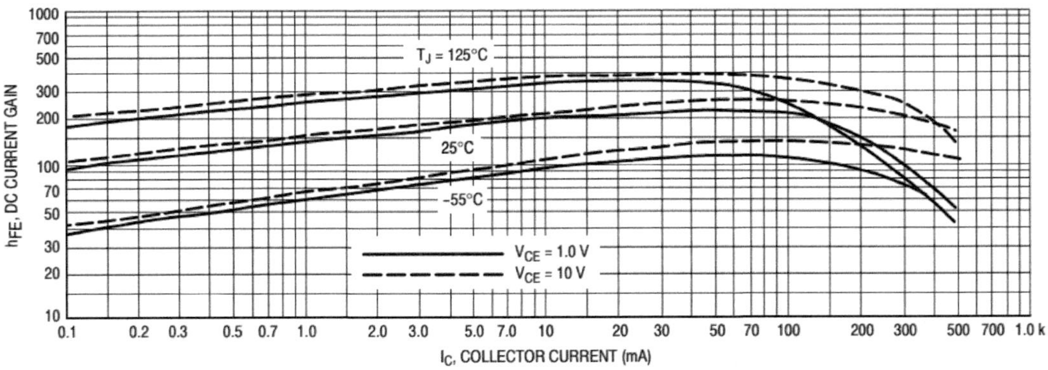

Figure 3. DC Current Gain

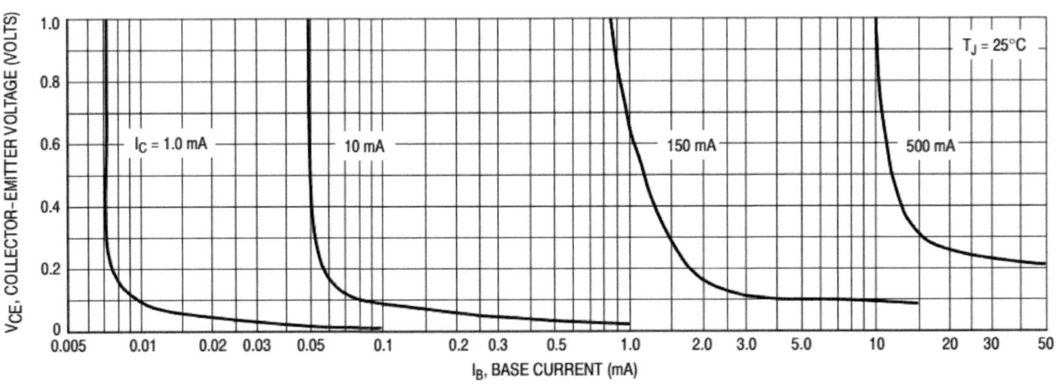

Figure 4. Collector Saturation Region

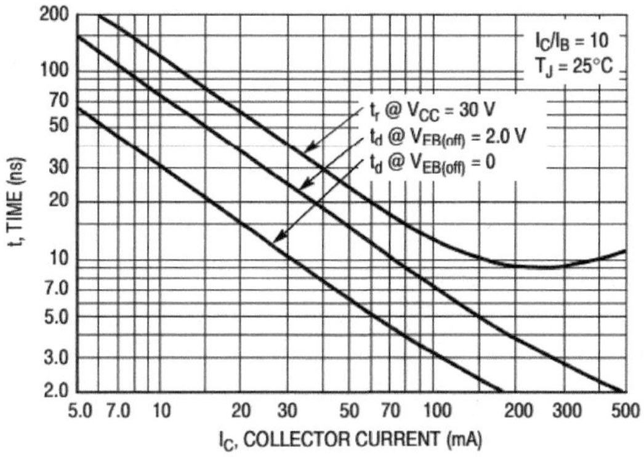

Figure 5. Turn–On Time

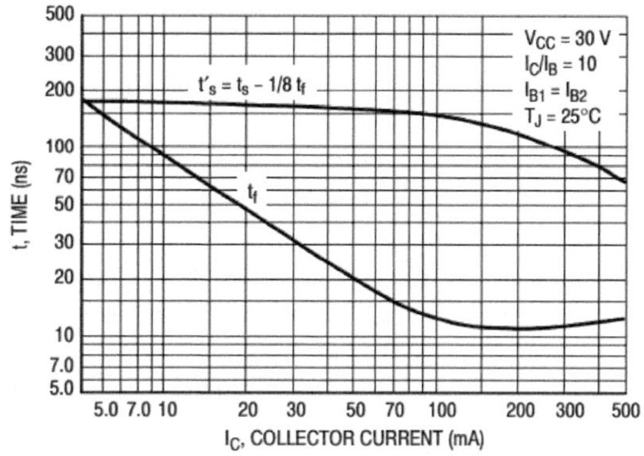

Figure 6. Turn–Off Time

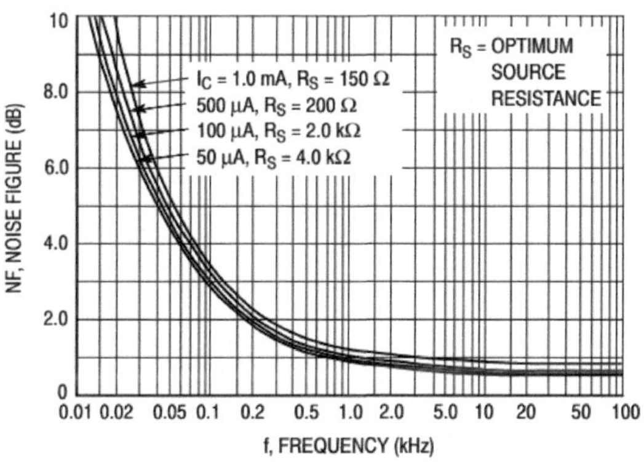

Figure 7. Frequency Effects

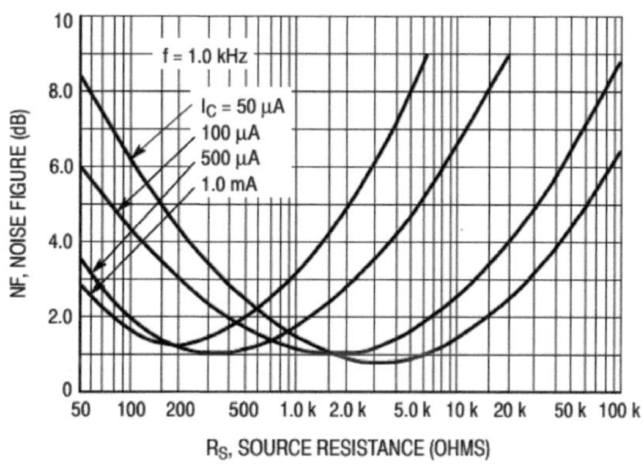

Figure 8. Source Resistance Effects

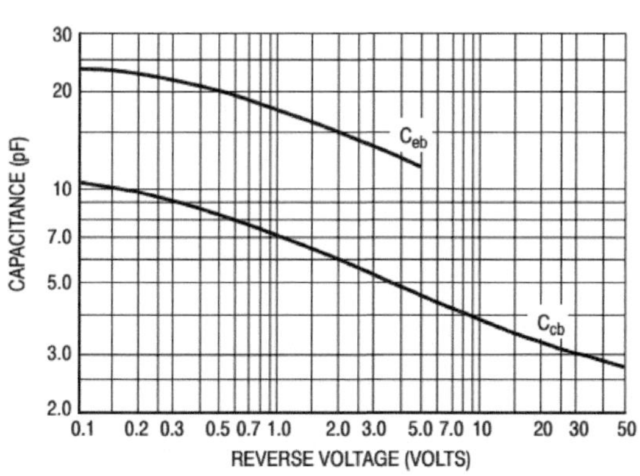

Figure 9. Capacitances

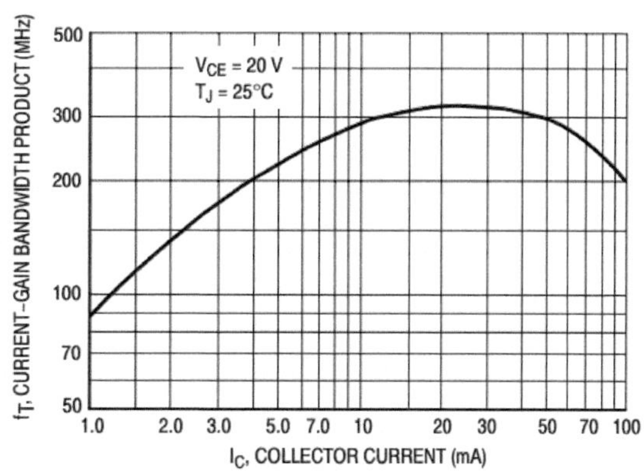

Figure 10. Current–Gain Bandwidth Product

Q2N2222

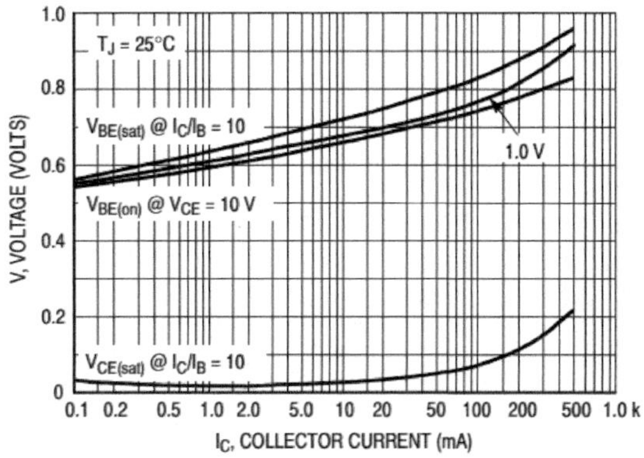

Figure 11. "On" Voltages

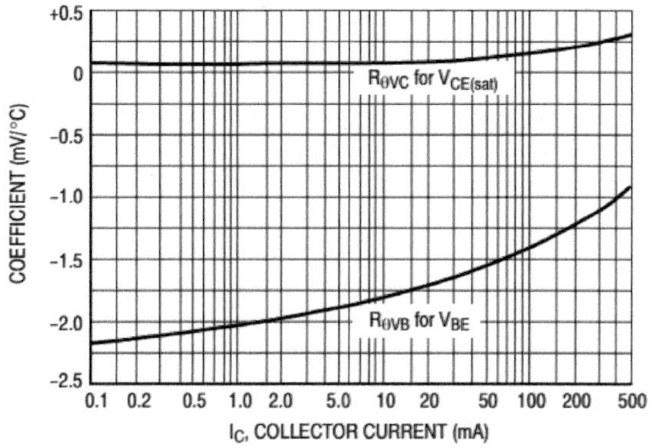

Figure 12. Temperature Coefficients

PACKAGE DIMENSIONS

TO–92 (TO–226)
CASE 29–11
ISSUE AL

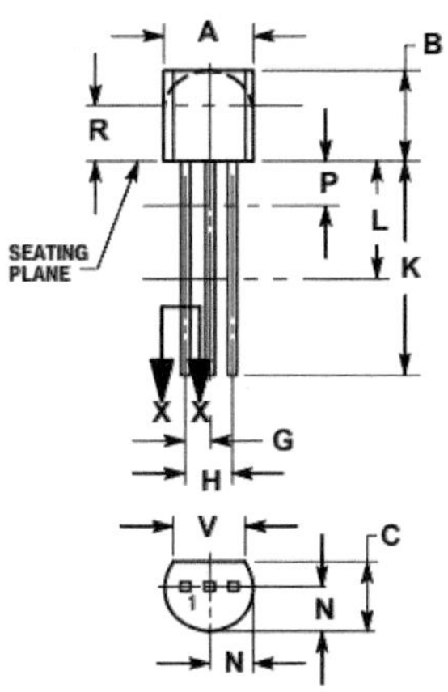

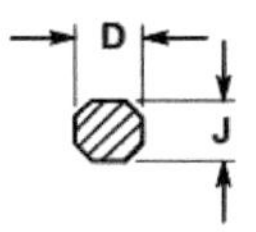

SECTION X–X

NOTES:
1. DIMENSIONING AND TOLERANCING PER ANSI Y14.5M, 1982.
2. CONTROLLING DIMENSION: INCH.
3. CONTOUR OF PACKAGE BEYOND DIMENSION R IS UNCONTROLLED.
4. LEAD DIMENSION IS UNCONTROLLED IN P AND BEYOND DIMENSION K MINIMUM.

	INCHES		MILLIMETERS	
DIM	MIN	MAX	MIN	MAX
A	0.175	0.205	4.45	5.20
B	0.170	0.210	4.32	5.33
C	0.125	0.165	3.18	4.19
D	0.016	0.021	0.407	0.533
G	0.045	0.055	1.15	1.39
H	0.095	0.105	2.42	2.66
J	0.015	0.020	0.39	0.50
K	0.500	---	12.70	---
L	0.250	---	6.35	---
N	0.080	0.105	2.04	2.66
P	---	0.100	---	2.54
R	0.115	---	2.93	---
V	0.135	---	3.43	---

STYLE 17:
PIN 1. COLLECTOR
2. BASE
3. EMITTER

〈 저자약력 〉

김응주 공학박사

- 2000 : 고려대학교 전기전자전파공학과 학사졸업
- 2002 : 고려대학교 제어 및 시스템 공학 석사졸업
- 2011 : 고려대학교 전자공학과 반도체 설계 박사졸업
- 2002 ~ 2016 : 삼성전기 중앙연구소 ASIC 설계팀 책임연구원
- 2016 ~ 현재 : 한국폴리텍대학 반도체융합캠퍼스 반도체설계과 교수

저자와의
협의에 의해
인지 생략

Version17.x
PSpice를 이용한
전자회로 설계실습

2판 3쇄 2026년 2월 25일

저자	김응주
발행인	송광헌
발행처	**복두(더)**
주소	서울특별시 영등포구 경인로82길 3-4 센터플러스 807호 (우) 07371
전화	02-2164-2580
FAX	02-2164-2584
등록	1993. 11. 22. 제 10-902 호

정가 : 28,000원

ISBN : 979-11-6675-174-5 93560

한국과학기술출판협회 회원사